# 智能装备
# 协同感知与运维决策

程德俊　李皓玥　张世成　著

ZHINENG ZHUANGBEI
XIETONG GANZHI YU YUNWEI JUECE

化学工业出版社
·北京·

## 内容简介

本书系统介绍了智能装备运维领域的关键技术和实际应用，旨在为读者提供系统化的技术理论和丰富的应用案例。全书共6章，在介绍智能装备运维决策技术基本知识基础上，重点讨论了智能装备监测数据的采集技术与预处理方法、基于机器学习和深度学习的剩余寿命预测技术、智能装备故障诊断与推演技术，另外还特别介绍了智能装备的维护决策制定与PHM系统开发。本书内容详尽，案例丰富，理论与实践相结合，通过对多个实际应用案例的剖析，读者可以深入理解如何通过智能装备运维决策技术实现精准维护，优化生产资源，提高整体运营效率。

本书为推动智能装备运维技术的应用与发展提供了实用的指导，适合智能装备运维领域的研究人员、工程技术人员以及从事智能制造和设备管理的相关人员阅读，也可供高等院校智能制造相关专业的师生参考。

**图书在版编目（CIP）数据**

智能装备协同感知与运维决策 / 程德俊，李皓玥，张世成著. -- 北京 : 化学工业出版社， 2025. 10.

ISBN 978-7-122-48827-5

Ⅰ. TP23

中国国家版本馆 CIP 数据核字第 2025563FM3 号

责任编辑：金林茹　　文字编辑：袁玉玉

责任校对：王鹏飞　　装帧设计：王晓宇

出版发行：化学工业出版社

（北京市东城区青年湖南街13号　邮政编码100011）

印　　装：三河市航远印刷有限公司

787mm×1092mm　1/16　印张 14¼　字数 355 千字

2026年2月北京第1版第1次印刷

购书咨询：010-64518888　　售后服务：010-64518899

网　　址：http://www.cip.com.cn

凡购买本书，如有缺损质量问题，本社销售中心负责调换。

**定　　价：89.00元**

# 前言

制造业不仅是国家经济的基石和支柱，也是推动科技创新和保障国家安全的重要力量。随着全球产业竞争的日益加剧，我国制造业正面临着技术创新和产业转型的双重挑战。在这一背景下，智能装备的运维技术日益成为提升制造业竞争力的关键。通过信息技术、智能化技术和大数据的深度融合，智能装备的运维可以有效提高生产效率、优化资源配置，并保障产业链的安全稳定。

本书旨在深入探讨智能装备运维领域的最新研究成果与应用实践，重点介绍智能装备的监测、故障诊断、剩余使用寿命预测、维护决策制定，以及PHM（预测性维护）系统开发技术。全书通过分析当前智能装备运维的现状，揭示了这一领域在智能制造中的重要作用，结合实例分析和技术方法，探索如何利用大数据、机器学习和深度学习等先进技术提高智能装备的运维效率和可靠性。

本书除对智能装备运维技术进行了系统梳理，还特别关注其在实际生产中的应用与挑战，深入讨论数据采集、预处理、故障诊断、预测性维护等核心技术。通过对具体案例的分析，帮助读者更好地理解如何在不同的工业场景下应用这些技术，推动制造业的高质量发展。

随着我国制造业的转型升级，智能装备运维技术的深度应用将成为提升制造业核心竞争力的重要途径。希望本书能够为学术研究人员、工程技术人员及产业界提供实用的参考和指导，助力我国制造业实现数字化、智能化的跨越式发展。

限于笔者水平，书中不妥之处在所难免，恳请广大读者批评指正！

著者

# 目录

# 第1章 绪论

## 1.1 智能装备运维的相关概念和发展现状

### 1.1.1 智能装备运行维护的概念

智能装备的运行维护（简称运维）是指确保工业装备在正常运行状态下持续高效工作，并在需要时进行及时维护和修理的一系列管理活动。广义的装备运维在工业产品全生命周期的各个环节都有体现，包括但不限于装备的运行管理、维护计划的制订与执行、装备故障检测与修复、性能优化及安全管理等。通常来说，智能装备的运维发展历程可以大致分为以下三个阶段。

**（1）事后维护**

通俗地来说，事后维护（breakdown maintenance，BM）是运行到损坏再进行修理，即仅在装备运行到失效或人为可观测到的明显故障后执行。这种维护方式通常是被动和无计划的，维护工作也往往是临时和紧急的，其目的是尽快恢复装备的正常运行状态，而不是预防故障的发生。相比于其他方法，该方法需要花费更多的时间和资源来修复设备，可能导致生产中断和额外的成本支出。

**（2）预防性维护**

预防性维护（preventive maintenance，PM）的出现标志着维护理念的转变，它更强调维护工作的系统性。通过定期的检查、保养和维修来预防装备故障和损坏，并延长装备的可靠性和稳定性。预防性维护包括但不限于易损件的定期更换、装备的清洁润滑及调整工作的定期开展等，而维护频率则需要根据事后修理费用或综合生产目标达成情况及稼动率等因素进行确定，过高易造成成本浪费，而过低则难以保证及时维护。相较于事后维护，预防性维护更有助于减少突发故障的发生，提高装备的生产效率，降低维护成本和增强设备的可用性。

**（3）预测性维护**

预测性维护（predictive maintenance，PdM）又称以状态为依据的维修策略（condition-based maintenance）。机器运行时，对它的主要（或需要）部位进行定期（或连续）的状态监测和故障诊断，判定装备所处的状态，预测装备状态未来的发展趋势，依据装备的状态发展趋势和可能的故障模式，预先制订预测性维护计划，确定机器应该修理的时间、内容、方式，以及必需的技术和物资支持。预测性维护集装备状态监测、故障诊断、故障（状态）预测、维修决策支持和维修活动于一体，是一种新兴的维修方式。

上述三种运维方式的基本信息可以参考表 1.1。尽管事后维护已不再适用于大部分高端精密工业装备，但由于相对较低的技术和人员需求，其仍然存在较高的适用性，如低维护成本装备和潜在故障点较多的老旧装备等。预防性维护具有最为均衡的维护成本，因此适用程度最高，在汽车、航空航天等多个领域被广泛使用。预测性维护由于起步较晚，加之前期的高昂投入成本，仍然处于起步和探索阶段。

**表 1.1 三种运维方式的基本信息情况**

| 项目 | 事后维护 | 预防性维护 | 预测性维护 |
|---|---|---|---|
| 理论/原理 | 故障后维修，无计划性 | 定期维护，有计划性 | 基于状态，有计划性 |
| 所需数据 | 无 | 历史数据（成本及维护情况） | 历史数据和实时数据（传感监测数据） |
| 维修规模 | 大 | 较大 | 较小 |
| 停机时间 | 长 | 较长 | 较短 |
| 优点 | 短期效益高 | 综合效益高 | 长期效益高 |
| 缺点 | 停机时间长，不适用于复杂高端设备 | 维护间隔设定依赖于先验知识，资源浪费 | 技术难度大，前期投入成本高 |

## 1.1.2 智能装备运维的 AIOps 平台与技术架构

得益于数智化浪潮的迅猛发展，预测性维护开始和传感器、物联网和人工智能等信息技术融合，逐渐开始向智能运维技术转变。智能运维（artificial intelligence for IT operations，AIOps）指利用先进的信息技术对设备、系统或网络进行智能化管理和维护。通过智能运维技术能够实现设备的实时监测、故障预测、自动诊断、远程控制等功能，从而提高设备的可靠性、稳定性和运行效率，降低运维成本，减少生产中断和安全风险。对于制造系统中的关键高端设备（如高精度数控机床、航空发动机、复杂装备生产线相关装备等），其运维成本高、维修周期长、停机损失大，经常出现用了怕坏、坏了怕修的局面，从而导致关键高端装备利用率低、高端制造系统整体绩效不理想的现实问题。

2022 年，云智慧发布的《中国智能运维实践年度报告》中，曾将智能运维技术的成熟度模型划分为六个等级，如表 1.2 所示。

**表 1.2 智能运维技术分级成熟度模型表**

<table>
<tr><th colspan="2">项目</th><th>等级 0</th><th>等级 1</th><th>等级 2</th></tr>
<tr><td colspan="2">定义</td><td>人力运维</td><td>辅助运维</td><td>一体化运维</td></tr>
<tr><td colspan="2">主题词</td><td>原始</td><td>辅助</td><td>整合</td></tr>
<tr><td colspan="2">业务用户体验</td><td>服务长时间中断，无申诉渠道，响应慢，恢复时间不确定</td><td>服务经常中断，直接联系负责人解决，恢复时间有预期</td><td>服务偶尔中断，有明确申诉渠道和流程，服务质量有重大提升</td></tr>
<tr><td colspan="2">到下级的提升手段</td><td>监控工具建设，补全工具短板</td><td>构建和优化 IT 运维管理体系</td><td>运维数据大集中，引入运维中台</td></tr>
<tr><td rowspan="2">运维特征</td><td>组织管理情况</td><td>运维人员身兼数职；被动救火；全凭个人经验</td><td>“竖井”状或“烟囱”状组织结构；专人专岗、被动运维</td><td>初步运维体系化（角色、岗位、KPI）；有制度、有规范、有平台、有考核、有计量</td></tr>
<tr><td>流程管理情况</td><td>无追溯、无审计</td><td>有表格记录，或有记录无规范</td><td>引入 IT 服务管理</td></tr>
</table>

续表

| 项目 | | 等级 0 | 等级 1 | 等级 2 |
|---|---|---|---|---|
| 运维特征 | 工具应用情况 | 手工方式、低效、高风险 | 使用工具辅助部分告警；离散化、低效无闭环 | 监控集中整合，包括统一告警、IT 服务管理、运维操作自动化、IT 资产管理、运维数据可视化 |
| | 数据管理情况 | 无运维数据概念 | 部分关注监控、日志、性能数据 | 关注监控、日志、性能数据；开始建立运维数据汇集层 |
| 应用平均故障恢复时间 | | 天级 | 小时级 | 小于 1 小时级 |
| 项目 | | 等级 3 | 等级 4 | 等级 5 |
| 定义 | | 初步智能化 | 高度智能化 | 完全智能化 |
| 主题词 | | 打通 | 预测 | 自治 |
| 业务用户体验 | | 业务效能提升，用户体验明显改善，可实现智能自助服务 | 业务持续洞察，业务运营活动可决策 | 服务中断、切换、升级、扩容均无感知 |
| 到下级的提升手段 | | 引入机器学习和算法模型，实现决策智能 | 充分利用流程挖掘超自动化技术、人工智能化 | |
| 运维特征 | 组织管理情况 | 数据驱动型组织，业务可观察、资产可知、状态可视、运维可管、安全可控 | 算法驱动型组织，有能力实现异常检测、根因分析、故障预测关联分析、容量预测和优化 | 业务战略目标驱动型组织；可无人值守、自主进化、故障自愈 |
| | 流程管理情况 | 运维服务管理流程全覆盖 | 开发、运维、安全流程一体化 | 流程精益，以价值驱动为中心 |
| | 工具应用情况 | 引入运维中台（业务视角、场景化、用户体验），包括用户体验监控、统一配置管理数据库、运维大数据、运维指标体系 | 行业运维数据模型、算法库、算法范式、算法白盒化、业务场景看板 | 流程挖掘、超自动化、AI 化 |
| | 数据管理情况 | 全面关注监控、日志等各类数据；构建运维大数据平台；统一采集、存储、分析；评价 IT 基础设施和应用对业务运营的影响 | 形成丰富的数据消费场景；提供自助式数据消费服务；将机器优势与运维专家经验相结合，形成运维知识图谱；数据洞察和预测 | 对数据自主分析；AI 自主决策 |
| 应用平均故障恢复时间 | | 分钟级 | 秒级 | 毫秒级 |

通过以数据为基础、算法为支撑、场景为导向的 AIOps 平台，可以为企业现有运维管理工具和管理体系赋予统一数据管控能力和智能化数据分析能力，全面提升运维管理效率。现阶段 AIOps 的目标不是 NoOps，而是 BetterOps，通过更高效的运维帮助企业快速洞察人力难以企及的故障和问题，准确预测风险，化被动运维为主动运维。通过整合分析 IT 基础设施、应用性能管理（application performance management，APM）、网管系统（network performance management，NPM）、日志、数字化体验监测数据，AIOps 平台可以有效提升运维流程效率。在 AIOps 平台不断发展的过程中，往往需要整合三方面的知识：行业、业务领域知识，根据业务特点相关的知识经验积累，熟悉生产实践中的难题；运维领域知识，如指标监控、异常检测、故障发现、故障止损、成本优化、容量规划和性能调优等；

算法、机器学习知识，把实际问题转化为算法问题，包括各种人工神经网络。

AIOps 团队内部人员根据职能可分为三类团队，分别为站点可靠性工程师（site reliability engineer，SRE）团队、开发工程师（稳定性保障方向）团队和算法工程师团队，他们在 AIOps 相关工作中分别扮演不同的角色。SRE 能从业务的技术运营中，提炼出智能化的需求点，在开发实施前能够考虑好需求方案，产品上线后能对产品数据进行持续的运营。开发工程师负责进行平台相关功能和模块的开发，以降低用户的使用门槛，提升用户的使用效率，根据企业 AIOps 程度和能力的不同、运维自动化平台开发和运维数据平台开发的权重不同，在工程落地上能够考虑好健壮性、鲁棒性、扩展性等，合理拆分任务，保障成果落地。算法工程师则针对来自 SRE 的需求进行理解和梳理，对业界方案、相关论文、算法进行调研和尝试，完成最终算法落地方案的输出工作，并不断迭代优化。各团队之间的关系如图 1.1 所示。

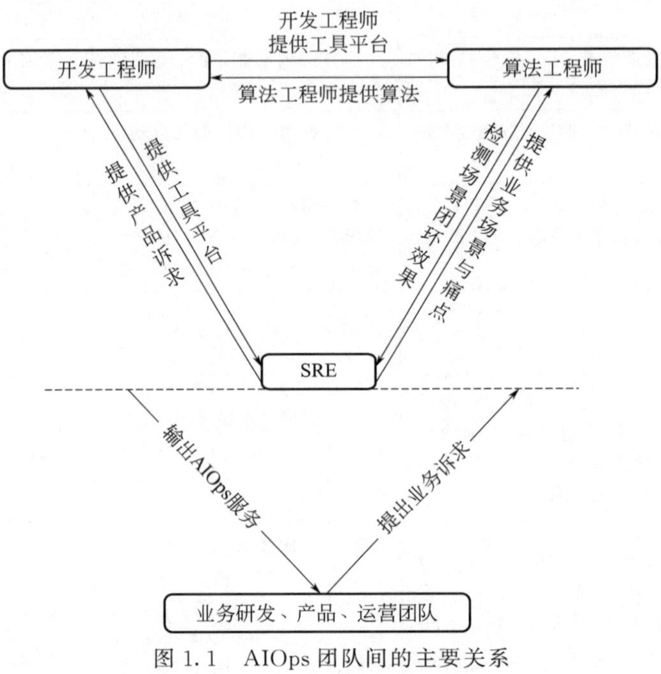


图 1.1　AIOps 团队间的主要关系

### 1.1.3　智能装备运维的发展现状

在当前高度工业化的背景下，智能故障诊断与运维技术正成为现代制造业和互联网行业的重要支撑。全球领先的科研机构不仅持续推出先进的科研成果，还积极与工业界进行深度合作，共同推动智能运维技术的应用与发展。例如，卡内基梅隆大学与 Netflix 合作，提出并应用了多种人工智能方法，推动了网络视频运维领域的创新。南京大学周志华教授团队专注于机器学习算法的研究，其提出的孤立森林（isolation forest）算法被广泛用于异常数据的挖掘和故障检测，已在 360 公司和腾讯的系统运维中成功应用，实时检测并分析异常。清华大学的 NetMan 智能运维实验室则专注于异常检测、分析与预测，提出了多种有效的算法和工具，推动了与交通银行、阿里巴巴和 IBM 等公司的产学研合作。

在互联网行业，智能运维技术已经广泛应用，助力企业提高故障处理效率并减少生产停机。阿里巴巴研发了智能故障管理平台，通过以业务为导向的设计，结合机器学习方法实现业务异常的精准检测与快速恢复。该平台通过时间序列分析和机器学习技术预测未来业务指标的趋势，并能自动切换AP接口恢复业务异常。平台的实施使故障发现准确率提高到80%，召回率达到90%，每周节省约29h的误报处理时间。百度在智能流量调度方面取得了显著进展，通过建立统一的感知、决策和执行框架，提升了单机房的故障自愈能力。京东金融则通过网络拓扑分析，结合调用链、时间相关性算法和神经网络算法，成功缩短了故障排查和恢复时间，并利用智能巡检机器人提升了机房巡检的效率和智能化水平。腾讯则通过其织云监控平台，基于机器学习的时间序列异常检测方案，在海量日志中迅速检测异常，保障了平台的稳定运行。

在国内制造业领域，智能运维作为数字化转型的核心技术，已在多个企业中取得应用成果。陕鼓集团通过智能化控制、数字仿真、远程诊断等技术提供全生命周期智能制造解决方案，包括数字化工厂、动力装备能效优化等。三一集团将智能运维、物联网与大数据技术结合，推动了企业数字化转型，搭建了ECC客户服务平台。博睿数据作为国内领先的运维公司，已经在银行、证券、保险、汽车、互联网等多个行业成功落地智能运维解决方案。

在国际制造业领域，西门子通过其数字孪生技术，实施了精准的预测性维护解决方案，帮助制造业客户通过实时监控、数据采集与故障诊断提升生产效率，减少停机时间，并通过大数据分析预测设备故障的发生概率，从而采取预防措施。博世在智能运维领域也取得了显著进展，特别是在制造业和汽车行业。通过Bosch IoT Suite平台，博世将传感器数据与生产线数据结合，运用人工智能分析设备健康状态，预测设备故障并进行提前维修。博世还通过AR技术和智能眼镜推出智能维修解决方案，提高了设备故障诊断和修复效率。施耐德电气通过其EcoStruxure平台，为多个行业提供了全面的设备监控、数据分析和远程诊断功能，特别是在能源管理和建筑自动化领域，施耐德利用智能传感器和分析工具，帮助客户实时监控设备健康状态，提前识别潜在问题并降低故障发生率。

这些智能运维平台的实施，不仅极大提升了设备的可靠性，提高了生产效率，还帮助企业显著降低了维护成本。随着物联网、人工智能、大数据等技术的不断进步，智能运维将继续推动全球制造业和互联网行业向更加智能化、数字化的方向发展。

以木联能公司的基于AI技术及大数据技术的光伏电站智能运维平台为例，其AI应用框架主要包括数据采集及预处理、智能故障告警、缺陷单自动创建及分配、智能巡检、智能趋势分析几个模块。

① 数据采集及预处理：通过机器视觉，对采集的数据进行数据清洗，从而实现采集数据正确性校验及补充。系统根据设置的清洗条件，对异常数据进行剔除和过滤，并对缺失数据进行补充，从而保证采集数据的准确性和完整性，为后期的数据分析提供基础保障。

② 智能故障告警：系统以光伏电站大量故障信息及其产生原因为基础数据，进行模型训练，建立新能源电站常见告警信息及产生原因模型库。利用智能搜索及推理技术，对各电站的实时运行数据及历史数据进行全面分析，及时获取各电站的隐藏故障并进行告警提示，主要包括数据越限、设备告警、遥信变位、设备故障、库存不足、亚健康设备、可提升节点等，从而使用户在第一时间了解电站存在的异常信息。

③ 缺陷单自动创建及分配：系统结合实时采集数据和历史数据分析结果，利用自主学习技术感知电站存在的故障信息，并结合故障内容自动创建缺陷单。同时，系统根据移动单兵设备定位各运维人员实时位置，将缺陷单智能分配给离故障点最近的人员，从而最大化提升运维效率并降低故障强度。

④ 智能巡检：缺陷单自动创建及分配系统与移动单兵无缝对接，实现可视化智能巡检作业，有效进行远程巡检指挥、巡检轨迹监测、巡检过程回放、巡检任务下发、巡检结果反馈等工作，实时掌握巡检工作的进度及结果，增强巡检工作的稳定性、可靠性、可控性，确保巡检工作的质量，有效降低事故发生率，提高人员的工作效率。

⑤ 智能趋势分析：系统结合大量光伏电站的历史辐射数据和电量数据，通过数据挖掘与推理技术建立了准确可靠的预测模型，从而对电站全生命周期的发电量、收益等信息进行预测，为电站的计划发电量提供数据依据。

另外，该平台还引入了大数据技术作为辅助。系统通过对海量历史数据分析，结合软计算、图谱分析、分析决策等技术，获得光伏电站的合理电量损失比例、综合效率、设备性能、电站能耗等关键健康指标。此外，通过分析各电站生产运行数据，提供全面的对标功能，系统可以从发电、损耗、运维等多方面进行单电站纵向对标和多电站横向对标，从而发现电站的不足，并持续优化。

## 1.2 智能装备运维框架中的应用场景及机遇挑战

### 1.2.1 智能装备运维框架基本组成及应用场景

2018 年发表的《企业级 AIOps 实施建议》白皮书中描述的 AIOps 平台在具体的工具或产品对象中应具备的功能模块如下。

① 交互式建模功能：支持用户在平台上交互式地进行模型的开发调试，通过简单的方法配置完成模型的构建。

② 算法库：用户可以在算法库中找到常用的算法并直接使用。算法按照用途分类，以供用户方便地使用。

③ 样本库：用于管理用户的样本数据，供用户建模时使用，支持样本的增、删、改、查等基本操作。

④ 数据准备：支持用户对数据进行相关的预处理操作，包括关联、合并、分支、过滤等。

⑤ 灵活的计算逻辑表达：在基本常用的节点功能之外，用户还可以自由地表达一些计算逻辑，该需求主要是通过让用户写代码或表达式来支持。

⑥ 可扩展的底层框架支持：平台本身要能灵活地支持和兼容多种算法框架引擎，如 Spark、TensorFlow 等，以满足不同的场景以及用户的需求。

⑦ 数据分析探索：让用户能够方便快捷地了解认识自己的数据，用户只有基于对数据充分的认识与理解，才能很好地完成模型的构建。

⑧ 模型评估：对模型的效果进行评估，用户需要依据评估的结论对模型进行调整。

⑨ 参数以及算法搜索：能自动快速地帮助用户搜索算法的参数，对比不同的算法，帮助用户选择合适的算法以及参数，辅助用户建模。

⑩ 场景模型：平台针对特定场景沉淀的解决方案，这些场景都是通用常见的，用户可以借鉴参考相关的解决方案以快速地解决实际问题。

⑪ 实验报告：模型除了部署运行，相关挖掘出来的结论也要能够形成报告，以供用户导出或动态发布使用。

⑫ 模型的版本管理：模型可能有多个不同的版本，线上运行的模型实例可能分属各个不同的版本，版本管理支持模型不同版本的构建发布以及模型实例版本切换升级等。

⑬ 模型部署应用：模型构建完成后需要发布应用，模型部署应用功能支持模型的实例化，以及相关计算任务的运行调度管理。

⑭ 数据质量保障：全链路的数据监控能够完整地掌控数据的整个生命周期，具备对丢失的数据执行回传补录的能力，保障数据的可用性。

智能装备运维技术在工业领域的应用正迅速变革传统的设备管理方式。通过实时监控、故障预测和智能维护，智能运维能够显著提高生产效率、减少设备故障，并降低运营成本。在多个工业应用场景中，智能运维已经展现出了其独特的优势。

在高端制造装备的运维中，智能运维技术已广泛应用于数控机床、工业机器人和自动化生产线等设备。这些设备通常对精度和稳定性要求极高，通过实时监控其关键参数，如温度、压力和振动，智能运维能够提前发现设备异常并进行及时调整。例如，数控机床通过振动监测系统，可以在故障发生前就预测到潜在问题，避免生产停机。而在自动化生产线，智能运维不仅能够实时诊断设备故障，还能有效预警，保障生产线的持续稳定运行。

预测性维护是智能装备运维的另一个重要应用领域。传统的维护方式往往依赖于定期检查或设备故障后的维修，这种方法无法避免突发故障导致的停机。智能运维通过传感器和数据分析技术，能够实时监控设备状态，提前预测潜在故障并安排必要的维护工作。这种方式显著减少了设备的非计划停机时间，优化了生产效率。例如，电机和泵类设备，通过对振动和温度等数据的监测，能够及时发现故障征兆，进行针对性的修复。

在能源设备的智能管理方面，智能运维技术帮助提升了设备的运行效率，并降低了能耗。电力系统、锅炉和压缩机等关键设备，依赖于持续的稳定运行，智能运维通过数据监控和预测优化，提升了设备的可靠性，并降低了能耗。例如，锅炉和热交换器的健康管理能够通过智能运维技术实现性能优化，提前发现设备故障，避免由设备问题造成的生产中断。

随着工业 4.0 的推进，智能工厂和数字化车间的建设也日益成熟。在此环境下，智能运维技术成为确保设备稳定运行的核心工具。通过实时采集生产线各类传感器的数据，智能运维能够帮助企业实现设备健康管理，确保设备的高效运作。在智能工厂中，智能运维不仅能够实时监控设备状态，还能根据生产需求制订个性化的维护方案，保障生产线的无缝衔接和持续运转。

远程监控与故障诊断是智能装备运维的重要补充，尤其适合设备分布广泛或位于偏远地区的场景。通过远程平台，运维人员可以实时监控设备健康状况，提前识别潜在问题，并在必要时进行远程诊断和修复。这一方式有效降低了人员成本，提升了设备的维护效率和响应速度。

智能运维技术还在智能物流和仓储设备中发挥着越来越重要的作用。自动化输送系统、堆垛机等设备依赖于稳定的运行，智能运维通过实时监控和智能调度，确保设备的高效运作，并减少故障带来的中断。通过运维平台，企业可以实现对物流设备的精确管理和故障预测，避免由设备问题造成的生产延误和物流瓶颈。

智能装备运维技术在工业中的应用，涉及从高端制造到能源管理、智能工厂以及远程运维等多个领域。其通过实时监控、故障预测和智能化维护，极大地提升了设备的可靠性和生产效率，并降低了运营成本。随着智能化技术的进一步发展，智能运维将在未来的工业生产中扮演更加重要的角色。

### 1.2.2 大数据时代下运维框架面临的机遇与挑战

随着大数据技术的快速发展，运维框架作为信息系统中的重要组成部分，正经历着从传统手工操作向自动化、智能化的转变。大数据的核心特性，如海量数据、实时处理和多样化数据源，对现有的运维系统提出了新的要求。在大数据环境下，运维框架不仅是系统的“看护者”，更是“调度者”和“优化师”，它肩负着保证系统稳定、高效运行的重任。与此同时，随着大数据应用的日益普及，运维框架也迎来了前所未有的机遇和挑战。

运维框架所迎来的机遇主要为以下几个方面。

① 数据驱动的智能化运维：大数据的出现为运维工作提供了前所未有的分析和预测能力。传统的运维大多依赖于经验和手工监控，而在大数据时代，运维框架可以通过分析系统日志、性能指标、网络流量和用户行为数据，提前识别系统潜在的故障。例如，通过机器学习算法，运维人员可以对历史数据进行建模，从而在问题发生前得到预警。这种数据驱动的智能化运维不仅提高了系统的可靠性，也减少了人为干预和操作失误。

② 自动化运维与效率提升：随着数据规模的不断扩大，人工管理已经难以满足需求。自动化运维通过大数据技术，可以在处理复杂任务时大幅提高效率。比如，运维框架可以通过自动化脚本或工具，完成系统监控、资源调度、故障修复等一系列任务。大数据提供了对系统状态的全方位分析，使自动化运维能够基于实际数据动态调整系统配置，确保资源得到最优分配。这不仅大幅提高了运维效率，还减少了人为操作带来的风险。

③ 可视化与实时监控：大数据技术赋予了运维系统实时处理和分析海量数据的能力。运维人员能够通过可视化工具对系统的各项关键指标进行动态监控。例如，运维团队可以借助数据仪表盘展示系统性能、应用状态和用户请求的分布情况。实时监控不仅能帮助运维人员及时发现潜在问题，还可以在异常情况发生时，迅速做出反应，从而避免系统大规模宕机或服务中断。

④ 容器化与微服务的助推：大数据的普及带动了微服务架构和容器技术的发展。运维框架结合容器化技术，使系统可以在分布式环境中快速部署和扩展，确保在面对海量数据时仍能保持灵活性和扩展性。微服务架构使复杂系统被拆分为多个小型服务，运维框架可以更加灵活地对每个服务进行管理和监控。这些技术不仅增强了系统的稳定性，也使运维管理更加简洁高效。

运维框架所迎来的挑战主要为以下几个方面。

① 数据复杂度与海量数据处理：在大数据环境中，系统需要处理的数据和数据类型都极其多。运维框架需要面对的是海量的系统日志、性能数据、用户行为数据以及其他应用数据。这些数据往往包含在不同的格式和信息源中，给数据采集、存储、分析带来了巨大的挑战。如何有效地处理和分析这些海量数据，成为运维框架必须解决的问题之一。

② 高并发与系统扩展性：大数据应用通常需要面对大量并发请求和海量用户，这对系统的稳定性和响应速度提出了严峻考验。运维框架必须设计出能够应对高并发环境的架构，以保证系统在负载剧增的情况下仍能平稳运行。系统扩展性不仅包括水平扩展（增加服务器节点以处理更多请求），还包括垂直扩展（提升单节点的处理能力）。运维框架需要具备灵活的扩展机制，以应对不同的应用场景。

③ 实时性与故障快速响应：在大数据环境下，任何系统故障都有可能引发连锁反应，甚至导致严重的经济损失。因此，运维框架需要具备强大的实时监控能力和故障处理机制，

能够在故障发生的第一时间做出响应。为了实现这一点，运维框架不仅需要依赖传统的监控工具，还需要结合大数据分析技术，对系统运行状态进行动态评估，并在故障发生之前进行预警或自动修复。

④ 安全性与隐私保护：大数据的广泛应用带来了数据隐私和安全风险，尤其是在处理敏感数据时，运维框架必须确保系统安全。运维人员需要考虑如何防止数据泄露、如何保护数据传输的安全性以及如何应对外部的网络攻击。大数据的分布式特性进一步增加了安全管理的复杂性，运维框架需要在系统设计中引入多层次的安全机制，确保数据在传输、存储和访问中的安全性。

⑤ 复杂的技术栈与运维人员的能力要求：大数据技术栈涉及多个领域，包括分布式计算、存储、实时流处理等，运维框架需要与这些技术进行深度集成。对于运维人员而言，这意味着他们不仅要掌握传统的运维技能，还需要深入了解大数据相关技术，如 Hadoop、Spark、Kafka 等。面对不断变化的技术环境，运维团队需要不断学习和提升自己的技术能力，以应对复杂的系统运维需求。

在大数据时代，运维框架正面临着前所未有的机遇与挑战。随着大数据技术的广泛应用，运维系统的智能化和自动化得以实现，极大提升了运维效率与系统稳定性。通过实时监控和数据分析，企业能够提前预测潜在故障并进行干预，从而减少设备停机时间，提升生产效率与系统可靠性。尤其是在工业生产、互联网服务以及其他高要求领域，智能运维系统能够提供及时的故障预警和精确的维护决策，有效防止生产中断和资源浪费。

然而，随着数据规模的不断扩大，海量数据的存储、处理和分析带来了前所未有的复杂性。在高并发环境下，运维系统如何实现高效的数据处理、快速扩展并保持系统的稳定性，已成为企业面临的重大挑战。尤其是在大规模设备、系统和用户的实时数据流中，如何处理大量来自不同来源、格式和结构的数据，如何快速识别出异常并进行响应，成了运维系统中最为关键的技术难题。

此外，数据的隐私与安全问题也日益突出。在大量敏感数据的存储和处理过程中，如何确保数据的安全性、合规性以及用户隐私，已成为技术实现的另一大难题。运维系统需要遵循严格的数据保护标准，避免数据泄露、篡改和非法访问。与此同时，数据的安全性也需要和系统的扩展性、灵活性相平衡，以确保在业务需求不断变化的情况下，运维系统能够持续高效运行。

为了应对这些挑战，企业不仅需要优化现有的运维框架，提升数据存储、处理和分析的能力，还需要加大对技术人员的培养与储备。高效的运维框架不仅仅依赖于先进的技术，还需要具备跨学科的知识储备和技术实践能力。技术人员需要掌握大数据架构、人工智能、机器学习以及数据安全等方面的知识，才能更好地应对不断变化的技术需求，确保系统能够高效、稳定地运行。

因此，企业必须加强技术的创新与迭代，整合多种先进技术来提升运维框架的性能，同时优化系统架构，增强数据处理能力和应对高并发的能力。此外，还需要通过持续的技术培训和人才引进，建立一支具备高度专业能力的运维团队，以便及时应对日益复杂的运维需求，保持系统的高效性和安全性，确保业务的持续稳定发展。在这种背景下，智能运维将不仅仅是提升效率的工具，更是企业在数字化转型过程中不可或缺的核心能力。

# 第 2 章 智能装备监测数据的采集及预处理

为加速我国从制造大国向制造强国的转型，并进一步跻身全球制造强国的行列，我国于 2015 年 5 月提出了《中国制造 2025》战略行动纲领。这一纲领文件不仅强调了在发展传统制造业的基础上推进制造业升级的目标，还特别突出智能制造在国家产业结构调整中的重要性和迫切性。与传统制造方式不同，智能制造不仅是传统中低端制造业的升级和拓展，更是通过先进制造技术与信息技术的深度融合，赋予传统机械装备感知、分析、推理、决策和控制等高端智能功能，极大提升生产效率、产品质量和系统可靠性。

在中国智能制造的实现过程中，智能装备作为基础设施，起到了至关重要的作用。它们广泛应用于各个工业领域和产业环节，是现代生产体系的核心支撑。然而，智能装备在长期使用过程中，往往受到多种环境因素和工艺因素的复杂耦合作用，这些因素包括振动、热疲劳、强应力、腐蚀、磨损、电磁干扰等。这些外部和内部因素的综合作用，不仅会导致智能装备的使用寿命缩短、性能降低，还可能引发设备故障或事故，进而带来经济损失、生产停滞甚至人员安全隐患。因此，如何有效提升智能装备的可靠性和稳定性，成为推动中国智能制造战略成功实施的关键。

智能装备的健康监测技术，作为实现智能制造的核心技术之一，正是解决这一问题的重要手段。通过实时监控和分析机械装备的关键运行参数，可以及时发现潜在故障，提前进行预测，进而制定精准的维护决策。健康监测技术不仅可以帮助诊断设备的健康状况，还可以通过对故障部件的分析和优化设计，提前进行改进和升级，从而有效避免突发事故的发生。这种技术不仅提高了设备的使用寿命和工作效率，更对保障生产过程的安全性起到了至关重要的作用，进一步推动了社会经济效益的提升。

因此，智能装备健康监测技术不仅是智能制造的技术基础，也是保障国家核心工业装备安全运行的重要保障。它如同国之重器的保护伞和护身符，为我国在全球制造强国行列中占据一席之地提供了强有力的支撑。在《中国制造 2025》的战略框架下，推进智能装备健康监测技术的发展，将为我国制造业的转型升级和长期可持续发展提供坚实的技术保障，为打造具有全球竞争力的现代化工业体系奠定基础。

# 2.1 智能装备监测大数据的概况及特点

## 2.1.1 智能装备监测大数据的概况

智能装备正在朝着高速、高精、高效方向发展，为了确保这些装备的健康运行，健康监测系统采集了海量数据来反映机械的健康状况，促使智能装备健康监测领域进入了大数据时代。智能装备大数据具有大容量、多样性与高速率的特点，研究和利用先进的理论与方法，从智能装备大数据中挖掘信息，高效、准确地识别装备的健康状况，成为智能装备健康监测领域面临的新问题。这些数据涵盖了设备的运行状态、性能表现、环境条件等方面的信息，并通过现代信息技术（如物联网、云计算、大数据分析等）进行存储、处理和分析，最终为设备管理、故障预警、维护优化、生产调度等决策提供支持。

智能装备监测大数据主要有以下几个来源。

① 传感器、仪器和监测设备　各种工业设备（如机器、机械、输送系统、泵、阀门等）上安装的传感器、仪器和监测设备（温度传感器、压力传感器、流量计、振动传感器等）实时采集设备的运行数据。

② 控制系统　来自工厂自动化系统中的控制器（如 PLC、SCADA 系统、DCS 等）和操作日志。这些系统记录了设备的操作指令、控制命令、系统报警等信息。

③ 外部环境因素　除设备本身的监测数据外，外部环境（如气候、温湿度、周围噪声等）也可能影响设备的运行状况，因此相关的数据也须同步监测。

智能装备监测大数据的应用已广泛渗透到多个行业和领域，涵盖了从预测性维护到生产优化、设备健康监测、能效管理以及智能制造等多方面的内容。随着工业 4.0 时代的到来，智能装备监测大数据不仅为传统工业带来了巨大的技术革新，也为企业提供了全新的管理模式和决策支持，推动了生产方式的智能化和精细化。

在预测性维护领域，通过对设备运行数据的深度分析，智能装备监测系统能够准确预测设备可能发生的故障或损耗，并提前发出预警信号。这使企业可以在故障发生之前进行维护或更换部件，从而避免生产线停运或设备故障带来的巨大损失。通过这种提前预知故障的方式，企业能够有效减少停机时间，降低维护成本，并提高生产的可靠性和持续性。

在设备健康监测方面，智能监测系统通过实时监控设备的运行状态，获取精确的健康指数。这些健康指数反映了设备的当前运行状况及其可能的故障风险，为设备管理人员提供了全面的设备健康信息，使他们能够及时调整操作策略，避免设备故障的发生。设备健康监测不仅帮助管理人员做出及时决策，还能延长设备的使用寿命，提升设备的整体性能和稳定性。

在生产优化领域，智能装备监测系统通过采集并分析设备和生产线的运行数据，能够识别出生产过程中存在的瓶颈和效率低下的环节。基于这些数据，企业可以优化生产调度、调整工作流程，从而提高资源利用率、缩短生产周期，最终提升整体生产效率。这种数据驱动的优化方式使企业能够根据实时情况进行灵活调整，最大限度地发挥生产能力。

在能效管理方面，智能装备监测系统通过实时采集和分析设备的能耗数据，为企业提供了全面的能效评估。通过对能耗数据的深入分析，企业能够识别出能源浪费的环节，并通过优化设备运行方式、调整生产流程等措施，减少能源消耗，降低运营成本，同时达到节能减排的目的。尤其是在当前全球倡导绿色环保的背景下，能效管理成了企业可持续发展的重要部分。

在智能制造领域，智能装备监测大数据的应用通过精准监控设备的运行状况，不仅优化了生产过程中的能源使用，还推动了生产过程的自动化和智能化。借助数据分析和智能决策系统，智能制造能够实现高效的生产过程管理，提高生产灵活性、降低运营成本，并在提高产品质量的同时，加快市场响应速度，增强企业在全球市场中的竞争力。

总的来说，智能装备监测大数据的价值不仅仅体现在数据的收集与存储，更在于通过深度数据分析，实现设备管理的智能化和生产过程的优化。通过数据驱动的决策方式，企业能够在降低运营成本的同时，提升设备的运行效率，延长设备的使用寿命，减少不必要的停机时间，从而实现全面的生产力提升和成本控制。这种数据驱动的智能管理模式，不仅帮助企业提高了生产效率，增强了竞争力，也为企业在全球化和数字化的竞争环境中占据了有利位置。

### 2.1.2 智能装备监测大数据的特点

智能装备监测大数据首先具有大数据的通用特点，即“4V 特性”，包括规模性（volume）、多样性（variety）、真实性（veracity）和高速性（velocity）。

① 规模性　随着传感器技术的高速发展，工业监测数据的规模和积累速度呈爆发式增长，数据单位已经从 GB 级到 TB 级，再到 PB 级，甚至开始以 EB 和 ZB 来计数。如何高效、低成本地存储这些数据是首要问题。传统的数据存储方案往往难以满足如此庞大的数据量需求。另外，海量数据的分析和处理对计算资源提出极高的要求，对硬件基础设施和软件算法都是一种考验。规模性带来的挑战在于如何高效存储和管理海量数据，并从中提取有效信息，这不仅对数据的存储方案和分析工具带来了极为苛刻的要求，还对硬件等基础设施带来了巨大考验。传统的关系型数据库在应对大数据量级的监测数据时难以实现高效存储，需要转向分布式文件系统（如 Hadoop HDFS）和 NoSQL 数据库（如 Cassandra、MongoDB），并结合数据湖、数据压缩技术和存储优化技术实现高效的数据存储与管理。

工业大数据的规模性也带来了诸多的机遇，为发现隐藏的模式、趋势提供了可能，企业能据此做出更精准的市场预测和用户行为分析。另外，数据分析促进了新业务模式的诞生，如基于用户行为的大数据分析，帮助企业实现个性化推荐，增加用户黏性。

② 多样性　通常指数据来源与数据结构的多样性。高端精密机械装备的监测点通常涵盖了多个方面和部件，包括但不限于各种机械运行状态，如温度、压力、振动等多种物理参数，以及液体流量、电气信号等数据采集点。由于精密机械的复杂性和高度互联性，监测来源的多样性对于确保设备运行的稳定性、效率和安全性至关重要。对于工业装备智能运维系统，数据不仅来自传感器生成的结构化数据，还包括设备日志、影像数据、文本数据等非结构化或半结构化数据。不同类型和格式的数据难以统一和整合，传统的数据处理技术可能无法有效处理这些多样性数据，从而造成信息碎片化和关联性缺失。对于多样化的监测数据，往往需要采用数据整合与清洗技术、语义建模和数据标准化方法，以及先进的数据分析和挖掘技术（如自然语言处理、图像识别）来处理多样性数据，实现多方面的综合分析和信息挖掘。具体而言，可以通过多种数据整合工具［如使用 ETL(Extract、Transform、Load）工具或现代数据集成平台（如 Apache NiFi）］来整合不同来源和格式的数据。多模型数据库［采用支持多数据模型的数据库系统，如图数据库（Neo4j）、文档数据库（MongoDB），以

适应不同类型的数据存储和查询需求〕的发展也可以对大数据的多样性做到高效的整合。

工业大数据的多样性也带来了诸多机遇。多源数据的融合分析提供了更全面的视角，有助于发现数据间的隐含关系和深层次价值。利用多样化数据开发新服务，如情感分析、图像识别等，开拓了新的业务领域。

③ 真实性　由于受到工业噪声、错误操作、全生命周期的高成本采集等因素的影响，监测数据的真实性和完整性通常难以符合预期，并不能作为状态评估和决策（如健康等级划分和维修决策）及后续模型（如寿命预测和故障诊断）训练的直接来源。在数据来源多样且自动化实时监测的环境下，该问题尤其值得重视，当下主要的解决方法包括数据质量管理技术、异常检测和校正算法、数据验证与审计等。此外，考虑到破坏性实验给数据采集带来的困难，采集到的监测数据往往不能覆盖设备退化的全生命周期，或是难以满足数据驱动运维方法的数据量需求。对于高真实性需求的监测数据，往往需要采用多种手段，如数据清洗与校验（开发复杂的清洗算法和数据质量管理系统，识别并修正错误数据、重复数据和不一致数据）、元数据管理（建立元数据管理体系，记录数据的来源、格式、处理历史等信息，帮助评估数据质量）、数据治理（实施严格的数据治理策略，包括数据安全、隐私保护、合规性检查，确保数据的合法、合规使用）和数据增强（通过无监督或有监督手段在不实质性地增加数据的情况下，让有限的数据产生等价于更多数据的价值）。

针对工业大数据的真实性与质量控制，可以确保数据分析结果的可靠性，并增强后续决策的科学依据。此外，数据质量的改进过程也可以暴露并修复数据收集和处理流程中的漏洞，并提升整体的运营效率。

④ 高速性　处理速度快，时效性要求高。需要实时分析而非批量式分析，数据的输入、处理和分析连贯性地处理，这是大数据区分于传统数据挖掘最显著的特征。相较于中小规模的数据，工业大数据使用传统的批量处理方式无法满足实时性的需求，因此需要开发或采用如流计算等新技术。同时还需要确保系统在数据高速涌入时仍能稳定运行，避免数据丢失或处理延迟。针对此类问题，可以引入如 Apache Kafka、Apache Flink、Spark Streaming 等流处理框架，实现数据的实时摄入和处理。此外，利用内存数据库（如 Redis、Memcached）和内存计算技术（如 Apache Spark）减少 I/O 瓶颈，加速数据处理；或是设计事件驱动的系统架构，以应对数据的实时性需求，确保数据处理的低延迟。

工业监测大数据的数据集处理速度和实时性同时也能够帮助企业迅速响应市场变化，做出即时决策，提高竞争力。此外，实时反馈机制让用户感受到即时互动，提升服务质量和用户体验。

除了一般大数据的“4V 特性”，工业监测大数据还具有以下特点。

① 体量庞大　随着智能装备监测规模的不断扩大，数据种类日益增多，采样频率不断提高，采样时间也在延长，最终形成了庞大的数据体量，达到 PB 级以上。例如，飞机发动机、直升机发动机以及舰艇发动机，都配备了大量传感器，用于采集发动机各部件、系统和子系统的数据。这些数据通过特定算法进入发动机健康管理模块的数据采集与分析系统。在每台发动机中，约有 100 个传感器，每年通过卫星传送 PB 级的数据量，并生成约 5 亿份诊断报告。

② 多源异构　工业监测大数据来源广泛且分散，涵盖了多种机械装备在不同工况下的多物理源所辐射出的大量监测信息。这些数据类型多样且异构，从多个角度反映了机械装备的各种健康状态，为全面分析机械装备健康状态提供了可能。举例来说，北京北科亿力科技

有限公司建立的炼铁大数据平台，主要集成了物联网机器数据与内部核心业务数据。物联网机器数据包括炼铁 PLC 生产操作数据、工业传感器生成的检测数据、现场各类仪表数据等；而内部核心业务数据则涵盖生产计划数据、过程控制数据、成本装备数据、用户交互需求数据，以及基于模型计算和分析形成的知识库数据，还包括现场实际生产过程中积累的经验数据信息等。

③ 低价值密度　装备在长期服役过程中，即使装备处于正常状态，故障的类型也往往具有不确定性和不完全性。这使监测数据中往往包含大量重复且碎片化的信息，难以准确而全面地描述智能装备在周期性服役过程中的健康状态。此外，智能装备的运行环境常常多变，随机因素的干扰较多，例如恶劣服役环境中的强背景噪声，传感器的未校准或突发故障，数据传输过程中的信道异常中断、拥堵或遗漏等。这些因素使智能装备监测大数据中混杂着漂移、失真和残缺的“脏数据”，从而导致数据质量参差不齐。

④ 高速数据流　智能装备监测大数据贯穿机械装备整个运行的生命周期，通常表现为随时间快速变化的流式数据序列。这些数据提供了关于智能装备从设计、制造、装配到服役、监测和维护不同阶段状态动态变化的信息。有效处理这些高速监测数据流，并及时预警机械装备的潜在故障，能够预防微小故障快速恶化导致的设备损坏。例如，昆仑智汇数据科技（北京）有限公司与金风科技合作建立的风电装备大数据平台，数据回传频率从秒级提升至每秒 50 组的高频率。在峰值状态下，2 万台风机每秒可能产生数千万条传感器数据和机组运行日志数据。

## 2.2　智能装备监测数据的预处理方法及案例

智能装备监测大数据的预处理指的是对原始监测数据进行系统性和结构性的处理过程。这一过程旨在消除或减少数据中的噪声、不一致性和无效信息，以确保后续数据分析和应用的有效性和可靠性，并能够显著提升后续分析和模型建立的准确性和效率，同时帮助降低由原始数据质量问题引起的误解和错误的风险。

### 2.2.1　智能装备监测数据的预处理方法

工业装备监测数据的预处理方法是确保数据质量、提升数据分析准确性的关键步骤。工业装备监测数据通常具有大规模、多样化、高频次等特点，因此预处理环节需要采用多种方法来对数据进行清洗、转换、标准化和特征提取等操作，以便为后续分析提供高质量的数据基础。

**(1) 唯一/常值属性清洗**

唯一/常值属性清洗主要是识别和纠正数据中的错误、异常值和缺失值。这包括填补缺失的数据点、修复损坏的记录或删除不完整或不准确的数据。在进行清洗之前，通常需要对数据集中的唯一属性（通常是一些 id 属性，这些属性并不能刻画样本自身的分布规律）和常值属性（指在整个数据集中的所有样本上或整个周期中数值保持不变的无信息特征属性，这些属性对于模型训练和预测往往没有有效的帮助，甚至会降低训练效率并影响模型性能）进行去除。由于这两类数据通常占比很小，且去除起来比较简单，通常使用一些简单的自动化工具或者直接人工审查并去除。

**(2) 错误及异常值清洗**

对于数据缺失值的去除有三种基本方法：直接使用含有缺失值的特征；删除含有缺失值的特征（该方法在包含缺失值的属性含有大量缺失值而仅仅包含极少量有效值时是有效的）；缺失值补全。常见的缺失值补全方法包括以下几种。

① 均值插补和同类均值插补：如果样本存在可度量距离属性，一般会使用均值插补，如果距离不可度量，有时也会使用众数来进行插补；相较于普通的均值插补，同类均值插补会首先对样本进行分类，然后以该类中样本的均值进行插补缺失值。

② 建模预测：建模预测会将缺失的属性作为预测目标来预测，将数据集按照是否含有特定属性的缺失值分为两类，利用现有的机器学习算法对待预测数据集的缺失值进行预测。但如果其他属性和缺失属性无关，则预测的结果毫无意义；若预测结果相当准确，则说明这个缺失属性是没必要纳入数据集中的；一般的情况是介于两者之间。

③ 高维映射：该方法将属性映射到高维空间，采用独热编码（one-hot encoding）技术。将包含 $K$ 个离散取值范围的属性值扩展为 $K+1$ 个属性值，若该属性值缺失，则扩展后的第 $K+1$ 个属性值置为 1。相较于其他方法，该方法保留了所有的信息，也未添加任何额外信息，若预处理时所有的变量都这样处理，会大大增加数据的维度。这样做的好处是完整保留了原始数据的全部信息，不用考虑缺失值；缺点是计算量大大提升，且只有在样本量非常大的时候效果才好。

④ 多重插补及手动插补：多重插补认为待插补的值是随机的，实践中通常是估计出待插补的值，再加上不同的噪声，形成多组可选插补值，根据某种选择依据，选取最合适的插补值。

除上述方法外，还有极大似然估计、压缩感知和矩阵补全等，这些方法往往在面对特殊需求或是在数据集具有特定属性的情况下具有较好效果。总而言之，数据缺失值的插补方法需要根据数据属性和数据应用需求目标的不同进行具体选择。

**(3) 数据标准化**

广义的数据标准化指将不同来源、格式、规格的数据进行统一处理，使其具有可比较性和可操作性的过程。数据标准化的目的是提高数据质量、可用性、可靠性等指标，从而更好地支持数据分析和应用。本书中数据标准化则以数值数据的标准化为主。

在多指标评价体系中，由于各评价指标的性质不同，通常具有不同的量纲和数量级。当各指标间的水平相差很大时，如果直接用原始指标值进行分析，就会突出数值较高的指标在综合分析中的作用，相对削弱数值水平较低指标的作用。因此，为了保证结果的可靠性，需要对原始指标数据进行标准化（normalization）处理。标准化指的是将数据按照一定比例和准则进行缩放，使其落入一个特定的小区间内，从而去除数据的单位限制，将其转化为无量纲的纯数值，便于不同量级、不同单位或不同范围的数据转化为统一的标准数值，然后进行比较分析和加权。该步骤不但能提高模型的收敛速度，也能提升模型的精度。比如聚类分析中对象之间距离的计算，归一化可抑制指标值较大的变量对结果的影响，保证各特征对结果贡献相同。消除量纲则主要解决数据的可比性，使它们在对模型的贡献上具有平衡的影响。数据标准化的常用方法如下。

① Min-Max 标准化：对原始数据进行线性变换，将值映射到 $[0,1]$ 之间，数据分布不变，其计算公式为

$$x'=\frac{x-\min(x)}{\max(x)-\min(x)} \tag{2.1}$$

式中，$x$ 表示原始数据；$x'$表示其标准化处理后的值；$\min(x)$ 和 $\max(x)$ 分别表示原始数据中的最小值和最大值。

② Z 分数标准化（Z-score 标准化）：又称为标准差标准化、零均值标准化。Z-score 标准化方法使用比较简单，使用范围较离差标准化更为广泛。它将原始数据变换为均值为 0 和方差为 1 的新数据。如果原始数据符合非标准正态分布，则标准化数据符合标准正态分布 $X\sim N(0,1)$，其计算公式为

$$x'=\frac{x-\mu}{\sigma} \tag{2.2}$$

式中，$x$ 表示原始数据；$x'$表示其标准化处理后的值；$\mu$ 表示原始数据的均值；$\sigma$ 表示原始数据的标准差。

③ 小数定标标准化：通过移动数据的小数位数，将数据映射到［$-1,1$］区间上，移动的小数位数取决于数据绝对值的最大值。例如一组数据为［$-10,12,-234,78,-987,789$］，其中绝对值最大的数据为$-987$，即该组数据所有数值小数点移动 3 位即可得到标准化后的数据。小数定标标准化公式如下：

$$x'=\frac{x}{10^j} \tag{2.3}$$

式中，$x$ 表示原始数据；$x'$表示其标准化处理后的值；$j$ 表示小数点移动的位数。

④ 均值归一化：通过原始数据中的均值、最大值和最小值来进行数据的标准化。其计算公式如下：

$$x'=\frac{x-\mu}{\max(x)-\min(x)} \tag{2.4}$$

式中，$x$ 表示原始数据；$x'$表示其标准化处理后的值；$\mu$ 表示原始数据的均值；$\min(x)$ 和 $\max(x)$ 分别表示原始数据中的最小值和最大值。

⑤ 向量归一化：通过原始数据中的每个值除以该特征所有数据之和来进行数据的标准化。其计算公式如下：

$$x'=\frac{x}{\sum_{i=1}^{n}x_i} \tag{2.5}$$

式中，$x$ 表示原始数据；$x'$表示其标准化处理后的值；分母表示原始数据的该特征所有数据之和。

上述的数据标准化主要针对数值数据的标准化，广义上的数据标准化还包括以下几种。

① 文本标准化：将不同语言、编码、格式的文本数据转换为统一格式，例如将中文转换为英文、ASCII 码等。

② 时间标准化：将不同时间格式、规则、时区的时间数据转换为统一格式，例如将 UTC 时间转换为本地时间、日期格式等。

③ 空值处理：将数据中的缺失、错误、重复等值进行处理，例如将缺失值填充为默认值、平均值等。

④ 数据类型转换：将不同数据类型（如整数、浮点数、字符串、日期等）的数据转换为同一类型，例如将字符串转换为整数、浮点数等。

⑤ 数据格式转换：将不同数据格式（如 CSV、JSON、XML、Excel 等）的数据转换为统一格式，例如将 CSV 格式的数据转换为 JSON 格式等。

**(4) 数据正则化**

正则化是在机器学习和统计建模中的一种技术，用于控制模型的复杂度，防止模型在训练数据上过度拟合（overfitting）。当模型过度拟合时，它会学习到训练数据中的噪声和细微变化，导致在新数据上的性能下降。

正则化通过在模型的损失函数中引入额外的惩罚项来对模型的参数进行约束，从而降低模型的复杂度。这个额外的惩罚通常与模型参数的大小或者数量相关，旨在鼓励模型学习简单的规律，而不是过度拟合训练数据。

正则化的作用如下。

① 防止过拟合：正则化通过对模型的复杂度进行限制，防止模型在训练数据上过度拟合。过拟合指的是模型在训练数据上表现良好，但在未见过的数据上表现较差的情况，这可能是因为模型学习到了训练数据中的噪声或者细节，而无法泛化到新数据上。正则化有助于使模型更加简单，从而提高其在未见过的数据上的泛化能力。

② 提高模型的泛化能力：正则化约束了模型的复杂度，使其更容易泛化到未见过的数据上。通过控制模型的参数大小或数量，正则化可以使模型更加稳定，减少对训练数据的过度依赖，从而提高模型的泛化能力。

③ 减少模型的复杂度：正则化技术通过对模型的参数进行惩罚，促使模型更趋向于简单的解。例如，L1 和 L2 正则化会约束模型的权重，使其趋向于稀疏或较小的值，从而减少模型的复杂度。

④ 控制模型的学习速度：正则化技术可以对模型的学习速度进行调节，防止模型在训练过程中权重变化过大，从而导致优化过程不稳定。这有助于加速模型的收敛，并提高模型在训练数据上的表现。

⑤ 提高模型的鲁棒性：正则化有助于使模型更具有鲁棒性，即对输入数据的微小变化不敏感。通过降低模型的复杂度，正则化可以减少模型对训练数据中噪声的敏感度，从而提高模型的鲁棒性。

常见的正则化方法有以下几种。

① L1 正则化：也称为 Lasso 正则化，它通过在模型的损失函数中增加权重的 L1 范数（权重向量的绝对值之和）来实现正则化。L1 正则化倾向于产生稀疏权重矩阵，即将一些权重推向零，从而实现特征选择的效果。

② L2 正则化：也称为 Ridge 正则化，它通过在模型的损失函数中增加权重的 L2 范数（权重向量的平方和）来实现正则化。L2 正则化会使权重值变得较小，但不会直接导致权重稀疏，因此不具有特征选择的作用，但可以有效地控制模型的复杂度。

③ Elastic Net 正则化：L1 正则化和 L2 正则化的组合，它在损失函数中同时使用 L1 范数和 L2 范数，可以综合两者的优点。

④ Dropout：一种特殊的正则化技术，通过在训练过程中随机丢弃（将其权重置为零）网络中的部分神经元以及它们的连接，来减少神经网络的复杂度。这样可以防止神经元之间的共适应性，从而减少过拟合。

⑤ 早停（early stopping）：一种简单而有效的正则化方法，它在训练过程中监视模型在验证集上的性能，一旦验证集上的性能开始下降，就停止训练。这样可以避免模型在训练集

上过拟合。

⑥ 数据增强（data augmentation）：通过对训练数据进行变换来增加数据的多样性，从而减少过拟合的风险。例如，在图像分类任务中可以进行随机裁剪、旋转、翻转等操作来增加训练数据的数量和多样性。

⑦ 批量归一化（batch normalization）：一种通过对每个批次的输入进行归一化来加速训练并减少过拟合的技术。它可以使每一层的输入分布稳定，从而更容易优化模型。

⑧ 权重衰减（weight decay）：一种通过在损失函数中增加权重的平方和或绝对值之和来实现正则化的技术。它等价于对权重参数进行 L2 正则化。

## 2.2.2 智能装备监测数据的预处理案例——C-MAPSS 数据预处理

C-MAPSS 是采用 NASA 卓越故障预测研究中心提供的涡扇发动机模拟退化数据集作为方法的验证对象，该数据集一般作为 RUL 预测问题中的基准数据集，发动机的结构如图 2.1 所示，主要包含发动机风扇（fan）、燃烧室（combustor）、低压涡轮（low pressure turbine，LPT）、低压压气机（low pressure compressor，LPC）、高压涡轮（high pressure turbine，HPT）、高压压气机（high pressure compressor，HPC）、外轴（N1）、内轴（N2）、喷头或喷嘴（nozzle）等组件。

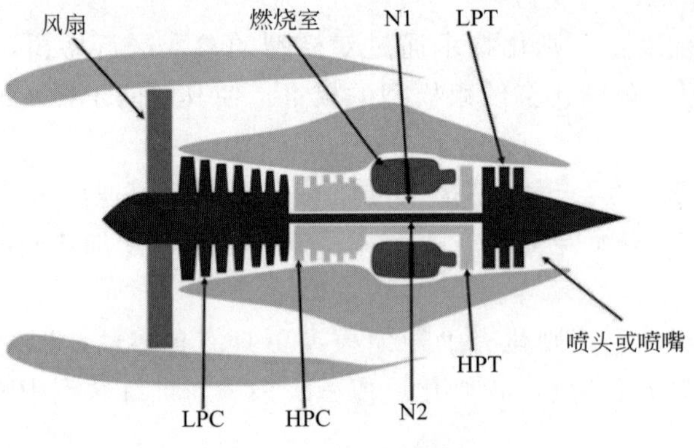


图 2.1 发动机结构

数据集分别包含四个子集（FD001、FD002、FD003、FD004）的训练集、测试集和测试集对应的 RUL 标签。训练集包含发动机组的全生命周期数据，测试集包含发动机组的部分生命周期数据，具体情况如表 2.1 所示。

**表 2.1 数据集**

| 项目 | FD001 | FD002 | FD003 | FD004 |
|---|---|---|---|---|
| 训练集发动机台数 | 100 | 260 | 100 | 249 |
| 测试集发动机台数 | 100 | 259 | 100 | 248 |
| 运行工况类别 | 1 | 6 | 1 | 6 |
| 故障模式 | 1 | 1 | 2 | 2 |

从表 2.1 可以看出，FD001 子数据集的运行环境最为简单，仅有 1 种运行工况和故障模式，而 FD004 子数据集的运行环境最为复杂，是在 6 种运行工况下采集得到的，同时拥有 2 种故障模式。每台发动机都具有不同程度的初始磨损或制造差异，这些初始差异是未知的，

并且通常被认为是健康的，每条检测样本包括 3 个操作信息维度和 21 个传感器信息维度，各传感器信息维度的物理含义如表 2.2 所示。

**表 2.2　传感器信息维度物理含义**

| 序号 | 符号 | 特征名称 | 单位 |
|---|---|---|---|
| 1 | T2 | 风扇入口总温 | °R① |
| 2 | T24 | 低压压气机出口总温 | °R |
| 3 | T30 | 高压压气机出口总温 | °R |
| 4 | T50 | 低压涡轮出口总温 | °R |
| 5 | P2 | 风扇入口压强 | psia② |
| 6 | P15 | 涵道总压 | psia |
| 7 | P30 | 高压压气机出口总压 | psia |
| 8 | Nf | 风扇实际转速 | r/min |
| 9 | Nc | 核心机实际转速 | r/min |
| 10 | epr | 发动机压力比(P50/P2) | — |
| 11 | Ps30 | 高压压气机出口静压 | psia |
| 12 | phi | 燃油流量比 | (lb/s)③/psi④ |
| 13 | NRf | 风扇修正转速 | r/min |
| 14 | NRc | 核心机修正转速 | r/min |
| 15 | BPR | 涵道比 | — |
| 16 | farB | 燃烧器燃空比 | — |
| 17 | htBleed | 引气焓值 | — |
| 18 | Nf_dmd | 设定风扇转速 | r/min |
| 19 | PCNfR_dmd | 设定核心机换算转速 | r/min |
| 20 | W31 | 高压涡轮引气冷却流量 | lbm⑤/s |
| 21 | W32 | 低压涡轮引气冷却流量 | lbm/s |

① $1°\mathrm{R}=\frac{5}{9}\mathrm{K}$。

② 1psia≈6894.76Pa。

③ 1lb/s=0.453592kg/s。

④ 1psi≈6894.76Pa。

⑤ 1lbm=0.453592kg。

作为航空发动机运维领域的通用数据集，C-MAPSS 数据集的处理方式较为成熟，包括通用的数据预处理和方法各异的标签构建过程。通用的数据预处理（Zhang 等人的相关研究）首先完成数据筛选、数据标准化和工况划分，然后对输入数据进行预处理。

数据筛选：通过初步的数据筛选，保留了 21 个传感器信号中的 14 个，其他 7 个传感器信号在发动机退化期间没有发生变化。保留的 14 个传感器信号为

$$\boldsymbol{X}=[X_2,X_3,X_4,X_7,X_8,X_9,X_{11},X_{12},X_{13},X_{14},X_{15},X_{17},X_{20},X_{21}]$$

数据标准化：由于不同传感器测量的物理量存在差异，因此需要进行标准化处理，以使所有传感器的数据具有相同的量纲。选择常用的数据标准化方法 Z-score 标准化来对输入数据进行缩放，即 $X'=\frac{X-\overline{X}}{\sigma}$。

式中，$\overline{X}$ 和 $\sigma$ 分别是 $X$ 的平均值和方差；$X'$ 是标准化后的数据。需要注意的是，FD002 和 FD004 数据集共有 6 种工作条件，因此在每种工作条件下都需要进行标准化。

工况划分：在该数据集中，有三个操作参数决定了工况的类别，而这些类别很难通过人工方式进行识别。为了解决这个问题，采用 K-means 聚类方法将数据划分为 6 个类别。FD002 和 FD004 的聚类结果如图 2.2 所示，其中三维坐标分别代表各航空发动机的三个工作参数。

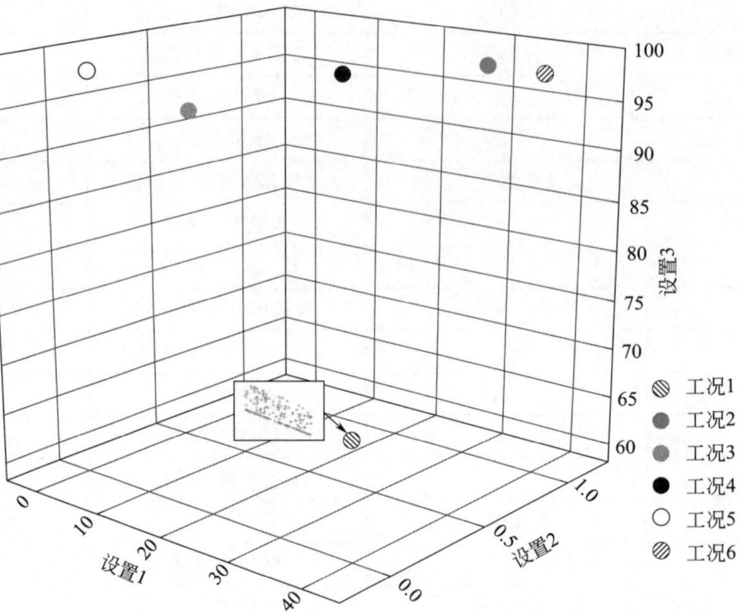


图 2.2　FD002 和 FD004 6 种工况的聚类结果

# 2.3 基于智能装备监测数据的数据增强技术

## 2.3.1 数据增强技术概况介绍

数据增强技术是一种对现有数据集进行变换、生成或扩展的手段，旨在通过增加数据的多样性和数量，提升机器学习模型的性能，尤其在数据稀缺的情况下。这项技术已广泛应用于各类领域，如图像处理、自然语言处理、语音识别等，能够有效提升模型的泛化能力，使其更好地适应实际应用中的各种变化和挑战。数据增强的核心目的是通过让模型接触更多种类的样本，减少过拟合，从而提高其在真实环境中的表现和预测精度。

在图像领域，常见的数据增强方法包括旋转、缩放、翻转、平移、裁剪、调整亮度和调整对比度等。这些技术通过变换图像的局部特征，生成具有多样性的样本，同时保持原始数据的基本语义不变。例如，将一张图片旋转后，尽管其角度发生了变化，但仍然能识别出相同的物体，从而帮助模型在面对不同角度和方向的物体时，依然能保持高效的识别能力。这些增强操作不仅能够增加训练数据量，还能模拟实际环境中可能遇到的不同场景，增强模型的鲁棒性。

在文本处理领域，常用的增强方法包括同义词替换、随机删除、句子重排等。这些方法通过在不改变句子语义的前提下，改变句子的结构或词汇，生成新的文本样本。这使模型能够更好地理解语言的多样性和复杂性，提高其对不同表达方式的适应能力。例如，模型可以通过同义词替换学会识别“汽车”和“轿车”在某些上下文中的相似性，从而提升其在处理多样化文本时的效果。

此外，合成数据的生成也是一种重要的数据增强手段。生成对抗网络（GAN）作为一种流行的生成模型，可以创造出高质量的合成样本，尤其在图像处理、视频生成等领域中表现卓越。GAN 通过学习原始数据的分布规律，生成具有高度相似性的虚拟数据，弥补了实际数据的不足。例如，在医学影像分析中，GAN 可以生成虚拟的病变图像，增强训练数据集，从而提高模型在稀有病变检测中的表现。在文本领域，利用预训练语言模型（如 GPT）生成新的文本段落也是一种常见的增强方法，能够扩充数据集，提升语言模型的泛化能力。

在时间序列数据和语音识别中，常见的增强方法包括时间缩放、添加背景噪声、音调变换等。这些技术通过模拟实际环境中的变动性和噪声，增强模型对不同环境的适应能力和鲁棒性。例如，通过对语音数据添加不同类型的背景噪声，模型可以学会在嘈杂环境中更准确地识别语音，提高其在实际应用中的可靠性。

尽管数据增强技术在很多领域已被证明能够有效提高模型的表现，但其应用仍面临一些挑战。首先，过度增强可能会引入过多噪声，反而影响模型的性能。尤其在增强方法不当的情况下，生成的样本可能会与真实数据存在较大偏差，从而影响模型的泛化能力。其次，针对不同的任务和数据集，选择合适的增强策略也至关重要。例如，在某些任务中，某些增强操作可能对模型的训练效果产生负面影响，而另一些则能够显著提升效果。因此，如何根据具体应用场景和数据特征合理选择和设计增强策略，成为数据增强技术应用中的关键问题。

随着增强技术的不断发展和优化，其已成为提升机器学习模型性能的重要工具，不仅有助于解决数据不足的问题，还能提高模型在实际应用中的鲁棒性和适应性。因此，数据增强技术无疑将继续推动各个行业在智能化发展道路上的前进，提升各类应用的智能水平和效率。

### 2.3.2　有监督的监测数据增强技术

有监督的监测数据增强技术是指在标注数据的前提下，利用原始数据通过一定的变换或生成技术，扩充训练样本集，以提高机器学习模型的表现。这种技术的核心在于已知标签的存在，并且在增强后的数据中，增强的样本仍然需要保持标签的准确性。

**(1) 加噪声**

加噪声（noise injection）是一种简单而有效的增强技术，它通过在原始数据中加入噪声来模拟传感器的干扰或环境的不可控因素。在监测系统中，尤其是工业设备的状态监测，噪声通常是不可避免的，因此通过在训练数据中加入噪声，可以增强模型对这些干扰的适应能力。

① 原理：将随机噪声（如高斯噪声、椒盐噪声等）叠加到原始数据中，使模型在训练过程中能够学到如何在噪声环境下进行有效的预测。

② 应用场景：

• 故障检测：设备在故障发生时往往伴随着一定的噪声，加入噪声有助于提高模型对故障时不确定性信号的鲁棒性。

• 剩余寿命预测：传感器数据可能会受到电磁干扰或设备误差的影响，噪声注入可以帮助模型更好地适应这些变动。

③ 示例：假设有一个温度传感器数据序列 $x(t)$，加噪声后的数据可以表示为

$$x_{\text{noisy}}(t)=x(t)+\epsilon(t) \tag{2.6}$$

式中，$\epsilon(t)$ 是一个噪声序列，通常来自正态分布。

**(2) 平移**

平移（translation）技术通过对时间序列数据进行时间轴上的平移操作，生成新的训练样本。这种方法能够模拟设备或传感器数据的时序性和延迟效应，尤其适用于依赖时序关系进行故障诊断或剩余寿命预测的场景。

① 原理：通过将数据沿时间轴平移一定的步长，产生一个新的数据序列。平移不会改变数据的内在模式，但通过不同的时间窗口切分，模型可以在多个时间片段上进行训练，从而提高其对时序变化的敏感性。

② 应用场景：

• 时间序列预测：在时间序列问题中，如设备运行状态预测，平移数据可以帮助模型捕捉到不同时间点的特征。

• 监测系统的时延问题：许多设备或传感器的反馈存在时延，平移数据可以帮助模型适应这些时延现象。

③ 示例：对一个长度为 $N$ 的时间序列数据 $x=[x(1),x(2),\cdots,x(N)]$，通过平移操作生成新的数据 $x_{\text{shifted}}=[x(t+k),x(t+k+1),\cdots]$。式中，$k$ 是平移步长。

**(3) 旋转与翻转**

在图像或二维信号数据中，旋转和翻转（rotation and flipping）可以有效增加数据集的多样性。对于某些监测任务，设备的状态表现可能受到不同角度、方向的影响，旋转与翻转可以模拟不同的监测条件，从而增强模型对多样化输入的适应能力。

① 原理：旋转和翻转操作可以通过数学变换（如仿射变换、旋转矩阵等）对图像或信号进行空间上的变换。这种方法可以用来生成新的训练样本，增加模型对不同角度、不同姿态数据的泛化能力。

② 应用场景：

• 视觉监测：当监测设备外观时，旋转和翻转操作有助于从不同的视角对设备进行分析。

• 状态识别：对于具有空间特征的设备（如机械臂、风力涡轮机等），旋转和翻转可以增强模型对不同位置、不同姿态下设备的监测能力。

③ 示例：对图像数据进行旋转和翻转操作，可以使用标准图像处理方法，如旋转矩阵，即

$$\boldsymbol{x}'=\boldsymbol{R}(\theta)\boldsymbol{x} \tag{2.7}$$

式中，$\boldsymbol{R}(\theta)$ 为旋转矩阵；$\theta$ 为旋转角度。

**(4) 时间窗口变换**

时间窗口变换（time windowing）是通过在时间序列中切分出不同的窗口，生成新的训练样本。这种方法有助于捕捉数据中的局部模式，从而增强模型对时间序列中不同特征的学习能力。

① 原理：将时间序列数据划分为多个重叠或不重叠的窗口，每个窗口内的数据会被视为一个新的样本进行训练。通过这种方式，模型可以在多个时间尺度上进行学习，从而提高对局部时序特征的捕捉能力。

② 应用场景：

• 设备故障诊断：通过窗口变换提取设备在不同时间段的状态，帮助模型准确识别设备的故障特征。

• 剩余寿命预测：通过时间窗口变换，模型能够在不同的时间段内预测设备的剩余寿命。

③ 示例：假设一个长度为 $N$ 的时间序列，使用窗口大小为 $\omega$，步长为 $s$，则可以将时间序列划分为多个窗口，即

$$x_1 = [x(1), x(2), \cdots, x(\omega)] \tag{2.8}$$

$$x_2 = [x(s+1), x(s+2), \cdots, x(s+\omega)] \tag{2.9}$$

$$\vdots$$

**(5) 特征变换**

特征变换（feature transformation）技术通过对原始数据的特征进行数学变换（如对数变换、标准化、归一化等）生成新的特征。这种方法可以消除数据的尺度差异，使得模型在训练过程中更加稳定。

① 原理：通过对原始数据进行各种数学变换，将其转化为不同的特征空间。例如，通过对数变换或归一化，模型可以更好地适应数据中不同的尺度和分布。

② 应用场景：

• 多传感器数据融合：不同传感器数据之间的量纲差异较大，特征变换有助于统一尺度，提高模型的训练效果。

• 多工况故障诊断：在不同工况下，传感器数据的分布可能会发生变化，特征变换有助于统一数据的分布，提高模型对不同工况的适应性。

③ 示例：对一个传感器数据序列 $x = [x_1, x_2, \cdots, x_N]$，可以通过归一化变换将数据转换到统一的尺度，即

$$x' = \frac{x - \mu}{\sigma} \tag{2.10}$$

式中，$\mu$ 和 $\sigma$ 分别是数据的均值和标准差。

有监督的监测数据增强技术通过生成或变换已有的数据，增加训练样本的多样性，帮助模型更好地应对数据的复杂性和不确定性。不同的增强技术适用于不同的监测任务，在设备故障诊断、剩余寿命预测等领域，都能够显著提高模型的性能和鲁棒性。通过灵活运用这些数据增强方法，能够有效地提升模型的泛化能力，降低过拟合的风险，从而提高监测系统在实际应用中的可靠性和稳定性。

### 2.3.3 无监督监测数据增强技术及案例

在工业监测和预测任务中，尤其是故障诊断和剩余寿命预测（RUL）等领域，数据的获取往往受到成本、时间和技术限制的影响。标注数据的稀缺使模型训练面临数据不足的问题，尤其是当故障类型或异常状态发生较少时，获取标注样本的难度更加突出。无监督学习方法成为解决这一问题的重要手段，通过从未标注的原始数据中学习数据的潜在特征，生成新的样本，帮助增强数据集的多样性，提升模型的泛化能力和鲁棒性。

#### 2.3.3.1 常见的无监督监测数据增强技术

无监督的数据增强技术能够有效地扩充训练数据集，特别是在标注样本不足或者数据分

布复杂的情况下。这些方法不仅可以弥补数据标注不足的缺陷，还能帮助模型更好地捕捉数据的内在结构，尤其是在处理传感器数据、时间序列数据等方面。下面将详细讨论几种常见的无监督监测数据增强技术。

**(1) 数据去噪**

设备监测数据通常受到噪声的干扰，如传感器的测量误差或环境因素的影响。数据去噪(denoising)技术通过去除噪声成分，保留数据的核心信息，从而增强数据质量和模型鲁棒性。无监督的去噪方法，例如自编码器(autoencoders)，通过学习数据的潜在表示来重建原始信号，去除噪声，生成更清晰的监测数据样本。

① 原理：去噪通常利用无监督学习方法，如自编码器或卷积神经网络(CNN)，在无标签数据上学习数据的潜在结构。通过训练模型使其能够重构数据，进而将噪声从输入数据中去除，得到清晰的信号。

② 应用场景：

• 传感器数据清洗：设备监测系统中的传感器数据可能会受到环境因素的干扰，去噪有助于提升数据质量。

• 故障检测与诊断：通过去噪增强故障特征的可识别性，减少数据中无关因素对模型训练的影响。

③ 示例：使用自编码器对原始信号 $x$ 进行重构，即

$$\hat{x}=f(x) \tag{2.11}$$

式中，$f(x)$ 为自编码器的映射函数，经过训练后，输出的 $\hat{x}$ 为去噪后的信号。

**(2) 聚类**

聚类(clustering)是一种无监督学习方法，通过将数据集中的样本按照某些相似性度量进行分组，产生一个新的数据表示。聚类技术可以在没有标签的情况下发现数据中的内在结构，并生成具有代表性的样本。

① 原理：聚类算法(如 K-means、DBSCAN、层次聚类等)将数据点划分为若干簇(cluster)。每个簇中的样本具有相似的特征，聚类的中心或质心可以作为该簇的代表性样本。通过聚类技术，可以从无标签数据中生成具有代表性的新样本，帮助模型学习到数据的主要模式。

② 应用场景：

• 设备状态识别：通过聚类分析，不同设备或不同工作状态的数据可以被自动分组，生成更加稳定的训练样本。

• 异常检测：聚类技术可以帮助识别数据中的异常模式，通过比较某一数据点与其邻近簇的距离，来检测可能的故障或异常事件。

③ 示例：使用 K-means 聚类算法对数据集 $X=\{x_1,x_2,\cdots,x_N\}$ 进行聚类，可以将数据分为 $k$ 个簇，簇的中心为 $\mu_k$，新的训练样本可以通过选择离簇中心最近的点来生成。

$$\mu_k=\frac{1}{|C_k|}\sum_{x_i \in C_k} x_i \tag{2.12}$$

式中，$C_k$ 表示第 $k$ 个簇；$|C_k|$ 是该簇内样本的数量。

**(3) 数据生成与合成**

数据生成技术是在已有数据的基础上生成新的样本。这些技术通常利用模型从数据中学习到的模式来创造新的、具有一定多样性的样本。这类方法尤其适用于数据稀缺或类别不平

衡的场景，能够有效扩展训练集。

① 原理：常用的数据生成方法包括生成对抗网络（GAN）和变分自编码器（VAE）。这些模型通过训练生成器网络与鉴别器网络或解码器与编码器来生成新的数据样本。无监督生成方法能够从大量未标注的数据中提取潜在特征，并利用这些特征生成具有代表性的新样本。

② 应用场景：

• 故障类型稀缺：当某些故障类型的数据较少时，生成模型能够生成更多的样本，帮助改善模型的表现。

• 数据增强：在少量标注数据的情况下，生成的样本可以有效地增加训练数据集的多样性，提高模型的泛化能力。

③ 示例：使用生成对抗网络（GAN）生成新的数据样本。假设 G 为生成器网络，D 为鉴别器网络，生成器尝试生成尽可能真实的样本 $G(z)$，鉴别器则试图区分真实样本与生成样本。

$$G(z)=\text{生成样本},D(x)=\text{判别器输出}$$

通过对抗训练，生成器能够学习到数据的真实分布，并生成新的样本。

**(4) 变换与扰动**

通过对原始数据进行小的变换或扰动，生成新的样本。这种方法利用数据的内在结构和特性，通过对数据进行旋转、缩放、平移、裁剪、加扰动等操作来增加训练样本的多样性。

① 原理：变换和扰动技术通过在数据上执行轻微的几何或数学变换，如平移、旋转、缩放、加扰动等，生成新的训练样本。由于这些变换不会破坏数据的基本结构，因此能够增加样本的多样性，从而提高模型对各种情况的适应能力。

② 应用场景：

• 传感器数据处理：设备的传感器数据可能受到温度变化、电磁干扰等因素的影响，通过扰动和变换可以模拟这些变化。

• 时间序列预测：时间序列数据中的周期性、趋势性可以通过变换和扰动增强，帮助模型适应各种潜在的变化。

③ 示例：对时间序列数据 $x(t)$ 进行扰动，可以使用如下变换：

$$x'(t)=x(t)+\epsilon(t) \tag{2.13}$$

式中，$\epsilon(t)$ 为扰动信号，通常是最小的随机噪声。

**(5) 迁移学习**

迁移学习（transfer learning）是一种无监督学习技术，能够将从一个任务中学到的知识应用到另一个相关任务中。在监测系统中，迁移学习可以通过利用已学习的模型来增强新的任务，从而避免从头开始训练。

① 原理：迁移学习通过借用预训练模型中学习到的知识（如特征表示、模型参数等），并将这些知识迁移到新的监测任务中。无监督迁移学习方法不依赖于标签数据，而是从源任务中提取共性特征或结构，应用于目标任务。

② 应用场景：

• 跨设备故障检测：如果在一个设备上有大量的故障数据，通过迁移学习的方式将从这些数据中学到的特征迁移到另一个设备的故障检测任务中。

• 跨域监测：通过迁移学习，可以将一个领域（如机床故障检测）中的知识迁移到另一个领域（如风力发电机故障检测）中。

③ 示例：通过预训练的自编码器模型，在源任务上学习到的编码器参数 $\theta_{\text{source}}$ 可以迁移到目标任务中，从而加速目标任务的学习过程。

$$\hat{x}_{\text{target}}=f_{\theta_{\text{target}}}(x) \tag{2.14}$$

式中，$f_{\theta_{\text{target}}}$ 为目标任务的解码器；$\theta_{\text{target}}$ 为迁移后的参数。

无监督的监测数据增强技术为解决数据稀缺问题提供了有效途径，特别是在工业监测、故障诊断和剩余寿命预测等应用中。通过聚类、生成对抗网络（GAN）、自编码器等技术，可以从未标注数据中生成新的样本，增强数据集的多样性，帮助模型学习到更广泛的特征，从而提高其在真实环境中的鲁棒性和准确性。特别是 GAN 的应用，通过生成与真实数据相似的新样本，能够有效增加少数类别样本的数量，解决数据不平衡问题，提升模型对稀有故障的识别能力。

无监督数据增强技术在工业应用中的前景广阔，随着技术的发展和计算能力的提高，预计这些方法将在实际监测和预测任务中发挥更大的作用，推动智能监测系统和预测性维护技术的进一步发展。

#### 2.3.3.2 案例：基于退化行为外推和多样性-可用性权衡的航空发动机多任务预测数据增强策略

在航空发动机多任务预测中，数据集的数量和质量对预测效果影响很大。由于采集数据的不足和高冗余性，数据增强技术被广泛应用于工业场景。因此，Li 等人设计了一种基于双鉴别器时间序列生成对抗网络（dual discriminator time-series generative adversarial network，DDTGAN）和负样本消除（negative sample elimination，NSE）的最优数据增强策略，通过多尺度时间特征外推退化行为来丰富样本，并通过多样性和可用性权衡来剔除不合格样本以获得最优生成样本。

**(1) 背景**

航空发动机作为飞机的心脏部件，经常在高应力和交变载荷条件下工作，长期运行会导致性能下降和意外故障。预测是故障预测和健康管理（PHM）框架的重要组成部分，能够预测剩余使用寿命（RUL），监测早期故障信号，避免事故发生。然而，航空发动机在运行过程中只能获得较少的不完整时间序列数据，严重影响了预测性能。因此，基于数据增强的预后是 PHM 领域的研究热点。

现有的多任务预测方法在考虑足够高质量的时间序列数据条件时，表现出良好的性能。然而，为训练深度学习网络收集足够的高质量数据是极其困难的，这导致在有限数据集下的预测性能下降。一般来说，深度神经网络的预测性能与训练数据的数量和质量密切相关。如图 2.3 所示，数据量通常由轨迹长度（$\varphi_{\text{t}}$）、特征维数（$\varphi_{\text{f}}$）和样本数（$\varphi_{\text{s}}$）来体现。在全球范围内，大多数收集的数据可以表示为

$$\varphi_{\text{s}}^{i}=\text{data}_{i}(\varphi_{\text{f}}\times\varphi_{\text{t}}) \tag{2.15}$$

式中，$\varphi_{\text{s}}^{i}$ 表示 $i^{-th}$ 样本数据。

数据集的质量主要依赖于特征多样性和特征可用性，特征多样性和特征可用性分别显著影响预测模型的泛化和准确性。更详细地说，特征多样性突出了特征和条件的信息广度，而特征可用性显示了特征的适用性和信息质量。

由于退化过程通常是由多方面和复杂的因素驱动的，因此深度神经网络（DNN）的性

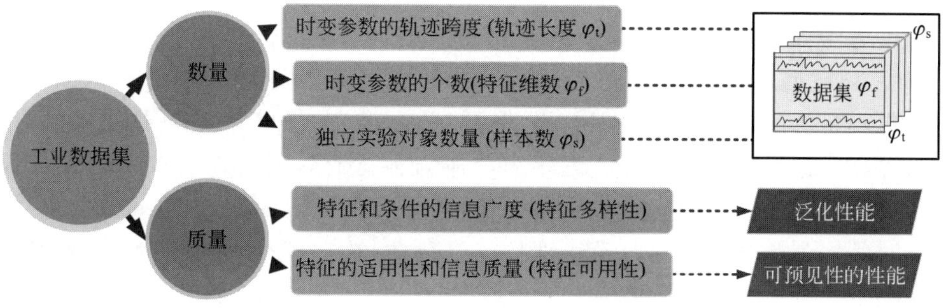


图 2.3　从工业中收集的数据的特征

能取决于具有足够代表性的高质量训练数据集。然而，破坏性的实验成本给数据收集带来了巨大的困难，限制了数据的数量。所收集数据的运行条件和退化趋势通常是相似的，因此，不能满足特征多样性的要求。此外，工业噪声和各种恶劣的操作环境降低了所收集数据的特征可用性。综上所述，收集到的工业数据数量少、质量低，给深度学习（DL）预后工作带来了越来越大的挑战。

对于关键的不满意数据集问题，一个普遍的解决方案是迁移学习，它可以从相似的数据集中提取现有知识来优化目标问题。然而，对于复杂的安全关键系统，如航空发动机，收集足够相似的数据集可能是不可行的。相比之下，数据增强技术通过对现有数据集进行变换、合成和修改，增加数据样本的数量和多样性，提高预测模型的综合性能，同时提供更具代表性的训练数据。

无监督的数据增强技术广泛应用于实际工业场景中，根据原始数据分布生成新的样本。在各种生成模型中，最具开创性的是生成对抗网络（GAN），因为它能够从真实数据中探索分布特征，并通过生成器和鉴别器之间的博弈，将它们外推到看不见的操作条件。

然而，在实际工业环境中，时间序列数据往往是多元、多尺度和复杂的，这给基于 GAN 的数据增强方法带来了重大挑战。此外，由于数据生成过程的内在不稳定性，生成的数据质量往往不能满足工业应用中特征多样性和特征可用性的要求。因此，研究人员探索了几种方法来提高基于 GAN 增强框架的生成数据的质量，包括架构改进和损失函数增强。虽然生成的数据具有较高的特征多样性，可以增强后续预测模型的泛化能力，但现有的数据增强方法往往会忽略特征可用性的重要性，导致生成的异常样本存在，可用性较低，不利于整体预测性能的提高。

为了应对上述挑战，该案例提出了一种基于退化行为外推和多样性-可用性权衡的航空发动机多任务预测数据增强策略，建立了一种基于双鉴别时间序列生成对抗网络（DDTGAN）和负样本消除（NSE）的最优数据增强策略。其中，DDTGAN 通过外推具有全局和局部空间多尺度时间特征的退化行为来丰富样本，NSE 通过多样性-可用性权衡来剔除不合格样本，从而获得最优生成样本。本案例通过大量实例验证了所提框架的有效性，结果表明所提框架在测试数据上具有较好的性能。方法总结如下。

- 设计了一种新的数据增强策略，有效地生成具有高空间复杂度的真实时间序列。同时，该方法能够从特征多样性和特征可用性两方面剔除不合格样本。
- 通过将所提出的框架与其他方法在不同评估指标方面进行比较，证明了该框架的强度。对比结果表明，该框架不仅能够生成真实的高质量时间序列数据，而且与其他传统的复杂系统预测模型相比，具有突出的性能。

下面将对数据增强部分以及在数据增强后对 RUL 预测的优化程度进行详细介绍。

**(2) 案例方法介绍**

① 时间序列数据增强　尽管基于 DNN 的方法在足够高质量的数据集上具有很好的预测性能，但收集到足够的运行故障数据是极其困难的。作为一种替代破坏性实验的方法，数据扩增已成为提高数据量的重要方法。近年来，作为各行业数据增强的重要工具，各种 GAN 受到了学者的广泛关注。然而，在航空发动机预测维修领域，实际采集的数据是具有高特征冗余的多维时间序列数据，通常具有可变性、复杂性和动态性等特点，导致标准生成网络无法保持其优异的性能。为了解决这个问题，一些研究人员试图改进最初的 GAN 架构。Ramponi 等人引入了时间条件 GAN 用于时间序列数据增强，识别时间序列数据和时间戳之间的隐藏关系以生成新数据。Ni 等在 GAN 上引入多头自注意和递归神经网络（RNN）来提取多变量特征之间的相关性，能够对时间序列特征进行深度分析和挖掘。Zhang 等提出了一种 CNN 与长短期记忆（LSTM）相结合的双通道融合模型，提高了多元时间序列数据的时空特征学习能力。尽管上述将 CNN 或 RNN 与 GAN 相结合的方法在捕获每个时间步长的特征分布方面具有良好的性能，但它们更倾向于直接建模 $p(x_{1:T})$，而不需要事先的自回归帮助。此外，仅仅最小化向量序列上的标准 GAN 损失不足以确保网络能够有效地捕获动态逐步依赖关系以及来自训练数据的复杂空间分布。

为了更好地捕捉数据的潜在时间相关性，Yoon 等人提出了一种基于时间序列生成对抗网络（time-series generative adversarial networks，TimeGAN）的数据生成框架，将无监督数据生成过程的灵活性和监督自回归模型训练过程对 GAN 的可控性初步结合起来。Zhang 等首次将 TimeGAN 应用于供热领域，增强数据，解决了合成数据质量不高的问题。Li 等将 TimeGAN 与聚类方法相结合，提高了训练数据的稳定性，实现了不同工况下的准确预测。此外，Xiong 等设计了一个物理知情的损失函数，以确保合成数据中 HS 的趋势与底层物理规则的一致性，能够优化 TimeGAN 合成轨迹的过程。尽管 TimeGAN 在序列合成方面表现出优异的性能，但它不能直接应用于空间复杂度较高的时间序列数据。此外，仅仅依靠高性能的生成网络无法平衡生成数据的特征多样性和特征可用性之间的关系，导致经过特征外推后生成的负样本可用性较低。

② 最优数据增强策略　对于复杂的机械系统，数据驱动的预测方法通常对收集数据的质量和数量都有严格的要求。数据增强技术作为一种通过破坏性实验收集数据的替代方法，可以通过探索潜在的模式和分布规律，并将其外推到看不见的操作条件，从而生成真实的时间序列数据。复杂机械系统对时间序列数据增强的要求包括两部分：

- 生成的数据应与真实多维数据的整体空间分布一致；
- 生成的数据应反映真实序列的动态逐步依赖关系。

然而，现有的基于 TimeGAN 的增强方法大多只关注于再现数据沿时间方向分布的整体趋势。这种方法不能直接应用于空间复杂度高的工业多维数据。为了解决这些问题，该案例构建了一种新的数据增强策略，即 DDTGAN 和 NSE 的结合。前者可以生成考虑全局和局部空间多尺度时间特征的真实时间序列数据，而后者可以基于多样性和可用性之间的权衡来提高生成样本的综合质量。最后，将生成的最优数据与初始真实数据混合，形成多任务预测训练。

为了对 DDTGAN 模型进行基础训练，采用基于滑动窗口算法的数据分割方法进行训练样本制备，不是建立一个统一的滑动窗口来分割运行到故障的数据，而是对两个阶段分别进行滑动窗口来构建训练样本，避免了阶段过渡位置的信息模糊和特征冲突，从而提高了生成样本的表示性能。标记完分段数据集后，整个分段数据集可以表示为 $X_{p,i}(Q,T_i)$，其中 $p$、$Q$ 和 $T_i$ 分别表示阶段、维度数和发动机单元的循环数。因此，采用滑动窗口方法将分段数据集沿时间方向分成两个阶段，生成两组部分重叠的数据，为数据生成做准备。部分重叠的数据表示为 $X_{p,i,w}(Q,L_i)$，其中，$L_i$ 表示滑动窗口的大小，$w$ 表示滑动窗口样本的指数。

③ 具有多尺度空间特征的时序数据生成　如图 2.4 所示，该案例提出的时间序列数据生成模型主要由五个部分组成：编码器、解码器、序列生成器、全局鉴别器和局部鉴别器。

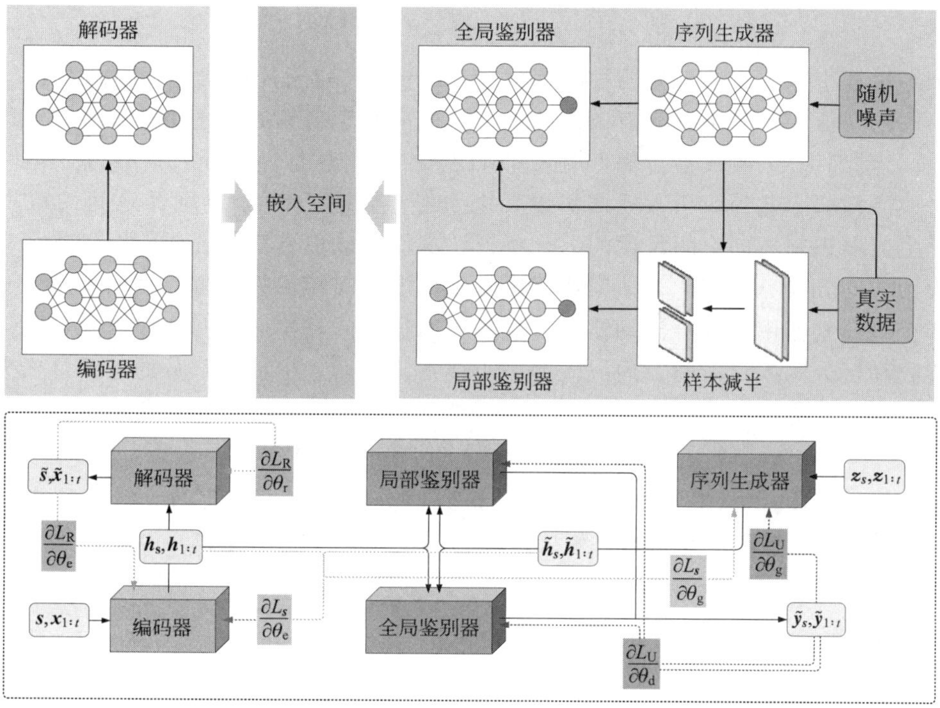


图 2.4　提出的时间序列数据生成模型的总体架构

通过对自编码器组件（编码器和解码器）和对抗性组件（序列生成器、全局鉴别器和局部鉴别器）的联合训练，该模型能够同时学习原始数据的潜在表征、全局空间特征、局部空间特征和动态逐步依赖关系。更详细地说，潜在表征的学习可以优化标准空间和潜空间之间的可逆映射，确保 DDTGAN 能够提取具有低维表示的特征。对多尺度空间特征和动态逐步依赖关系的学习，可以保证合成的样本满足真实工业的时空分布。

对于自编码器组件，编码器和解码器通过提供一个可逆映射函数（嵌入和恢复）来构造一个低维特征嵌入空间。自动编码器组件的整个过程可以表示为 $\boldsymbol{x}_{1:t}\xrightarrow{\mathrm{e}}\boldsymbol{h}_{1:t}\xrightarrow{\mathrm{r}}\tilde{\boldsymbol{x}}_{1:t}$ 和 $\boldsymbol{x}_s\xrightarrow{\mathrm{e}}\boldsymbol{h}_s\xrightarrow{\mathrm{r}}\tilde{\boldsymbol{x}}_s$。其中，$\boldsymbol{x}$ 和 $\boldsymbol{x}_s$ 分别为原始数据的时态特征和静态特征；$\boldsymbol{h}$ 和 $\tilde{\boldsymbol{x}}$ 分别是潜在表示和重构表示；e 和 r 分别表示嵌入过程和恢复过程。此外，根据静态特征和时序特征，将自编码器组件和生成器划分为两个独立的网络组。

双重对抗组件在嵌入空间中运行。具体来说，生成器（$\boldsymbol{g}_s$ 和 $\boldsymbol{g}_{1:t}$）在生成最新合成嵌入（$\boldsymbol{z}_s$ 和 $\boldsymbol{z}_{1:t}$）的当前时间步长处接收随机噪声（$\hat{\boldsymbol{h}}_s$ 和 $\hat{\boldsymbol{h}}_{1:t}$）。然后，两个鉴别器接收合成

嵌入并输出分类结果［true（真实样本）或者 synthetic（合成样本）］，表示为$\widetilde{\boldsymbol{h}}_* \xrightarrow{\mathrm{d}} \widetilde{\boldsymbol{y}}_*$。其中，d 表示判别处理（全局鉴别器和局部鉴别器分别接收初始样本和减半样本）。真实嵌入和合成嵌入分别表示为$\boldsymbol{h}_*$和$\widehat{\boldsymbol{h}}_*$，而由鉴别器得到的真分类结果和综合分类结果分别表示为$\boldsymbol{y}_*$和$\widehat{\boldsymbol{y}}_*$。

与基于生成器和鉴别器的二者博弈的标准 GAN 模型训练过程相比，该模型引入了三种类型的损失，分别是可映射性（潜在表征）、多尺度（不同尺度的空间特征）和逐步分布（动态逐步依赖）。首先，利用原始样本对自编码器组件进行训练，优化可逆映射过程；同时，引入重构损失，提高了嵌入空间对原始数据的潜在表示和数据重构能力。可以表示为

$$Loss_{\mathrm{R}} = E_{\boldsymbol{s},\boldsymbol{x}_{1:t}\sim p}\left[\|\boldsymbol{s}-\widetilde{\boldsymbol{s}}\|_2 + \sum_t \|\boldsymbol{x}_t - \widetilde{\boldsymbol{x}}_t\|_2\right] \tag{2.16}$$

在训练过程中，生成器包括两种训练模式（开环模式和闭环模式），两种模式交替进行，以捕获不同的特征，将基于真实值条件的训练与先前基于猜测的推理相结合。在开环模式下（即纯对抗分量训练），生成器自回归地接收自身之前输出的合成嵌入（$\widehat{\boldsymbol{h}}_s, \widehat{\boldsymbol{h}}_{1:t-1}$），生成最新的合成嵌入$\widehat{\boldsymbol{h}}_t$。此外，引入无监督损失来引导生成器和两个鉴别器之间的双重对抗过程，激励生成器识别不同空间尺度的退化特征，从而生成更真实的合成数据。

与原始的 TimeGAN 相比，该案例提出的多尺度分布特征提取生成模型构建了两种鉴别器，其中全局鉴别器用于区分滑动窗口获取的原始样本的真实嵌入和合成嵌入，而局部鉴别器用于接收和区分两组沿时间方向嵌入的一半样本。最后，根据两部分的无监督损失计算梯度。它们可以表示为

$$Loss_{\mathrm{U}} = Loss_{\mathrm{U}}^{\mathrm{glo}} + \tau(Loss_{\mathrm{U}}^{\mathrm{loc},v}) \tag{2.17}$$

式中，$Loss_{\mathrm{U}}^{\mathrm{glo}}$ 和 $Loss_{\mathrm{U}}^{\mathrm{loc},v}$ 分别表示全局损失部分和局部损失部分；$v$ 表示二分之一样本的索引集；$\tau$ 是控制两个鉴别器对生成器的相对优化速度的超参数。因此，无监督损失的全局对抗和局部对抗可以表示为

$$Loss_{\mathrm{U}}^{\mathrm{glo}} = E_{\boldsymbol{s},\boldsymbol{x}_{1:t}\sim p}\left[\lg y_{\boldsymbol{s}} + \sum_t \lg y_t\right] + E_{\boldsymbol{s},\boldsymbol{x}_{1:t}\sim p}\left[\lg(1-\widehat{y}_{\boldsymbol{s}}) + \sum_t \lg(1-\widehat{y}_t)\right] \tag{2.18}$$

$$Loss_{\mathrm{U}}^{\mathrm{loc},v} = E_{\boldsymbol{s},\boldsymbol{x}_{1:\frac{2}{t}}\sim p}\left[\lg y_{\boldsymbol{s}} + \sum_{\frac{2}{t}} \lg y_t\right] + E_{\boldsymbol{s},\boldsymbol{x}_{1:\frac{2}{t}}\sim p}\left[\lg(1-\widehat{y}_{\boldsymbol{s}}) + \sum_{\frac{2}{t}} \lg(1-\widehat{y}_t)\right], v=1,2 \tag{2.19}$$

然而，使用两个鉴别器的多尺度对抗反馈很难捕获原始数据中的所有逐步条件分布。因此，构造具有监督损失的闭环模式（即自编码器和对抗分量的联合训练），使生成器从原始数据中得到真实的嵌入。该案例引入监督损失来更新梯度。其基于最大似然，公式如下：

$$Loss_{\mathrm{S}} = E_{\boldsymbol{s},\boldsymbol{x}_{1:t}\sim p}\left[\sum_t \|\boldsymbol{h}_t - \boldsymbol{g}_t(\boldsymbol{h}_s, \boldsymbol{h}_{t-1}, \boldsymbol{z}_t)\|_2\right] \tag{2.20}$$

根据上述分析，编码器和生成器的最新数据潜在表示之间的差异可以在两个组件的闭环模型训练周期中进行评估。提出的 $Loss_{\mathrm{U}}$ 可以激励生成器使用双对抗过程合成真实数据，因此，$Loss_{\mathrm{S}}$ 函数进一步推动它利用真值分布产生类似的逐步过渡，以有效地识别时间动态特征。其中，嵌入模块、恢复模块、生成模块和识别模块的参数分别表示为 $\theta_{\mathrm{e}}$、$\theta_{\mathrm{r}}$、$\theta_{\mathrm{g}}$ 和 $\theta_{\mathrm{d}}$。基于重构和监督损失的两个分量的初始训练可以表示为

$$\min_{\theta_{\mathrm{e}},\theta_{\mathrm{r}}}(\lambda Loss_{\mathrm{S}} + Loss_{\mathrm{R}}) \tag{2.21}$$

式中，$\lambda \geqslant 0$ 为超参数。然后，对偶对抗分量的训练如下

$$\min_{\theta_g}(\varphi Loss_S + \max_{\theta_d} Loss_U) \tag{2.22}$$

式中，$\varphi \geqslant 0$ 表示另一个超参数。

综上所述，该模型同时考虑了多尺度分布特征和时间动态特征，能够生成真实的高质量时间序列数据。同时，应用自编码器架构可以进一步提取多维数据的潜在表示，提高对抗过程的灵活性和泛化性。因此，在生成过程中，设计了两种交替的训练模式，以增强可用性（利用真实值）和多样性（扩展信息广度）。然而，由于数据生成过程固有的不稳定性，不可避免地会存在负面样本，从而影响生成数据的整体质量。因此，在这项工作中，开发了一种 NSE 方法来进一步提高生成数据的质量。

④ 最优的多样性与可用性权衡　数据集的质量主要依赖于特征多样性和特征可用性，分别显著影响预测模型的泛化和准确性。然而，大多数数据增强方法主要侧重于提高特征多样性，而忽略了数据可用性对数据整体质量的影响。更具体地说，对于基于 GAN 的方法，在退化行为外推过程中不可避免地会产生低可用性的负样本。因此，在这项工作中，通过将生成的样本与其模仿原型连接起来，即将生成的样本与其匹配的样本连接起来，定义可信度指数（CI）作为评价生成样本质量的基本标准。为了避免数据增强的优化方向过度偏向特征多样性，引入了一种基于 CI 的 NSE 方法，用于 DDTGAN 合成高特征多样性后的负样本消除。这种方法通过实现多样性和可用性之间的最佳平衡，进一步提高了生成数据的质量。在本节中，基于 RUL 标签对样本进行匹配后，将均值匹配的最大平均差异（MMD）计算为 CI，以评估样本距离和两组样本之间的分布距离。基于 CI 的多样性-可用性权衡的 NSE 的具体过程如图 2.5 所示。具体描述如下。

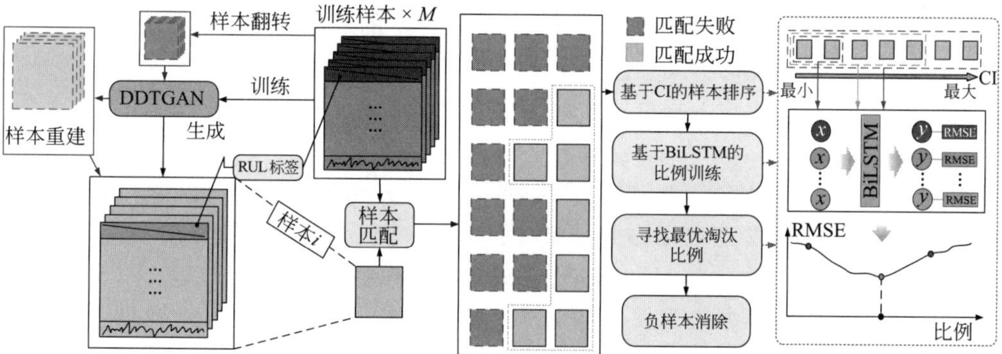


图 2.5　多样性-可用性权衡的基于 CI 的 NSE 算法

步骤 1：为增强生成样本的特征多样性，对训练数据沿时间方向进行样本翻转，利用 DDTGAN 生成另一组独立数据。然后将翻转的样本进行重建，并与标准生成的样本相结合，用于后续的 NSE。

步骤 2：在计算 CI 之前，进行基于 RUL 标签的样本匹配过程，考虑样本距离，从而降低退化程度不同的训练样本的影响。这提高了 CI 的实用性和计算效率。两组的每个样本表示为 $X=\{\boldsymbol{S}_1,\boldsymbol{S}_2,\cdots,rul,fm\}$。式中，$\boldsymbol{S}_i$ 为传感器测量的维度；$rul$、$fm$ 分别为规则标识和故障模式标识。样本的每个维度是一个长度为 $L$ 的向量。对于每一个生成的样本，都会有一定数量的训练样本可以与之匹配（即可以认为生成的样本是从其匹配的样本中复制出来

的）。在该案例中，样本匹配计算可以表示为

$$\widetilde{X}_m^p=\{\widetilde{X}_u \mid \min_{0\leqslant u\leqslant n}\{|rul_{\min}^{X_u}-rul_{\min}^{X_u}|+|rul_{\max}^{X_u}-rul_{\max}^{X_u}|\}\},p=(1,2,\cdots,k),u=(1,2,\cdots,K) \tag{2.23}$$

式中，$X$ 和 $\widetilde{X}$ 分别表示训练样本和生成样本；$n$ 表示训练样本的个数；$rul_{\min}$ 和 $rul_{\max}$ 分别是最小和最大的规则标签；$K$ 表示训练数据集中的样本数量。基于所提出的样本匹配方法，对于每一个生成的样本，都可以在训练样本的基础上得到 $k$ 匹配样本的个数。

步骤 3：该案例选取均值匹配的最大平均差异作为 CI，表示两个样本集在再生核希尔伯特空间（RKHS）中的分布距离。MMD 的标准公式表示为

$$\mathrm{MMD}(\boldsymbol{F},X^S,X^T)=\sup_{f\in\boldsymbol{F}}(E_S[f(d^S)]-E_T[f(d^T)]) \tag{2.24}$$

式中，$X^S$ 和 $X^T$ 分别表示两组不同分布的数据（$S$ 和 $T$）；$E[\cdot]$表示分布的期望值；$\boldsymbol{f}\in\boldsymbol{F}$ 表示在 RKHS 中定义了一组属于的函数，可以任意确定。在 MMD 中，函数域被约束为 RKHS 单位球内的任意向量（即 $\|\boldsymbol{f}\|<1$）；$f(x)$ 表示 RKHS 中的向量 $\boldsymbol{f}$ 与该特定空间中 $\boldsymbol{\phi}(x)$ 的点表示的点积，表示为

$$f(x)=\langle\boldsymbol{f},\boldsymbol{\phi}(x)\rangle_{\mathrm{RKHS}} \tag{2.25}$$

步骤 4：预测模型的性能通常受到训练数据的多样性和可用性的影响。然而，当遵循低到高可用性原则的样本被剔除时，多样性随着剔除比例的增加而降低。因此，确定最优的消除比例以实现生成样本的多样性和可用性之间的理想平衡至关重要。在该案例中提出了一种利用 BiLSTM 的最优消除比例搜索策略。具体来说，生成的样本根据 CI 值按升序排序。按照从低到高 CI 的原则，将这些经过排序的样本按不同比例剔除，定义训练数据，原始训练样本作为测试数据。构建数据集后，在相同的初始条件下使用不同组的训练数据对 BiLSTM 模型进行训练。然后，确定损耗最小所对应的消除比例为去除负样本的最佳比例。该方法能够获得一组过滤后的生成数据，具有最优的消除比例，平衡了多样性和可用性。此外，为了提高多任务预测模型的性能，将过滤后的生成数据与原始训练数据融合形成新的训练数据集。

**(3) 案例研究**

在数据增强之后，该案例构建了一种 Transformer-Multi-gate Mixture-of-Experts（T-MMoE）多任务预测模型，通过两任务间的动态权重权衡，同时预测剩余使用寿命（RUL）和诊断故障，并通过 C-MAPSS 数据集与其他模型进行了比较。

数据集：C-MAPSS 数据集为模型开发提供了模拟的航空发动机运行数据，该数据被广泛应用于 PHM 领域。它由 FD001、FD002、FD003 和 FD004 四个子数据集组成，记录了不同发动机单元的运行工况、失效模式和退化轨迹信息。具体来说，每个子数据集包括一个训练数据集、一个测试数据集及其相应的 RUL 标签。训练数据集保存每个发动机单元的完整运行到故障数据。测试数据集记录每个发动机单元的部分生命周期数据。RUL 标签记录测试数据集对应的 RUL。本研究选择 FD001 和 FD003 的训练数据集作为实验数据集，涵盖两种失效模式，包含完整的退化信息。另外，随机选择 70%的发动机单元数据作为新的训练初始数据集，剩余 30%用于测试。训练数据保留了初始数据集的特征（完全可见和离线），并与预先构建的 RUL 标签相结合，用于模型训练。测试数据作为实时序列数据，用于训练模型预测（与预估分离）。

在构造健康指数（health index，HI）和识别首次预测时间（FPT）之后，获得训练数据集和测试数据集，并带有相应的标签（RUL 和故障标签）。由于初始数据集的单元数量有

限，采用滑动窗口和样本翻转技术来增加 DDTGAN 的训练样本。具体来说，该案例使用了一个大小为 60×16、步幅为 1 的滑动窗口。当窗口遍历处于健康阶段的数据时，它继续滑入退化阶段。此外，为了提高生成样本的特征多样性，将初始训练样本沿时间方向翻转，输入 DDTGAN 中，合成倒立的生成样本。随后，这些反向生成的样本被重新翻转，并与另一组生成的样本混合，用于后续的 NSE 过程。在 DDTGAN 结构中，两个组件的基本网络都是 3 层 LSTM，输入层和输出层的激活函数分别设置为 tanh 和 sigmoid。为了防止在双对抗过程中由过度偏向局部歧视导致的生成样本缺乏多样性，将参数 $\tau$ 设置得相对较小（实验中为 0.25）。另外两个超参数 $\lambda$ 和 $\varphi$，由于对模型训练不敏感，因此保留了它们在原始 TimeGAN 中的设置（$\lambda=1$，$\varphi=10$）。此外，迭代次数（iterations）和批量大小（batch_size）分别设置为 60000 和 128。

为了解决时间序列数据生成的多样性和可用性之间固有的不平衡，需要对生成的样本进行进一步的过滤。在这项研究中，该案例保证匹配的平均 MMD 值的适用性，将其作为提出的 NSE 方法的 CI。为了验证这一点，从 FD001 数据集中随机选择一个合格样本和一个负样本，并使用 PCA 算法和 t 分布随机邻域嵌入（t-SNE）算法将它们与匹配的样本一起可视化。这种可视化可以通过在低维空间中可视化地评估生成的样本与实际匹配样本的相似性来观察生成样本与其匹配样本之间的重叠程度。通常，散点图测试中生成样本质量的评价标准包括覆盖度、不可区分性和实用性。根据该准则，选择数据覆盖重叠作为可视化评价实验的主要指标。如图 2.6 和图 2.7 所示，基于 NSE 过程，合格样本具有更好的重叠性，并且与匹配样本更难以区分，从而进一步验证了所选 CI（匹配平均 MMD）对评估生成样本的适用性。

通常，预测模型的预测性能直接受到样本数量和质量的影响。然而，提高负样本的消除比例以提高整体数据可用性往往会导致数据多样性的降低。为了解决这一问题，该案例根据 CI 值对生成的样本进行排序后，对不同消除比例的样本进行分组，用于模型训练。然后将初始训练样本用作测试数据。不同消除比例下的 RUL 预测损失如图 2.8 所示，其中消去比例区间设为 10%，并选择均方根误差（RMSE）作为损失度量。结果表明，高消除比例和低消除比例都会导致预测性能下降，FD001 和 FD003 生成的样本的最佳消除比例分别为 20%和 30%。

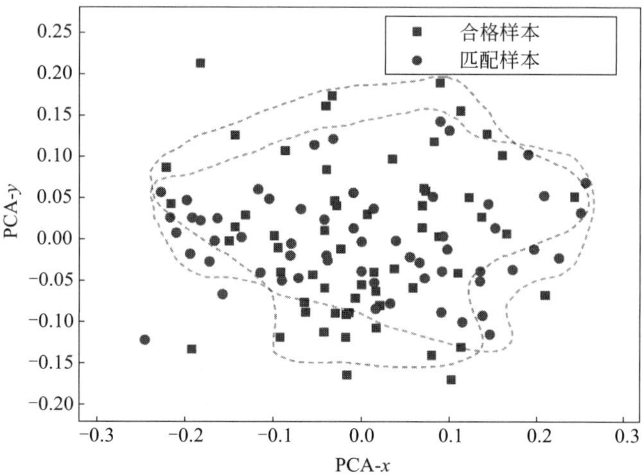


(a) 基于PCA随机选择的合格样本

图 2.6

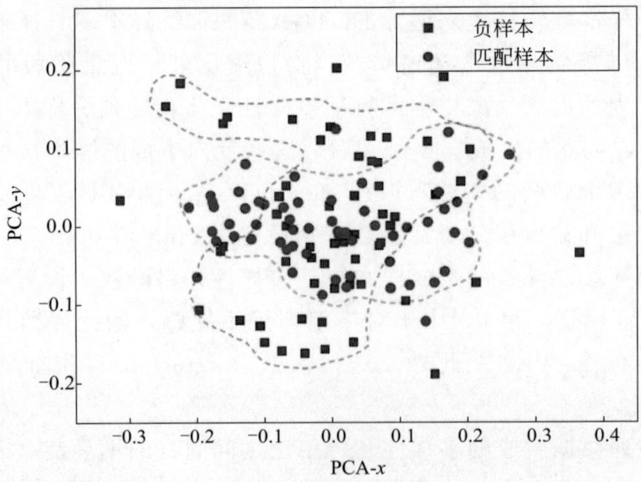


(b) 基于PCA随机选择的负样本

图 2.6　基于 PCA 随机选择的生成样本的可视化和比较

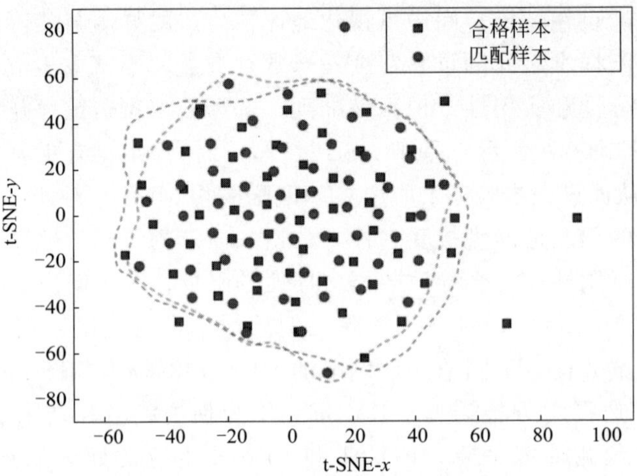


(a) 基于t-SNE随机选取的合格样本

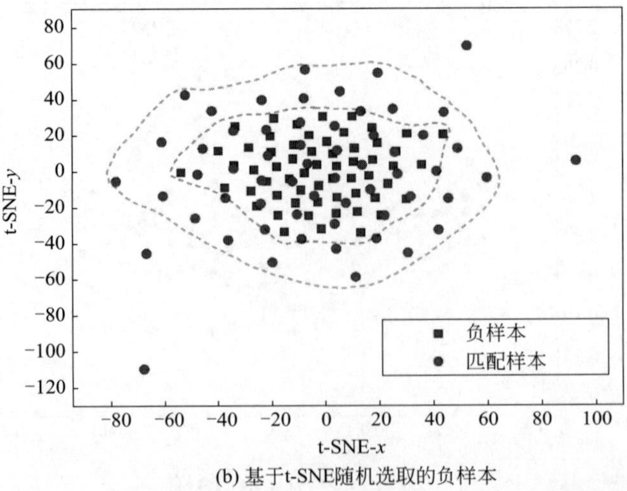


(b) 基于t-SNE随机选取的负样本

图 2.7　基于 t-SNE 随机选取的生成样本的可视化和对比

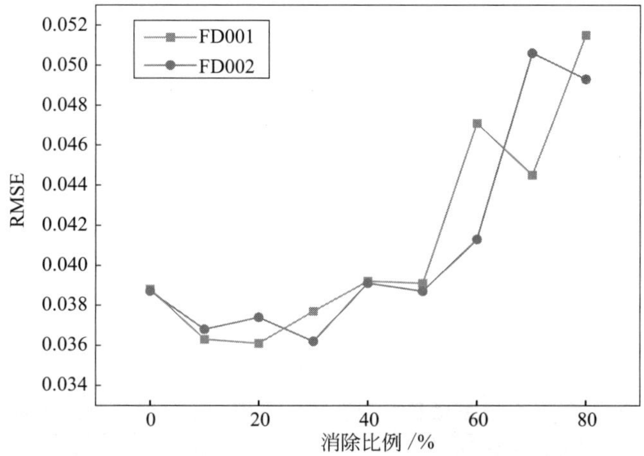


图 2.8　不同消除比例的均方根误差计算结果不同

为进一步有效地提高多任务预测模型的性能，将过滤后的具有最佳消除比例的生成样本与初始训练样本混合，形成最终的训练数据集。表 2.3 给出了整个数据生成过程中的详细样本信息。

**表 2.3　数据增强过程中样本的细节**

| 数据 | FD001 | FD003 |
| --- | --- | --- |
| 初始训练样本 | 11366 | 14775 |
| 初始测试样本 | 2764 | 3534 |
| 初始样本总数 | 14130 | 18309 |
| 生成样本总数 | 28240 | 36432 |
| 生成样本(消除后) | 22592 | 25502 |
| 融合样本(用于最后的多任务模型训练) | 45324 | 55052 |
| 样本大小 | 60×16 | 60×16 |
| 故障模式 | HPC | HPC、FAN |
| 测试发动机单元 | 20 | 20 |

数据增强完成后，该案例提出了一种自适应 T-MMoE 多任务预测模型，用于 RUL 预测和故障诊断。此外，采用基于梯度归一化的联合损失函数将多任务预测的两种损失组合在一起，使模型能够在训练过程中动态调整梯度，并对每种损失学习不同的权值。该多任务预测模型与上述方法进行结合形成了一个完整的系统，详细内容将在本书其他章节进行介绍。

**(4) 比较试验**

为进一步验证所提出框架的性能和实用性，在 FD001 和 FD003 的测试机组上进行了大量的对比试验。在数据增强方面，采用提出的无数据生成的多任务预测模型作为基线，评价数据生成工作的有效性，并将两种先进的生成网络 RC-GAN 和 TimeGAN 与该案例提出的方法进行了比较。此外，还进行了烧蚀实验，验证了所提出的自适应 FPT 识别方法和 NSE 方法的优越性。如表 2.4 和表 2.5 所示，对比结果表明，该案例提出的数据增强方法对空间复杂度较高的大规模时间序列数据具有更好的适应性。此外，尽管在不部署自适应 FPT 识别和 NSE 的情况下，该方法的有效性明显下降，但仍然优于其他传统方法，证明了多样性-

可用性平衡和退化信息保留在数据增强背景下的不可替代作用。

**表 2.4 FD001 发动机单元测试中不同生成模型的对比结果**

| 模型 | RMSE | MAPE/% | Score | 准确率/% |
|---|---|---|---|---|
| Baseline | 11.29 | 19.81 | 334.81 | 92.17 |
| RC-GAN | 12.73 | 16.37 | 314.81 | 93.09 |
| TimeGAN | 10.07 | 11.62 | 295.18 | 93.75 |
| 该案例提出的方法 | 4.17 | 8.12 | 92.27 | 96.40 |
| 无 NSE | 6.84 | 10.29 | 127.39 | 95.81 |
| 无自适应 FPT 识别 | 5.91 | 10.81 | 146.28 | 95.95 |

**表 2.5 FD003 发动机单元测试中不同生成模型的对比结果**

| 模型 | RMSE | MAPE/% | Score | 准确率/% |
|---|---|---|---|---|
| Baseline | 14.72 | 21.82 | 362.94 | 91.57 |
| RC-GAN | 15.84 | 17.59 | 302.81 | 91.64 |
| TimeGAN | 13.27 | 12.81 | 312.84 | 91.68 |
| 该案例提出的方法 | 5.34 | 9.29 | 103.57 | 94.22 |
| 无 NSE | 6.57 | 9.37 | 117.26 | 92.67 |
| 无自适应 FPT 识别 | 7.81 | 12.27 | 64.29 | 92.06 |

**(5) 总结**

为有效解决多任务预测数据不足和信息利用率低的问题，提出了一种基于退化行为外推和多样性-可用性权衡的航空发动机多任务预测数据增强策略。对于时间序列数据增强，设计了基于 DDTGAN 和 NSE 的最优数据增强策略，其中 DDTGAN 通过外推具有全局和局部空间多尺度时间特征的退化行为来生成时间序列数据，然后引入 NSE 来消除不合格样本，以获得具有多样性和可用性权衡的最优生成样本。因此，通过将最优生成数据与初始训练数据进行融合，实现数据融合，能够有效解决时间序列数据不足的挑战，从而提高预测估计的性能。

# 第3章 智能装备剩余使用寿命预测方法与案例

## 3.1 剩余使用寿命预测技术概况及发展背景

### 3.1.1 剩余使用寿命预测技术的定义

剩余使用寿命（remaining useful life，RUL）预测技术是指利用设备的当前状态、历史运行数据及其故障模式来预测其从当前时间点到功能失效之间可继续正常运行的时间。这项技术的核心在于提前评估设备健康状态，识别潜在的故障风险，从而为预测性维护提供依据，降低维护成本并延长设备的生命周期。RUL 预测的定义通常涵盖以下几个方面。

① 设备健康状态评估 RUL：预测基于对设备健康状态的实时评估，通常通过传感器采集设备的运行数据（如振动、温度、压力等）来判断设备当前的健康状况。该评估是预测设备未来寿命的基础，为故障识别和寿命预测提供必要的数据支撑。

② 故障模式识别与失效机制分析：设备的故障模式和失效机制影响其剩余寿命。RUL 预测技术通过识别并分析设备的常见故障模式及其失效机理，确定影响设备寿命的关键因素，从而准确预测不同故障模式下的 RUL。

③ 预测模型构建：RUL 预测包括建立适合设备特性的预测模型，以实现对其未来寿命的定量预测。常见模型分为基于物理模型的方法（如动力学模型）、基于数据驱动的方法（如机器学习、深度学习）和基于混合模型的方法。模型的准确性和适用性直接影响 RUL 预测的精度。

④ 故障趋势分析与剩余寿命预测：在对当前健康状态和故障模式进行分析后，RUL 预测技术通过预测模型分析设备的健康衰退趋势，从而估算其剩余寿命。这部分涉及数据的处理与计算，通常采用机器学习或统计模型对未来状态进行预测。

⑤ 维护决策支持：RUL 预测技术最终为设备的维护和管理决策提供支持。通过准确预测设备的剩余寿命，RUL 技术能够帮助决策者制订合理的维护计划，安排维修时机，避免突发停机事件，从而实现预测性维护目标，延长设备寿命并优化资源配置。

RUL 预测是一项集成化技术，其应用贯穿于设备监测、故障诊断、寿命预测和维护决策等多个环节。随着大数据、物联网和人工智能技术的发展，RUL 预测的应用前景广阔，将在未来的工业智能维护中发挥越来越重要的作用。

### 3.1.2 剩余使用寿命预测技术的发展背景

剩余使用寿命预测技术的发展经历了从早期的经验主义方法到现代数据驱动的智能化方法的过程。随着传感器技术、计算能力和人工智能（AI）技术的快速发展，RUL 预测技术在各个行业中得到了广泛应用，尤其是在机械设备、航空航天、汽车、能源等领域。

**(1) 早期阶段：经验方法和传统预测技术**

在 RUL 预测技术的初期，大多数方法依赖于工程师经验、定期检查以及设备的历史使用数据。早期的剩余寿命评估通常基于以下几个主要手段。

① 基于时间的退化模型：早期的 RUL 预测方法假设设备的退化过程是线性的，或者至少可以通过简单的数学模型来描述。例如，基于运行时间或者工作周期来推算设备的剩余寿命。

② 基于规则的经验分析：经验丰富的工程师通过设备的使用条件、历史故障模式、环境因素等信息，采用手工制订的规则来判断设备的健康状态，并预测其剩余使用寿命。

③ 定期检查与维护：设备的 RUL 往往通过定期的检查和维护周期来预测。例如，检查设备的运行参数（如温度、振动等）是否在正常范围内，依据这些数据判断设备是否接近故障。

这种基于经验和统计的 RUL 预测方法虽然简单，但往往难以应对复杂系统的非线性退化过程，且精度较低。

**(2) 转向数据驱动和机器学习方法**

随着信息技术和传感器技术的进步，特别是在工业物联网（IIoT）和大数据分析的支持下，RUL 预测技术逐渐转向数据驱动的方法，依赖于更精细的实时数据采集和分析。

① 数据采集与传感器技术的进步：随着物联网（IoT）技术的发展，设备上安装了越来越多的传感器，可以实时采集大量的运行数据（如温度、压力、振动、噪声等）。这些数据为 RUL 预测提供了更加丰富和精确的信息源。

② 机器学习（ML）与深度学习（DL）的应用：随着机器学习和深度学习技术的迅猛发展，基于数据的 RUL 预测开始广泛应用。例如，使用回归分析、支持向量机（SVM）、决策树、神经网络等算法，通过历史数据进行训练，自动发现设备的退化模式，并对未来的故障进行预测。这种方法能够通过大量的传感器数据，捕捉到设备退化过程中的复杂非线性模式，大大提高了预测的准确性。

**(3) 现代阶段：集成多种数据源和高级算法**

进入 21 世纪以来，RUL 预测技术已经进入了更加智能化的阶段，尤其在以下几个方面取得了突破。

① 多源数据融合：设备的 RUL 预测不再仅依赖单一数据源。越来越多的 RUL 预测系统开始融合多种类型的数据，如传感器数据、历史维护记录、工作环境数据、生产过程数据等。这种多维度的数据融合方法可以更全面地评估设备的健康状态，进而提高预测精度。

② 深度学习与自适应模型：深度学习算法，特别是卷积神经网络（CNN）、长短期记忆网络（LSTM）等，已被广泛应用于 RUL 预测。深度学习能够从海量的时间序列数据中自动学习设备退化的复杂模式，且具有很强的自适应能力，可以随着新数据的增加，不断优化模型的预测能力。

③ 边缘计算与云计算：随着计算能力的提升，边缘计算和云计算结合的架构逐渐成为

RUL 预测的主流。边缘计算能够在设备端实时处理数据并进行初步分析，减少了数据传输延迟。而云计算则提供了强大的数据存储和大规模计算能力，能够对复杂的 RUL 预测模型进行训练和优化。

**（4）RUL 预测面临的挑战与发展趋势**

尽管 RUL 预测技术已经取得了显著进展，但仍然面临一些亟待解决的挑战。

① 数据质量和异常处理是一个关键难题。在实际应用中，传感器采集的数据常常会受到噪声、缺失值或异常值的影响，如果不加以处理，这些问题将直接影响模型的准确性和可靠性。因此，如何有效清洗和修复不完整或异常的数据，确保数据的高质量，是提升预测精度的核心任务。传统的噪声去除方法和数据补全技术在处理复杂、非线性的设备运行数据时往往存在局限性，新的数据处理和异常检测方法亟需被开发和优化。

② 模型的泛化能力仍然是 RUL 预测中的一个难点。设备在不同的使用环境、工况、负载条件以及老化阶段，可能会呈现出不同的退化模式。不同类型的设备和系统，甚至同一设备在不同时间段的运行状态，都会影响其退化规律。这就要求 RUL 预测模型不仅能够适应单一设备的特点，还要具备较强的泛化能力，以应对不同设备和多变工况的影响。这是目前许多传统机器学习方法面临的一大挑战，需要开发更加灵活、适应性强的模型，使其能够从大量的多源异构数据中提取有效特征并进行精确预测。

③ 实时预测要求预测系统具备强大的计算能力和高效的算法支持。随着工业互联网、物联网等技术的应用，设备和系统的运行数据生成速度和规模大大增加，实时预测成为关键需求。然而，如何在保证实时性的同时平衡计算效率与预测准确性，依然是技术发展的瓶颈。尤其是在复杂系统中，实时计算可能需要高性能的硬件设备以及高效的分布式计算架构，以支持大规模数据的实时处理和快速响应。

展望未来，RUL 预测技术的发展趋势将主要体现在以下几个方面。

① 技术将更加自适应与个性化。随着设备种类的多样化和应用环境的复杂化，传统“一刀切”式的预测模型逐渐难以满足需求。未来的 RUL 预测技术将能够根据设备的实际运行状态和退化特性自动调整模型参数，甚至为不同类型的设备提供个性化的预测方案。这种自适应的能力将使得预测系统更加精准、高效，并能够满足各种实际应用场景的需求。

② 随着 AI 技术的进一步发展，解释性与透明度将成为 RUL 预测领域的重要研究方向。传统的机器学习和深度学习方法虽然能够提供较高的预测准确度，但它们通常被视为黑箱模型，缺乏可解释性。未来，RUL 预测不仅需要提供准确的剩余使用寿命预测结果，还需要为用户提供透明的决策依据和可解释的预测原因。这将有助于增强用户对预测系统的信任，尤其是在高风险行业，如航空、能源等领域，解释性强的预测模型可以帮助维护人员做出更加科学合理的决策。

③ RUL 预测技术将不再是一个孤立的任务，而将成为更广泛的智能系统的一部分。未来，RUL 预测将融入智能制造、设备管理和预测性维护等系统中，形成完整的工业 4.0 框架。在这一过程中，RUL 预测将与生产调度、资源优化、设备运行监控等系统紧密结合，实现更加高效的协同管理和优化。例如，RUL 预测可以与生产调度系统结合，基于设备健康状况预测停机时间并优化生产计划；同时，结合资源优化算法，能够根据设备状态调整维修人员和维修资源的配置，提高整个生产线的运作效率。

综上所述，RUL 预测技术的未来将朝着更加智能化、自适应和透明的方向发展。随着技术的不断进步，预测模型的准确性、适应性和实时性将不断提高，逐步成为智能制造、设备管理及整个产业数字化转型的核心技术之一。

## 3.2 基于模型驱动的剩余使用寿命预测方法

基于模型驱动的剩余使用寿命预测方法，主要聚焦于机械装置的物理失效机制，下面深入探讨其根本性失效因素。该方法不仅涵盖了滚动轴承的整体性能衰退，还考虑了模型的分层退化现象，以及内部组件的逐步损伤和退化等多重失效机制。在此基础上，构建滚动轴承的失效模型，为预测和维护提供理论支持。通过细致分析机械装置失效的内在机理，力求准确识别失效的核心因素，从而优化滚动轴承的失效模型，提高预测的准确性和可靠性。

基于物理失效机理的模型驱动方法，通常需要进行深入的实验和测试，以探究设备的退化过程和失效机制。这些实验不仅揭示了设备的失效模式，还提供了大量用于训练和验证模型的数据。通过结合工作状态监测数据与设备的实际使用环境，模型可以实时调整，以精确预测剩余使用寿命。比如，对于滚动轴承而言，预测不仅仅依赖于传统的温度、振动等物理参数，还涉及设备的工作条件、负载变化、润滑状态等因素。

卢光辉等人基于断裂力学理论，进行了轴承内圈疲劳寿命分析，考虑了残余应力、表面粗糙度等表面完整性指标，构建了轴承疲劳寿命的物理模型。通过分析这些因素，他们研究了不同工况下零件的剩余寿命，进一步推动了基于物理模型的预测方法在工业应用中的落地。有文献提出了一种针对机械旋转部件在振动-损伤界面中的性能退化模型，该模型通过深入分析旋转部件的非线性振动行为，并考虑转速、偏心角等因素，建立了更加精确的退化模型。通过该模型，可以有效地捕捉机械部件性能退化的动态过程，为后续的剩余寿命预测提供了新的理论依据和技术工具。

在构建失效模型的过程中，用户还可以通过调整模型的相关参数，模拟不同的工况变化，进一步扩展模型的适用范围。这种灵活性使得基于模型的 RUL 预测方法能够更好地适应不同类型的机械设备和复杂的工作环境。通过引入模型误差，可以扩大参数数据集，进而提升模型的泛化能力，支持更加全面的数据学习与处理。

尽管基于模型的 RUL 预测方法具备诸多优势和潜力，但也存在一定的局限性。首先，物理模型的建立往往需要对设备的物理机制有深入的理解，而这些物理机制往往是高度复杂的。特别是在一些特殊应用中，某些物理组件可能无法通过现有的仿真工具完全建模，这给实际应用带来了很大的挑战。此外，模型的复杂性可能导致计算成本和开发成本的增加，特别是在需要大量实验数据支持的情况下。因此，在实际应用中，基于模型的 RUL 预测方法往往与其他方法（如数据驱动方法）结合使用，以弥补模型方法的不足。

总之，基于模型驱动的 RUL 预测方法通过深入研究机械装置的物理失效机制，能够为设备的剩余寿命预测提供可靠的理论支持和技术手段。通过不断优化模型、补充实验数据以及结合不同的技术手段，能够提升预测的准确性和可靠性。然而，这种方法因其复杂性和局限性仍需要与其他方法相结合，以实现更广泛的适用性和更高的预测精度。

## 3.3 基于数据驱动的剩余使用寿命预测方法

基于数据驱动的剩余使用寿命预测方法主要依赖设备及其关键部件通过传感器收集的监

测数据，利用模式识别和机器学习技术来预测设备的剩余使用时间。这种方法不依赖于复杂的物理模型和专业知识，而是通过分析和挖掘历史数据中的关键信息，建立监测数据与RUL之间的映射关系。近年来，随着数据采集技术的进步，数据驱动的RUL预测已成为工业界和学术界的研究热点，因其能够在复杂的退化过程中提供较为精确的预测。

数据驱动的RUL预测技术可分为基于传统机器学习（ML）和基于深度学习（DL）的方法。传统机器学习方法（如支持向量回归、随机森林回归等）主要通过提取设备运行数据的特征来进行预测，适用于较为简单的退化模式。深度学习方法［如卷积神经网络（CNN）和长短期记忆网络（LSTM）］则能自动从原始数据中学习到复杂的特征，对于处理高维数据和非线性退化过程具有明显优势。

尽管数据驱动方法具有很大的潜力，但在实际应用中仍面临数据质量、标签构建、模型泛化能力等挑战。数据的噪声、缺失和标注不准确等问题可能影响预测精度，而如何提高模型的泛化能力以适应不同设备和工况也是未来研究的重点。总体而言，数据驱动的RUL预测方法因其灵活性和高效性，在设备健康管理和预测性维护中展现出了重要的应用前景。

## 3.4　基于机器学习的剩余使用寿命预测技术

基于机器学习的剩余使用寿命预测方法，核心步骤包括对多种传感器数据的深入分析与处理，通过特征提取和健康指标的构建，进而执行RUL的预测。该方法不依赖于复杂的物理模型，而是通过机器学习算法从传感器数据中自动学习设备的退化模式，从而预测其未来的使用寿命。

在机器学习范畴内，广泛应用的方法涵盖了人工神经网络（artificial neural network，ANN）、支持向量机（support vector machine，SVM）、相关向量机（relevance vector machine，RVM）、高斯过程回归（Gaussian process regression，GPR）、径向基函数（radial basis function，RBF）神经网络，以及极限学习机（extreme learning machines，ELM）等多种技术。

① 人工神经网络（ANN）　人工神经网络通过模拟人脑神经元之间的连接，能够处理复杂的非线性问题。ANN特别适合用于RUL预测，因为设备的退化过程通常是非线性的，且存在复杂的相互关系。通过多层网络结构，ANN能够自动从历史数据中提取关键特征，并学习到退化与RUL之间的复杂关系。通过反向传播算法，ANN可以根据已知数据对网络参数进行优化，从而提高预测精度。

② 支持向量机（SVM）　支持向量机是一种常用于分类与回归任务的机器学习方法。SVM在RUL预测中表现出色，尤其是在处理高维数据时。SVM通过寻找最大化间隔的超平面，能够有效地分离不同类别的数据。对于RUL预测，SVM通过回归模型学习设备退化过程与剩余使用寿命之间的关系。SVM的优点在于其对高维特征数据的处理能力强，且可以通过核函数有效地捕捉到非线性关系。

③ 相关向量机（RVM）　相关向量机是支持向量机的一种改进方法，采用贝叶斯框架进行学习，相比传统的SVM，RVM能够提供更为精准的置信度估计。RVM在处理不确定性较高的预测任务时表现出色，因为它能够在回归过程中给出模型输出的不确定度估计。这使得RVM成为设备健康管理中非常重要的工具，尤其是在处理不完备或不确定的传感器数据时。

④ 高斯过程回归（GPR） 高斯过程回归是一种非参数的贝叶斯方法，它通过对设备的退化过程进行建模，捕捉设备退化中的非线性关系。GPR 能够有效地处理带有噪声的数据，并为每个预测结果提供置信度估计。其特别适合退化过程存在较大不确定性的设备，通过高斯过程回归方法可以更精确地描述退化过程中的不确定性，并做出准确的 RUL 预测。

⑤ 径向基函数（RBF）神经网络 径向基函数神经网络是一种基于径向基函数作为激活函数的神经网络，适用于处理高非线性的数据。RBF 神经网络在 RUL 预测中能够通过强大的数据映射能力，捕捉到复杂的退化模式，特别是在数据存在较强非线性关系时，能够提供较为精准的预测。

⑥ 极限学习机（ELM） 极限学习机是一种高效的机器学习算法，能够快速进行训练。ELM 通过随机初始化网络隐藏层的权重，并训练输出层的权重，极大提高了训练速度，同时保持了较好的预测精度。ELM 适用于处理大规模数据集，尤其是在需要快速部署和实时预测的工业应用中表现突出。

上述方法的共同特点是：都能基于设备历史数据，通过学习设备退化过程中的特征，建立与 RUL 之间的映射关系，从而预测设备的剩余使用寿命。机器学习方法相比传统的基于物理模型的方法具有较强的灵活性，能够适应不同设备和工况下的多变情况。

在训练过程中，机器学习算法会通过对历史数据的学习，建立退化特征与 RUL 之间的关系。常见的训练评估方法包括交叉验证和网格搜索等技术，以优化模型性能。评估指标通常使用均方误差（MSE）、均方根误差（RMSE）和平均绝对误差（MAE）等来评估模型在未知数据上的预测效果。

设备的运行环境和工作状态是不断变化的，因此，机器学习模型也需要进行持续的更新和优化。增量学习和在线学习技术可以使得机器学习模型在实时监控过程中，根据新的数据持续学习，从而调整预测结果。这种方法特别适合用于设备的在线健康管理，因为它可以在设备运行过程中实时调整和优化模型，使其不断适应新的设备运行状态。

随着设备使用时间的增加，新的传感器数据会不断积累，模型能够根据这些新数据进行再训练，从而保证 RUL 预测的准确性。在线预测系统能够实时监测设备状态，生成 RUL 预测值，并提供相应的维护建议。这对于设备的预测性维护和生命周期管理至关重要，能够最大限度地减少设备停机时间和突发故障。

基于机器学习的 RUL 预测方法尽管具有许多优点，但在实际应用中，仍然面临着一系列挑战。首先，设备传感器数据的质量和完整性是影响预测精度的一个重要因素。传感器噪声、数据缺失或数据异常值的存在，可能导致模型的训练过程出现偏差，进而影响 RUL 预测的准确性。因此，如何有效地清洗和预处理数据，消除这些问题，成为一个关键的技术挑战。

模型的泛化能力是另一个需要关注的方面。由于不同设备、不同工作环境的差异，相同的机器学习模型可能在不同的应用场景下表现不尽相同。因此，如何确保模型能够适应不同类型设备和工况，并避免过拟合，成为一个重要的研究课题。为了提高泛化能力，研究人员需要探索多任务学习、迁移学习等方法，以实现模型在多样化应用中的有效应用。

总体而言，基于机器学习的 RUL 预测方法通过深度分析和处理设备的监测数据，能够高效、准确地预测设备的剩余使用寿命，为设备的健康管理和维护决策提供有力支持。

# 3.5 基于深度学习的剩余使用寿命预测技术

## 3.5.1 基于深度学习的剩余使用寿命预测技术方法

随着深度学习技术的飞速发展，它已经成为预测设备剩余使用寿命中的一项重要技术，尤其是在处理大规模、复杂数据和高维特征时，深度学习表现出了强大的优势。基于深度学习的 RUL 预测方法能够通过自动学习数据中的高层次特征，捕捉设备退化过程中的复杂模式，从而提供更加精确的剩余使用寿命预测。

传统的浅层网络机器学习方法和网络算法，在很大程度上依赖于专家的先验知识及信号处理技术。这些方法通常需要对原始数据进行一定的人工预处理操作，包含特征提取、数据去噪等环节。然而，这些人工干预和领域知识的需求在实际应用中存在不少局限性，尤其是当数据的维度很高或退化过程非常复杂时，传统的机器学习方法往往难以全面捕捉所有潜在的退化模式。此外，传统机器学习方法的特征提取和模型构建过程通常比较依赖人为经验，这使得它们在处理未知的设备或新的工况时可能不具备良好的适应性和泛化能力。

相比之下，深度学习算法作为一种具备强大非线性函数匹配与特征提取能力的数据驱动方法，能够更有效地揭示时间序列数据中隐含的复杂关系。深度学习不需要依赖过多的专家知识和复杂的信号处理技术，它能够直接从原始数据中提取关键特征，并自动学习设备的退化模式。因此，近年来，深度学习在 RUL 预测领域逐渐成为一个研究热点，并取得了显著的成果。

深度学习方法能够通过多层次的网络架构从数据中提取出逐层升高的特征，尤其在处理具有高度非线性、时序依赖和大规模数据的任务时，展现出了强大的性能。深度学习技术已经在多个工程领域取得了显著成果，如图像处理、动态识别、故障诊断及寿命预测等。

在基于深度学习的 RUL 预测方法中，主要采用以下几种深度学习模型。

① 卷积神经网络（CNN）　卷积神经网络最初广泛应用于图像处理，但在处理设备退化的时序数据中同样表现出了强大的能力。CNN 能够通过一维卷积操作对时序信号进行处理，自动提取数据中的局部特征。尤其是在处理具有局部依赖关系的信号时，CNN 能有效捕捉到设备退化过程中的微小波动，帮助建立与 RUL 之间的映射关系。CNN 的多层结构和池化层能够进一步增强对数据高层次特征的提取能力，使预测更加准确。

② 深度置信网络（DBN）　深度置信网络是一种由多层无监督神经网络堆叠而成的模型，它通过逐层训练的方式学习数据的层级表示。在 RUL 预测中，DBN 能够通过无监督的方式对数据进行预训练，从而捕捉到设备退化的潜在规律，再通过微调完成针对剩余使用寿命的精确预测。DBN 在训练时比深度神经网络（DNN）更加高效，尤其在数据量较小或者数据特征不完全明显的情况下，能够发挥出优势。

③ 递归神经网络（RNN）　递归神经网络适合处理具有时序特性的任务，能够捕捉数据中的时间依赖性。在设备的 RUL 预测中，RNN 特别擅长处理传感器数据随时间变化的退化过程。通过网络中递归的连接，RNN 能够“记住”之前的信息，从而帮助预测未来的退化趋势。为了克服传统 RNN 在长序列数据处理中的梯度消失问题，长短时记忆网络（LSTM）和门控循环单元（GRU）等变种 RNN 被广泛应用，能够更好地捕捉设备退化的长期依赖关系，提供准确的 RUL 预测。

深度学习模型通常需要大量的训练数据才能充分发挥其优势，因此，数据的质量和规模对模型性能至关重要。在训练过程中，通常采用反向传播算法来优化网络的权重，使模型的预测误差最小化。深度学习模型的优化过程可以采用梯度下降法（如 SGD、Adam 等优化器），通过逐步调整模型的参数，提高其在训练数据上的拟合能力。

为了防止过拟合，常常采用数据增强技术和正则化方法（如 Dropout、L2 正则化等）来改善模型的泛化能力。数据增强技术能够通过对数据的各种变换（如加噪声、时序平移等）来增加训练集的多样性。正则化方法则限制了模型过度依赖训练数据的某些特征，从而提高了模型的鲁棒性。

深度学习模型的一个显著优势在于其在线学习和增量学习的能力。在实际应用中，设备可能会持续运行并生成新的监测数据，基于深度学习的 RUL 预测系统能够通过在线更新网络参数来适应新的数据，从而提高预测的精度。例如，使用增量学习方法，深度学习模型可以通过不断学习新的数据来动态调整预测结果，这对于需要实时监控设备状态的预测性维护任务尤其重要。

尽管深度学习方法在 RUL 预测中表现出了显著的优势，但也存在一些挑战和局限性。首先，深度学习需要大量的高质量数据，设备的长期监测数据和故障数据在某些行业中可能并不容易获得。其次，深度学习模型通常需要较高的计算资源和长时间的训练过程，这对于实时监控和预测可能带来一定的挑战。最后，深度学习模型的可解释性问题也是一个亟待解决的难题，尤其是在一些需要确保模型预测可信度和透明度的场景中，深度学习模型的黑箱特性可能不适用。

基于深度学习的 RUL 预测方法通过自动化学习设备退化模式，能够高效处理复杂的时序数据，并提供更加精准的设备健康预测。深度学习模型能够通过多层次的特征学习，从原始数据中提取关键特征，捕捉设备的退化过程，克服了传统机器学习方法在处理非线性、高维数据时的局限性。尽管面临着数据需求量大、计算资源消耗高及可解释性差等挑战，深度学习在设备健康管理、故障诊断和预测性维护中已经展现出巨大的潜力，并将在未来的发展中继续取得突破。

### 3.5.2 基于深度学习的剩余使用寿命预测技术案例

#### 3.5.2.1 案例：基于多特征空间交叉自适应迁移学习的未知退化数据下轴承分段剩余使用寿命预测

**(1) 背景**

在工业旋转机械中，滚动轴承作为核心部件，广泛应用于各类设备。轴承在运行过程中发生故障，不仅会导致设备停机，还可能带来巨大的经济损失。因此，及时监测并预测轴承的故障是保障设备稳定运行和避免突发事故的重要手段。RUL 预测技术作为一种关键工具，对于实现提前预警、降低停机风险和优化维护决策具有重要作用。

目前，RUL 预测方法大体可分为两类：基于模型的方法和基于数据驱动的方法。基于模型的方法通过建立轴承的退化模型，考虑其工作原理，评估当前健康状态并预测未来退化趋势。尽管该方法能够较好地描述轴承的退化过程和规律，但其局限性在于，RUL 预测的准确性通常依赖于复杂系统的专家知识，且模型在实际应用中的可扩展性较差。随着人工智能技术的发展，基于数据驱动的 RUL 预测方法逐渐受到关注，尤其是深度学习（DL）方法，它通过构建实验信号与标记的 RUL 空间之间的映射关系，实现了高效的预测。与基于模型的方法不同，深度学习方法不依赖于详细的先验知识，而是依赖于大量高质量的数据。通过深度学习网络［如深度置信网络、卷积神经网络（CNN）、长短时记忆网络（LSTM）等］，能够有效地学习数据中的相关特征，进而完成 RUL 预测任务。此外，引入首次预测时间（FPT）和阶段转换点（STP）等概念，可以在多个退化阶段的基础上进一步提高 RUL 预测的准确性。

然而，在实际工业环境中，轴承的退化过程通常在相同操作条件下经过长时间测试后会表现出不同的退化模式。这使得传统的 RUL 标定方法无法真实反映每个阶段的 RUL。此外，由于操作设备、工作条件和外部环境的差异，采集到的数据可能表现出不同的退化特征，会导致传统的深度学习模型无法有效地将从有限训练数据中学习到的知识应用于多种工作条件下的 RUL 预测。

为了解决这一问题，领域自适应（DA）作为一种有效的解决方案，广泛应用于迁移学习（TL）中。通过将目标领域和源领域的特征分布对齐或转换，领域自适应方法可以减少两者之间的差异，从而提高模型的泛化能力。尽管领域自适应在 RUL 预测中取得了一定进展，但传统的领域自适应方法通常假设目标领域具有足够的完整生命周期数据，用于建立不同工作场景下的 RUL 预测模型。然而，在实际工业制造中，获取完整的生命周期数据非常困难，这大大降低了基于传统迁移学习的 RUL 预测准确性，尤其是在多个工作条件下。为了解决目标领域数据不足的问题，一些正则化方法和深度自编码器结构被提出，以强制对齐目标领域和源领域的特征，并期望无法观察到的数据也能在此方向上对齐。然而，这些方法在处理不可见退化数据时存在一定局限性，忽略了源领域与目标领域在多个退化阶段之间的错配，导致预测的 RUL 与真实的物理退化过程不一致。

因此，针对不可见退化数据下的 RUL 预测问题，迫切需要设计一种新的迁移学习策略，以应对以下挑战。

① 滚动轴承的退化特征复杂且变化多样，导致每个退化阶段的退化速率不同。传统的 RUL 标定方法忽略了多个退化阶段之间的关联，且假设退化过程中的速率是恒定的，这与实际的退化过程不符。

② 传统的迁移学习方法将源领域和目标领域视为一个整体训练数据集，但未考虑两者在多退化阶段之间的错配问题，这使得模型预测的 RUL 无法准确反映实际的物理退化过程。此外，现有基于迁移学习的 RUL 模型难以从未标记的目标领域捕捉到复杂的退化模式，从而导致不可见退化数据下的预测精度下降。

因此，该案例提出了一种基于多特征空间交叉自适应迁移学习（MSCATN）的 RUL 预测方法，旨在解决不可见退化数据下轴承分段 RUL 预测中的上述问题。该方法通过多特征空间的自适应对齐，克服了源领域与目标领域在不同退化阶段之间的错配问题，并能够在数据不全的情况下有效进行 RUL 预测，从而提高轴承健康管理和预警系统的精度和可靠性。

**（2）案例方法介绍**

该案例提出了一种基于多特征空间交叉自适应迁移学习的分段自适应 RUL 学习预测方法。首先，结合自适应 AGIP 算法和退化指标梯度，考虑连续退化阶段的互联性，提出了一种新的多阶段过渡点识别方法，能够准确地检测到不同数据集的 FPT 和 STP 变化；然后结合实际工业应用场景，通过计算各阶段的物理降解率，推导出反映降解过程真实性的基于物理退化率的 RUL(PDRI RUL) 标注方法。最后，为了解决目标域数据获取不足的问题，建立了基于 MSCATN 的分段自适应 RUL 学习模型，将从源域学习到的退化知识转移到未标记的不完整目标域，包括内部多阶段方向对齐和多特征空间对齐。此外，通过设计的联合损失函数动态学习回归损失、蒸馏损失和最大平均差异（MMD）损失之间的最优权重，提高了迁移知识的获取能力，从而保证了预测的 RUL 与实际物理退化过程相一致。设计了大量的跨域迁移预测案例，验证了该方法在不可见退化数据下的性能优于其他传统方法。该案例的主要贡献总结如下。

• 所提出的多阶段过渡点辨识方法可以准确地检测复杂多变退化过程中的 FPT 和 STP。同时，PDRI RUL 标记方法取代了传统的 RUL 标记方法，可以计算出降解不确定过程中各个阶段的物理降解率。

• 提出了一种新的多特征空间 TL 方法，通过捕获物理退化机制，有效地将不可见退化数据沿退化方向对齐，实现了不可见退化数据下预测知识的传递。

• 设计了一种分段自适应 RUL 预测模型，在不可见的退化数据下成功地实现了各阶段的 RUL 预测。同时，设计了基于梯度范数平衡的联合损失函数，对模型进行最优训练，保证各阶段的预测 RUL 与实际退化过程一致。

该案例方法可分为如图 3.1 所示的五个步骤。

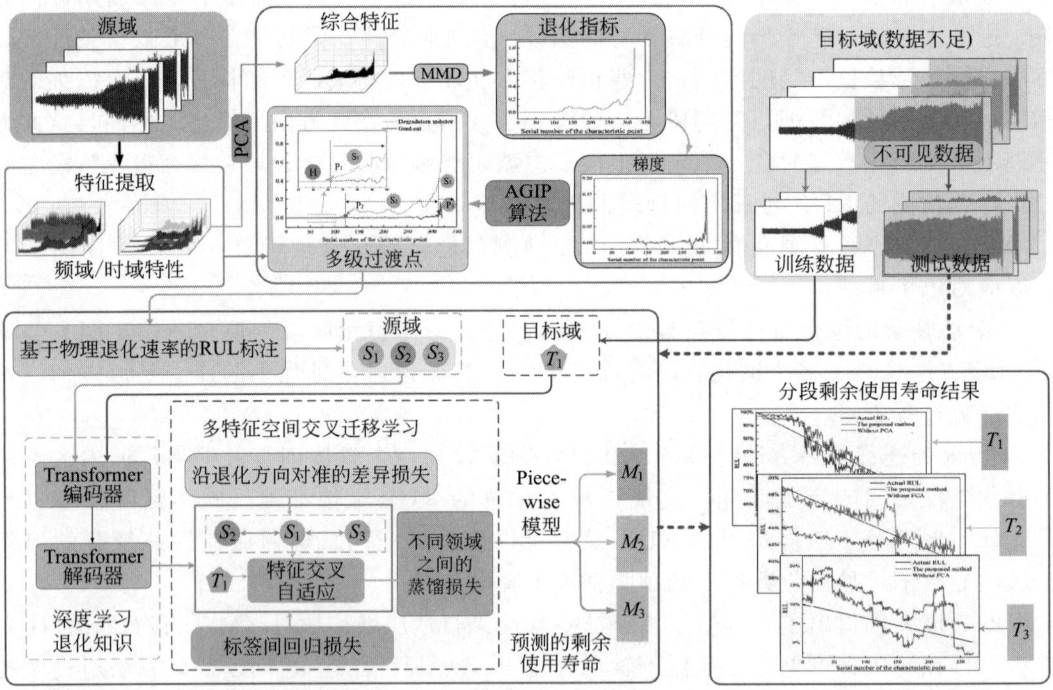


图 3.1 提出的基于 MSCATN 的分段自适应 RUL 预测体系结构

① 特征提取 第一步是从轴承原始振动信号中提取有用的特征知识，形成训练数据集。该数据集包括 5 个时域特征和 5 个频域特征。然后，对变换后的退化特征进行归一化处理，以减少网络的计算时间。

② 多阶段过渡点识别方法 期望通过多阶段过渡点识别得到降解过程多样性所对应的不同 FPT 和 STP。在不设置初始阈值的情况下，结合 AGIP 算法和退化指标梯度，提出了一种新的多阶段过渡点自适应识别方法。

③ PDRI RUL 标记方法　通过计算交叉工况下各阶段的物理退化率，推导出一种新的 PDRI RUL 标记方法，取代传统的 RUL 标记方法，增强了 RUL 预测的稳定性和鲁棒性。

④ 分段自适应 RUL 预测建模　RUL 模型的建立是预测过程中关键的一步。该案例构建了一种基于 MSCATN 的源域退化知识学习的分段自适应 RUL 学习模型。该模型有效地对网络空间中各种数据集的复杂退化特征进行了匹配，并通过设计的联合损失函数动态学习多个损失之间的最优权值，从而实现了预测知识在不完全目标域的转移。

⑤ 结果预测　可以通过构建的训练数据集很好地训练提出的分段自适应 RUL 学习模型。然后，通过测试数据集验证训练后的 RUL 模型的有效性。

下面分析本案例。

① 特征提取　该案例利用数据分析方法从大量冗余数据中提取退化特征。选择 5 个时域特征（标准差、平方根振幅、峰值、偏度和均方根）和 5 个频域特征（均值、均方根波动、标准差频率、方差和重心）来增强表征能力，以应对各种退化趋势。原始数据表示为 $\boldsymbol{T}=(\boldsymbol{T}_0^i,\boldsymbol{T}_1^i,\boldsymbol{T}_2^i,\cdots,\boldsymbol{T}_N^i)$。式中，$i$ 表示第 $i$ 个特征向量；$N$ 表示特征向量的长度。第 $i$ 个特征的数据可以表示为 $\boldsymbol{T}^i=(x_1,x_2,x_3,\cdots,x_n)$。为了降低网络的计算复杂度，将传感器数据以步长为 $l$ 分段，$\boldsymbol{T}^i$ 可以表示为 $\boldsymbol{T}^i=(\boldsymbol{t}^1,\boldsymbol{t}^2,\boldsymbol{t}^3,\cdots,\boldsymbol{t}^{N_l})$，$\boldsymbol{t}^i=(\boldsymbol{x}'_0,\boldsymbol{x}'_1,\boldsymbol{x}'_2,\cdots,\boldsymbol{x}'_j)$，$\boldsymbol{x}'_j=(x_{jl+1},x_{jl+2},x_{jl+3},\cdots,x_{jl+l})$，$j\in(0,1,2,\cdots,N_l-1)$ 和 $N_l=\dfrac{N}{l}$。通过上述选取的时频域特征公式，可进行如下计算：

$$X_j^{f^h}=f^h(\boldsymbol{x}'_j) \tag{3.1}$$

式中，$f^h(\cdot)$ 表示第 $h$ 个特征的函数；$X_j^{f^h}$ 为第 $j$ 个滑动窗口获得的数据 $\boldsymbol{x}'_j$ 的计算结果。因此，特征提取后的数据可以表示为 $\boldsymbol{X}=(\boldsymbol{X}^{f^1},\boldsymbol{X}^{f^2},\cdots,\boldsymbol{X}^{f^{10i}})$，$\boldsymbol{X}^{f^h}=(X_0,X_1X_2,\cdots,X_j)$。此外，为了保证不同特征的大小不影响训练过程，采用了最大-最小缩放，可以表示为

$$\widetilde{X_j^{f^h}}=\frac{X_j^{f^h}-X_{\min}^{f^h}}{X_{\max}^{f^h}-X_{\min}^{f^h}}(S_{\max}-S_{\min})+S_{\min} \tag{3.2}$$

式中，$X_{\max}^{f^h}$ 和 $X_{\min}^{f^h}$ 表示所得数据的最大特征和最小特征。通过上式，可以将原始退化特征数据转化到 $[S_{\min},S_{\max}]$ 的范围。

通过该案例提出的退化提取方法，可以在保留原始特征的情况下，将采集到的原始数据转换为多个特征数据，其中数据的维数可以表示为 $\boldsymbol{X}\in\mathcal{R}^{10i\times j}$。由于使用了归一化，在不放弃特征趋势学习的前提下，有利于更有效地学习退化特征，加快网络的收敛速度。

② 多阶段过渡点识别　在该案例中，将轴承的退化数据分为健康阶段、轻微退化阶段、中度退化阶段和严重退化阶段四个阶段。现有研究大多忽略了连续退化阶段之间的相互联系，手工设置初始阈值来划分退化阶段。然而，由于轴承的退化数据总是呈现不同的分布，现有方法在识别多退化阶段之间的过渡点时泛化性差。为了解决这一问题，该案例提出了一种新的多阶段过渡点识别方法，该方法可以自适应识别随降解过程多样性而变化的 FPT 和 STP。由于单个特征在有效捕获轴承退化趋势方面的局限性，该案例采用了来自轴承时域特征的综合特征来表示轴承的退化趋势。进行 PCA 降维，从 5 个轴承的时域特性中得到全面的特征，它可以被定义为 $\boldsymbol{x}_{\mathrm{PCA}}=(x_0,x_1,x_2,\cdots,x_j)$，表示轴承的降解特性。然后进一步识

别 FPT 和 STP，滑动窗口方法与步长 $s$ 段综合特性数据，从而获取分段特征向量 $\boldsymbol{x}_{\mathrm{w}}=(\overline{\boldsymbol{x}_0},\overline{\boldsymbol{x}_1},\overline{\boldsymbol{x}_2},\cdots,\overline{\boldsymbol{x}_{\frac{j}{s}}})$。式中，$\overline{x}=(x_0,x_1,x_2,\cdots,x_s)$。通过计算每段数据与第一段数据的差异值，评估后续数据的变化趋势。在该方法中，差异值可通过下式计算：

$$D=Dis(\overline{\boldsymbol{x}_0},\overline{\boldsymbol{x}_k}) \tag{3.3}$$

式中，$\overline{\boldsymbol{x}_k}$ 为滑动窗口获得的信号序列；$k$ 为序列点；$Dis$ 为下文中描述的 MMD 函数；$D=\{D_0,D_1,D_2,\cdots,D_j\}$为差异值集合，可表示为退化指标。

在这项工作中，使用降解指标来反映降解过程的变化。为了识别 FPT 和 STP，利用梯度特征作为评价退化指标波动趋势的判据。当降解指标在某一特定时间发生显著变化时，该点的梯度也会呈现突变值。因此，这个梯度突变点可以看作一个 STP。各点梯度的公式可表示为

$$g_k=\frac{D_{k+1}-D_{k-1}}{2} \tag{3.4}$$

式中，$g_k$ 为第 $k$ 个点的梯度值，$1\leqslant k\leqslant j$。通过该式可以得到梯度数据集，表示为 $\boldsymbol{g}=(g_1,g_2,\cdots,g_n)$。

一般来说，降解过程可分为健康、轻度降解、中度降解和严重降解 4 个阶段。根据阈值检测原理，提出梯度阈值迭代更新公式如下：

$$\begin{cases}[G_0]=F_1(\widetilde{G_0})=\alpha\widetilde{G_0}\\ [G_1]=F_2(G_0)=\beta G_0\\ [G_2]=F_2(G_1)=\delta G_1\end{cases} \tag{3.5}$$

$$\widetilde{G_0}=\frac{1}{n}\sum_{k=1}^{n}g_k \tag{3.6}$$

式中，$\alpha$、$\beta$ 和 $\delta$ 为可变参数；$\widetilde{G_0}$ 表示基线梯度准则值，即健康阶段中 $n$ 个梯度数据点的平均值；$[G_0]$表示通过阈值函数 $F(\cdot)$ 计算得到的 FPT 点的阈值；$[G_1]$和$[G_2]$分别为中度降解期和重度降解期 STP 的更新阈值。

在此基础上，提出了一种新的 AGIP 算法来自适应识别不同的 FPT 和 STP，以适应不同工况下退化过程的多样性。基于 AGIP 的多阶段过渡点识别具体流程如图 3.2 所示，可归纳为 5 个步骤。

步骤 1：根据 $\widetilde{G_0}=\frac{1}{n}\sum\limits_{k=1}^{n}g_k$ 计算健康阶段响应各种轴承工况的基线梯度判据值。

步骤 2：由于从轴承采集到的振动数据是波动的，因此基于基线梯度准则值 $\widetilde{G_0}$，使用阈值函数 $F(\cdot)$ 更新梯度值。

步骤 3：通过提出的 AGIP 算法在梯度数据集 $\boldsymbol{g}$ 中识别 FPT 点。当 $g_k>[G_0]$ 时，第一个标记点被认为是用于识别 FPT 的伪时间点 $\widetilde{P_1}$。然后，如果在连续的 $n$ 个梯度值中出现 $g_{k+i}<[-G_0]$，则 $\widetilde{P_1}$ 将被视为一个错误的 FPT 点；否则，$\widetilde{P_1}$ 被认为是一个真实的 FPT 点，如图 3.3 所示。识别出的 FPT 点及其对应的梯度值分别记录为 $P_1$ 和 $G_0$。

步骤 4：将步骤 3 中识别的 FPT 点 $G_0$ 的梯度值进行更新，得到下一退化阶段的分割阈值。后续退化阶段的阈值$[G_1]$和$[G_2]$及其相应的 STP 点 $P_2$ 和 $P_3$ 可以通过迭代阈值更新来计算。

步骤 5：根据以上 4 个步骤，确定降解过程的 FPT 和 STP，可用于将降解过程划分为多个降解阶段。

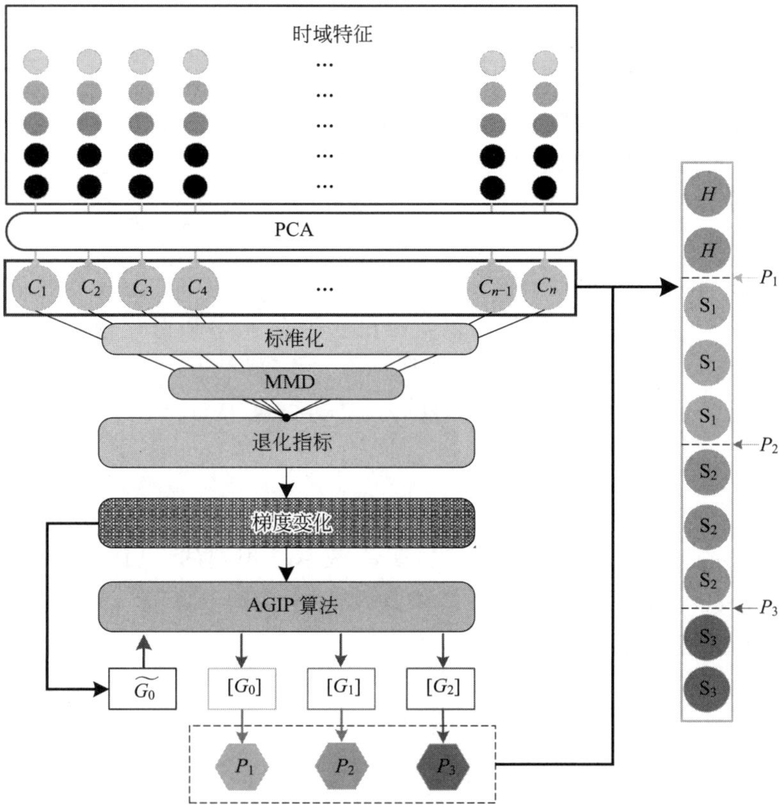


图 3.2　基于 AGIP 的多阶段过渡点识别流程

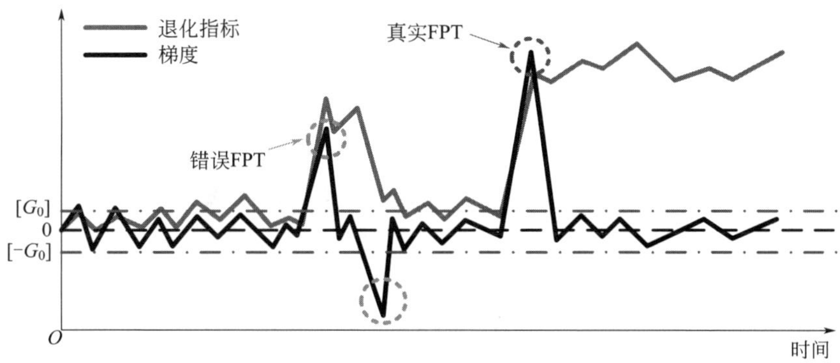


图 3.3　FPT 识别的原理

在该案例中，所提出的 AGIP 算法可以用于识别源域和目标域的 FPT 和 STP 值。特别是对于数据不足的目标域，该方法可以方便地获得不同数据集健康阶段的基线梯度判据值 $\widetilde{G_0}$。然后通过 AGIP 算法连续捕获数据，计算后续阶段的更新阈值。与传统的多阶段过渡点识别方法相比，该方法通过计算退化指标梯度，能够准确地检测出各阶段的过渡点，并及时判断是否发生了阶段过渡。此外，由于第一步的基线梯度值由轴承本身特性决定，因此该方法无需为不同轴承设置初始阈值即可有效识别交叉工况下的多级过渡点。

③ PDRI RUL 标注方法　该案例提出了一种新的 PDRI RUL 标注方法，通过计算如图 3.4 所示的各种工作场景下各阶段的物理退化率来反映真实的退化过程，从而保证了退化

不确定性过程中各阶段RUL预测的准确性。根据对相关文献的分析，轻微退化阶段表示当RUL从100%下降到60%时，轴承开始轻微退化；中度退化阶段表示当RUL从60%下降到10%时，轴承开始显著退化；在严重退化阶段，RUL的退化小于10%直至失效。要标记RUL标签，首先是计算每个阶段的物理退化率。该案例提出了如式(3.7)所示的物理退化率公式，该公式更准确、更详细地描述了轴承的退化过程。

$$V_n=\frac{D_n}{T_n} \tag{3.7}$$

式中，$V_n$、$D_n$和$T_n$分别表示第$n$个退化阶段的退化速率、退化程度和退化时间。然后，RUL标签$y_{\mathrm{RUL}i}$可以根据各阶段的退化时间、退化速率和退化程度之间的关系建立来推导，其表达式如下：

$$y_{\mathrm{RUL}i}=\begin{cases}1-(i-T_{P_1})V_1, & T_{P_1}\leqslant i\leqslant T_{P_2}\\ 1-[(i-T_{P_2})V_2+D_1], & T_{P_2}\leqslant i\leqslant T_{P_3}\\ 1-[(i-T_{P_3})V_3+D_2], & i\geqslant T_{P_3}\end{cases} \tag{3.8}$$

式中，$T_{P_1}$表示已识别的FPT；$T_{P_2}$和$T_{P_3}$表示已识别的STP。与传统方法相比，该案例提出的PDRI RUL标记方法在不改变RUL标记定义的前提下，提供了更精细的各阶段标签计算，能够更准确地描述多退化过程。

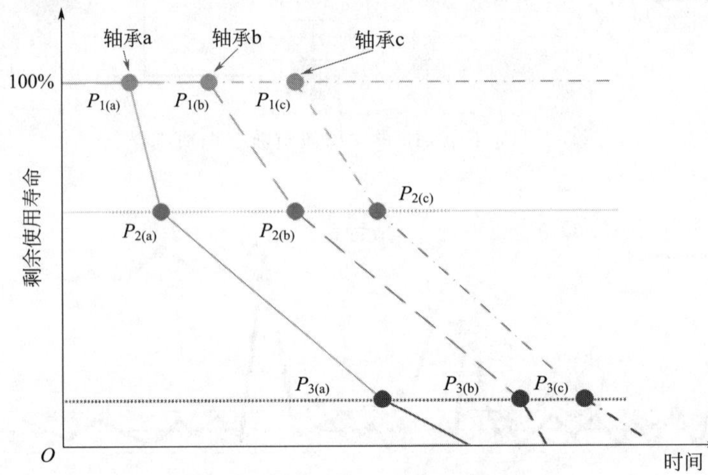


图3.4 提出的PDRI RUL标注方法

④ 分段自适应RUL预测建模　传统的迁移学习方法通常假设目标领域有足够的数据来建立各种工作场景下的RUL学习预测模型。然而，在实际工业中，很难收集到足够的全生命周期数据，导致在不可见的退化数据下，RUL预测出现恶化，这给传统的基于迁移学习的RUL预测方法带来了很大的挑战。此外，现有的方法大多忽略了源域和目标域之间的多阶段相关性，导致在传输任务下的域对齐不正确。针对这些问题，提出了一种基于MSCATN的分段自适应RUL模型，将学习到的退化知识从源域转移到未标记的不完整目标域，有效地对齐网络空间中各种数据集的复杂退化特征，从而实现预测知识在不完整目标域的转移，提高了RUL模型的泛化和预测精度。所提出的MSCATN架构如图3.5所示。

a. 深入学习退化知识　对于复杂的退化过程，特征提取得到的信息能够反映可用数据中的退化特征。为了深入学习各阶段的退化知识，利用Transformer网络的时间特征之间的

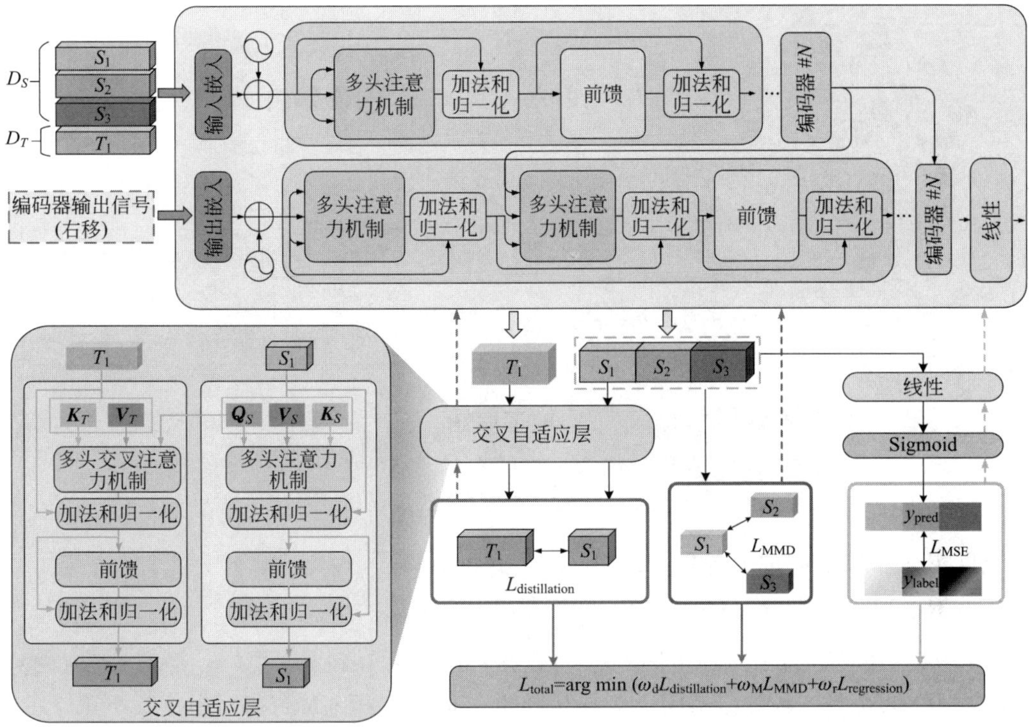


图 3.5　MSCATN 架构

全局相关性，捕获这些特征之间的潜在知识。Transformer 是处理序列数据的一种新型网络，它由输入层、编码器模块、解码器模块和输出层四部分组成。Transformer 网络采用多头注意机制，在不同的特征空间下进行独立的自注意力计算，使模型能够学习到不同的信息，增强了模型的表示和预测能力。自注意力机制计算查询向量 $\boldsymbol{Q}$ 与关键向量 $\boldsymbol{K}$ 之间的注意分数，然后将注意分数应用于值向量 $\boldsymbol{V}$ 上，得到每个位置的注意权重，从而捕获输入序列中不同位置之间的复杂依赖关系。此外，为了使网络专注于退化知识相关的数据，忽略无关特征的影响，利用回归损失来指导网络的训练，并通过反向传播动态调整网络训练参数，从而提取出更准确的退化特征，如图 3.5 顶部所示。

b. 多特征空间交叉迁移学习　目前大多数基于正则表达式的预测方法都集中在充分的全生命周期数据下预测轴承的 RUL。然而，在工程场景中不可能允许机械设备从健康状态运行到故障状态，这使得难以获得足够的全生命周期数据进行 RUL 预测。此外，传统的基于语言的预测方法只考虑数据整体特征对齐，忽略了源域与目标域之间的多阶段相关性。因此，该案例提出了一种基于物理退化机制的新型多特征空间交叉自适应 TL 方法，旨在捕捉连续退化阶段的相互联系，并将其用于不完整目标域的 RUL 预测，如图 3.6 所示。该方法包括两个主要部分。一个是退化方向对准空间。计算源域内多个退化阶段之间的差异，通过空间映射原理将学习到的物理退化机制沿退化方向在空间平面上对齐。另一个是基于跨域的多特征空间对齐。该方法设计了一个交叉自适应层（如图 3.5 底部所示）来对齐源域和目标域之间的轻微退化特征，从而使退化轨迹在一个空间平面内对齐。然后，基于退化机制和跨域注意机制，交叉自适应层将学习到的退化知识从源域转移到未标记的不完整目标域。

ⅰ. 退化方向对准空间：为了更好地挖掘物理退化知识，使用 MMD 计算轻微退化阶段

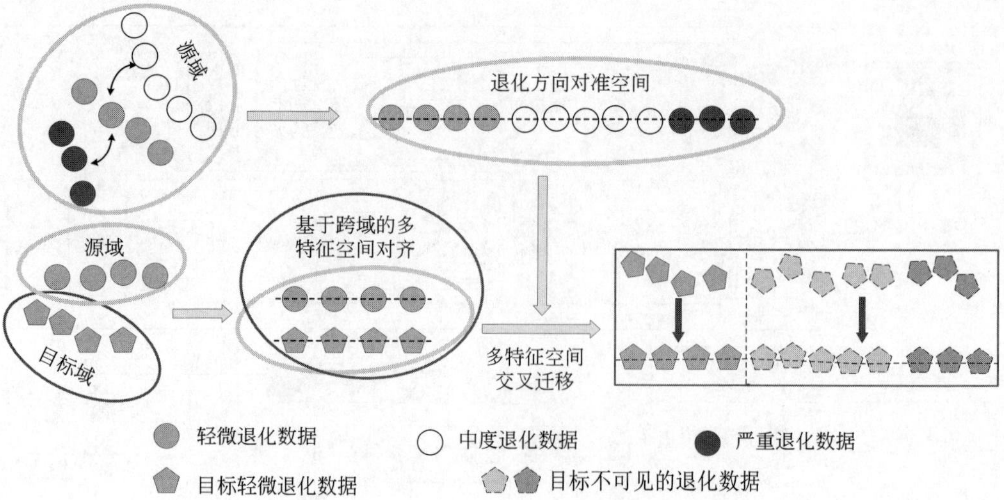


图 3.6 自适应多特征空间跨深度迁移学习

与中/重度退化阶段之间的差异值。MMD 的公式可以写成

$$\text{MMD}(\boldsymbol{F},X^S,X^T)=\sup_{f\in\boldsymbol{F}}(E_S[\boldsymbol{f}(d^S)]-E_T[\boldsymbol{f}(d^T)]) \tag{3.9}$$

式中，$X^S$ 和 $X^T$ 表示两种不同的数据分布；$E_S[\cdot]$ 和 $E_T[\cdot]$ 是两种分布的期望值。在 MMD 距离上，函数集被定义为再生核希尔伯特空间（RKHS）中范数小于 1 的向量集合（即$\|\boldsymbol{f}\|<1$）。$f(x)$ 可以表示为属于 RKHS 的向量 $\boldsymbol{f}$ 与同一空间中 $\boldsymbol{\phi}(x)$ 的点表示的点积。

$$f(x)=\langle \boldsymbol{f},\boldsymbol{\phi}(x)\rangle_H \tag{3.10}$$

将式(3.9) 代入式(3.10)，MMD 可计算为式(3.11)。

$$\text{MMD}(\boldsymbol{F},X^S,X^T)=\|\boldsymbol{\mu}_S-\boldsymbol{\mu}_T\|_H \tag{3.11}$$

式中，$\boldsymbol{\mu}_S$ 和 $\boldsymbol{\mu}_T$ 分别表示 $E_S[\boldsymbol{f}(d^S)]$ 和 $E_T[\boldsymbol{f}(d^T)]$。通过核函数技术可以获得一个合适的映射函数 $\phi(x)$，基于核的平方的 MMD 可以通过式(3.12) 计算。

$$\begin{aligned}&\text{MMD}^2(\boldsymbol{F},X^S,X^T)\\&=\left\|\frac{1}{n_S}\sum_{i=1}^{n_S}\phi(d_i^S)-\frac{1}{n_T}\sum_{i=1}^{n_T}\phi(d_i^T)\right\|_H^2\\&=\left\|\frac{1}{n_S^2}\sum_{i=1}^{n_S}\sum_{i'=1}^{n_S}\phi(d_i^S)\phi(d_i^{S'})-\frac{2}{n_Sn_T}\sum_{i=1}^{n_S}\sum_{j=1}^{n_T}\phi(d_i^S)\phi(d_j^T)+\frac{1}{n_T^2}\sum_{j=1}^{n_T}\sum_{j'=1}^{n_T}\phi(d_j^T)\phi(d_j^{T'})\right\|\\&=\left\|\frac{1}{n_S^2}\sum_{i=1}^{n_S}\sum_{i'=1}^{n_S}\boldsymbol{K}(d_i^S,d_i^{S'})-\frac{2}{n_Sn_T}\sum_{i=1}^{n_S}\sum_{j=1}^{n_T}\boldsymbol{K}(d_i^S,d_j^T)+\frac{1}{n_T^2}\sum_{j=1}^{n_T}\sum_{j'=1}^{n_T}\boldsymbol{K}(d_j^T,d_j^{T'})\right\|\end{aligned} \tag{3.12}$$

该案例采用径向基函数作为核函数，将轻微退化阶段作为源域，其他退化阶段作为目标域。因此，沿退化方向对准的差异损失公式可表示为

$$\begin{aligned}&L_{\text{MMD}}(D^{S_1},D^{S_n})\\&=\left\|\frac{1}{n_{S_1}^2}\sum_{i=1}^{n_{S_1}}\sum_{i'=1}^{n_{S_1}}k(d_i^{S_1},d_i^{S_1'})-\frac{2}{n_{S_1}n_{S_n}}\sum_{i=1}^{n_{S_1}}\sum_{j=1}^{n_{S_n}}k(d_i^{S_1},d_j^{S_n})+\frac{1}{n_{S_n}^2}\sum_{j=1}^{n_{S_n}}\sum_{j'=1}^{n_{S_n}}k(d_j^{S_n},d_j^{S_n'})\right\|\\&(n=1,2,3)\end{aligned} \tag{3.13}$$

式中，$S_1$、$S_2$ 和 $S_3$ 分别表示源域中的轻微退化阶段、中度退化阶段和严重退化阶段；$d_i^{S_1}$ 表示轻微退化阶段中的第 $i$ 个元素；$n_{S_n}$ 是数据样本数量；$k(\cdot,\cdot)$ 表示选定的核函数。

ⅱ. 基于跨域的多特征空间对齐：为了将从源域学习到的退化知识转移到未标记的不完整目标域，提出了基于注意机制的跨域自适应层。在该案例中，跨域自适应层的示意如图 3.5 底部所示，可以用下式表示：

$$\text{Attention}_{\text{cross}}(\boldsymbol{Q}_S,\boldsymbol{K}_T,\boldsymbol{V}_T)=\text{softmax}\left(\frac{\boldsymbol{Q}_S\boldsymbol{K}_T^{\text{T}}}{\sqrt{d_k}}\right)\boldsymbol{V}_T \tag{3.14}$$

式中，查询向量 $\boldsymbol{Q}_S$ 表示源域数据；键向量 $\boldsymbol{K}_T$ 和值向量 $\boldsymbol{V}_T$ 均表示目标域数据。在跨域自适应层，计算目标域 $\boldsymbol{Q}_S$ 和 $\boldsymbol{K}_T$ 之间的相似矩阵。计算得到的相似性矩阵将赋予目标域中与源域相似的退化特征 $\boldsymbol{V}_T$ 更大的权重，从而增强网络对相似特征的关注。通过跨域注意机制，对源域和目标域之间的相似特征给予更多的权重，从而减少了负迁移问题。

此外，引入了知识蒸馏的概念，以增强目标域学习源域退化知识的能力。知识蒸馏网络包括学生模型和教师模型。在训练过程中，学生模型的输出受到约束，迫使学生模型的预测分布接近教师模型的特征分布。遵循这一原理，在跨域自适应层中，目标域的特征分布（学生模型）应该从源域的特征分布（教师模型）中学习。同时，通过知识蒸馏损失评估源域和目标域之间的差异，以监控目标域从源域学习的知识水平。在这项工作中，知识蒸馏损失 $L_{\text{distillation}}$ 的公式可以描述为

$$\begin{aligned}&L_{\text{distillation}}(D^{S_1},D^{T_1})\\&=\left\|\frac{1}{n_{S_1}^2}\sum_{i=1}^{n_{S_1}}\sum_{i'=1}^{n_{S_1}}k(d_i^{S_1},d_i^{S_1'})-\frac{2}{n_{S_1}n_{T_1}}\sum_{i=1}^{n_{S_1}}\sum_{j=1}^{n_{T_1}}k(d_i^{S_1},d_j^{T_1})+\frac{1}{n_{T_1}^2}\sum_{j=1}^{n_{T_1}}\sum_{j'=1}^{n_{T_1}}k(d_j^{T_1},d_j^{T_1'})\right\|\end{aligned} \tag{3.15}$$

式中，$D^{S_1}$ 和 $D^{T_1}$ 分别表示源域和目标域轻微退化阶段的数据分布。

在该案例中，假设退化阶段的无形信息在源域和目标域之间具有相同的物理退化机制。基于上述两种空间映射，可以将不完整目标域的不可见退化信息沿退化方向对齐，从而将从源域学习到的退化知识转移到未标记的不完整目标域，从而实现不可见退化数据下 RUL 的准确预测。

c. 基于梯度范数平衡的联合损失函数　对于 RUL 预测模型的训练，采用回归损失 $L_{\text{regression}}$ 来减小预测误差，并通过反向传播动态调整网络参数，从而保证预测结果与实际结果接近。在该案例中，回归损失可由式（3.16）计算。

$$L_{\text{regression}}=L_{\text{MSE}}(y_i,\widehat{y}_i)=\frac{1}{n}\sum_{i=1}^{n}(y_i-\widehat{y}_i)^2 \tag{3.16}$$

式中，$\widehat{y}_i$ 表示预测的 RUL；$y_i$ 表示实际的剩余使用寿命；$n$ 代表每次训练迭代中的数据点数量。

综合以上三种损失函数，所提出的 MSCATN 的总损失可以表示为

$$L_{\text{total}}(D^{S_1},D^{S_n},D^{T_1};\theta)=L_{\text{regression}}(\theta)+L_{\text{MMD}}(D^{S_1},D^{S_n})+L_{\text{distillation}}(D^{S_1},D^{T_1}) \tag{3.17}$$

式中，$\theta$ 代表网络中可学习的参数。

在该案例中，为了避免在多个损失之间进行耗时的权值学习，将每个损失与其对应的任务梯度相关联，从而可以在每批训练中自动学习多个损失的权值。因此，考虑动态权值分配的网络最优损失为

$$L_{\text{total}}(\theta_s,\theta_r,\theta_M,\theta_d)=\omega_r L_{\text{regression}}(\theta_s,\theta_r)+\omega_M L_{\text{MMD}}(\theta_s,\theta_M)+\omega_d L_{\text{distillation}}(\theta_s,\theta_d) \tag{3.18}$$

式中，$\omega_r$、$\omega_M$ 和 $\omega_d$ 分别表示与回归损失、和退化方向对齐的差异损失以及蒸馏损失相关的权重；$\theta_s$ 表示在所有损失中共享的网络层参数；$\theta_r$、$\theta_M$ 和 $\theta_d$ 则分别表示与每种损失对应的特定模型参数。

为了学习回归损失、蒸馏损失和差异损失沿退化方向排列的最优权重，基于梯度范数平衡的原则，将网络中每个损失的加权梯度范数定义为相等，假设梯度范数$\|\boldsymbol{g}_i\|$是已知的量。因此，可以得到如下关系：

$$\omega_r\|\boldsymbol{g}_r\|=\omega_M\|\boldsymbol{g}_M\|=\omega_d\|\boldsymbol{g}_d\| \tag{3.19}$$

为计算方便，将网络中各损失的初始加权梯度范数定义为

$$\omega_i\|\boldsymbol{g}_i\|=1, i=\text{r},\text{M},\text{d} \tag{3.20}$$

然后，为了与全局学习率解耦，对权重和施加约束，可以表示为

$$\sum\omega_i=\omega_r+\omega_M+\omega_d=3 \tag{3.21}$$

权重可以更新如下：

$$\omega_i=\frac{3}{\|\boldsymbol{g}_i\|}/\sum\frac{1}{\|\boldsymbol{g}_i\|} \tag{3.22}$$

如上式所示，需要计算每次权重更新的梯度。因此，上式可以改写为

$$\omega_i=\frac{3}{\|s_i\|}/\sum\frac{1}{\|s_i\|} \tag{3.23}$$

式中，$s_i$ 用梯度$\boldsymbol{g}_i$ 来近似，梯度具有以下关系：

$$\begin{cases} s_i\leftarrow\sqrt{a_i-b_i^2} \\ a_i\leftarrow\beta a_i+(1-\beta)L_i^2 \\ b_i\leftarrow\beta b_i+(1-\beta)L_i \end{cases} \tag{3.24}$$

式中，$\beta$ 表示移动平均线的参数；$L_i$ 表示通过连续训练步骤运行估计的标准差。

d. 分段自适应 RUL 预测　目前，大多数基于 TL 的 RUL 预测方法总是盲目地应用收集到的时间序列数据，而未考虑数据完整性不足的问题。为了解决这一问题，该案例提出了一种基于 MSCATN 的分段自适应 RUL 预测模型，该模型能够将从源域学习的多阶段物理知识迁移到目标域的相应退化阶段，从而在目标域数据不完整的情况下实现预测知识的迁移。同时，通过分段自适应调优减少 RUL 模型的损失，以提高预测精度。根据 RUL 的概念、MMD、多阶段转换点、AGIP、FPT、STP，以及多特征空间交叉适配 TL，基于 MSCATN 的分段自适应 RUL 预测过程说明如下。

步骤 1：设置初始训练数据。将原始振动信号提取并在时频域中进行归一化，得到初始训练数据 $\boldsymbol{X}_{\text{train}}=(\boldsymbol{x}_1,\boldsymbol{x}_2,\cdots,\boldsymbol{x}_K)$。式中，$\boldsymbol{x}_i=(x^1,x^2,\cdots,x^k)$；$K$ 和 $k$ 分别表示样本数量和特征数量。

步骤 2：多阶段转变点的自适应识别。在步骤 1 中，利用 PCA 对时域特征进行降维，

并通过 MMD 计算退化指标。通过提出的 AGIP 算法识别 FPT 和 STP，并基于这些关键点划分出三个退化阶段：源域轻微退化阶段数据 $\boldsymbol{X}_{\text{train}}^{S_1}$、源域中度退化阶段数据 $\boldsymbol{X}_{\text{train}}^{S_2}$ 和源域严重退化阶段数据 $\boldsymbol{X}_{\text{train}}^{S_3}$。

步骤 3：基于物理退化率的 RUL 标注（PDRI RUL labeling）。基于源域数据中各阶段的物理退化率计算 RUL 标签。将标注的源域数据与目标域未标注数据中的轻微退化阶段数据 $\boldsymbol{X}_{\text{train}}^{T_1}$ 结合，形成训练数据集 $Z_{\text{train}}$。

步骤 4：训练分段自适应 RUL 模型。将训练数据输入 MSCATN 网络，分别训练各阶段的 RUL 模型（轻微退化模型 M1、中度退化模型 M2 和严重退化模型 M3）。同时，通过分段自适应调优优化每个模型的超参数，以提高 RUL 模型的预测精度。

步骤 5：设置测试数据。参考步骤 1，将目标域数据设定为测试数据 $\boldsymbol{X}_{\text{test}}^{n}=(x_1, x_2, \cdots, x_T)$。在此步骤中，假设目标域中的健康阶段和轻微退化阶段数据已知，而中度退化阶段（$T_2$）和严重退化阶段（$T_3$）数据不可见。

步骤 6：测试过程。通过提出的 AGIP 算法识别测试数据 $\boldsymbol{X}_{\text{test}}^{n}$ 中的 FPT，并开始进行 RUL 预测。随着更多数据输入到 MSCATN 中，STP 将被自适应识别。随后，根据已训练的分段自适应模型（M1、M2 和 M3）计算每个阶段的 RUL。最终，通过实验结果验证所提出方法的鲁棒性和有效性。

**(3) 案例研究**

① 数据集与评价指标　在这项工作中，利用从 XJTU-SY 平台（图 3.7）收集的轴承全生命周期数据，原始振动数据由安装在轴承壳水平方向和垂直方向上的两个加速度计采集。采样频率设置为 25.6kHz，以 1min 采样间隔将数据记录在 32768 个时间序列点上。当采样频率超过轴承正常频率水平的 10 倍时，实验终止。该平台共收集了 15 个轴承的全生命周期数据。表 3.1 列出了该研究中用于两种工况下 RUL 预测的数据集。数据集中采集的样本轴承两个方向的振动信号如图 3.8 所示。

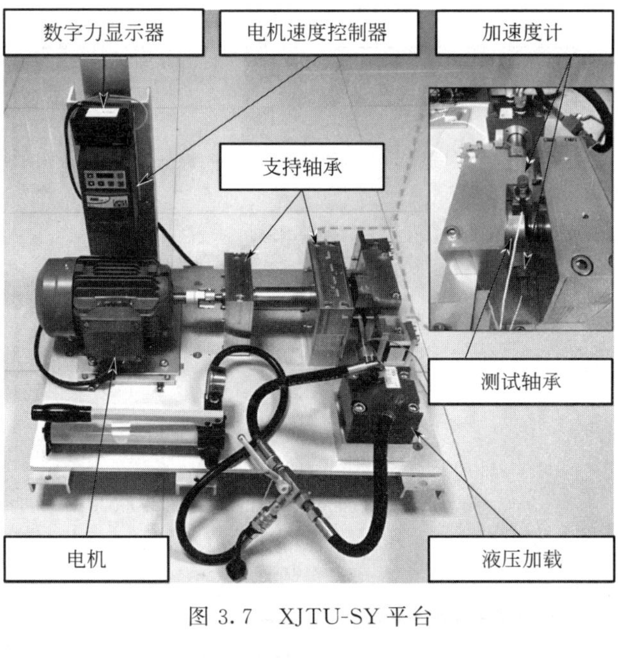


图 3.7　XJTU-SY 平台

**表 3.1　XJTU-SY 数据集描述**

| 工况 | 负载/kN | 速度/(r/min) | 轴承 | 样本大小 | 实际使用寿命 |
|---|---|---|---|---|---|
| 1 | 12 | 2100 | B1_1 | 123 | 2h3min |
| | | | B1_2 | 161 | 2h41min |
| | | | B1_3 | 158 | 2h38min |
| | | | B1_5 | 52 | 52min |
| 2 | 11 | 2250 | B2_1 | 490 | 8h11min |
| | | | B2_2 | 161 | 2h41min |
| | | | B2_3 | 433 | 8h53min |
| | | | B2_4 | 42 | 42min |
| | | | B2_5 | 318 | 5h39min |

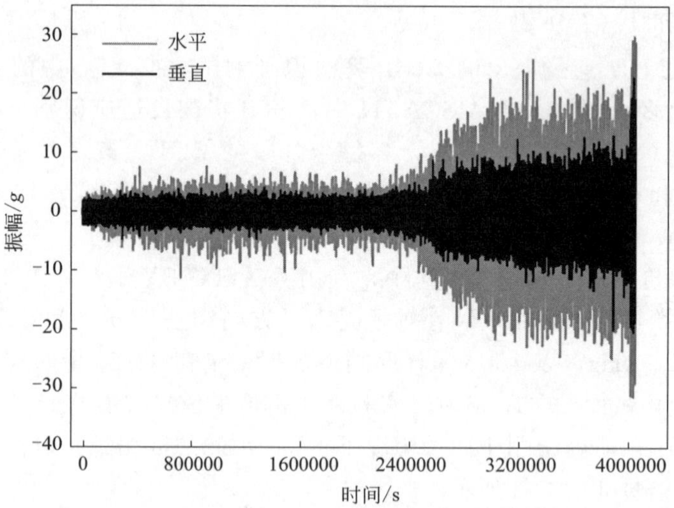


(a) B1_1

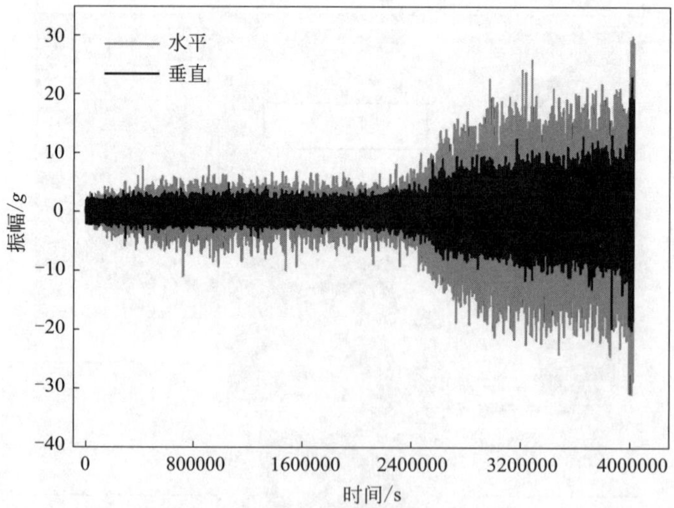


(b) B2_4

图 3.8　采集到的原始时域振动信号

为了评价所提出方法的优越性，采用了三个评价指标，即均方根误差（RMSE）、平均绝对百分比误差（MAPE）和平均绝对误差（MAE）来进行 RUL 预测。

$$\mathrm{RMSE}=\sqrt{\frac{1}{n_T}\sum_{i=1}^{n_T}(\mathrm{Acty}_{\mathrm{RUL}\,i}-\mathrm{Predy}_{\mathrm{RUL}\,i})^2} \tag{3.25}$$

$$\mathrm{MAE}=\frac{1}{n_T}\sum_{i=1}^{n_T}\left|\mathrm{Acty}_{\mathrm{RUL}\,i}-\mathrm{Predy}_{\mathrm{RUL}\,i}\right| \tag{3.26}$$

$$\mathrm{MAPE}=\frac{100\%}{n_T}\sum_{i=1}^{n_T}\left|\frac{\mathrm{Acty}_{\mathrm{RUL}\,i}-\mathrm{Predy}_{\mathrm{RUL}\,i}}{\mathrm{Acty}_{\mathrm{RUL}\,i}}\right| \tag{3.27}$$

式中，$n_T$ 表示测试样本数量；$\mathrm{Acty}_{\mathrm{RUL}\,i}$ 和 $\mathrm{Predy}_{\mathrm{RUL}\,i}$ 分别表示实际 RUL 和预测 RUL。

② 模型参数设置　MSCATN 的结构包括三层：特征提取层、交叉适配层和回归预测层。特征提取层主要由 Transformer 模块组成，而交叉适配层由专门设计的交叉注意力模块构建。此外，回归预测层由多个全连接层构建。在训练过程中，使用非线性激活函数 ReLU 和 Dropout 层来增强非线性映射并缓解过拟合。此外，采用具有初始学习率的 Adam 优化器。所有模型的超参数设置列于表 3.2 中。值得注意的是，在该研究中，通过层次化调优训练模型实现了每个退化阶段的最优预测。表 3.3 列出了所提出网络架构的配置设置。其中，$q$、$k$ 和 $v$ 分别表示注意力机制中查询向量、键向量和值向量的大小；$h$ 表示多头注意力中的头数。

**表 3.2　分段模型的超参数设置**

| 分段模型 | 参数 | | | |
|---|---|---|---|---|
| | 学习率 | 丢弃率 | 批次大小 | 最大迭代次数 |
| 轻微退化阶段 | $5\times10^{-5}$ | 0.3 | 128 | 300 |
| 中度退化阶段 | $5\times10^{-5}$ | 0.3 | 128 | 300 |
| 重度退化阶段 | $5\times10^{-6}$ | 0.3 | 32 | 100 |

**表 3.3　MSCATN 框架的结构**

| 模块 | 结构 |
|---|---|
| 特征提取器 | Linear(256)<br>4×{Muti－Head Attention($q=8,k=8,v=8,h=4$),Dropout(0.3),LayerNorm(),<br>Linear(256),ReLU(),Linear(256),Dropout(0.3),LayerNorm()} |
| | 4×{Muti－Head Attention($q=8,k=8,v=8,h=4$),Dropout(0.3),LayerNorm(),<br>Muti－Head Attention($q=8,k=8,v=8,h=4$),Dropout(0.3),LayerNorm()}<br>Linear(256),ReLU(),Linear(256),Dropout(0.3),LayerNorm() |
| 跨自适应 | Linear(128),ReLU()<br>2×{Cross－Head Attention($q=4,k=4,v=4,h=8$),Dropout(0.3),LayerNorm(),<br>Linear(128),ReLU(),Linear(128),Dropout(0.3),LayerNorm()} |
| RUL 回归模型 | Linear(128),Linear(64),ReLU(),Dropout(0.3),Linear(32),Linear(1),Sigmoid() |

③ 多阶段过渡点识别　现有的 FPT 和 STP 识别方法大多忽略了连续退化阶段之间的相互联系，需要手动设置初始阈值，这将导致识别多退化阶段之间的过渡点不准确。该案例所提出的自适应多阶段过渡点识别方法无须设置阈值，即可准确辨识复杂多变退化过程中的

FPT 和 STP，该方法考虑了连续退化阶段的互联性，消除了人工设置初始阈值的限制，提高了多阶段过渡点辨识精度。在这项工作中，由于原始信号数据过于复杂且采样时间长，无法清晰地反映轴承的退化过程。因此，从原始数据中提取 5 个时域特征，通过 PCA 降维得到综合的时域特征，如图 3.9 所示。之后，通过滑动窗口法得到退化指标曲线。该实验采用步长 $l=1$ 的两种窗口大小（$W_1=64$，$W_2=256$）提取时域特征，得到退化指标的趋势。然后，计算退化指标梯度，以显示轴承退化过程中的异常波动。最后，应用 AGIP 算法对复杂退化过程中的 FPT 和 STP 进行了精确的自适应识别，该算法可将退化过程划分为多个退化阶段。

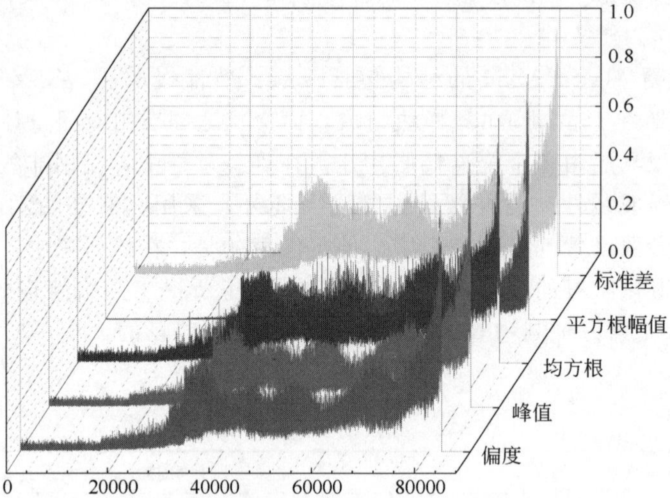

(a) 时域特征

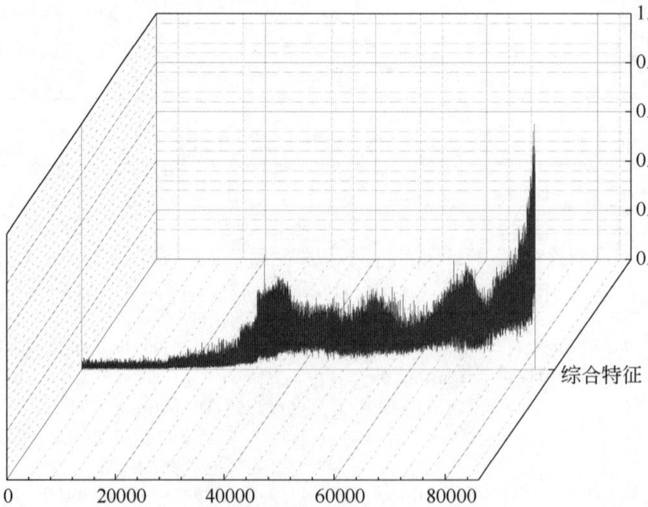

(b) 综合特征

图 3.9　提取的特征曲线波动

由图 3.10 可以看出，降解指标曲线仅随时间呈急剧增加的趋势，并不能反映连续降解阶段间的 STP。相比之下，退化指标的梯度曲线可以清晰地反映轴承运行状态的变化，因为梯度值在同一退化阶段内没有表现出显著的变化。与健康阶段一样，由于轴承在稳定状态下运行，梯度值没有显著变化。然而，当梯度值在某一时刻开始发生变化时，该案例提出的 AGIP 算法可以自动检测到该点并设置为 FPT。在此点以上，由于数据分布没有明显变化，梯度值再次保持相对一致。但是，在不同退化阶段之间的过渡点，梯度值与之前的值相比会有明显的增加。这个突变点可以被认为是多阶段过渡点出现的指示，可以记录为 STP。由于提出的自适应多阶段过渡点识别方法考虑了轴承本身的退化模式，因此可以应用于识别和分类不同工况下轴承的退化阶段。

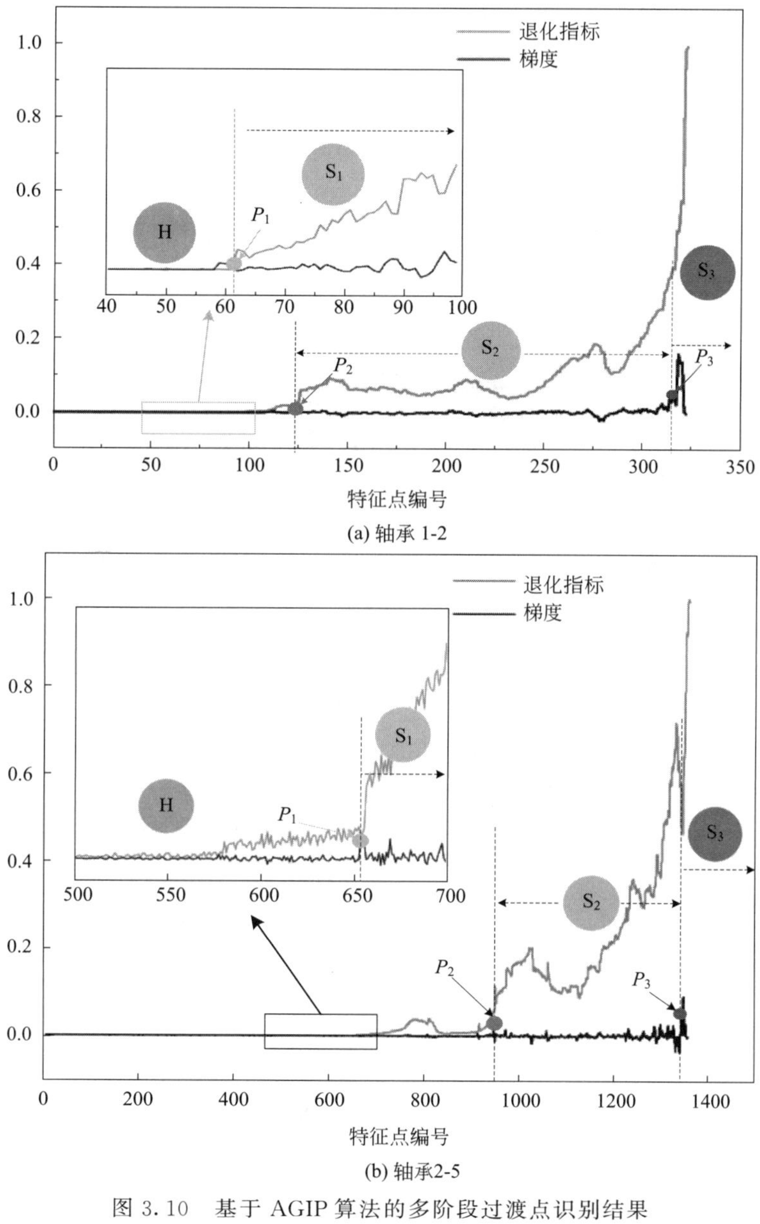


图 3.10　基于 AGIP 算法的多阶段过渡点识别结果

④ 基于物理退化率的 RUL 标注　为了更好地描述轴承的降解过程，采用 PDRI 标记方法代替传统的标记方法，通过计算降解过程多样性对应的每个阶段的物理降解率，可以提高

RUL 模型的泛化和预测精度。在这项工作中，降解率可以根据轴承类型、降解阶段和工作条件的不同而计算。

图 3.11 显示了在不同工作条件下变量轴承的 RUL 标签结果。由此可以推测，退化率的值在不同退化阶段和不同轴承之间呈现出不同的变化。即使在相同的退化阶段，退化率的值也会呈现出不同的变化趋势。此外，由于内部随机因素，每个阶段的退化率可能呈现递增或递减的阶梯式模式，这导致同一轴承在实际应用中可能经历多个退化过程。从图 3.11 中还可以观察到，随着退化率的增加，轴承的寿命会急剧下降。

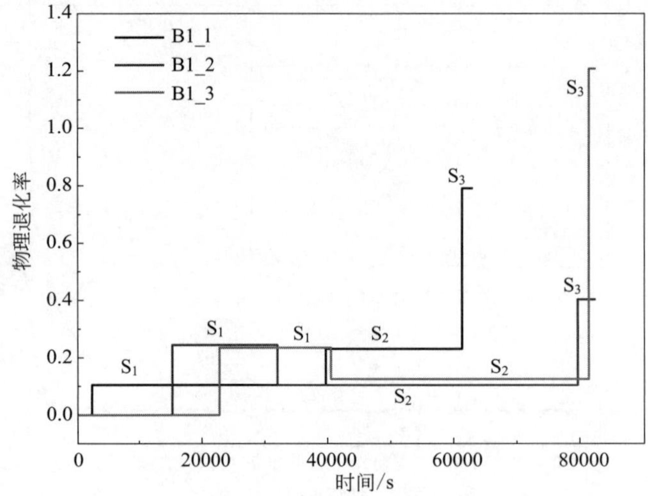


图 3.11　各阶段退化率的计算对于不同轴承的响应

根据以上结果，对多个降解阶段的 RUL 标签进行标注。PDRI RUL 标签的计算结果如图 3.12 所示。得到的 FPT($P_1$) 和 STP($P_2$、$P_3$) 在不同的降解过程中是不同的。虽然 FPT 和 STP 的发生时间与传统方法相同，但该方法考虑了每个阶段的降解率，从而在响应复杂的降解过程中反映了现实的 RUL 标签。从 RUL 标签的变化曲线来看，多级降解率的计算是合理的，证明了该方法能够反映外部复杂环境下轴承的真实降解过程。

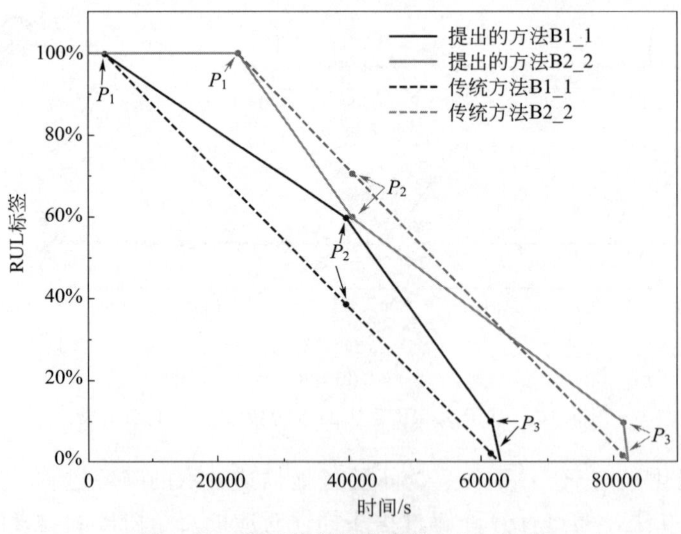


图 3.12　基于物理退化率的 RUL 标签

⑤ 比较不同方法的 RUL 预测结果　在工业应用场景中，由于轴承总是在不同的运行环境下工作，很难收集足够的全生命周期数据来学习退化知识和训练迁移学习模型。针对目标域数据不足和跨域数据不匹配导致的 RUL 预测恶化问题，提出了一种新的基于 MSCATN 的分段自适应 RUL 预测方法，将源域学习到的退化知识转移到未标记的不完整目标域，包括源域内部多阶段方向对齐和源域与目标域之间的多特征空间对齐。与其他传统方法相比，该方法可以有效地对齐网络空间中各种数据集的复杂退化特征，从而实现预测知识在不完全目标域的转移，提高了 RUL 模型的泛化和预测精度。此外，所设计的联合损失函数可以沿退化方向对准动态学习回归损失、蒸馏损失和差异损失之间的最优权值，提高了迁移知识的获取能力，从而保证了预测的 RUL 与实际物理降解过程一致。

在这项工作中，设计了 8 个跨域转移预测任务来验证所提出的方法。这些任务涉及来自两种不同操作条件的多个数据集，以交叉验证该方法的预测精度，如表 3.4 所示。提出的方法主要是为了在不可见的退化数据下提高轴承 RUL 在不同运行条件下的预测精度。其中，目标域数据仅用于数据分布的对齐，不参与回归预测。在训练和测试过程中，将目标域的轻微退化阶段数据和源域的整个退化阶段数据集作为训练数据，而将目标域的剩余数据保留为未知数据进行测试。基于这些，在源域和目标域中选择轴承的指导原则定义如下：源域应具有完整的生命周期数据，而目标域仅需要早期数据。表 3.5 列出了具体训练数据集和测试数据集的组成。此外，为了进一步验证所提方法的优越性，在不同工况下实现了层次自适应技术（HAT）、广义回归神经网络（GRNN）、多源目标域联合自适应网络（MDJAN）、深度特征解纠缠迁移学习网络（DFDTLN）和多源对抗在线回归（MAOR）进行比较。同时，为了评估多特征空间交叉适应（MSCA）、PDRI 标签和动态损失权重的效果，设计了三个烧蚀实验，即不含 MSCA、不含 PDRI、不含动态损失权重，以表示三个模块对 RUL 预测的作用。

**表 3.4　迁移预测任务**

| 项目 | Task(任务) | 源域 | 目标域 |
|---|---|---|---|
| T1→T2 | Task 1-A | B1_1 | B2_1、B2_2、B2_5 |
| | Task 1-B | B1_2 | B2_2、B2_3、B2_5 |
| | Task 1-C | B1_3 | B2_1、B2_2 |
| | Task 1-D | B1_5 | B2_1、B2_2、B2_3、B2_5 |
| T2→T1 | Task 2-A | B2_1 | B1_1、B1_3、B1_5 |
| | Task 2-B | B2_2 | B1_1、B1_2、B1_3、B1_5 |
| | Task 2-C | B2_3 | B1_2、B1_3、B1_5 |
| | Task 2-D | B2_5 | B1_3、B1_5 |

**表 3.5　训练数据集和测试数据集的组成**

<table>
<tr><td rowspan="2">项目</td><td colspan="3">源域</td><td colspan="3">目标域</td></tr>
<tr><td colspan="3">多重退化阶段</td><td colspan="3">多重退化阶段</td></tr>
<tr><td>T1→T2</td><td>$S_1$</td><td>$S_2$</td><td>$S_3$</td><td>$T_1$</td><td>$T_2$</td><td>$T_3$</td></tr>
<tr><td rowspan="2">T2→T1</td><td>$S_1$</td><td>$S_2$</td><td>$S_3$</td><td>$T_1$</td><td>$T_2$</td><td>$T_3$</td></tr>
<tr><td colspan="4">训练集</td><td colspan="2">测试集</td></tr>
</table>

表 3.6 和表 3.7 详细说明了所有传输任务的比较结果。该方法在预测各种情况下的 RUL 方面取得了优异的成绩。尽管在不使用 PDRI、MSCA 和动态损失权重的情况下，该方法的有效性明显下降，但在大部分任务中，其预测精度仍然优于其他先进的方法，这表明该方法在不可见退化数据问题下的 RUL 预测是有希望的，非常适合工业应用。为了更好地体现所提方法的优越性，样本评价指标的 MAPE 对比结果如图 3.13～图 3.15 所示。对比结果进一步表明，该方法能够正确地捕捉到物理退化机制，在不可见的退化数据下传递预测知识。该案例方法与无 MSCA 方法的 RUL 结果对比如图 3.16 和图 3.17 所示。以上对比结果表明，该案例提出的方法在实际应用中更适合 RUL 预测任务。

**表 3.6　在迁移任务 T1→T2 上的 RUL 预测性能**

| 方法 | 度量 | Task 1-A | | | Task 1-B | | | Task 1-C | | | Task 1-D | | |
|---|---|---|---|---|---|---|---|---|---|---|---|---|---|
| | | $S_1$ | $S_2$ | $S_3$ | $S_1$ | $S_2$ | $S_3$ | $S_1$ | $S_2$ | $S_3$ | $S_1$ | $S_2$ | $S_3$ |
| GRNN | RMSE | 0.208 | 0.186 | 0.159 | 0.123 | 0.162 | 0.112 | 0.173 | 0.157 | 0.152 | 0.173 | 0.178 | 0.125 |
| | MAE | 0.165 | 0.164 | 0.145 | 0.107 | 0.157 | 0.095 | 0.158 | 0.136 | 0.136 | 0.164 | 0.166 | 0.114 |
| | MAPE | 23.0% | 28.0% | 26.0% | 16.0% | 65.0% | 36.7% | 21.6% | 23.5% | 54.3% | 36.8% | 48.9% | 29.6% |
| DFDTLN | RMSE | 0.157 | 0.123 | 0.106 | 0.125 | 0.096 | 0.073 | 0.123 | 0.103 | 0.095 | 0.135 | 0.135 | 0.108 |
| | MAE | 0.148 | 0.116 | 0.098 | 0.111 | 0.078 | 0.055 | 0.112 | 0.091 | 0.089 | 0.121 | 0.122 | 0.102 |
| | MAPE | 16.2% | 16.6% | 17.5% | 13.5% | 33.6% | 18.3% | 14.8% | 15.8% | 32.5% | 20.4% | 25.3% | 20.6% |
| MDJAN | RMSE | 0.134 | 0.125 | 0.114 | 0.114 | 0.098 | 0.061 | 0.127 | 0.099 | 0.092 | 0.125 | 0.125 | 0.115 |
| | MAE | 0.112 | 0.121 | 0.107 | 0.096 | 0.074 | 0.042 | 0.121 | 0.087 | 0.084 | 0.117 | 0.117 | 0.109 |
| | MAPE | 15.5% | 17.3% | 18.6% | 12.4% | 33.6% | 16.3% | 15.8% | 15.9% | 31.4% | 18.2% | 20.3% | 21.2% |
| MAOR | RMSE | 0.113 | 0.147 | 0.136 | 0.141 | 0.121 | 0.084 | 0.154 | 0.112 | 0.088 | 0.104 | 0.097 | 0.093 |
| | MAE | 0.104 | 0.136 | 0.121 | 0.138 | 0.105 | 0.075 | 0.148 | 0.106 | 0.074 | 0.093 | 0.091 | 0.084 |
| | MAPE | 15.3% | 22.8% | 23.0% | 16.4% | 41.7% | 23.5% | 17.5% | 15.4% | 32.3% | 13.6% | 16.4% | 18.7% |
| HAT | RMSE | 0.115 | 0.134 | 0.103 | 0.093 | 0.083 | 0.046 | 0.130 | 0.097 | 0.071 | **0.083** | 0.105 | 0.073 |
| | MAE | 0.092 | 0.110 | 0.088 | 0.081 | 0.062 | 0.038 | 0.124 | 0.085 | 0.058 | **0.072** | 0.097 | 0.061 |
| | MAPE | 12.0% | 15.3% | 18.5% | 8.3% | 27.9% | 14.3% | 11.8% | 13.6% | 26.5% | **8.3%** | 16.4% | 15.3% |
| 该案例提出的方法 | RMSE | **0.064** | **0.105** | **0.042** | **0.025** | **0.073** | **0.044** | **0.098** | **0.09** | **0.046** | 0.092 | **0.089** | **0.065** |
| | MAE | **0.052** | **0.094** | **0.036** | **0.02** | **0.064** | **0.035** | **0.089** | **0.083** | **0.038** | 0.085 | **0.081** | **0.053** |
| | MAPE | **7.4%** | **11.7%** | **12.7%** | **2.4%** | **24.8%** | **12.3%** | **6.8%** | **11.7%** | **16.3%** | 9.6% | **13.5%** | **13.3%** |
| 无 MSCA | RMSE | 0.113 | 0.122 | 0.069 | 0.035 | 0.085 | 0.058 | 0.136 | 0.104 | 0.089 | 0.115 | 0.104 | 0.071 |
| | MAE | 0.103 | 0.104 | 0.064 | 0.03 | 0.072 | 0.043 | 0.129 | 0.098 | 0.079 | 0.109 | 0.098 | 0.062 |
| | MAPE | 12.3% | 14.6% | 17.3% | 3.6% | 28.6% | 13.2% | 12.3% | 14.5% | 28.3% | 13.9% | 16.7% | 15.2% |
| 无 PDRI | RMSE | 0.112 | 0.115 | 0.063 | 0.088 | 0.138 | 0.049 | 0.113 | 0.098 | 0.066 | 0.105 | 0.096 | 0.068 |
| | MAE | 0.93 | 0.108 | 0.055 | 0.078 | 0.121 | 0.042 | 0.105 | 0.91 | 0.057 | 0.098 | 0.086 | 0.056 |
| | MAPE | 13.0% | 14.8% | 16.8% | 8.9% | 28.3% | 12.8% | 10.5% | 12.3% | 20.3% | 13.4% | 15.4% | 13.8% |
| 无动态损失权重 | RMSE | 0.071 | 0.111 | 0.045 | 0.031 | 0.079 | 0.062 | 0.103 | 0.102 | 0.052 | 0.101 | 0.096 | 0.071 |
| | MAE | 0.061 | 0.103 | 0.039 | 0.027 | 0.074 | 0.057 | 0.097 | 0.096 | 0.048 | 0.097 | 0.089 | 0.066 |
| | MAPE | 7.8% | 12.4% | 13.1% | 3.2% | 26.3% | 14.2% | 7.7% | 13.1% | 17.2% | 10.2% | 14.8% | 14.3% |

表 3.7　在迁移任务 T2→T1 上的 RUL 预测性能

| 方法 | 度量 | Task2-A | | | Task2-B | | | Task2-C | | | Task2-D | | |
|---|---|---|---|---|---|---|---|---|---|---|---|---|---|
| | | $S_1$ | $S_2$ | $S_3$ | $S_1$ | $S_2$ | $S_3$ | $S_1$ | $S_2$ | $S_3$ | $S_1$ | $S_2$ | $S_3$ |
| GRNN | RMSE | 0.118 | 0.119 | 0.166 | 0.124 | 0.191 | 0.234 | 0.169 | 0.147 | 0.124 | 0.147 | 0.194 | 0.178 |
| | MAE | 0.106 | 0.113 | 0.158 | 0.112 | 0.187 | 0.221 | 0.152 | 0.133 | 0.115 | 0.139 | 0.188 | 0.169 |
| | MAPE | 21.3% | 26.6% | 42.6% | 19.3% | 48.5% | 52.8% | 24.3% | 29.7% | 28.9% | 20.7% | 25.1% | 23.2% |
| DFDTLN | RMSE | 0.102 | 0.053 | 0.122 | 0.094 | 0.121 | 0.096 | 0.084 | 0.083 | 0.122 | 0.112 | 0.118 | 0.129 |
| | MAE | 0.91 | 0.044 | 0.103 | 0.086 | 0.118 | 0.084 | 0.073 | 0.071 | 0.113 | 0.096 | 0.105 | 0.118 |
| | MAPE | 15.6% | 16.4% | 18.6% | 12.8% | 25.3% | 24.3% | 11.3% | 19.7% | 26.4% | 17.3% | 16.8% | 17.3% |
| MDJAN | RMSE | 0.074 | 0.065 | 0.116 | 0.079 | 0.108 | 0.082 | 0.092 | 0.098 | 0.114 | 0.097 | 0.121 | 0.121 |
| | MAE | 0.068 | 0.047 | 0.108 | 0.071 | 0.096 | 0.071 | 0.086 | 0.086 | 0.108 | 0.085 | 0.114 | 0.117 |
| | MAPE | 12.3% | 17.6% | 22.1% | 10.8% | 22.8% | 20.4% | 13.1% | 23.7% | 24.4% | 12.4% | 17.6% | 15.8% |
| MAOR | RMSE | 0.079 | 0.061 | 0.128 | 0.091 | 0.112 | 0.107 | 0.085 | 0.113 | 0.137 | 0.108 | 0.126 | 0.125 |
| | MAE | 0.071 | 0.054 | 0.122 | 0.086 | 0.098 | 0.096 | 0.078 | 0.108 | 0.122 | 0.096 | 0.111 | 0.114 |
| | MAPE | 13.8% | 17.1% | 28.8% | 15.3% | 22.9% | 25.3% | 10.9% | 25.1% | 32.4% | 13.6% | 19.6% | 17.5% |
| HAT | RMSE | 0.078 | 0.054 | 0.102 | 0.076 | 0.093 | 0.078 | 0.055 | 0.084 | 0.121 | **0.065** | 0.096 | 0.12 |
| | MAE | 0.063 | 0.043 | 0.092 | 0.066 | 0.072 | 0.065 | 0.049 | 0.062 | 0.112 | **0.055** | 0.092 | 0.113 |
| | MAPE | 10.5% | 16.4% | 18.3% | 10.6% | 17.2% | 17.2% | 6.5% | 13.2% | 20.3% | **7.8%** | 13.3% | 15.3% |
| 该案例提出的方法 | RMSE | **0.083** | **0.045** | **0.093** | **0.06** | **0.077** | **0.077** | **0.051** | **0.065** | **0.113** | 0.075 | **0.085** | **0.103** |
| | MAE | **0.072** | **0.038** | **0.084** | **0.047** | **0.064** | **0.063** | **0.046** | **0.054** | **0.108** | 0.058 | **0.079** | **0.095** |
| | MAPE | **12.4%** | **13.3%** | **15.5%** | **6.2%** | **10.5%** | **16.5%** | **5.8%** | **11.3%** | **16.5%** | 8.0% | **10.8%** | **13.6%** |
| 无 MSCA | RMSE | 0.095 | 0.062 | 0.106 | 0.063 | 0.101 | 0.083 | 0.089 | 0.091 | 0.123 | 0.125 | 0.115 | 0.125 |
| | MAE | 0.088 | 0.056 | 0.098 | 0.054 | 0.96 | 0.076 | 0.081 | 0.086 | 0.117 | 0.118 | 0.108 | 0.116 |
| | MAPE | 16.5% | 16.9% | 19.2% | 7.3% | 20.5% | 18.9% | 12.5% | 14.8% | 21.1% | 16.8% | 15.3% | 15.7% |
| 无 PDRI | RMSE | 0.121 | 0.058 | 0.103 | 0.08 | 0.083 | 0.092 | 0.083 | **0.063** | **0.098** | 0.098 | 0.092 | 0.115 |
| | MAE | 0.114 | 0.042 | 0.096 | 0.073 | 0.075 | 0.085 | 0.077 | **0.051** | **0.085** | 0.085 | 0.086 | 0.108 |
| | MAPE | 15.5% | 15.3% | 17.6% | 8.3% | 13.6% | 17.9% | 8.8% | **9.5%** | **13.6%** | 12.4% | 12.1% | 14.3% |
| 无动态损失权重 | RMSE | 0.088 | 0.048 | 0.099 | 0.071 | 0.095 | 0.084 | 0.058 | 0.068 | 0.118 | 0.077 | 0.093 | 0.103 |
| | MAE | 0.073 | 0.041 | 0.091 | 0.065 | 0.082 | 0.078 | 0.052 | 0.062 | 0.112 | 0.061 | 0.081 | 0.096 |
| | MAPE | 12.6% | 13.8% | 16.2% | 7.8% | 12.2% | 17.3% | 6.3% | 11.8% | 17.2% | 8.1% | 11.2% | 13.7% |

**（4）总结**

该案例提出了一种新的基于 MSCATN 的分段自适应 RUL 预测方法，用于预测不可见退化数据下的轴承 RUL。首先，考虑到连续退化阶段之间的相互联系，提出的多阶段过渡点识别方法能够检测到退化不确定性过程的所有 STP。其中，采用退化指标梯度来评价退化数据的波动趋势。然后，设计的 PDRI 标记方法能够计算出退化过程多样性对应的每个阶段的物理退化率，从而反映轴承的真实退化过程。

在分段自适应 RUL 预测方案中，MSCATN 实现了全局相关知识深度提取、多阶段退化方向对齐和多特征空间交叉自适应对齐，能够将从源域学习到的退化知识转移到未标记的不完整目标域。同时，通过基于梯度范数平衡的联合损失函数，求得回归损失、蒸馏损失和

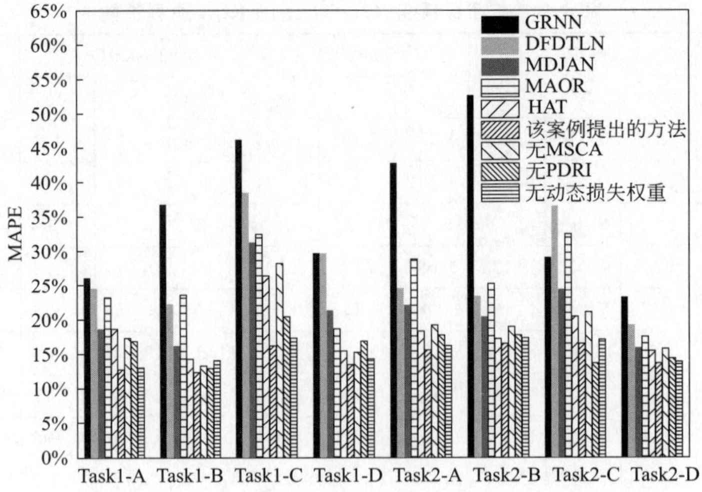


图 3.13 轻微退化阶段 MAPE 结果的比较

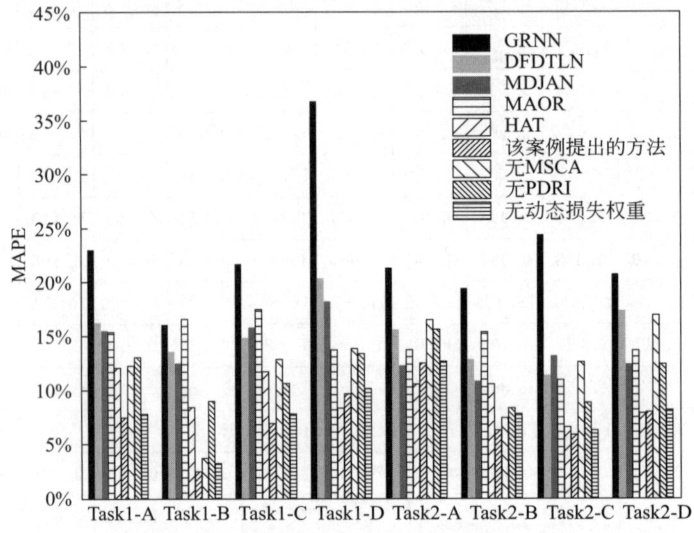


图 3.14 中度退化阶段 MAPE 结果的比较

差异损失沿退化方向对准的最优权值，保证在不可见退化数据的情况下，各阶段的预测 RUL 与实际物理退化过程一致。

通过 8 种跨域工况下的轴承实验，验证了所提方法的有效性和可行性。实验结果表明，该方法比现有的 5 种方法更具竞争力，这表明该方法在不可见的退化数据问题下对 RUL 进行预测是有希望的，并且非常适合工业应用。

#### 3.5.2.2 案例：考虑多阶段退化相关性的基于深度迁移学习的轴承分层自适应剩余使用寿命预测

**(1) 背景**

滚动轴承是旋转机械中至关重要的部件，其故障不仅会导致工业生产中的严重经济损失，还会造成设备停机。轴承在运行过程中的退化或故障直接影响着机械设备的可靠性和稳定性。因此，轴承 RUL 预测在避免危险事故和减少运营风险方面具有重要意义，且在预测与健康管理领域的应用越来越受到关注，以满足工业制造中的迫切需求。

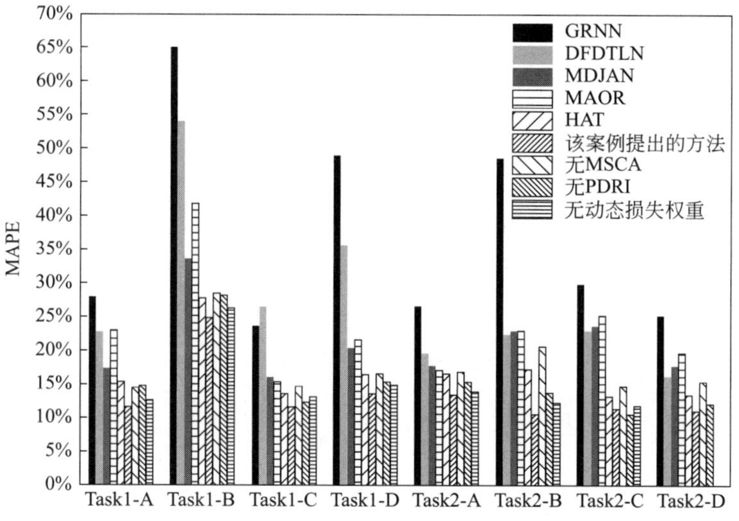


图 3.15　重度退化阶段 MAPE 结果的比较

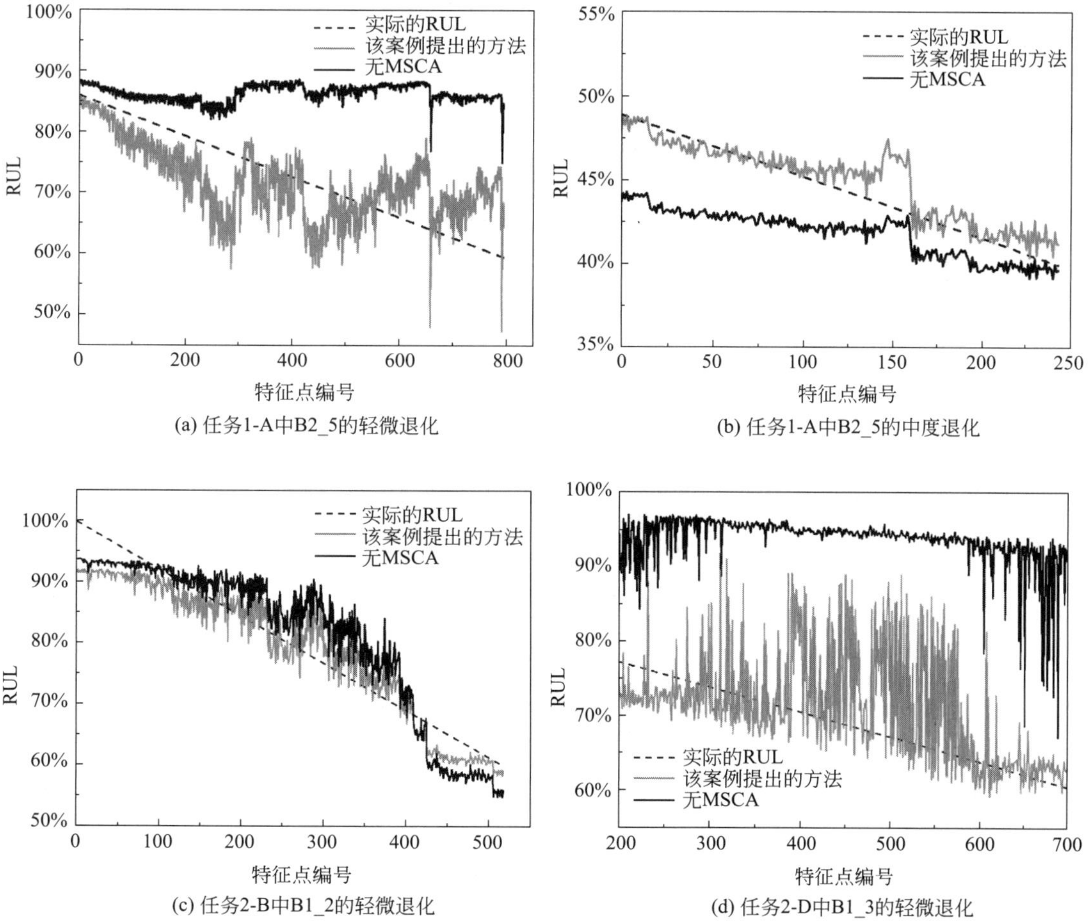


图 3.16　迁移预测中的预测 RUL 结果 1

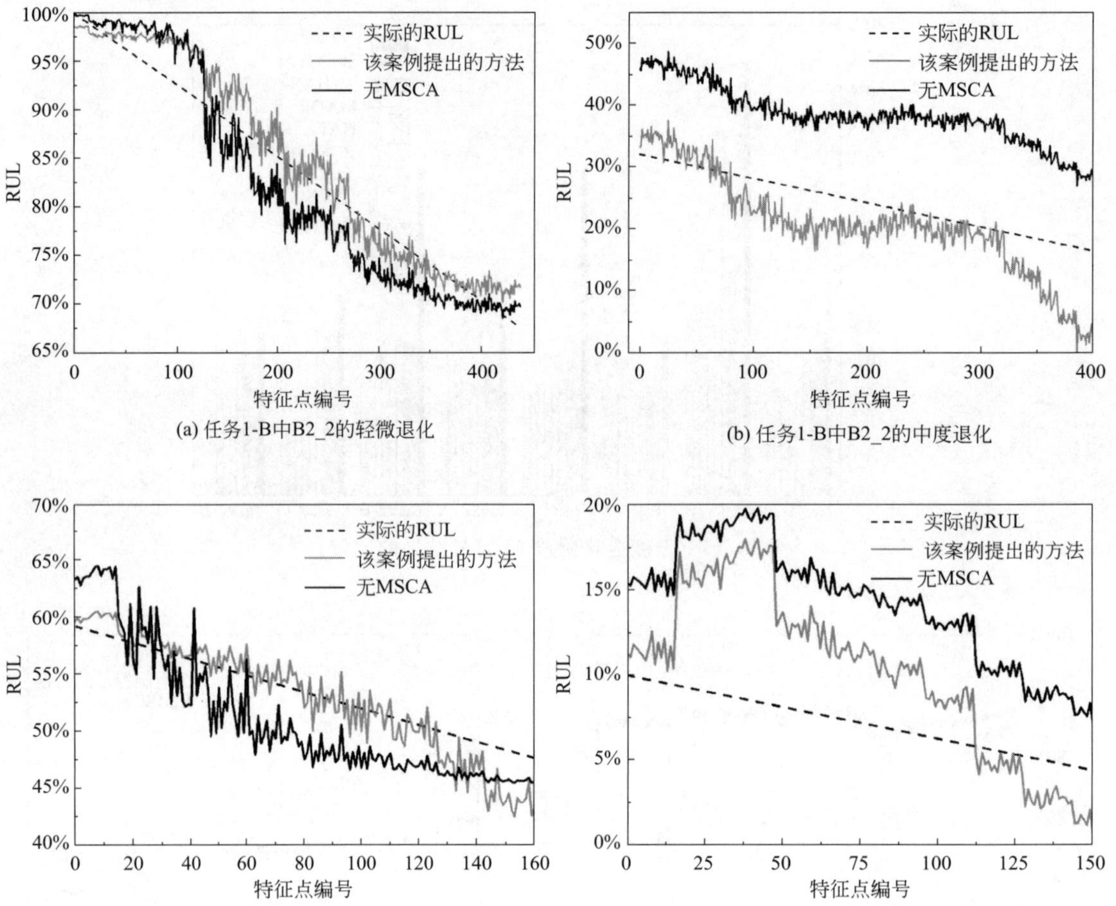


(a) 任务1-B中B2_2的轻微退化 (b) 任务1-B中B2_2的中度退化

(c) 任务2-B中B1_1的中度退化 (d) 任务1-D中B2_5的严重退化

图 3.17 迁移预测中的预测 RUL 结果 2

RUL 预测方法大致分为两大类：基于模型的方法和基于数据的方法。基于模型的方法通常通过考虑负载、环境因素、测量数据及专家知识等，利用数学模型来分析机械系统的 RUL 和退化过程。然而，随着系统复杂性的增加和外部不确定因素的干扰，基于模型的方法难以应对不断变化的非线性参数，导致建立精确的退化数学模型变得愈加困难。随着工业监测数据的快速增长，基于数据的方法受到了广泛的关注与应用。这种方法能够直接从历史数据中捕捉健康指标（HI）之间的关系，并从测量数据中提取潜在的退化特征，从而建立低复杂度的 RUL 预测模型，并实现自适应的参数学习和更新。然而，在实际工程场景中，不同的负载、转速和环境条件可能会影响采集到的数据，导致来自不同工作条件的退化特征分布差异较大。传统的基于数据的方法在复杂退化过程和跨工作条件下的泛化能力较差，从而大幅降低了预测精度。

此外，由于操作时间和轴承个体差异的存在，即使在相似工作条件下运行，机器的退化模式也可能出现显著差异。在迁移学习中，这种现象通常被视为领域偏移问题，如图 3.18 所示。近年来，迁移学习（TL）作为一种有效的工具，在故障诊断、性能监控和工业机器故障评估等领域得到了广泛应用。作为迁移学习的一种分支，领域适应（DA）通过将不同领域的特征映射到一个新的特征空间，解决领域偏移问题。通过选择合适的特征表示，领域适应能够尽量使源域和目标域在新特征空间中保持一致。领域适应方法在不同工作条件下的优越性为 RUL 预测提供了新的解决思路。有研究充分验证了领域适应在处理多个连续时间序列中的有效性，并为轴承振动信号的多级退化数据迁移学习提供了支持。这些迁移学习方法依赖于跨工作条件的大量测量数据，以提高 RUL 预测的精度，但由于复杂的时变退化过程，数据的可获取性成了一个限制因素。尽管上述 RUL 预测方法取得了显著进展，但仍然存在三个关键问题。

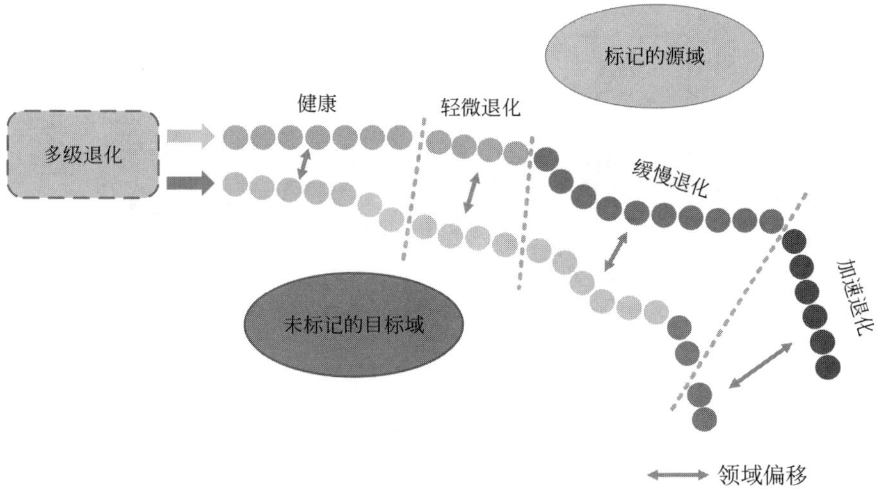


图 3.18　领域偏移发生在领域适应中

a. 目前大多数时变退化趋势是通过将参数估计算法与统计模型相结合来获得的。然而，现有的统计模型通常假设退化过程遵循某种参数化模型，这一假设可能并不完全符合实际情况。

b. 为了准确预测 RUL，必须揭示机械系统在多个退化阶段之间的内在关联，因为机器状态在时变退化过程中可能会有显著变化。然而，现有方法通常没有考虑这些多阶段之间的关系。

c. 目前的迁移学习方法多将跨工作条件的测量数据作为源目标领域，并通过提取领域不变特征来解决领域偏移问题。然而，预测精度高度依赖于源领域的数据量以及跨工作条件下数据分布的差异。但是，通常很难收集足够的测量数据以获得有意义的特征分布差异，进而训练迁移学习模型，这可能导致在跨工作条件下 RUL 预测性能的下降。

**（2）案例方法介绍**

该案例提出了一种新的迁移学习方法，选择单个轴承的不同退化阶段作为源域和目标域进行域自适应，如图 3.19 所示。其优点在于利用了不同阶段之间的域不变退化特征，与传统迁移学习方法相比，具有更好的泛化性能，并且降低了对训练数据量（源域数据）和与测试数据（目标域数据）分布相似度的要求。基于这种新的迁移学习方法，提出了一种新的基于深度迁移学习的分层自适应 RUL 预测框架，实现了对交叉工况下不同退化阶段 RUL 的准确预测。该案例提出了一种利用最大平均差异（MMD）和统计过程分析（SPA）相结合的 MD 划分方法。采用 MMD 方法计算滑动窗口拼接的自健康数据与原始振动数据之间的差异程度。对提取的差异度进行归一化，得到 HI 曲线的变化情况。通过 SPA 方法确定了首次预测时间（FPT）和阶段转换点（STP），划分了轴承寿命期间的各个退化阶段。对于

HI 和 MD 的自适应识别，将得到的 MD 特征输入残差网络进行训练，学习深度高维特征。在此基础上，通过自适应变换器网络，提出了一种分层自适应 RUL 预测模型，用于预测轴承在各个退化阶段的 RUL 响应。通过大量的实验结果，将该方法与其他方法进行了比较。对比结果表明，该方法精度更高，优于其他传统方法。这项工作的新颖之处如下。

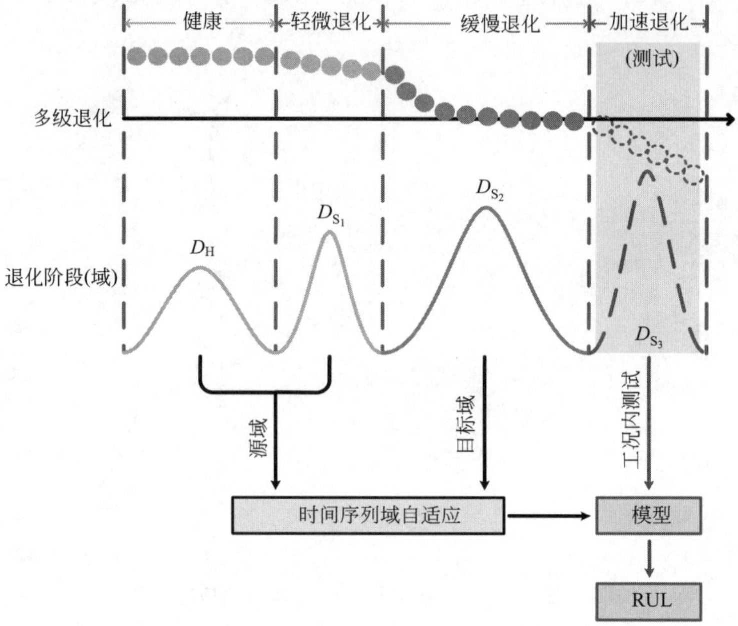


图 3.19 所提出的分层自适应 RUL 预测架构

• 提出了一种新的确定 HI 和 MD 的划分方法。与传统模型相比，该方法可以在不设置阈值的情况下准确地获得随 MD 变化的 HI。

• 提出了残差网络与特征提取相结合的多退化阶段自适应识别方法，能够根据退化趋势的多变异性变化准确识别出 HI 和 MD，避免了由对退化过程进行重复建模而导致的 MD 识别时间过长。

• 提出了一种基于深度 Adaptive-Transformer 的分层自适应规则学习模型，将学习到的多阶段域不变退化特征从一种状态转移到不同的工作状态。同时，通过分层自适应调整，降低了自适应 RUL 模型的损失，保证了对每个退化阶段的预测更加准确。

• 为了验证所提出的方法，在 XJTU-SY 数据集上，在两种工作条件下进行了 7 个跨域案例的大量实验，以预测 RUL。实验结果表明，该方法具有更高的精度，优于其他常规方法，能够识别多退化阶段，预测各阶段轴承的 RUL，实现多层次域不变特征从一种状态向交叉工况的转移。

该案例提出了跨工况下轴承分层自适应 RUL 预测框架，如图 3.20 所示。该算法包括退化特征提取、MD 划分、MD 自适应识别和基于深度迁移学习的分层自适应 RUL 预测建模 4 个关键步骤。

① 退化特征提取　多传感器采集的运行至故障数据集通常由多个方向的振动信号组成，这些振动信号携带不同的退化信息。由于原始数据量大，信息冗余，需要从原始数据中提取退化特征。该研究选取 4 个时域特征（标准差、峰峰值、均方根、根幅）、5 个频域特征（质心、均值、均方根、方差、标准差频率）和 1 个熵特征（波形熵）对数据进行处理。原

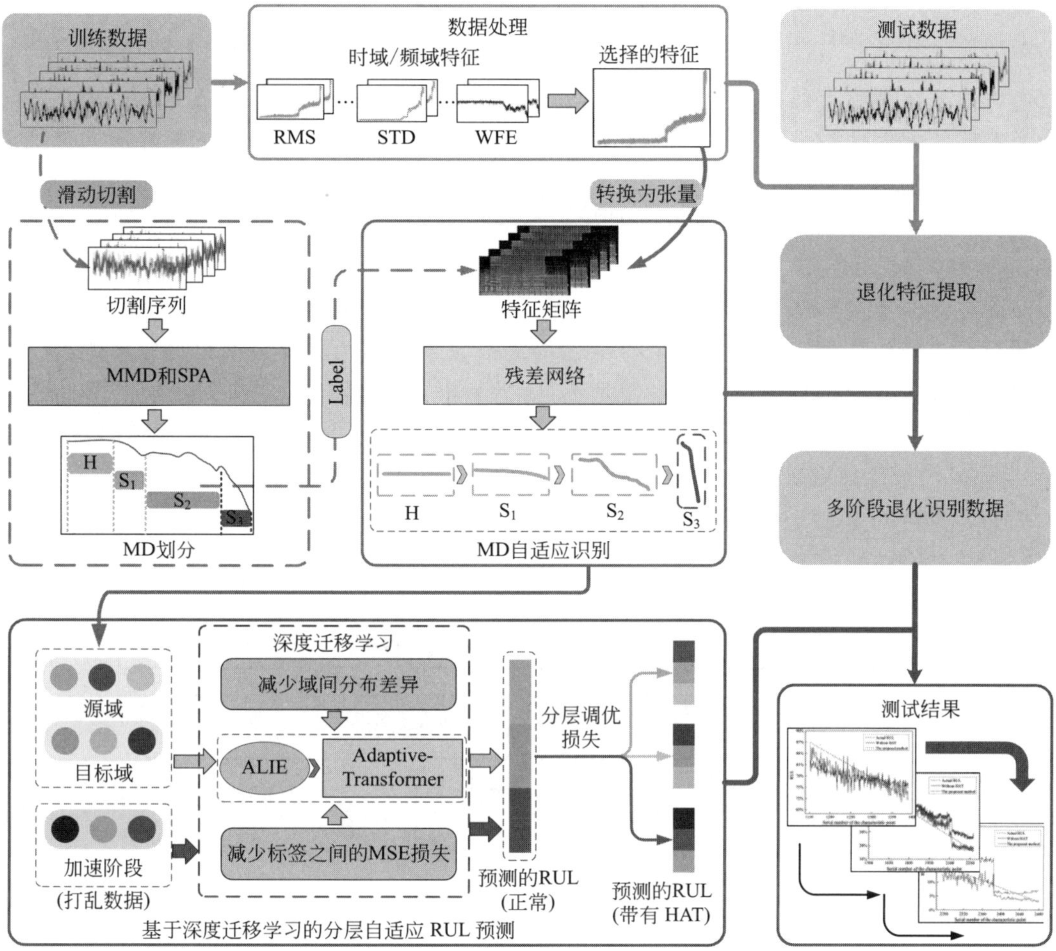

图 3.20　所提出的分层自适应 RUL 预测架构

始数据记录为 $\boldsymbol{T}=(\boldsymbol{t}_1,\boldsymbol{t}_2,\cdots,\boldsymbol{t}_n)$，$\boldsymbol{t}_i=(t_i^1,t_i^2,\cdots,t_i^N)$。式中 $n$ 和 $N$ 分别表示传感器个数和采样点个数。然后，根据步长 $L$ 对每个传感器的数据进行分段，获得多个周期，$\boldsymbol{T}'=(\boldsymbol{t}'_1,\boldsymbol{t}'_2,\cdots,\boldsymbol{t}'_n)$，$\boldsymbol{t}'_i=(\boldsymbol{x}_i^1,\boldsymbol{x}_i^2,\cdots,\boldsymbol{x}_i^{N_L})$，$\boldsymbol{x}_i^j=(t_i^{jL+1},t_i^{jL+2},\cdots,t_i^{L\times(j+1)})$，也就是说，$\boldsymbol{T}'\in\mathbb{R}^{n\times p\times L}$。式中，$P=N_L=\dfrac{N}{L}$，代表时间的数量。特征提取过程可以表示为

$$X_{fi}^j=F(\boldsymbol{x}_i^j) \tag{3.28}$$

式中，$\boldsymbol{X}_{fi}^j$ 表示第 $i$ 个传感器在第 $j$ 个周期中提取的特征；$F(\cdot)$ 是根据特征提取公式变化的提取函数。因此，特征提取后的数据集可以表示为 $\boldsymbol{X}=(\boldsymbol{X}_1,\boldsymbol{X}_2,\cdots,\boldsymbol{X}_n)$，式中，$\boldsymbol{X}_i=(X_{fi}^1,X_{fi}^2,\cdots,X_{fi}^{N_L})$。

为了消除不同传感器数据范围对网络训练的影响，使用 Min-Max 标准化对提取的特征进行归一化，可以将数据缩放到相同的范围（[0,1] 或 [−1,1]），如式(3.29) 所示。

$$\widetilde{X_{fi}^j}=\frac{X_{fi}^j-X_{fi}^{\min}}{X_{fi}^{\max}-X_{fi}^{\min}}(S_{\max}-S_{\min})+S_{\min} \tag{3.29}$$

式中，$\widetilde{X_{fi}^{j}}$ 表示第 $i$ 个传感器第 $j$ 个周期的标准化特征；$X_{fi}^{\max}$ 和 $X_{fi}^{\min}$ 分别表示第 $i$ 个传感器的最大特征和最小特征；$S_{\max}$ 和 $S_{\min}$ 分别表示目标归一化范围的上限值和下限值。

运行至故障数据可以转换为多个传感器的多特征数据，维度可以表示为 $\boldsymbol{X}\in\mathbb{R}^{n\times N_L}$。与原始的多传感器振动信号数据相比，经过特征提取和标准化的数据有助于更好地学习轴承的退化特征，利用历史数据的二维样本，并加速网络的收敛。

② MD 划分方法和 MD 自适应识别

a. 基于 MMD 的 HI 结构。

该研究提出了一种基于 MMD 的 HI 构建方法，以获得滑动窗口拼接的自健康数据与原始振动数据之间的差异程度。在该工作中，将每个轴承的初始运行数据视为样本点少、状态最稳定的自健康数据。然后，以自健康数据 $s_1$ 为基准，$s_i$ 表示运行到失效生命周期内的退化数据。$s_i$ 和 $s_1$ 之间的差异会逐渐增大，直至完全不相同。为了确定 HI 对原始信号样本变化的响应，应用 MMD 计算 $s_i$ 和 $s_1$ 之间的差异值，从而实时评估健康状态。图 3.21 显示了基于 MMD 的 HI 构建流程的 4 个主要步骤。

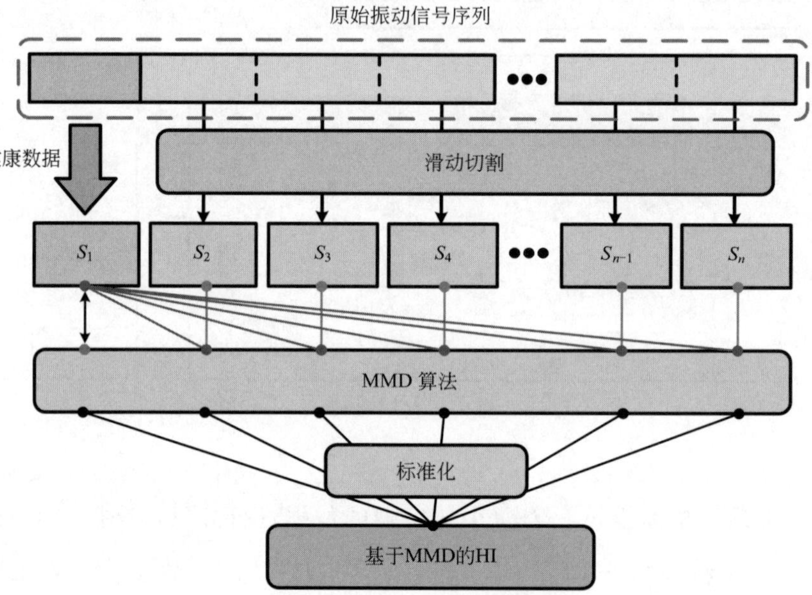


图 3.21 基于 MMD 的 HI 构建流程

步骤 1：收集原始运行至故障振动信号序列，并设为 $\boldsymbol{T}=(\boldsymbol{t}_1,\boldsymbol{t}_2,\cdots,\boldsymbol{t}_n)$。式中，$n$ 表示传感器的数量。对于每个传感器，收集的数据设为 $\boldsymbol{t}_i=(t_i^1,t_i^2,\cdots,t_i^N)$ 式中，$N$ 表示样本点的数量。

步骤 2：为了便于计算，将 $\boldsymbol{T}$ 切分为 $N_p$ 个子集，然后将变换后的子集作为 $\boldsymbol{S}=(\boldsymbol{s}_1,\boldsymbol{s}_2,\cdots,\boldsymbol{s}_{Np})$ 处理。式中，$\boldsymbol{s}_i=(t_a,t_{a+1},\cdots,t_{a+l-1})$；$N_p=\dfrac{N}{l}$；$a$ 和 $l$ 分别表示每个子集的起始位置和长度。

步骤 3：通过 MMD 计算方法计算 $s_1$ 和 $s_i$ 之间的差异值，然后获得的差异值可以表示为 $\boldsymbol{X}=(x_1,x_2,\cdots,x_n)$，且 $x_i=\mathrm{dist}_{\mathrm{mmd}}(s_1,s_i)$。

MMD 计算方法如下：

$$
\begin{aligned}
& \mathrm{dist}_{\mathrm{mmd}}\left(D^{S}, D^{T}\right) \\
= & \left\|\frac{1}{n_{s}} \sum_{i=1}^{n_{s}} \phi\left(d_{i}^{S}\right)-\frac{1}{n_{T}} \sum_{i=1}^{n_{T}} \phi\left(d_{i}^{T}\right)\right\|_{H}^{2} \\
= & \left\|\frac{1}{n_{S}^{2}} \sum_{i=1}^{n_{S}} \sum_{i'=1}^{n_{S}} \phi\left(d_{i}^{S}\right) \phi\left(d_{i}^{S'}\right)-\frac{2}{n_{S} n_{T}} \sum_{i=1}^{n_{S}} \sum_{j=1}^{n_{T}} \phi\left(d_{i}^{S}\right) \phi\left(d_{j}^{T}\right)+\frac{1}{n_{T}^{2}} \sum_{j=1}^{n_{T}} \sum_{j'=1}^{n_{T}} \phi\left(d_{j}^{T}\right) \phi\left(d_{j}^{T'}\right)\right\| \\
= & \left\|\frac{1}{n_{S}^{2}} \sum_{i=1}^{n_{S}} \sum_{i'=1}^{n_{S}} K\left(d_{i}^{S}, d_{i}^{S'}\right)-\frac{2}{n_{S} n_{T}} \sum_{i=1}^{n_{S}} \sum_{j=1}^{n_{T}} K\left(d_{i}^{S}, d_{j}^{T}\right)+\frac{1}{n_{T}^{2}} \sum_{j=1}^{n_{T}} \sum_{j'=1}^{n_{T}} K\left(d_{j}^{T}, d_{j}^{T'}\right)\right\|
\end{aligned} \tag{3.30}
$$

式中，$D^S$ 和 $D^T$ 分别是源域和目标域的特征；$\|\cdot\|_H$ 表示特征映射的再生核希尔伯特空间（RKHS）；$n_S$ 和 $n_T$ 分别表示源域和目标域的样本数量。函数 $\phi(\cdot)$ 将原始数据映射到 RKHS，$K(d_i^S, d_i^T)=\phi(d_i^S)\phi(d_j^T)$ 表示映射中的内积。如果 $\mathrm{dist}_{\mathrm{mmd}}(D^S, D^T)=0$，则$D^S=D^T$，因此，$\mathrm{dist}_{\mathrm{mmd}}(D^S, D^T)$ 表示两种特征分布在 RKHS 中的平均嵌入距离。

步骤 4：构建基于 MMD 的健康指数（HI）。为了准确获得在机器生命周期中随多阶段退化（MD）变化的健康指数曲线，对差异值集 $\boldsymbol{X}$ 进行归一化处理，得到的健康指数可以表示为 $\boldsymbol{X}^N=(\boldsymbol{x}_1^N, \boldsymbol{x}_2^N, \cdots, \boldsymbol{x}_n^N)$。

b. 基于统计过程分析的多阶段退化划分。

现有的研究往往依靠经验阈值来划分退化阶段，这在训练数据量少、工况多的情况下是不现实的。针对上述问题，根据基于 MMD 的 HI 曲线，采用带平滑的 SPA 方法获得突变点（FPT 和 STP），平滑缓解了 HI 退化曲线数据冗余和退化趋势不清晰的问题，从而突出了计算出的 HI 曲线。然后通过计算三个基本监测基准，进行 SPA 有效监测 STP 是否发生，并将突变点记录为可疑点（SP）。通过寻找多个 SP 并对其突变程度排序，可以准确地得到多个退化阶段。在该案例中，轴承系统运行过程中的退化阶段分类如下。

ⅰ. 健康阶段：在此阶段，轴承运行平稳，因此 HI 不会有明显的下降趋势。

ⅱ. 轻微退化阶段（$S_1$）：轴承开始退化，HI 呈轻微下降趋势。

ⅲ. 缓慢退化阶段（$S_2$）：与轻微退化阶段相比，HI 经常显示许多不规则波动，表明轴承的显著退化。

ⅳ. 加速退化阶段（$S_3$）：HI 开始以加速的速度下降，轴承最终将失效。

在该案例中，考虑了 3 个基本的监测基准，即均值（$\mu$）、方差（$\sigma^2$）和标准差（$\sigma$），公式可表示为

$$\mu=\frac{1}{n}\sum_{i=1}^{n} x_i \tag{3.31}$$

$$\sigma^2=\frac{1}{n}\sum_{i=1}^{n} x_i-\mu \tag{3.32}$$

$$\sigma=\sqrt{\frac{1}{n}\sum_{i=1}^{n} x_i-\mu} \tag{3.33}$$

三个基准值对 MD 有不同的影响。$\mu$ 与 $\sigma^2$ 和 $\sigma$ 不同，因为它考虑了负值对整体趋势的影响；$\sigma^2$ 对明显的 SP 更为敏感；$\sigma$ 对突变值更为敏感，并且可以同时定位多个 SP。基于 SPA 的多阶段退化划分过程可以表示如下。

步骤 1：通过计算每个步长 $l'$ 的数据平均值，可以获得平滑的 HI，并将其设置为 $X^{NS}=(x_1^{NS}, x_2^{NS}, \cdots, x_n^{NS})$。

步骤 2：可以通过滑动窗口方法获得一组样本点数据。两个连续的子集可以表示为 $y_i=(x_p^{NS},x_{p+1}^{NS},\cdots,x_{p+W-1}^{NS})$ 和 $y_{i+1}=(x_{p+l}^{NS},x_{p+l+1}^{NS},\cdots,x_{p+l+W-1}^{NS})$。式中，$W$ 代表滑动窗口长度；$l$ 表示单个滑动步长；$p$ 是滑动窗口移动的起始位置。子集集合可以表示为 $Y=(y_1,y_2,\cdots,y_{n'})$。式中，$n'$可以通过式(3.34) 获得。

$$n'=\frac{K-W}{l}+1 \tag{3.34}$$

步骤 3：计算两个相邻点 $y_i$ 和 $y_{i+1}$ 的三个基准统计值，然后进行比较。特别地，基准值 $\mu$ 是通过减去两个相邻的 $y_i$ 得到的，这与其他两个基准不同。如果 $y_{i+1}$ 的基准值大于 $M$ 倍的 $y_i$，则将 SP 记录为突变点。

步骤 4：按 SP 基准值的增加倍数降序排序。识别出的 SP 将被视为 STP，因为它们准确地实现了多阶段退化的划分。

然而，轴承在实际退化过程中可能不严格遵循这 4 个退化阶段。在健康阶段，不会有明显的退化，如裂缝和剥落。此外，当轴承加速退化时，轴承将出现明显的失效。上述两个阶段在轴承退化过程中不可避免地存在。但是，作为过渡阶段的轻微退化阶段和缓慢退化阶段可能不会同时存在［轻微退化阶段与缓慢退化阶段同时存在的示意如图 3.22(a) 所示］。如图 3.22(b) 所示，健康阶段过后，轴承只有轻微的失效，并保持较长时间；然后，HI 指数突然迅速下跌。图 3.22(c) 显示了轴承的其他退化过程，这些过程没有轻微的失效，但直接表现为健康和加速退化阶段之间的明显失效。该案例提出了一种 MD 自适应识别方法，以提高 RUL 预测精度，识别 HI 和 MD 以响应多变率的趋势变化。

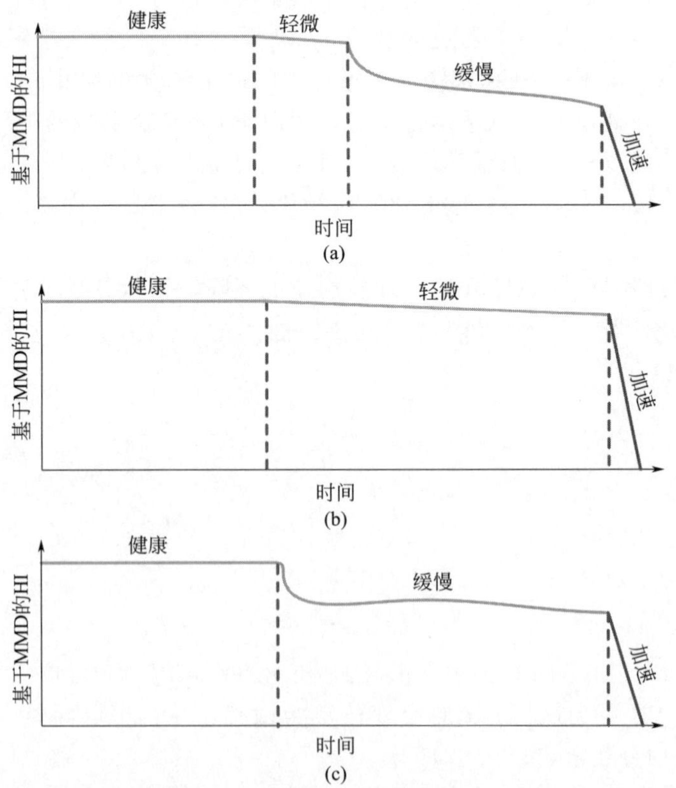


图 3.22　轴承的多级退化过程

c. MD 自适应识别。

大多数现有研究通过人为经验和专家知识手动分析轴承的健康状态。在该案例中，为了解决分析过程中对人为因素的过度依赖问题，引入了一种结合残差网络与特征提取的多阶段退化自适应识别方法。该方法能够实时监测 HI 的变化并识别退化阶段，从而为后续 RUL 预测中不同阶段之间的域适配（DA）提供依据。

图 3.23 展示了所提多阶段退化自适应识别方法的详细架构。该方法基于卷积神经网络（CNN），构建了一个由卷积层（convolutional layer）、池化层（pooling layer）、残差块（residual block）、扁平化层（flatten layer）、全连接（FC）层和 ReLU 激活函数组成的残差网络。卷积层通过卷积核（convolution kernel）从输入数据中提取特征。在网络训练过程中，卷积核定期扫描输入特征。经过卷积层的特征提取后，输出被送入池化层进行特征选择和信息过滤，以减少特征维度。残差块通过跳跃连接使每一层的残差网络都能充分训练，从而缓解梯度消失问题。经过多次卷积和池化后，特征被扁平化并输入到 FC，以获得分类结果。所提多阶段退化自适应识别方法的具体过程可以表示如下。

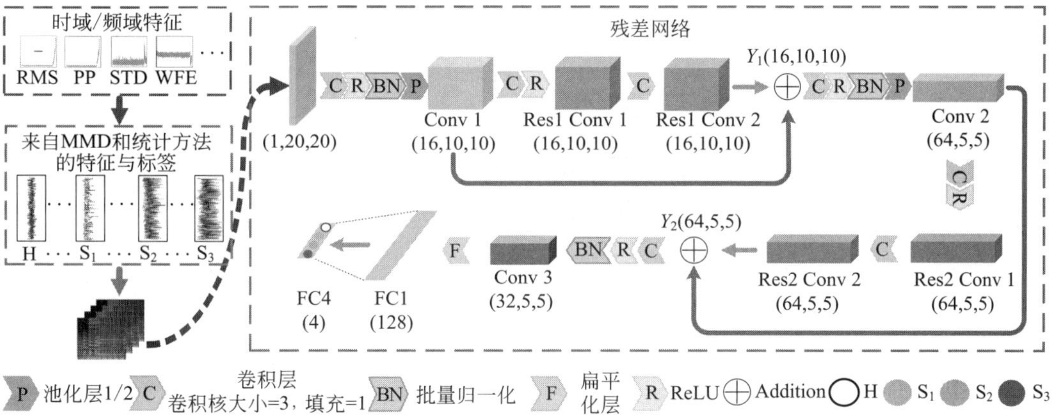


图 3.23　提出的 MD 自适应识别方法的体系结构

步骤 1：数据处理。提取原始振动信号 $\boldsymbol{T}=(t_1,t_2,\cdots,t_N)$ 的时域和频域特征，这不仅可以减少数据量而不丢失任何信息，还能使网络在训练数据时更加有针对性。

步骤 2：标注不同阶段的数据。$Y=(y_1,y_2,\cdots,y_{n_0})$ 表示通过 SPA 方法获得的标签数据集，其中 $n_0$ 代表标签的数量。4 个退化阶段有不同类别的标签。

- 类别 0：健康阶段。
- 类别 1：轻微退化阶段。
- 类别 2：缓慢退化阶段。
- 类别 3：加速退化阶段。

步骤 3：网络训练。将标注的数据输入网络中。通过卷积和池化进行特征提取和下采样，使用残差块对可学习参数进行充分训练，最后通过全连接层输出分类结果。

提出的自适应识别方法将残差网络与特征提取相结合，有效缩短了寻找最优解的路径，加快了网络的收敛速度。与传统方法相比，该方法能够根据多变率趋势变化自适应识别 HI 和 MD，并准确划分退化阶段。

③ 分层自适应 RUL 预测建模

a. 多退化阶段的 DA。

传统的时间序列迁移学习预测方法仅关注捕捉时间依赖性，忽略了机器退化过程中退化阶段之间的相关性和多阶段的领域不变退化特征。此外，在实际工业场景中，跨工作条件下很难收集足够的数据，这使得无法有效地从测量数据中获取领域不变特征和特征分布差异，从而解决领域迁移问题。该案例考虑了领域不变的退化特征来解决上述问题。在单轴承的运行至失效数据集中，不同退化阶段之间存在较大的分布差异，退化阶段之间共享的常识是相似的，且内部物理退化机制保持不变。因此，利用不同阶段之间的领域不变退化特征进行领域适配，以提高 RUL 预测模型的准确性。由于在相同退化阶段内部的物理机制，来自不同轴承的数据不会受到跨工作条件的影响，因此多退化阶段的领域适配可以从一个工作条件扩展到不同的工作条件。

在该案例中，构建了自适应变换器网络，将单个轴承的不同退化阶段作为源领域和目标领域，并动态地减少两个领域之间的分布差异。图 3.24 展示了所提出的自适应变换器网络架构。在前向传播过程中，来自两个退化阶段的数据分别作为源领域和目标领域，然后将其打乱，分别输入各自的领域中作为训练数据。在反向传播过程中，为了有效地更新网络权重并减少域间分布差异，提出了由两部分组成的目标损失函数。

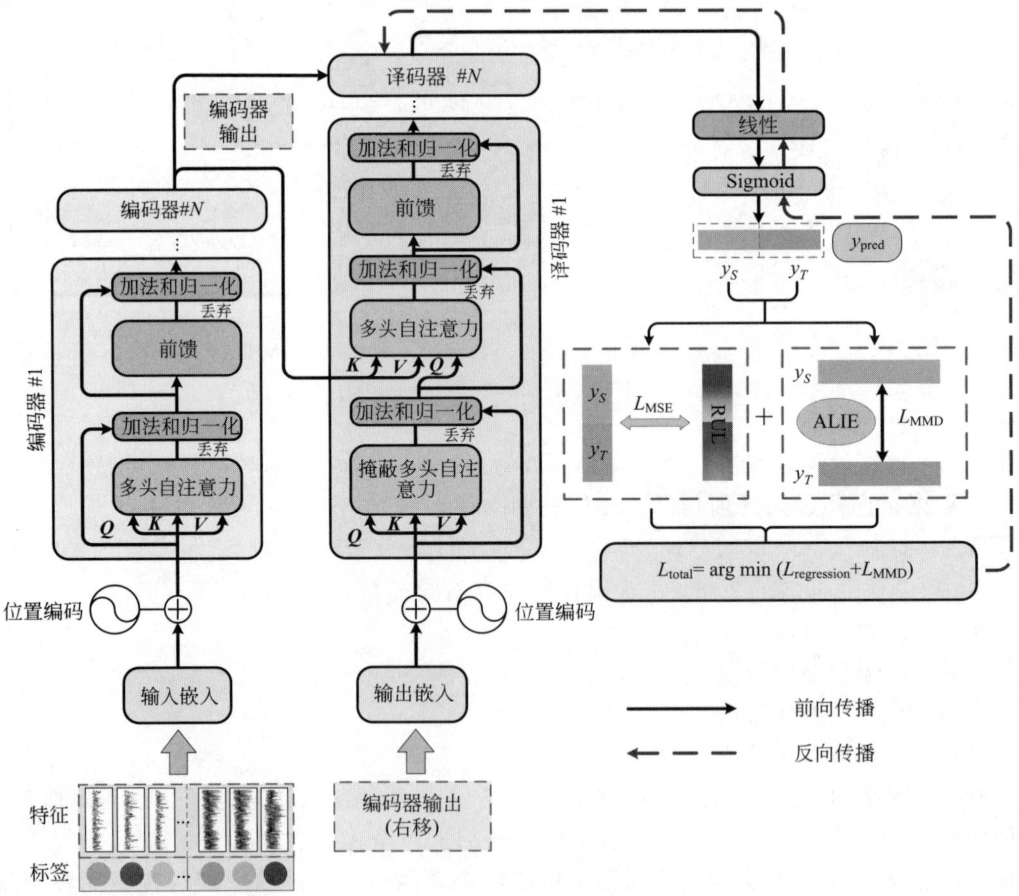


图 3.24　提出的自适应变换器网络架构

- 回归损失 $L_{regression}$。$L_{regression}$ 用于最小化训练数据的预测误差，能够自适应调整网络训练参数，使得预测的 RUL 更接近实际结果。$L_{regression}$ 可以通过均方误差（MSE）计算，公式如下：

$$L_{\text{regression}}=L_{\text{MSE}}(y_i,\hat{y}_i)=\frac{1}{n}\sum_{i=1}^{n}(y_i-\hat{y}_i)^2 \tag{3.35}$$

式中，$y_i$ 和 $\hat{y}_i$ 分别表示真实的 RUL 标签和模型预测的 RUL 标签；$n$ 表示训练过程中的批次大小。

• 分布差异损失 $L_{\text{MMD}}(D^S,D^T)$。$L_{\text{MMD}}(D^S,D^T)$ 表示源领域和目标领域之间高维特征的分布差异，使网络能够更好地提取领域不变特征。作为一种非参数度量，MMD 可以通过引入核学习来衡量两个领域之间的一阶分布差异。径向基函数（RBF）被选为核函数。分布差异损失的公式可以表示为

$$L_{\text{MMD}}(D^S,D^T)=\left\|\frac{1}{n_S^2}\sum_{i=1}^{n_S}\sum_{i'=1}^{n_S}k(d_i^S,d_i^{S'})-\frac{2}{n_S n_T}\sum_{i=1}^{n_S}\sum_{j=1}^{n_T}k(d_i^S,d_j^T)+\frac{1}{n_T^2}\sum_{j=1}^{n_T}\sum_{j'=1}^{n_T}k(d_j^T,d_j^{T'})\right\| \tag{3.36}$$

式中，$d_i^S$ 表示源领域中的第 $i$ 个元素；$n_S$ 和 $n_T$ 分别表示源领域和目标领域中每个批次的大小；$k(\cdot,\cdot)$ 表示核函数。

通过以上分析，网络的总损失可以定义为

$$L_{\text{total}}(D^S,D^T;\theta)=L_{\text{regression}}(\theta)+L_{\text{MMD}}(D^S,D^T) \tag{3.37}$$

式中，$\theta$ 表示网络中的可学习参数。

然而，由于每个自注意子层只能观察到部分输入序列信息，因此式(3.37) 构建的损失公式无法有效捕获每个自注意的时间依赖性。为了更好地利用每个自注意子层，提出了一种注意层重要性评价方法。该算法可以自适应匹配两个退化阶段（$D^S,D^T$）的自关注层之间的分布，同时捕获时间相关性。此外，引入一个重要性评价向量 $\boldsymbol{\varepsilon}\in\mathbb{R}^L$，用于评价每个自注意层的相对重要性。其中，$L$ 表示自注意层的个数。对于输入退化阶段数据集（$D^S$，$D^T$），分布匹配的损失函数可计算如下：

$$L_{\text{ALIE}}(D^S,D^T)=\sum_{l=1}^{L}\varepsilon_{S,T}^{l}d_{\text{cosine}}(A_S^l,A_T^l) \tag{3.38}$$

式中，$A_S^l$ 和 $A_T^l$ 分别表示第 $l$ 层自注意力层中 $D^S$ 和 $D^T$ 的数据；$\varepsilon_{S,T}^l$ 表示第 $l$ 层自注意力层中 $D^S$ 和 $D^T$ 的分布重要性；$d_{\text{cosine}}$ 表示余弦相似性，其计算公式如下：

$$d_{\text{cosine}}=\frac{\sum_{l=1}^{L}A_S^lA_T^l}{\sqrt{\sum_{l=1}^{L}(A_S^l)^2}\sqrt{\sum_{l=1}^{L}(A_T^l)^2}} \tag{3.39}$$

最后，考虑到 ALIE 的网络优化损失，可以重新表述为以下形式：

$$L(\theta,\boldsymbol{\varepsilon})=L_{\text{regression}}(\theta)+\mu\sum_{S,T}^{S\neq T}L_{\text{ALIE}}(D^S,D^T;\theta,\boldsymbol{\varepsilon}) \tag{3.40}$$

式中，$\mu$ 是一个权衡超参数。此外，在式(3.40) 的第二项中引入了评估向量 $\boldsymbol{\varepsilon}$，用于评估每个自注意力层的相对重要性，从而减少损失，如图 3.25 所示。

在该案例中，评估向量 $\boldsymbol{\varepsilon}$ 通过以下操作进行更新。首先，将每一层自注意力子层的权重初始化为相同的值。如果第 $n$ 次迭代的分布距离大于第 $n-1$ 次迭代的分布距离，则应增加 $\varepsilon_{S,T}^{l,(n+1)}$ 的值，以增强其作用，从而减少两个领域之间的分布距离。所提出的重要性评估算

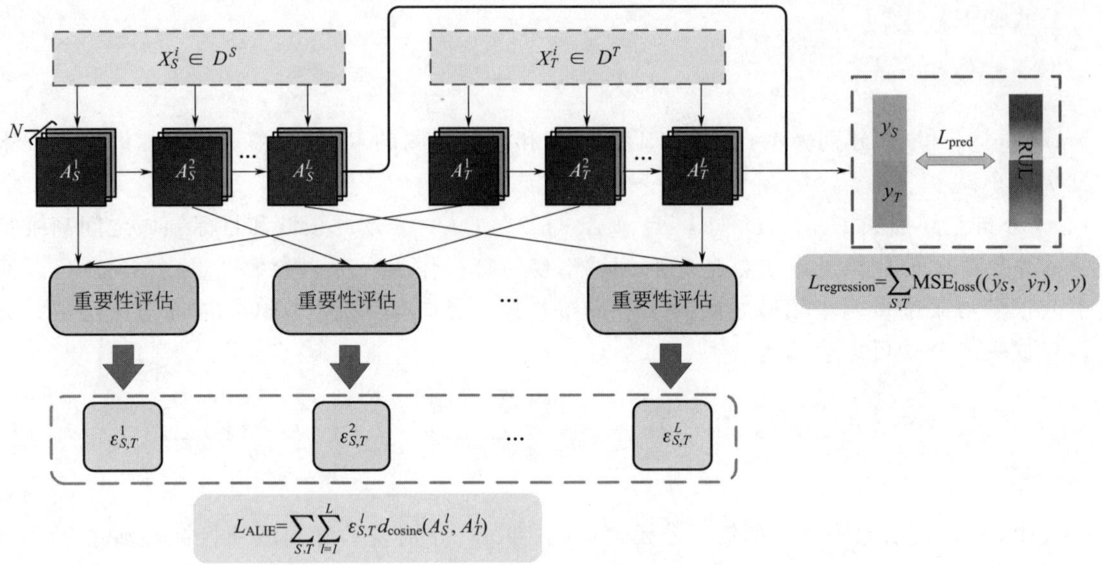


图 3.25 ALIE 的计算过程

法可以表示如下：

$$\varepsilon_{S,T}^{l,(n+1)}=\begin{cases}\varepsilon_{S,T}^{l,n}\times F(d_{S,T}^{l,n},d_{S,T}^{l,(n-1)}), & d_{S,T}^{l,n}-d_{S,T}^{l,(n-1)}\geqslant\tau\\ \varepsilon_{S,T}^{l,n}, & d_{S,T}^{l,n}-d_{S,T}^{l,(n-1)}<\tau\end{cases} \tag{3.41}$$

$$F(d_{S,T}^{l,n},d_{S,T}^{l,(n-1)})=1+\sigma(d_{S,T}^{l,n}-d_{S,T}^{l,(n-1)}) \tag{3.42}$$

式中，$d_{S,T}^{l,n}$ 表示第 $n$ 次迭代中，第 $l$ 层自注意力子层中两个领域之间的分布距离；$\tau\approx 0$ 表示优化距离。如果两个领域之间的分布距离大于 $\tau$，$\boldsymbol{\varepsilon}$ 则会增大该值。同时，可以注意到 $F(\cdot,\cdot)>1$，它确保了重要性评估向量 $\boldsymbol{\varepsilon}$ 的增大。Sigmoid 函数 $\sigma(\cdot)$ 定义如下：

$$\sigma(x)=\frac{1}{1+\mathrm{e}^{-x}} \tag{3.43}$$

b. 分层自适应调整的 RUL 预测。

在轴承的多阶段退化过程中，每个退化阶段的数据分布代表了不同的退化特征。然而，现有的 RUL 预测方法忽略了每个阶段的退化特征及各退化阶段之间的内在关联，仅仅通过考虑预测模型的完整损失来提高 RUL 精度，这导致在跨工作条件下 RUL 预测性能的下降。为了解决这个问题，提出了一种新的层次自适应 RUL 模型，该模型能够将多阶段学到的领域不变退化特征从一个工作条件转移到多个工作条件。同时，HAT（层次自适应技术）通过减少 RUL 模型损失，确保每个退化阶段的更精确预测。

在 RUL 预测中，标记训练数据对于监督学习非常重要。由于健康阶段没有退化现象，预测轴承的 RUL 并不重要，因此从 FPT 点开始进行 RUL 预测。假设一个轴承的未标记训练数据可以表示为 $\boldsymbol{X}_{\text{train}}=(\boldsymbol{x}_1,\boldsymbol{x}_2,\cdots,\boldsymbol{x}_K)$，经过特征提取和归一化处理，其中每个 $\boldsymbol{x}_i$ 对应一个 RUL 标签 $y_{\text{RUL}i}$。这些 RUL 标签可以表示如下：

$$y_{\text{RUL}i}=\frac{K-i}{K-T_{\text{FPT}}} \tag{3.44}$$

式中，$T_{\text{FPT}}$ 表示 FPT 点的样本序列数量，即轴承在上文中获得的 FPT 点开始退化的时间。当 $i<T_{\text{FPT}}$，$y_{\text{RUL}i}>1$ 时，标签表示轴承仍处于健康阶段，且不参与 RUL 的预测。

当$i \geqslant T_{\mathrm{FPT}}$，$y_{\mathrm{RUL}i} \leqslant 1$，表示轴承发生退化，并进行RUL预测。

根据RUL、MD、HAT和DA的概念，分层自适应RUL预测的过程如下。

步骤1：MD划分与训练识别。根据原始信号数据，MD按照上文所述的退化阶段进行划分。此外，通过退化特征提取和原始信号数据的归一化处理，得到的数据可以表示为$\boldsymbol{X}_{\text{train}}=(\boldsymbol{x}_1,\boldsymbol{x}_2,\cdots,\boldsymbol{x}_K)$。式中，$\boldsymbol{x}_i=(\boldsymbol{x}^1,\boldsymbol{x}^2,\cdots,\boldsymbol{x}^k)$；$K$和$k$分别表示样本数和特征数。同时，采用自适应识别网络对HI和MD进行识别，以应对多变趋势的变化。

步骤2：设置训练数据。基于步骤1中获得的数据$\boldsymbol{X}_{\text{train}}=(\boldsymbol{x}_1,\boldsymbol{x}_2,\cdots,\boldsymbol{x}_K)$，可以通过将$\boldsymbol{X}_{\text{train}}$和$\boldsymbol{Y}_{\text{RUL}}$结合来设置训练数据$\boldsymbol{Z}_{\text{train}}$，其中标签$\boldsymbol{Y}_{\text{RUL}}$可以通过式(3.44)获得。

步骤3：训练过程。将训练数据$\boldsymbol{Z}_{\text{train}}$输入提出的自适应变换网络中，以匹配源域和目标域之间的分布差异。通过训练过程，开发出一种层次自适应RUL预测模型，以应对不同的退化阶段，包括轻微退化模型（$\mathcal{M}_1$）、缓慢退化模型（$\mathcal{M}_2$）和加速退化模型（$\mathcal{M}_3$）。同时，HAT减少每个退化阶段的模型损失，以保证RUL预测的更高准确性。

步骤4：设置测试数据。按照步骤1中的方式，设置测试数据并命名为$\boldsymbol{X}_{\text{test}}=(\boldsymbol{x}_1,\boldsymbol{x}_2,\cdots,\boldsymbol{x}_T)$。式中，$\boldsymbol{x}_i=(\boldsymbol{x}^1,\boldsymbol{x}^2,\cdots,\boldsymbol{x}^t)$；$T$和$t$分别表示样本数和每个样本的长度。

步骤5：MD测试识别。将获得的$\boldsymbol{X}_{\text{test}}$输入到MD自适应识别网络中。如果健康阶段的HI稳定，则轴承处于健康状态。一旦识别到退化阶段，应进行RUL预测。

步骤6：测试过程。根据MD识别结果，将识别到的退化阶段输入提出的层次自适应RUL模型（$\mathcal{M}_1$、$\mathcal{M}_2$和$\mathcal{M}_3$）中，通过HAT准确预测每个退化阶段对应的RUL。最后，通过将预测的RUL与实际RUL进行比较，验证所提方法的可行性。

**(3) 案例研究**

① 数据集与评价指标　利用从XJTU-SY平台（图3.7）收集的数据集来评估所提出方法的有效性。振动信号由放置在测试轴承壳体上的两个加速度计收集，采样频率为25.6kHz，采样时间为1.28s，采样间隔为60s。当振动数据幅值超过20$g$时，加速退化轴承试验停止。XJTU-SY数据集包括15个滚动轴承的完整运行到故障数据。该研究选取两种不同工况下的9个运行失效数据集进行RUL预测，如表3.8所示。特别说明，由于几个轴承在信号收集结束之前发生故障，因此删除了故障到端数据。两种工况下样品轴承的原始振动信号（水平和垂直）如图3.26所示。在某些情况下，多个传感器采集到的二维信号差异很大，该案例采用MMD对原始信号数据进行同步处理，以获得更准确的退化特征。

**表3.8　XJTU-SY数据集的描述**

| 工况 | 负载/kN | 速度/(r/min) | Bearing(轴承) | 实际使用寿命/min |
|---|---|---|---|---|
| No. 1 | 12 | 2100 | Bearing 1_1(B1_1) | 123 |
| | | | Bearing 1_2(B1_2) | 161 |
| | | | Bearing 1_3(B1_3) | 158 |
| | | | Bearing 1_5(B1_5) | 52 |
| No. 2 | 11 | 2250 | Bearing 2_1(B2_1) | 490 |
| | | | Bearing 2_2(B2_2) | 161 |
| | | | Bearing 2_3(B2_3) | 433 |
| | | | Bearing 2_4(B2_4) | 42 |
| | | | Bearing 2_5(B2_5) | 318 |

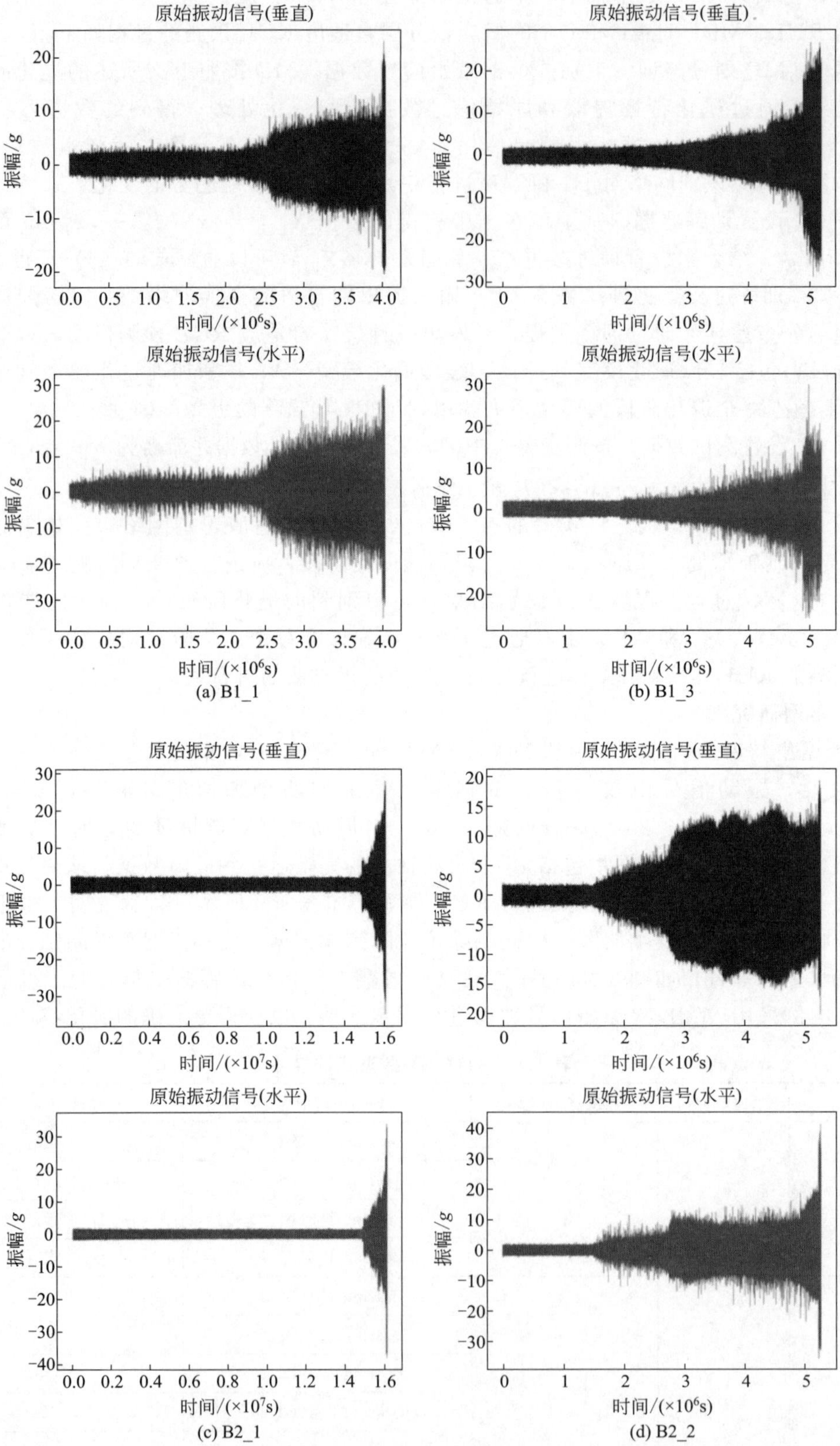


(a) B1_1　(b) B1_3　(c) B2_1　(d) B2_2

图 3.26　样品轴承的原始振动信号

为了验证所提出方法的优越性，采用均方根误差（RMSE）和平均绝对误差（MAE）两个评价指标进行RUL预测，其分别表示为

$$\mathrm{RMSE}=\sqrt{\frac{1}{n_T}\sum_{i=1}^{n_T}(\mathrm{Acty}_{\mathrm{RUL}i}-\mathrm{Predy}_{\mathrm{RUL}i})^2} \tag{3.45}$$

$$\mathrm{MAE}=\frac{1}{n_T}\sum_{i=1}^{n_T}\left|\mathrm{Acty}_{\mathrm{RUL}i}-\mathrm{Predy}_{\mathrm{RUL}i}\right| \tag{3.46}$$

式中，$n_T$ 为检验样本数；$\mathrm{Acty}_{\mathrm{RUL}i}$ 和 $\mathrm{Predy}_{\mathrm{RUL}i}$ 分别为第 $i$ 个检验样本的实际RUL和预测RUL。

② 模型参数设置　该研究中的实验是在PyTorch框架下进行的，并使用Python脚本编写。自适应变换网络中的超参数根据训练数据的大小设置：层数 $N=3$，PWFFN中隐藏层的维度 $d_{\mathrm{ff}}=2048$，模型维度 $d_{\mathrm{model}}=64$，查询矩阵的维度 $d_{\mathrm{q}}=8$，键值矩阵的维度 $d_{\mathrm{k}}=d_{\mathrm{v}}=8$，MHA头数 $h=8$，注意力层大小 $A=12$，输入维度 $d_{\mathrm{input}}=20$，序列长度 $L=32$，损失函数中的 $\mu=0.5$。关于优化器，选择了Adam优化器，学习率为 $5\times10^{-5}$，批量大小为128。

此外，通过多次测试，残差网络中的参数设置如下：残差网络层数 $N_{\mathrm{R}}=7$，其中卷积层数 $N_{\mathrm{c}}$ 和残差块 $B_{\mathrm{r}}$（每个包含两个卷积层）分别为3和2。通过池化层进行了两次下采样，因此每层的参数分别为20、10和5。相应地，卷积层中的通道数设置为1、16、16、64、64和32。最后，残差网络的分类结果是通过两个全连接层（分别为128个和4个神经元）获得的。交叉熵（cross entropy）函数被用作损失函数，Adam优化器用于通过反向传播更新权重，学习率为 $1\times10^{-3}$。

③ HI测定和MD划分　在大多数现有研究中，确定HI是预测RUL的第一步。与传统方法不同，所提出的MD划分方法能够准确地获得随MD变化的HI，而无须设定任何阈值。在该案例中，由于XJTU-SY数据集的原始采样时间过长，无法准确反映轴承退化过程，因此在计算自健康数据 $S_1$ 和剩余周期数据 $S_i$ 之间的差异时，需要重新设置采样时间。反复测试表明，当采样时间设置为0.0025s时，基于MMD的HI趋势最为明显。基于这些结果，第一采样周期的数据被作为自健康数据 $S_1$。然后，响应于不同轴承和工作条件的HI曲线可以使用上文中描述的基于MMD的HI构建方法进行计算。图3.27展示了在两种工作条件下计算不同轴承的HI曲线。由此可以得出结论，基于MMD的HI曲线波动更为稳定，在不同工作条件下具有更好的适应性。在健康阶段，HI值接近100%，表明轴承处于健康状态。随着缺陷的增加，HI值开始下降，直到值为零，表示轴承故障。为了准确划分轴承退化，局部波动被平滑处理，以突出显示HI曲线，如图3.28所示。平滑后的曲线保持了清晰的退化趋势，并能够轻松获得突变点（FPT和STP）。

基于PA的MD划分方法根据上述结果进行了多阶段退化划分。图3.29显示了轴承B1_2的MD划分结果。根据轴承退化时间的长度，设置滑动窗口长度 $W_1=5$ 和步长 $l_1=1$。根据该案例中式(3.18)，确定 $n'$ 值为157，这意味着有157个长度为 $W_1$ 的周期来计算基准点。根据该案例中基于统计过程分析的多阶段退化划分部分的步骤3和步骤4，筛选HI退化曲线的SP，以找到STP。在图3.29的底部，三个基准（均值、标准差和方差）在多阶段退化过程中发生波动，表明HI曲线趋势发生了突变。当B1_2处于健康阶段时，基准值接近零，表明健康阶段的HI曲线趋势稳定。RUL从FPT开始预测，并通过找到第一个基准突变点来确定。健康阶段之后，轴承进入轻微退化阶段，在此阶段基准没有明显波动。随

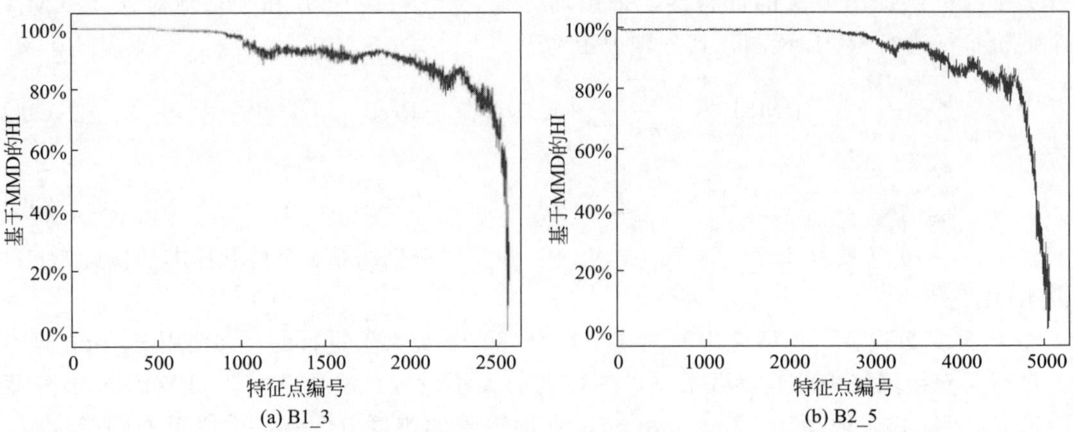


图 3.27 基于 MMD 的 HI 曲线计算

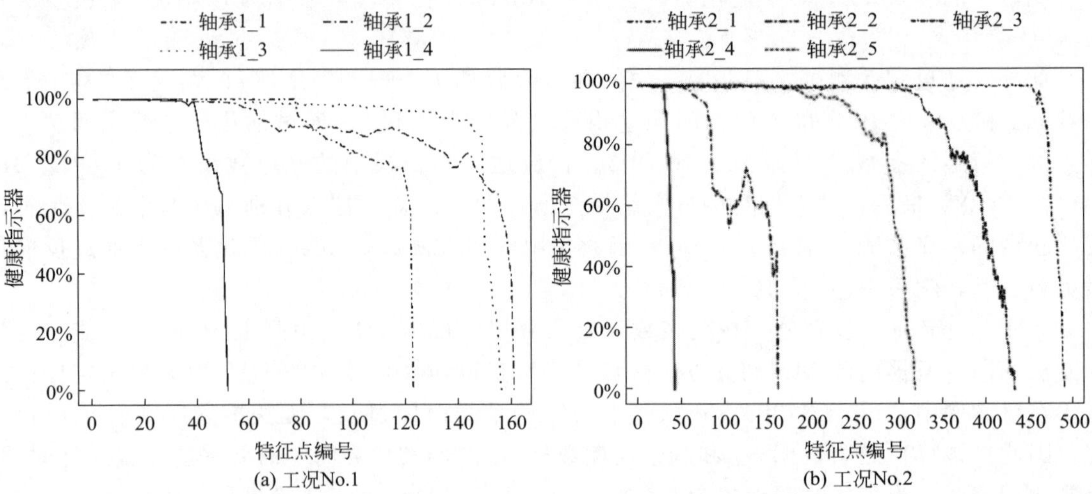


图 3.28 对各种轴承响应的 HI 曲线进行平滑处理

后，基准再次发生剧烈变化，此时定义该 STP 为慢速退化阶段的起始点。尽管在此阶段基准波动较大，但不能将其视为 STP，因为基准点的变化趋势是缓慢增长而非突变。最后的 STP 表示加速退化阶段的起始点。在此点之后，基准值急剧上升，表明轴承迅速失效。从基准的变化曲线来看，以上三个点的 MD 划分是合理的，这证明了所提出的方法能够准确识别退化阶段的变化。

④ MD 自适应识别　在确定突变点之后，开始对 MD 进行自适应识别。为了评估所提方法的性能，当一个轴承数据集用于测试时，带有标注退化阶段的轴承数据用于训练残差网络。为减少模型随机性的影响，从测试轴承各退化阶段的一个周期中随机选择部分数据进行测试，并将 5 次重复结果的平均值作为最终的识别结果。准确率（Accuracy）、精确度（Precision）、召回率（Recall）和 F1 值（F1-Score）被用来评估所提方法的预测性能，其公式如下：

$$\text{Accuracy}=\frac{TP+TN}{TP+FP+FN+TN} \tag{3.47}$$

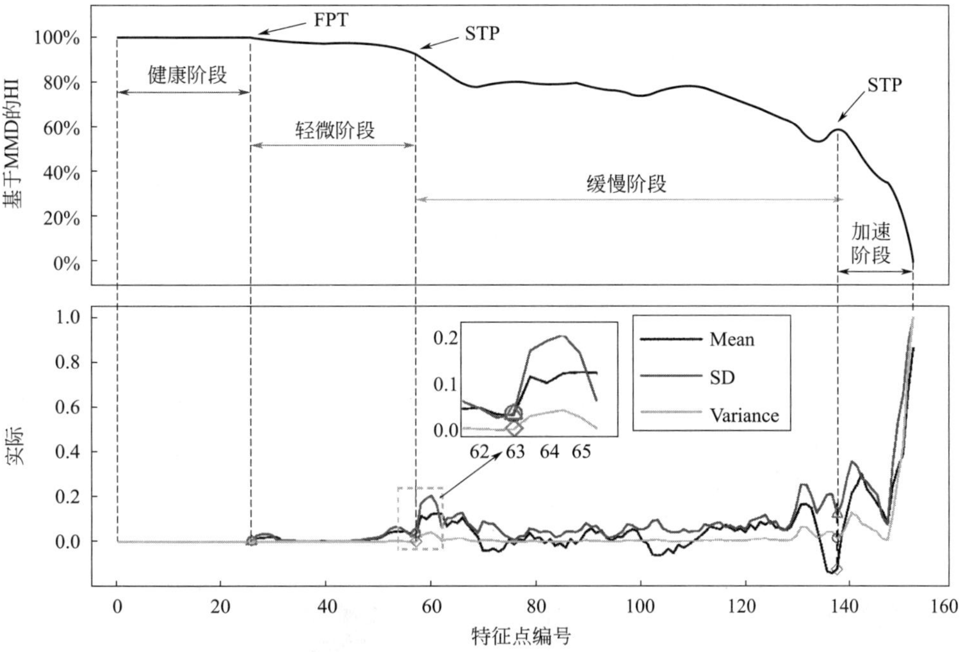


图 3.29　基于 SPA 的 MD 划分结果用于轴承 B1_2

$$\text{Precision}=\frac{TP}{TP+FP} \tag{3.48}$$

$$\text{Recall}=\frac{TP}{TP+FN} \tag{3.49}$$

$$\text{F1-Score}=\frac{2\times\text{Precision}\times\text{Recall}}{\text{Precision}+\text{Recall}} \tag{3.50}$$

$TP$、$TN$、$FP$ 和 $FN$ 分别表示真正例（true positive）、真负例（true negative）、假正例（false positive）和假负例（false negative）的输出结果。

表 3.9 列出了每个实验计算得到的准确率、精确率、召回率和 F1 值。从表中可以看出，B2_2 和 B2_5 数据集的精确率相对较低，原因在于：这两个轴承数据集的慢速退化阶段和加速退化阶段较为相似。同时，由于未设置划分阈值，且这两个轴承的退化趋势与其他轴承不同，因此数据集中的噪声导致在退化阶段识别中的精确率较低。此外，各评价指标的平均值均大于 92%，证明了所提方法的有效性。

**表 3.9　采用所提方法的 MD 识别结果**

| 轴承数据集 | 准确率/% | 精确率/% | 召回率/% | F1 值/% |
|---|---|---|---|---|
| B1_1 | 98.68 | 99.55 | 90.74 | 94.44 |
| B1_2 | 98.17 | 95.04 | 97.91 | 96.40 |
| B1_3 | 98.54 | 96.24 | 95.13 | 95.61 |
| B1_5 | 96.20 | 96.63 | 88.46 | 91.31 |
| B2_1 | 93.62 | 94.53 | 93.59 | 93.64 |
| B2_2 | 83.02 | 81.89 | 86.97 | 83.21 |
| B2_3 | 96.06 | 95.01 | 95.90 | 95.14 |

续表

| 轴承数据集 | 准确率/% | 精确率/% | 召回率/% | F1 值/% |
|---|---|---|---|---|
| B2_4 | 95.06 | 99.52 | 95.16 | 97.16 |
| B2_5 | 84.12 | 90.40 | 85.91 | 87.14 |
| 平均值 | 93.71 | 94.31 | 92.20 | 92.68 |

图 3.30 显示了两种工作条件下样本轴承的混淆矩阵。需要特别注意的是，在 B2_4 的混淆矩阵中，轻微退化阶段标记为“—”，这表明不存在轻微退化阶段。在存在多种退化阶段标签的情况下，所提出的方法在退化阶段识别性能方面表现最佳。测试数据集中各退化阶段的识别准确率如图 3.31 所示。当直方图中省略某一阶段的准确率时，这表明该轴承不存在该退化阶段。与其他阶段相比，健康阶段的识别准确率最高。这是因为健康阶段在轴承退化过程中占据最大比例，并且与其他退化阶段的区分度最高。然而，当轴承接近故障时，由于退化的加剧，运行状态会极其不稳定。同时，外部噪声干扰也会使得难以区分两个阶段的数据特征，从而导致慢速退化阶段的识别准确率较低。

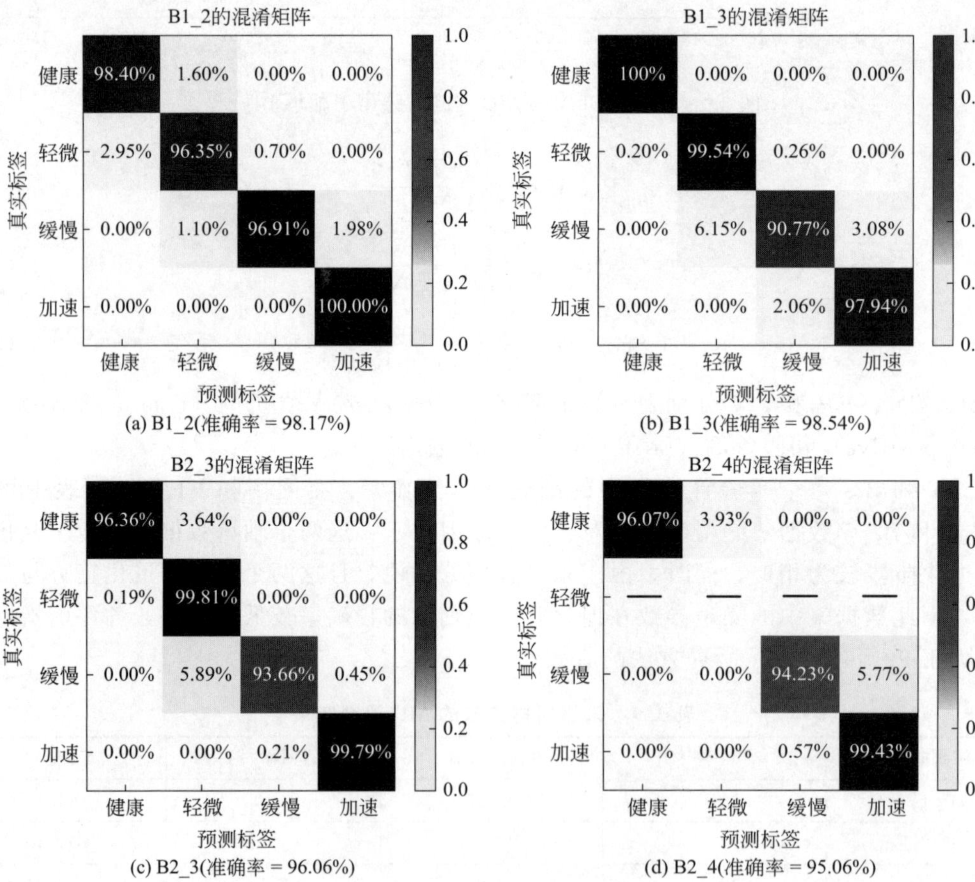

(a) B1_2(准确率 = 98.17%)　(b) B1_3(准确率 = 98.54%)
(c) B2_3(准确率 = 96.06%)　(d) B2_4(准确率 = 95.06%)

图 3.30　MD 识别的混淆矩阵

为了检验所提出方法在分类不同退化阶段特征时的性能，使用 t-SNE 技术将时间域、频率域及无量纲特征在二维空间中进行可视化。为了比较，不同轴承的可视化结果如图 3.32 所示。分类后的特征分布显示出清晰的边界。特别是在 B1_1 数据集中，由于退化阶段较少，健康阶段与轻微退化阶段之间的边界并不明显。而 B2_3 和 B2_5 的分类结果较为理想，分别展示了 4 个退化阶段的聚类在可视化中的效果，这是传统 CNN 难以实现的。

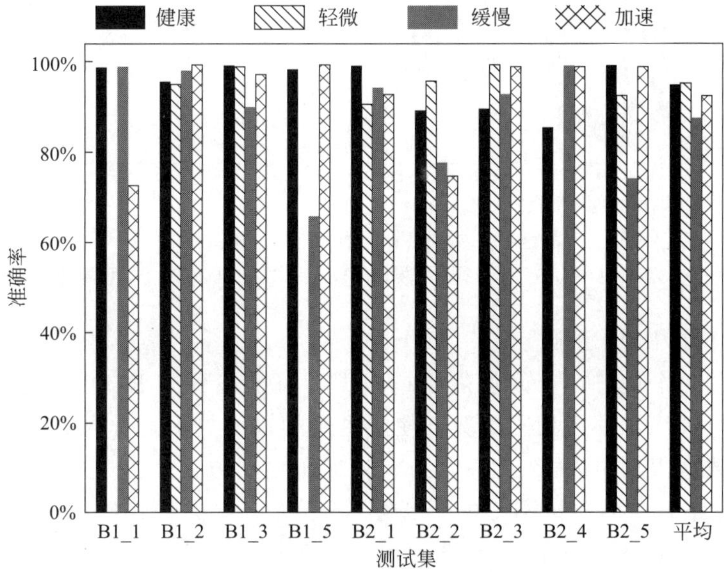


图 3.31　MD 在所有数据集上的结果

⑤ 不同方法比较　针对源域数量的限制和多工况测量分布差异导致的 RUL 预测恶化问题，提出了一种考虑多阶段域不变退化特征的基于深度迁移学习的分层自适应 RUL 预测方法。与传统的 RUL 预测方法相比，该方法将学习到的多阶段的域不变退化特征从一个状态转移到不同的工作状态，并通过分层调优减少自适应 RUL 模型的损失，保证在训练样本不足的情况下对每个退化阶段的 RUL 预测更加准确。

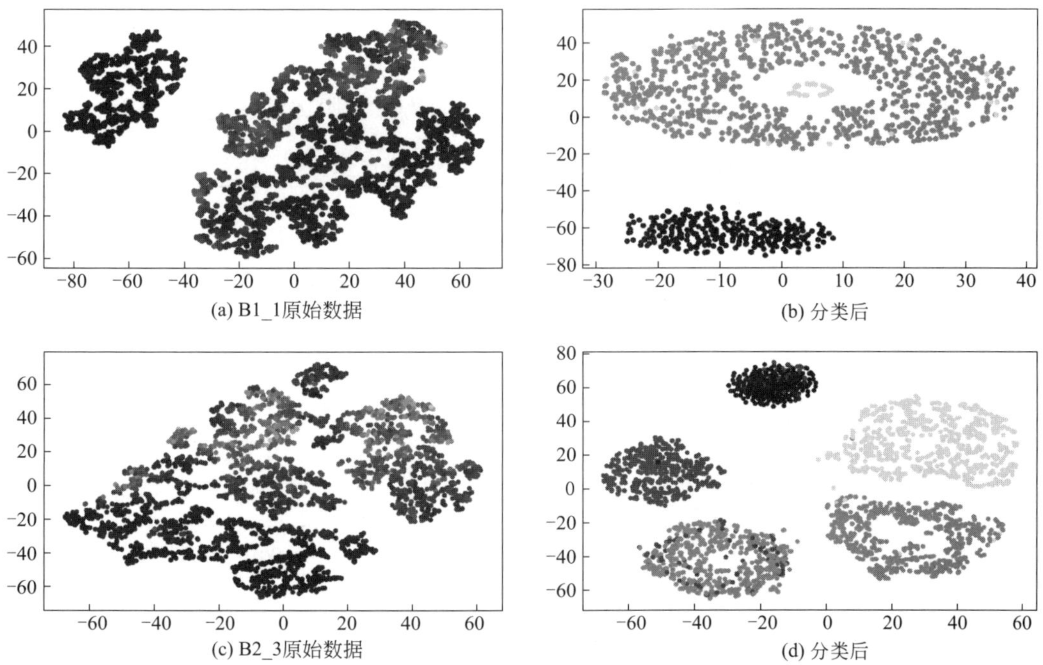


图 3.32

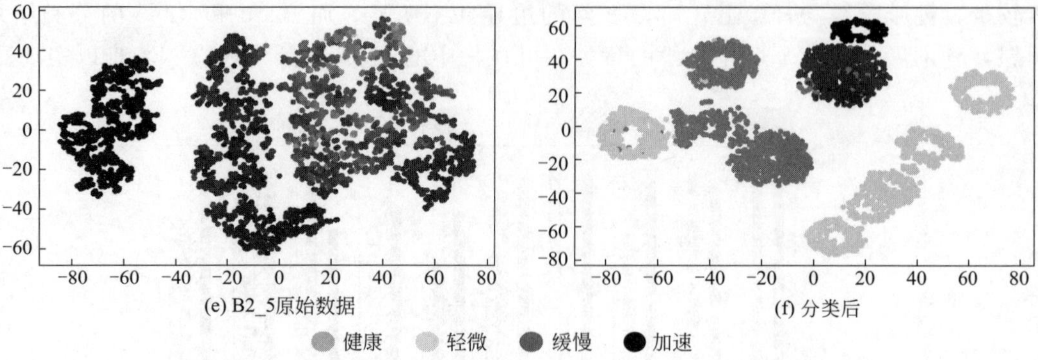


图 3.32 使用 t-SNE 对样本轴承（B1_1、B2_3、B2_5）的可视化结果

a. 单一工况下的 RUL 预测。

所提出方法的一个优势在于，仅需少量数据即可准确预测 RUL。因此，该案例选择一个轴承数据集进行训练，并在相同工况下使用剩余的轴承数据集对网络进行测试；所选的训练数据集和测试数据集列于表 3.10 中。为了验证所提出方法的性能，该案例实现了多尺度 CNN（MCNN）、结合生成对抗网络的广义多尺度特征提取（GMFE）、卷积长短期记忆网络（CLSTM）、增强记忆的混合深度学习网络（MEHDLN）和一维生成对抗网络（1D-GAN）方法，并在相同数据集上进行比较。表 3.11 展示了对比结果。

**表 3.10 恒定的工作条件**

| 工况 | 训练集(标记) | 测试集(未标记) |
|---|---|---|
| No. 1 | B1_1 | B1_2、B1_3、B1_5 |
| No. 2 | B2_2 | B2_1、B2_3、B2_4、B2_5 |

如表 3.11 所示，对比结果表明，所提出方法在各退化阶段的评估指标远小于其他方法。传统模型在训练时仅考虑整体模型误差，导致其他方法在各阶段的性能不稳定。为了评估 SPA 和 HAT 的作用，该案例设计了两个消融实验，即未进行 MD 分段和未应用 HAT，分别验证了 SPA 和 HAT 在退化阶段划分中的合理性以及阶段调优的优越性。

**表 3.11 不同方法的 RUL 预测性能指标**

| 方法 | 度量 | No. 1 | | | No. 2 | | |
|---|---|---|---|---|---|---|---|
| | | $S_1$ | $S_2$ | $S_3$ | $S_1$ | $S_2$ | $S_3$ |
| MCNN | MAE | 0.1622 | 0.0825 | 0.0465 | 0.1553 | 0.0985 | 0.0509 |
| | RMSE | 0.1756 | 0.0929 | 0.0532 | 0.1401 | 0.1023 | 0.0638 |
| GMFE | MAE | 0.0562 | 0.0442 | 0.0216 | 0.0627 | 0.0522 | 0.0331 |
| | RMSE | 0.0625 | 0.0527 | 0.0294 | 0.0756 | 0.0607 | 0.0423 |
| 1D-GAN | MAE | 0.1717 | 0.0805 | 0.0312 | 0.1446 | 0.0897 | 0.0682 |
| | RMSE | 0.1892 | 0.0937 | 0.0447 | 0.1622 | 0.1001 | 0.0544 |
| MEHDLN | MAE | 0.1028 | 0.1001 | 0.0395 | 0.0805 | 0.0421 | 0.0412 |
| | RMSE | 0.1201 | 0.1124 | 0.0475 | 0.0916 | 0.0537 | 0.0561 |
| CLSTM | MAE | 0.0624 | 0.0554 | 0.0227 | 0.0704 | 0.0382 | 0.0812 |
| | RMSE | 0.0719 | 0.0628 | 0.0328 | 0.0814 | 0.0475 | 0.0962 |

续表

| 方法 | 度量 | No. 1 | | | No. 2 | | |
|---|---|---|---|---|---|---|---|
| | | $S_1$ | $S_2$ | $S_3$ | $S_1$ | $S_2$ | $S_3$ |
| 无 MD 划分 | MAE | 0.1126 | 0.1086 | 0.0437 | 0.0806 | 0.0464 | 0.0996 |
| | RMSE | 0.1278 | 0.1169 | 0.0512 | 0.0907 | 0.0569 | 0.1107 |
| 无 HAT 的 MD | MAE | 0.0664 | 0.0828 | 0.0381 | 0.0638 | 0.0365 | 0.0812 |
| | RMSE | 0.0815 | 0.0857 | 0.0463 | 0.0820 | 0.0437 | 0.0859 |
| 该案例提出的方法 | MAE | 0.0505 | 0.0374 | 0.0177 | 0.0607 | 0.0321 | 0.0221 |
| | RMSE | 0.0647 | 0.0448 | 0.0223 | 0.0749 | 0.0450 | 0.0266 |

在第一组消融实验中，训练轴承的健康阶段为 MMD 基于 HI 阶段的 95%～100%，轻微退化阶段为 85%～95%，缓慢退化阶段为 45%～85%。这种退化阶段的划分方法依赖人工经验划分，无法像 SPA 一样实现不同轴承退化阶段的自适应划分。如表 3.11 所示，未进行 MD 分段的结果稍优于 MCNN 和 1D-GAN 方法，但劣于 GMFE、MEHDLN 和 CLSTM。值得注意的是，采用 MD 分段模块的方法的预测误差显著低于未进行 MD 分段的方法，并且与其他方法相比也表现出良好性能。实验消融结果不仅表明了所提出 SPA 方法在退化阶段划分中的合理性，还实现了对不同轴承退化规律的自适应捕捉，大大增强了模型在不同数据集上的泛化能力。

在另一组消融实验中，未使用 HAT 优化退化阶段，验证了 HAT 在提高不同退化阶段轴承 RUL 预测精度方面的优越性。图 3.33 展示了所提出方法和未使用 HAT 方法的 RUL 预测结果。所提出方法在各阶段的预测误差远低于未使用 HAT 的整体 RUL 预测模型。这是因为整体预测模型只能最小化轴承整个退化过程的预测误差，无法优化各退化阶段的预测精度。而所提出的分层自适应 RUL 模型考虑了相应退化阶段的预测误差，减少了网络计算复杂度，更准确地捕捉了每个退化阶段的退化模式。

b. 复合工况下的 RUL 预测。

在第二种比较情况下，设计了 7 个跨领域案例的广泛实验，以进一步验证所提方法的优越性。所设计的迁移预测任务如表 3.12 所示。所提方法使用 DA 技术处理不同退化阶段，以建立跨工作条件的分层自适应 RUL 模型。因此，该 RUL 模型可以通过在单一工作条件

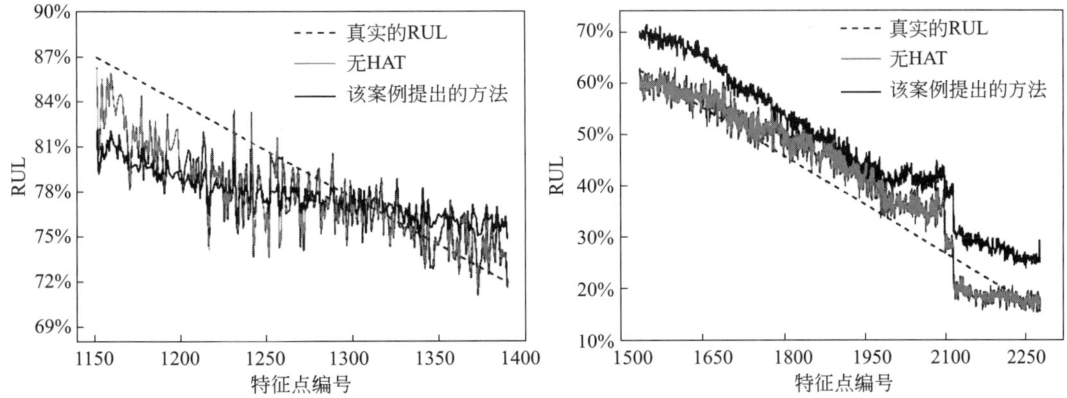

(a) B1_3的轻微退化　(b) B1_3的缓慢退化

图 3.33

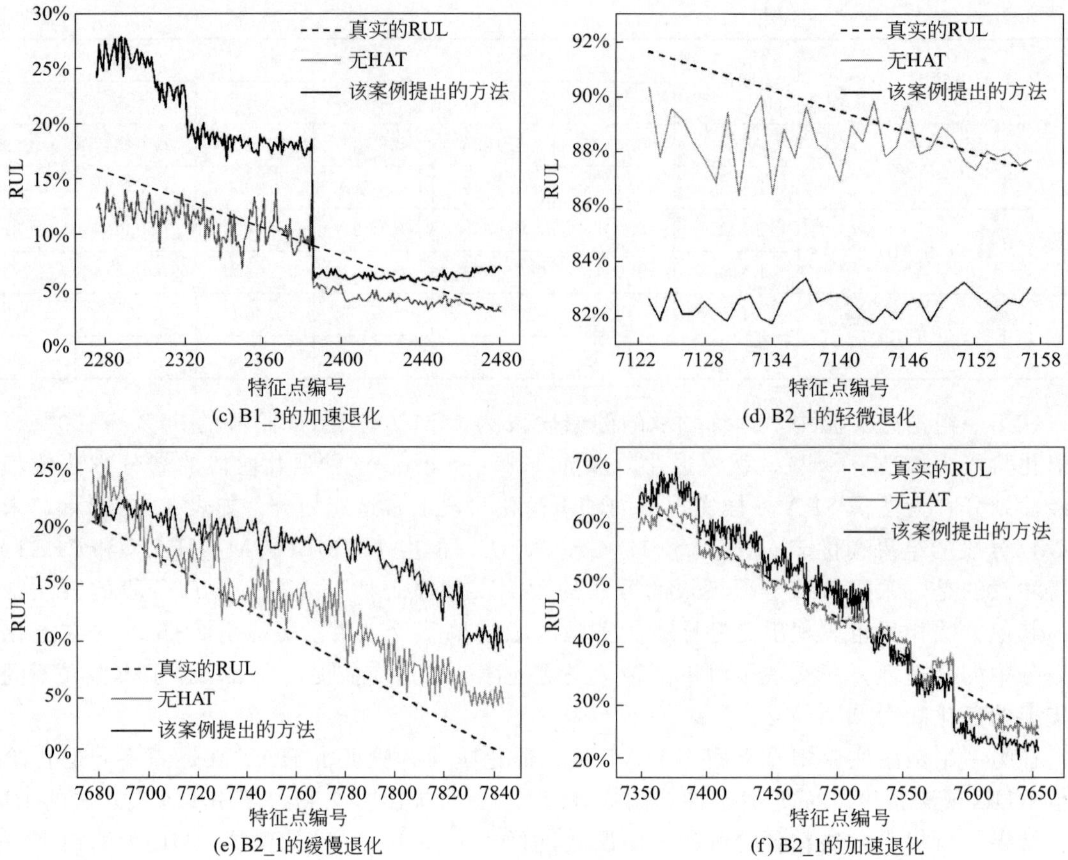


图 3.33 RUL 预测结果

下的单一轴承数据进行训练，从而预测多个工作条件下的多个轴承的 RUL，实现通过少量训练数据的多对多 RUL 预测。

**表 3.12 迁移预测任务**

| 迁移预测 | Case(案例) | 训练数据集（标记） | 测试数据集（未标记） |
|---|---|---|---|
| No. 1→No. 2 | Case 1_A | B1_1 | B2_1、B2_3 |
| | Case 1_B | B1_2 | B2_1、B2_3、2_4 |
| | Case 1_C | B1_5 | B2_1、B2_2、B2_3、B2_4、B2_5 |
| No. 2→No. 1 | Case 2_A | B2_1 | B1_2、B1_3、B1_5 |
| | Case 2_B | B2_2 | B1_1、B1_2、B1_3、B1_5 |
| | Case 2_C | B2_3 | B1_2、B1_3、B1_5 |
| | Case 2_D | B2_5 | B1_1、B1_3、B1_5 |

为进行比较，采用了转移组件分析（TCA）、领域对抗神经网络（DANN）、深度特征解缠转移学习网络（DFDTLN）、度量对抗领域适应方法（MADA）和双向长短期记忆网络（Bi-LSTM），在相同的数据集下进行跨工作条件的比较。并且，在跨工作条件实验中增加了一个消融实验，以验证关键模块 SPA 和 HAT 的优越性。

表 3.13 和表 3.14 显示了针对每个案例的最终比较结果。所提方法在大多数转移任务中

实现了最小的误差。在跨工作条件下，与其他大部分现有的转移学习方法相比，缺少 MD 分割的情况下，所提方法的性能显著下降。相比之下，所提方法在进行 MD 分割后的性能与比较的转移学习方法相差不大，进一步证明了 SPA 方法在跨工作条件下的良好表现。比较方法仅提取跨工作条件下测量数据的领域不变特征，以解决领域偏移问题，忽略了机器多退化阶段之间的内在关联。而所提方法在将多层次领域不变特征从一种工作条件转移到跨工作条件时，考虑了多退化阶段之间的内在关联。比较结果进一步表明，该案例所提方法将轴承退化的内在机制与转移学习相结合，几乎不受不同工作条件的影响。样本测试数据的 RUL 预测结果如图 3.34 所示。总之，上述比较结果验证了所提方法的优越性。

**表 3.13　不同方法在迁移任务 No. 1→No. 2 上的 RUL 预测性能指标**

| 方法 | 度量 | Case 1_A | | | Case 1_B | | | Case 1_C | | |
|---|---|---|---|---|---|---|---|---|---|---|
| | | $S_1$ | $S_2$ | $S_3$ | $S_1$ | $S_2$ | $S_3$ | $S_1$ | $S_2$ | $S_3$ |
| TCA | MAE | 0.741 | 0.689 | 0.334 | 0.452 | 0.765 | 0.224 | 0.442 | 0.354 | 0.205 |
| | RMSE | 0.762 | 0.712 | 0.356 | 0.479 | 0.797 | 0.246 | 0.462 | 0.369 | 0.213 |
| DANN | MAE | 0.164 | 0.162 | 0.143 | 0.106 | 0.152 | 0.098 | 0.157 | 0.134 | 0.133 |
| | RMSE | 0.199 | 0.177 | 0.151 | 0.124 | 0.163 | 0.114 | 0.175 | 0.153 | 0.157 |
| Bi-LSTM | MAE | 0.167 | 0.122 | 0.086 | 0.125 | 0.127 | 0.056 | 0.175 | 0.156 | 0.122 |
| | RMSE | 0.175 | 0.135 | 0.109 | 0.137 | 0.141 | 0.071 | 0.186 | 0.174 | 0.137 |
| DFDTLN | MAE | 0.157 | 0.122 | 0.096 | 0.088 | 0.072 | 0.041 | 0.147 | 0.088 | 0.077 |
| | RMSE | 0.179 | 0.134 | 0.107 | 0.101 | 0.086 | 0.049 | 0.159 | 0.098 | 0.089 |
| MADA | MAE | 0.167 | 0.136 | 0.122 | 0.142 | 0.096 | 0.068 | 0.155 | 0.122 | 0.092 |
| | RMSE | 0.181 | 0.147 | 0.136 | 0.154 | 0.109 | 0.079 | 0.173 | 0.134 | 0.107 |
| 无 MD 划分 | MAE | 0.207 | 0.156 | 0.142 | 0.107 | 0.133 | 0.045 | 0.155 | 0.098 | 0.157 |
| | RMSE | 0.229 | 0.183 | 0.167 | 0.116 | 0.165 | 0.061 | 0.168 | 0.117 | 0.178 |
| 无 HAT 的 MD | MAE | 0.173 | 0.137 | 0.082 | 0.095 | 0.111 | 0.032 | 0.142 | 0.090 | 0.082 |
| | RMSE | 0.192 | 0.155 | 0.096 | 0.112 | 0.126 | 0.038 | 0.150 | 0.101 | 0.091 |
| 该案例提出的方法 | MAE | 0.155 | 0.112 | 0.081 | 0.085 | 0.056 | 0.031 | 0.140 | 0.065 | 0.058 |
| | RMSE | 0.174 | 0.135 | 0.102 | 0.096 | 0.075 | 0.035 | 0.147 | 0.071 | 0.072 |

**表 3.14　不同方法在迁移任务 No. 2→No. 1 上的 RUL 预测性能指标**

| 方法 | 度量 | Case 2_A | | | Case 2_B | | | Case 2_C | | | Case 2_D | | |
|---|---|---|---|---|---|---|---|---|---|---|---|---|---|
| | | $S_1$ | $S_2$ | $S_3$ | $S_1$ | $S_2$ | $S_3$ | $S_1$ | $S_2$ | $S_3$ | $S_1$ | $S_2$ | $S_3$ |
| TCA | MAE | 0.334 | 0.526 | 0.214 | 0.546 | 0.625 | 0.244 | 0.772 | 0.724 | 1.235 | 0.334 | 0.432 | 0.356 |
| | RMSE | 0.356 | 0.556 | 0.232 | 0.558 | 0.654 | 0.264 | 0.792 | 0.744 | 1.255 | 0.356 | 0.459 | 0.378 |
| DANN | MAE | 0.095 | 0.109 | 0.168 | 0.122 | 0.182 | 0.224 | 0.162 | 0.143 | 0.125 | 0.332 | 0.198 | 0.224 |
| | RMSE | 0.124 | 0.127 | 0.176 | 0.134 | 0.201 | 0.201 | 0.179 | 0.157 | 0.134 | 0.357 | 0.204 | 0.244 |
| Bi-LSTM | MAE | 0.102 | 0.053 | 0.102 | 0.070 | 0.078 | 0.074 | 0.062 | 0.081 | 0.142 | 0.076 | 0.102 | 0.132 |
| | RMSE | 0.114 | 0.061 | 0.122 | 0.081 | 0.096 | 0.086 | 0.079 | 0.093 | 0.162 | 0.082 | 0.120 | 0.143 |
| DFDTLN | MAE | 0.066 | 0.045 | 0.101 | 0.069 | 0.077 | 0.076 | 0.066 | 0.063 | 0.112 | 0.075 | 0.105 | 0.117 |
| | RMSE | 0.081 | 0.058 | 0.123 | 0.081 | 0.096 | 0.084 | 0.082 | 0.091 | 0.122 | 0.088 | 0.119 | 0.128 |

续表

| 方法 | 度量 | Case 2_A | | | Case 2_B | | | Case 2_C | | | Case 2_D | | |
|---|---|---|---|---|---|---|---|---|---|---|---|---|---|
| | | $S_1$ | $S_2$ | $S_3$ | $S_1$ | $S_2$ | $S_3$ | $S_1$ | $S_2$ | $S_3$ | $S_1$ | $S_2$ | $S_3$ |
| MADA | MAE | 0.076 | 0.046 | 0.122 | 0.082 | 0.088 | 0.102 | 0.076 | 0.096 | 0.132 | 0.099 | 0.121 | 0.122 |
| | RMSE | 0.086 | 0.057 | 0.139 | 0.096 | 0.102 | 0.114 | 0.082 | 0.110 | 0.147 | 0.118 | 0.136 | 0.139 |
| 无 MD 划分 | MAE | 0.126 | 0.098 | 0.101 | 0.112 | 0.125 | 0.137 | 0.098 | 0.156 | 0.122 | 0.089 | 0.156 | 0.172 |
| | RMSE | 0.147 | 0.108 | 0.116 | 0.127 | 0.147 | 0.149 | 0.112 | 0.172 | 0.136 | 0.107 | 0.182 | 0.189 |
| 无 HAT 的 MD | MAE | 0.075 | 0.086 | **0.085** | 0.066 | 0.098 | 0.066 | 0.052 | 0.081 | 0.118 | 0.065 | **0.088** | 0.141 |
| | RMSE | 0.087 | 0.100 | **0.093** | 0.080 | 0.113 | 0.081 | 0.066 | 0.094 | 0.135 | 0.073 | 0.098 | 0.149 |
| 该案例提出的方法 | MAE | **0.062** | **0.039** | 0.092 | **0.066** | **0.072** | **0.065** | **0.049** | **0.062** | **0.102** | **0.055** | 0.092 | **0.113** |
| | RMSE | **0.077** | **0.052** | 0.102 | **0.079** | **0.092** | **0.078** | **0.055** | **0.084** | **0.121** | **0.068** | **0.096** | **0.120** |

**（4）总结**

该案例提出了一种基于深度迁移学习的层次自适应 RUL 预测方法，该方法能够自适应地识别机器操作中的退化阶段（MD），并准确预测每个退化阶段的 RUL。该案例提出了一种新的 MD 划分方法，结合 MMD 和 SPA 准确划分退化阶段，通过 MMD 从原始振动信号中提取无监督的健康指数（HI）。同时，采用滑动窗口、平滑和归一化方法获得 HI 曲线。然后，使用 SPA 方法通过识别 FPT 和 STP 精确划分退化阶段，无须设置任何阈值。为了

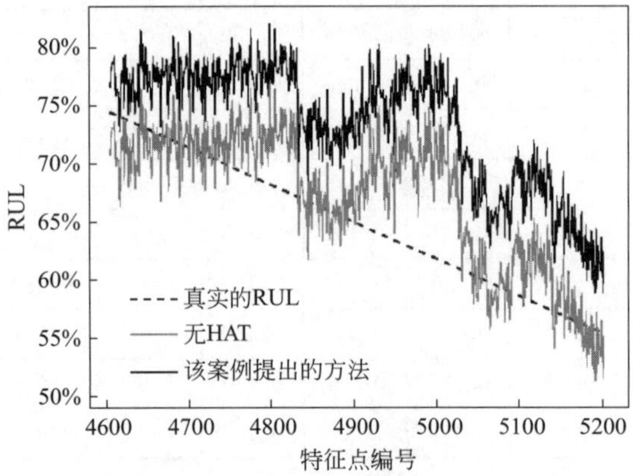

(a) B2_3的轻微退化

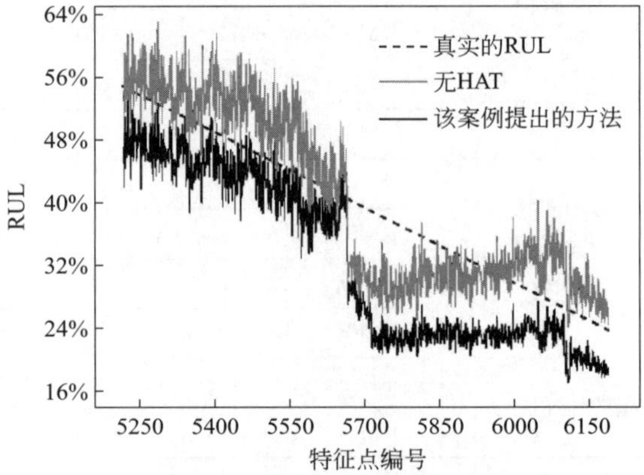

(b) B2_3的缓慢退化

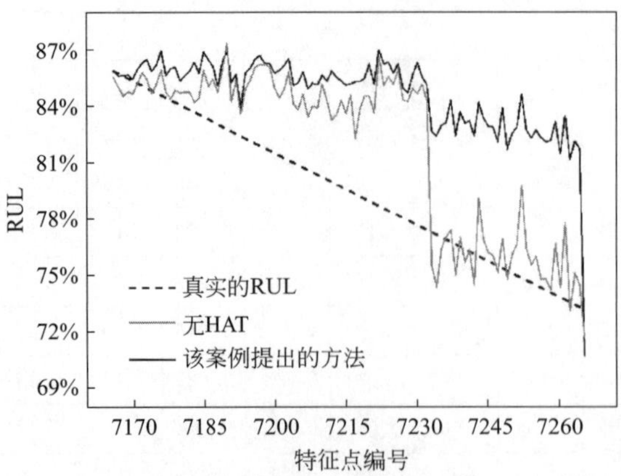

(c) B2_1的轻微退化

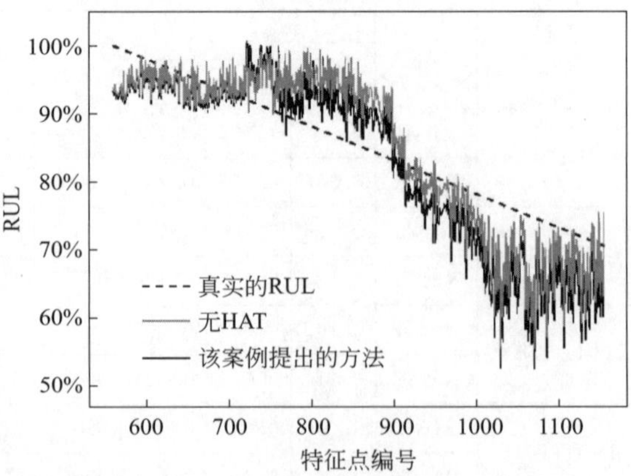

(d) B1_2的缓慢退化

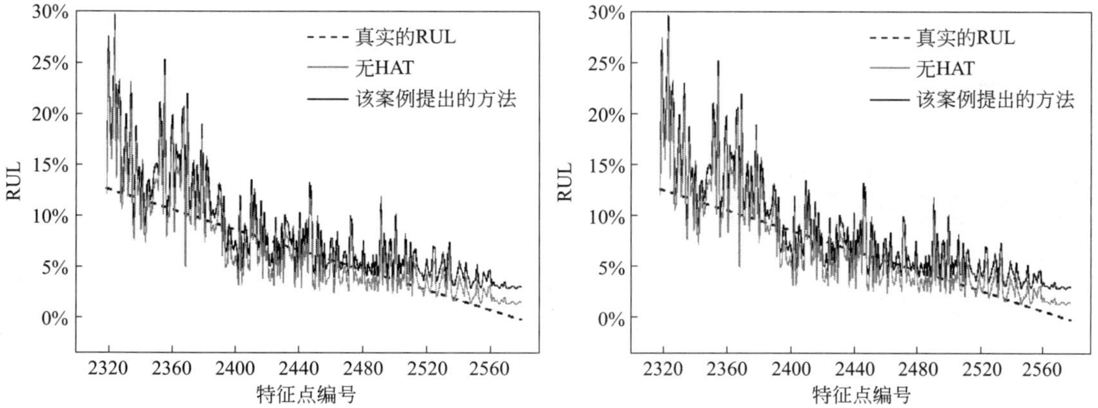


(e) B1_2的加速退化　　(f) B1_3的缓慢退化

图 3.34　RUL 预测结果

自适应地识别 HI 和 MD，获得的 MD 特征被输入到残差网络中进行训练，以学习深层次的高维退化特征。

关于层次自适应 RUL 预测模型，ALIE 捕捉时间相关性，并自适应地匹配源域和目标域之间的分布差异，在每个自注意力层中确保 DA 扩展，从一个工作条件到不同工作条件的多退化阶段。此外，所提出的 RUL 模型能够通过少量数据学习多阶段的领域不变退化特征，并通过 HAT 减少损失，确保每个退化阶段的预测更准确。

通过与其他方法比较，验证了所提出方法的优越性。结果表明，所提出的方法比其他传统方法更精确、更优越，证明了该方法能够有效捕捉轴承的退化模式，并在跨工作条件下具有出色的泛化能力。

# 第4章 智能装备故障诊断及故障推演技术方法与案例

## 4.1 智能装备故障诊断技术概况

### 4.1.1 智能装备故障诊断技术的定义

在当今高度工业化的时代，设备的稳定运行对生产效率、质量和安全至关重要。智能故障诊断技术应运而生，为保障设备的可靠运行提供了强大的支持。智能装备故障诊断技术是利用数据采集、信号处理、数据分析和人工智能等技术手段，对装备的运行状态进行实时监测，以识别潜在故障并进行故障定位与原因分析的过程。其核心在于通过对装备运行数据的深入分析，能够在故障发生之前或发生后迅速做出反应，从而减少停机时间和降低维护成本，提升生产效率和安全性。智能装备故障诊断技术主要包括以下几个方面。

① 数据采集：通过多种类型的传感器，如温度、压力、振动、噪声、电流等类型传感器，实时监测装备的运行状态。这些传感器能够采集装备运行中的各类物理、化学或机械参数，为后续的数据分析提供基础数据。

② 数据处理与分析：数据采集后需要进行处理，以便能够有效地提取故障相关信息。处理步骤包括去噪、信号增强、特征提取等。现代故障诊断系统通常利用信号处理技术结合机器学习、深度学习等算法对设备运行状态进行评估。

③ 故障诊断与识别：通过对装备运行数据的分析，识别并判断设备是否处于正常工作状态，检测潜在的故障。通常需要建立一个正常设备运行的参考模型，与当前设备的实际运行数据进行对比。当出现显著偏差时，即可以判断故障的类型和严重程度。

④ 故障预测：基于历史数据和当前数据，预测未来可能发生的故障。通过趋势分析和预测模型，能够提前预判故障的发生，制定相应的预防性维护策略。

⑤ 故障决策与维护建议：当故障被诊断出来后，系统会生成相应的维护建议，包括故障修复的优先级、维修方式、备件需求等。这能够帮助运维人员更高效地进行维护决策，减少维修时间与降低成本。

⑥ 智能化与自适应：随着人工智能技术的发展，智能装备故障诊断系统逐渐具备了自学习和自适应能力。系统可以根据实时数据动态调整诊断模型，以适应设备工作环境的变化，进一步提升诊断精度和效率。

智能装备故障诊断技术是现代工业智能化、自动化管理的重要组成部分，它通过数据采集、智能分析和实时诊断，帮助企业有效降低维护成本、减少设备故障时间，并提升生产安全性。随着科技的进步，特别是物联网、大数据和人工智能的应用，故障诊断技术将越来越智能化，成为各行各业提升设备管理水平的关键工具。

### 4.1.2 智能装备故障诊断技术的发展背景

智能装备故障诊断技术的快速发展，是在工业现代化、智能化需求的驱动下，结合技术进步、市场竞争、政策推动等多重因素共同作用的结果。这一技术不仅提升了设备的运行效率和安全性，还为各行业的高效生产和设备维护提供了新的解决方案。本小节将从工业背景、技术进步、市场需求以及政策推动等方面，详细探讨智能装备故障诊断技术的发展背景。

① 工业自动化与智能化发展的推动。随着全球工业化进程的不断加快，特别是工业 4.0 和智能制造战略的推进，制造业正在向高度自动化和智能化迈进。传统的设备维护方式，如计划性维护和事后维护，已逐渐无法满足现代化生产的需求。装备系统的复杂性增加，设备出现故障将导致巨大的生产损失和停机时间。因此，如何在故障发生前及时预测并进行诊断，成为工业企业亟待解决的难题。智能装备故障诊断技术应运而生，它通过实时监控设备运行状态，能够提前发现故障隐患，并提供精确的维修建议，避免设备故障带来的生产中断。通过智能诊断，企业不仅可以提高生产效率，还可以减少不必要的维修成本，显著提升设备的可靠性。

② 设备维护成本与运营效率的需求。在全球竞争加剧的背景下，企业面临着降低设备维护成本、提升运营效率的迫切需求。传统的设备维护方式依赖于计划性检查或设备故障后的修复，容易导致过度维护或延迟维修，从而影响企业的经济效益。智能故障诊断技术通过实时数据监控和分析，能够精准预测设备的健康状况，进行预防性维护，减少不必要的维护次数和停机时间。

③ 技术进步的支撑。智能装备故障诊断技术的发展离不开基础技术的快速进步，尤其是传感器、大数据、云计算和人工智能等关键技术的发展，为这一技术的普及奠定了基础。

④ 市场竞争加剧的需求。在全球化竞争日益加剧的环境下，企业需要通过提高设备的运行效率和可靠性来增强市场竞争力。设备的非计划停机往往会造成生产中断，影响客户订单交付和企业声誉，因此，如何确保设备稳定运行、减少停机时间成为企业关注的重点。智能装备故障诊断技术通过预测性维护减少设备故障的发生频率，不仅能延长设备的使用寿命，还能降低设备更换和维修的成本。

⑤ 政策与标准的推动。各国政府和行业协会的政策支持为智能装备故障诊断技术的推广和应用提供了有力保障。例如，中国的“中国制造 2025”战略，强调推动智能制造发展，并提出了装备智能化的具体要求；欧洲的工业 4.0 战略则将智能设备与工业互联网作为未来工业发展的重要方向。政府政策的支持为智能装备故障诊断技术的普及和应用提供了广阔的发展空间。同时，行业标准和规范的制定也进一步推动了这一技术在各个领域的应用。通过统一的标准，企业在引入智能诊断技术时，可以获得更加规范化的指导，确保技术的有效性和可操作性。

⑥ 设备安全性和环保要求的提升。在高危行业，如航空航天、石油化工、核电等领域，设备的运行安全至关重要。设备故障可能引发严重的安全事故和环境灾害，因此，这些行业

对设备故障诊断技术的需求尤为迫切。通过智能故障诊断技术，可以对关键设备进行全天监控和预测，减少设备故障带来的安全隐患。

智能装备故障诊断技术的快速发展，源于工业现代化对高效生产、设备可靠性和成本控制的需求，同时也得益于传感器、大数据、人工智能和物联网等技术的进步。随着政策的支持和市场竞争的加剧，这一技术已经成为现代工业智能化发展的重要组成部分。未来，智能故障诊断技术将在更多行业中得到应用，并推动各行业向智能制造、自动化和高效运营的方向迈进。

# 4.2 智能装备故障推演技术概况

## 4.2.1 智能装备故障推演技术的定义

智能装备故障推演技术是指利用现代信息技术手段，如大数据、人工智能、数字孪生和仿真技术，结合设备的实时运行数据和历史故障记录，对设备的潜在故障进行预测、模拟推演、分析故障发展过程，并提供预防和应对措施的一种技术。其核心是通过对设备运行状态的精确建模和故障场景的多维度推演，预测设备可能发生的故障，并优化维护计划和故障处理方案，以降低设备停机风险，提高运行效率和可靠性。简言之，智能装备故障推演技术通过预测和模拟设备的故障过程，帮助企业提前预知问题，采取预防性维护措施，减少故障发生的概率和影响。

智能装备故障推演技术主要由以下几个方面组成。

① 故障预测　故障预测是推演技术的基础。它通过对设备的运行数据进行实时采集和分析，结合设备历史故障数据和环境参数，利用大数据分析和机器学习等技术，建立设备的健康状态模型，预测未来设备的健康状态和潜在故障。

② 故障发展过程模拟　故障发展过程模拟是对设备故障的潜在演变路径进行模拟推演。通过对故障初期征兆的分析，利用物理模型或数据驱动模型，推演出设备在不同工况下故障的演变过程及其影响。

③ 多故障场景推演　故障推演不仅局限于单一故障的模拟，还可以在不同工况、负荷、环境条件下模拟多种可能的故障场景，帮助企业在不同生产场景中做出优化决策。多场景推演有助于设备运行状态的全方位理解和评估，并提供多种故障应对策略。

④ 故障应对决策支持　故障推演不仅能预测和模拟故障，还可以根据推演结果为企业提供相应的优化维护方案和应对决策。通过数据分析和仿真结果，系统能够提出具体的故障处理建议，如优化维护时间、调整设备参数或更换零部件。

智能装备故障推演技术的关键技术包含大数据分析技术、人工智能与机器学习技术、数字孪生技术和物理建模与仿真技术等。其中，人工智能（AI）和机器学习（ML）技术是故障推演技术的核心。通过 AI 算法，设备能够学习设备运行的正常模式和异常模式，自动识别异常情况，并根据过去的故障历史数据进行推演和预测。

智能装备故障推演技术未来的发展趋势主要体现在三个方面。首先，数字孪生的深入应用将继续占据核心地位，随着物联网（IoT）和 5G 等技术的进步，数字孪生模型将实现更精确的同步与推演，进一步提升故障预测的准确性和实时性。其次，智能化与自适应推演将成为关键，通过引入人工智能和自学习算法，系统能够根据实际运行中的数据变化自动优化推演模型，实现更加精确的预测和决策支持。最后，随着工业智能化的加快，故障推演技术的应用将从传统制造业扩展到医疗设备、智能家居、自动驾驶等更多领域，推动全行业的设备管理智能化升级。

综上所述，智能装备故障推演技术通过对设备运行状态的实时监测和多维度仿真，为企业提供预测性维护和应急决策支持。它不仅能提高设备的可靠性和维护效率，还能帮助企业实现安全生产和成本优化。未来，随着智能化和数字化技术的不断进步，故障推演技术将在更多领域得到深入应用，成为工业智能化转型的重要推动力。

## 4.2.2　智能装备故障推演技术的发展背景

在当今智能制造的浪潮下，智能装备故障推演技术的发展逐渐成为推动设备管理智能化的关键手段。这项技术源自现代工业对设备可靠性、生产效率、安全性、成本控制等方面的迫切需求。尤其是在工业 4.0 以及智能制造转型的时代，企业开始更加强调生产设备的高效管理，以确保设备能在最优状态下运行，从而提升企业的整体竞争力。在此背景下，智能装备故障推演技术应运而生，逐渐成为设备预测性维护和安全管理的核心工具。下面将从以下几个方面详细描述其发展背景。

① 工业自动化与智能制造推动需求　工业自动化和智能制造的深入发展是故障推演技术产生的关键推动力。在工业 4.0 的框架下，制造业从传统的手工操作逐步转向自动化、智能化生产，生产设备逐渐实现高自动化和自适应管理。自动化生产设备的普及使生产效率大幅提升，但设备的故障也带来了巨大的经济和生产压力，传统的设备维护手段已无法满足现代工业的需求。例如，传统的预防性维护方式通常以人为主导，依赖于定期检测与经验判断，但对于复杂的自动化设备，这些方法的局限性愈加突出。而智能装备故障推演技术通过自动化的数据监测和智能推演，可以有效弥补传统方式的不足，成为工业智能制造升级中不可缺少的组成部分。

② 设备维护成本与非计划停机的压力　随着工业设备的智能化与复杂性逐步增加，企业面临着越来越高的设备维护成本和停机损失。在传统设备维护中，设备故障往往发生在突发情况下，导致生产停机，甚至影响整条生产线的稳定运行。这种非计划停机不仅增加了设备的维修时间和成本，更可能直接带来巨大的经济损失。企业需要一种更为灵活的维护方式，能够在设备出现问题前进行预警，以便进行提前干预，从而避免停机和减少成本。因此，智能装备故障推演技术应运而生。它通过对设备运行数据进行实时监测、分析和预测，实现了故障前的精准推演与预警，帮助企业及时制订维护方案，降低维护成本，提升设备管理的主动性。

③ 物联网、大数据与人工智能等技术的进步　近年来，物联网（IoT）、大数据、人工智能（AI）以及数字孪生等新兴技术的快速发展，为智能装备故障推演技术的落地和发展奠定了坚实的技术基础。物联网的普及使得设备的各类数据（如温度、振动、压力、电流等）能够实时采集，为故障推演提供了海量的数据支持。大数据技术则能处理并分析这些数据，提取出设备的健康状态信息，识别潜在的故障信号。人工智能与机器学习技术可以基于历史数据自动学习设备的故障模式，从而构建准确的预测模型，提升故障推演的准确性与精确度。数字孪生技术在故障推演中扮演了重要角色，它实现了设备虚拟模型与物理设备的实时同步，为故障预测和推演提供了仿真支持。这些技术的进步为智能装备故障推演技术的发

展提供了更高的数据精准度和更强的算法支撑，帮助实现了设备故障的实时预测和管理决策的智能优化。

④ 设备安全管理与质量控制的需求　在一些高风险行业，如能源、航空航天、化工等领域，设备的可靠性和安全性直接关系到生产过程的安全性和产品的质量。由于这些领域对设备的安全性要求极高，因此设备管理过程中的风险控制尤为重要。一旦设备故障未能及时发现，不仅可能导致巨大的经济损失，甚至可能引发安全事故，对生产环境、人员安全构成威胁。例如，在化工生产中，关键设备的故障可能引发化学品泄漏，甚至爆炸；在航空领域，飞行器的故障则可能直接威胁到乘客的生命安全。因此，这些行业对设备管理提出了严格的要求，而智能装备故障推演技术能够在设备发生严重故障之前识别和推演潜在的安全风险，从而使人们提前采取预防性措施，保障设备的安全运行。

⑤ 设备复杂度增加带来的管理挑战　现代工业设备日益复杂，集成度更高，设备的多功能性与高精度性显著增强。传统的维护方式难以全面把握和理解复杂设备的内部结构和故障成因，特别是在大型复杂系统中，单个部件的异常可能会导致系统故障的连锁反应。例如，一台自动化生产设备中可能包含机械、电子、液压、控制等多种子系统，这些子系统之间的相互作用使设备故障的预测和管理变得更加困难。智能装备故障推演技术通过多层次的仿真推演和多维度的数据分析，帮助管理人员对设备的健康状态进行全方位监测，并可以模拟设备在不同负载、温度和压力条件下的运行表现，从而提前识别出故障风险。通过推演复杂设备的健康状态，企业能够更好地制定维护策略，防止设备在生产过程中出现突发问题。

⑥ 全球化竞争与效益优化的驱动　随着全球化竞争的加剧，企业面临着不断优化生产效益和降低成本的压力，如何确保生产设备的高效稳定运行成为企业提升全球竞争力的关键因素之一。故障推演技术可以帮助企业有效减少设备停机时间，降低维护成本，同时优化生产效率。在预测性维护的管理策略下，企业可以在设备出现问题前采取维护措施，减少非计划停机的发生频率和时间，帮助企业在生产成本和设备管理上实现效益最大化。此外，许多国家积极推动智能制造和工业 4.0 战略，企业纷纷加速推进生产线的智能化升级，而智能装备故障推演技术正是实现设备管理智能化的关键技术之一，它的应用可以助力企业顺应全球制造业变革，实现设备运行的全生命周期管理。

⑦ 智能化与数字化转型的需求　智能制造的核心之一是实现设备管理的智能化和数字化。企业在向智能制造转型的过程中，需要对设备的运行状态实现全面、准确的数字化管理。智能装备故障推演技术利用物联网、人工智能等技术手段，提供了从数据采集、数据分析到故障预测和推演的完整方案，成为推动智能制造不可或缺的组成部分。通过故障推演技术，企业可以实时监控设备的运行状态，快速识别潜在故障，从而使生产管理从被动的应对模式转变为主动的预测性维护模式，极大地提升生产效率和设备管理水平。

综上所述，智能装备故障推演技术的发展不仅来自现代工业对设备高效管理的需求，还受到自动化、数字化、智能化转型的推动。它结合了物联网、人工智能、大数据和数字孪生等先进技术，满足了企业对设备高效、稳定、智能管理的迫切需求。未来，随着工业智能化进程的深入推进，智能装备故障推演技术将继续发展，帮助企业提升生产效率、减少停机损失、保障设备安全性，为智能制造和工业 4.0 的实现提供强有力的技术支撑。

# 4.3 智能装备故障诊断技术的方法及案例

## 4.3.1 基于机器学习的故障诊断技术方法

在工业生产过程当中，机械设备往往处于高强度的长期运行过程中，因此故障的发生往往是不可避免的。在传统故障诊断中，主要依赖经验和基于规则的方法，这通常涉及对设备进行定期检查和监测，利用仪器和传感器收集数据，技术人员分析这些数据以识别潜在问题。这种方法虽然在某些情况下有效，但也存在不少弊端。例如，依赖人工经验，容易受主观因素影响，且诊断过程较为缓慢，可能导致故障未被及时发现，影响设备的正常运作。此外，传统方法对复杂系统的适应性较差，无法处理大量数据，难以应对日益复杂的机械环境。因此，基于机器学习的故障诊断技术应运而生，它利用数据驱动的方法，通过算法自动学习故障特征，实现更快速、更准确的诊断，最终提升设备的可靠性和维护效率。

基于机器学习的故障诊断主要流程通常包括数据采集和预处理、特征提取、模型选择与训练，以及模型评估等。机器学习是一种使计算机系统能够通过经验自动改进的技术。它通过算法对数据进行分析，从中提取特征，进而构建模型以进行预测或决策。根据学习方式的不同，机器学习可以分为监督学习、半监督学习、无监督学习和强化学习四大类。

① 监督学习算法　监督学习算法是机器学习领域的核心，基本原理为使用带有标签的数据集来训练模型，使模型能够学习数据之间的映射关系。在故障诊断与预测场景中，监督学习算法的应用意味着模型能够通过分析已知故障的特征与模式，对新设备数据进行准确的故障分类或预测。监督学习算法主要分为两类。一类是分类算法，用于预测离散的响应值，判定一个设备是否存在特定类型的故障。另一类是回归算法，用于预测连续的数值，例如，预测设备故障可能发生的时间。这两种方法在故障诊断领域都有广泛应用，可提高故障诊断的准确性和预测的可靠性。常用的监督学习算法有支持向量机、决策树、随机森林和神经网络等。每种算法都有其独特的优势。例如，支持向量机在处理高维数据时表现出色，适用于复杂的故障模式识别；神经网络尤其是深度学习模型，由于其强大的特征提取能力，被广泛应用于解决复杂和非线性的故障预测问题。在实际应用中，监督学习算法的性能显著依赖于数据质量和量化。高质量的数据集应包含各种故障类型的充足样本，且特征选择对于提高模型性能至关重要。此外，算法的训练过程中需要注意防止过拟合与欠拟合，确保模型具有良好的泛化能力。

② 半监督学习算法　半监督学习算法在机器学习领域中扮演桥梁的角色，融合了监督学习和无监督学习的特点，特别适合部分数据带有标签而大部分数据未标记的场景。在故障诊断与预测的研究中，这种算法尤其有价值，因为在许多实际情况中，获取大量标记的故障数据既困难又价格昂贵。半监督学习算法利用少量的标记数据来引导学习过程，同时利用大量未标记的数据来提高模型的泛化能力，显著降低对标记数据的依赖，同时保持模型的性能。在实际应用中，半监督学习常常采用自训练、协同训练或图基方法等技术。这些技术不仅能有效地利用未标记的数据来提升模型性能，还能在处理复杂的故障模式时提供更为深入的洞见。

③ 无监督学习算法　在机器学习中，无监督学习算法也占有极为重要的地位，特别是

在缺乏明确标签或监督信号的应用场景中，无监督学习算法的重要性更加凸显。典型的无监督学习算法包括 K-means 聚类、主成分分析（PCA）、自组织映射（SOM）等。与监督学习不同，无监督学习的目的在于发现数据内在的结构和模式，而不是预测特定的输出。在故障诊断与预测领域，无监督学习算法主要用于探索性数据分析和先进的特征工程。例如，通过聚类算法识别出设备行为的不同模式，甚至在没有先验知识的情况下识别潜在的故障类型。在实际应用中，无监督学习算法常常与监督学习相结合。例如，在建立故障预测模型之前，先使用无监督学习方法进行数据的探索和特征提取。这种组合方法能更全面地挖掘数据中的信息，提高故障诊断的准确率和预测模型的性能。

④ 强化学习算法　强化学习算法是机器学习多样化体系中的一种独特学习范式，其核心在于通过与环境的交互来优化决策过程。这种算法在故障诊断与预测领域，尤其是需要模型对动态系统做出连续决策的场景中展示了自身的独特价值。强化学习区别于监督学习和无监督学习，因为它不是简单地从数据集中学习，而是通过试错方法和奖励机制来学习最优策略。在故障诊断领域，强化学习可用于开发自适应的维护策略，其中算法不断学习如何在不同的操作条件和故障迹象下做出最佳的预测和决策。这种方法特别适合环境条件不断变化和故障模式多变的复杂系统。强化学习算法如 Q 学习、策略梯度方法和深度强化学习，已在诸如自适应控制和优化维护计划等方面取得了突破性进展。

机器学习算法能显著提高故障诊断和预测的性能。其中，监督学习通过样本训练构建精确的故障分类器和预测模型；无监督学习能在缺乏标签的数据中发现隐含的故障模式；半监督学习结合标记数据和未标记数据的优势；强化学习则可在复杂动态环境下指导最优决策。各算法优势的结合应用，不仅使故障预测更加准确高效，也大幅增强了模型的适应性和拓展性。随着技术的不断进步和数据的持续积累，基于机器学习的故障诊断将更加智能化和自动化，助力实现智能制造和工业 4.0 的愿景。未来，随着新算法的出现和计算能力的提升，基于机器学习的故障诊断将在更广泛的应用领域发挥重要作用。

### 4.3.2 基于机器学习的故障诊断技术案例

下面介绍基于机器学习的港口机械液压系统故障诊断与预测分析。

**（1）背景**

港口机械是港口生产作业的关键设备，其中液压系统是驱动机构和控制机构的核心部件。由于港口恶劣的工作环境，如高温、潮湿、盐雾、振动等，液压系统极易发生油液污染、泄漏、部件磨损等故障。这些故障会导致设备停机，影响生产效率，若不能及时诊断和维修，还可能引发重大事故。传统的故障诊断主要依靠人工定期巡检和专家经验判断，存在滞后性和主观性的问题。因此，需要研究一种高效准确的液压系统故障诊断和预测方法。近年来，机器学习技术在工业领域得到广泛应用，为设备故障诊断和预测提供了新思路。该案例拟研究一种基于机器学习的港口机械液压系统故障诊断与预测方法，为提升港口机械可靠性和智能化水平提供技术支持。

**（2）案例方法介绍**

① 港口机械液压系统故障诊断与预测

a. 港口机械液压系统组成与工作原理。港口机械的液压系统主要由动力单元、执行元件、控制元件和辅助元件四大部分组成。动力单元通常包括电动机和液压泵，负责将机械能转换为液压能；执行元件如液压缸和液压电动机，利用液压能转化为机械能，从而驱动机械设备运动；控制元件包括方向阀、压力阀、流量阀等，用于精确控制液压油的流向、压力和流量；辅助元件则包括油箱、滤油器和冷却器等，主要用于存储、净化液压油，并保证系统的稳定运行。通过合理配置这些元件，液压系统能够根据液压油的压力和流量，精确控制港口机械的各类动作，如起升、变幅和回转，从而高效完成集装箱装卸和货物搬运作业。

b. 液压系统常见故障模式及其影响。港口机械液压系统在复杂的工作环境下运行，常见的故障模式包括油液污染导致的阀卡滞、油路堵塞等问题，部件磨损引起的内泄漏和压力不稳定等现象，密封失效导致的外泄漏，以及传感器故障导致的信号异常等（见表4.1）。这些故障会对液压系统的正常运行造成影响，表现为动作迟滞、振动异常、速度不稳定、卡死或失控等问题，轻则降低作业效率，重则可能导致设备停机，甚至引发安全事故和造成经济损失。因此，及时对液压系统进行故障诊断和预测，对于保障港口机械的安全高效运行至关重要。

**表4.1　常见液压系统故障模式及其特征**

| 故障模式 | 压力特征 | 流量特征 | 温度特征 | 振动特征 |
|---|---|---|---|---|
| 油液污染 | 波动大 | 下降 | 上升 | 上升 |
| 内泄漏 | 下降 | 下降 | 上升 | 无明显变化 |
| 外泄漏 | 下降 | 无明显变化 | 无明显变化 | 无明显变化 |
| 部件磨损 | 下降 | 下降 | 上升 | 上升 |

② 传统故障诊断方法的不足　传统的液压系统故障诊断主要依赖定期巡检和阈值报警方法。维修人员根据经验，定期进行设备的目视检查、测量和易损件更换，但这种方式往往无法有效发现早期故障迹象。同时，监控系统通过设定压力、温度等参数的阈值进行报警，当参数超限时会触发警报。然而，由于阈值的设置缺乏科学依据，往往难以实现漏报和误报之间的平衡。这些传统方法过度依赖专家经验，缺乏知识的积累和共享，导致难以应对新型复杂故障的出现。因此，故障诊断的过程往往滞后，准确性较低，无法实现早期故障的发现和预防，亟需引入智能诊断技术来提升诊断的效率和准确性。

③ 基于机器学习的液压系统故障诊断与预测方法

a. 液压系统状态数据采集与预处理。高质量的状态数据是液压系统智能诊断的核心基础。首先，需要选择合适的传感器，如压力传感器、流量传感器、温度传感器和振动传感器等，并优化它们的布置位置和数量，以全面采集液压系统的运行状态信号。采集到的数据通常会包含噪声和冗余信息，因此需要进行预处理。常见的数据预处理方法包括去除异常值、平滑噪声、归一化以及特征提取等。其中，特征提取是关键步骤，其目的是从原始数据中提取最能反映系统状态和故障特征的指标，如压力均值、温度趋势、频谱熵等。特征提取方法常见的有基于统计的时域分析、基于信号处理的频域分析和基于机器学习的特征学习等。通过数据预处理，可以得到高质量的故障特征样本集，为后续机器学习模型的训练提供基础支持（见表4.2）。此外，还需对采集的数据进行有效管理，建立标准化的数据库，以便于数据的存储、查询和共享。

表 4.2 不同特征提取方法的故障诊断性能对比

| 提取特征方法 | 准确率 | 精确率 | 召回率 | F1 值 |
| --- | --- | --- | --- | --- |
| 时域分析 | 0.89 | 0.87 | 0.88 | 0.88 |
| 频域分析 | 0.92 | 0.90 | 0.91 | 0.91 |
| 小波分析 | 0.94 | 0.93 | 0.92 | 0.93 |
| 主成分分析 | 0.95 | 0.94 | 0.93 | 0.94 |

b. 机器学习模型选择与训练。在获得高质量的故障特征样本集之后，需要选择合适的机器学习模型对其进行训练，以构建故障诊断和预测模型。常用的机器学习模型包括支持向量机（SVM）、随机森林（RF）、卷积神经网络（CNN）等。不同模型在处理液压系统故障诊断问题时具有不同的优势。SVM 具备出色的小样本学习能力和非线性分类能力，适合处理高维特征数据；RF 以其快速的训练速度和强大的泛化能力著称，能够有效应对不平衡数据问题；CNN 能够自动学习故障特征，深入挖掘数据中的潜在信息，对于复杂故障的诊断表现优异。在模型训练过程中，需要根据具体应用场景对模型超参数进行优化，以提高诊断准确率。例如，SVM 的核函数选择和惩罚因子的调整，RF 的决策树数量和特征选择，CNN 的卷积层数和激活函数的选择等，都需要在训练过程中不断调整和优化。通过反复训练和调参，最终可以得到具有最佳性能的故障诊断模型。

c. 故障诊断与预测流程。基于机器学习的液压系统故障诊断与预测通常包括以下步骤。

首先，通过各类传感器实时采集液压系统的运行状态数据，并进行数据预处理和特征提取，得到高质量的故障特征样本。接着，将提取的故障特征输入到已训练的机器学习模型中进行故障模式的识别与分类，从而得出当前的故障诊断结果。同时，结合历史数据和实时数据，利用机器学习算法对故障趋势进行预测，估算未来一段时间内可能发生故障的概率。最后，将诊断结果和预测结果反馈给维修人员，并基于预设的决策规则生成维修建议，如继续监控、定期保养或停机检修等。在实际应用中，还需建立故障知识库，记录典型故障案例及其处置经验，不断优化和完善诊断预测模型。此外，还需设计人机交互界面，将诊断预测结果进行可视化展示，帮助维修人员快速、准确地了解设备状态，从而制定有效的维修策略。

**(3) 案例研究**

① 试验平台搭建　为了验证基于机器学习的液压系统故障诊断与预测方法的有效性，案例中搭建了一个综合试验平台。该平台包括港口机械液压系统实物仿真试验台以及配套的数据采集与诊断软件。仿真试验台按照实际港口机械液压系统的比例缩小建造，涵盖了主要液压元件，如液压泵、液压缸、方向阀和溢流阀等，同时配备了压力、流量、温度和振动等类型传感器，能够模拟各种典型的工况故障，例如油液污染、泄漏和部件磨损等。数据采集与诊断软件部署在工控机上，通过数据采集卡与传感器连接，实时获取系统的各种状态信号，并对其进行预处理和特征提取。此外，软件还集成了常用的机器学习算法库，如 LIBSVM、RandomForest 和 TensorFlow 等，便于进行故障诊断与预测模型的训练与测试。通过这一试验平台，可以在受控环境中生成丰富的故障样本数据，验证诊断与预测算法的效果，为实际应用提供数据支持。同时，该平台具有良好的可扩展性，能够方便地接入新的传感器和算法模型，满足未来不断发展的需求。

② 故障诊断试验　利用搭建的试验平台，进行了一系列故障诊断实验。首先，在仿真试验台上模拟了常见的液压系统故障，如油液污染、内泄漏、外泄漏和部件磨损等，每种故

障类型重复模拟多次，以便收集足够的样本数据。接着，对采集到的原始数据进行预处理和特征提取，生成故障特征样本集。然后，将这些样本集随机划分为训练集和测试集，并使用训练集数据对支持向量机（SVM）、随机森林（RF）、卷积神经网络（CNN）等机器学习模型进行训练，通过优化模型的超参数来获得最佳故障诊断模型（表 4.3）。通过在测试集上评估模型的诊断效果，采用准确率、精确率、召回率和 F1 值等多个指标全面评估模型的诊断能力。此外，试验还对比了不同机器学习模型的性能，分析了各模型的优缺点和适用场景。同时，试验还考察了模型的诊断速度，以确保其能满足实时诊断的需求。在此基础上，还进行了增量学习实验，模拟了如何在获得新故障案例后在线更新诊断模型，从而提高模型的自适应能力。实验结果为工程实际应用提供了重要依据，帮助选择合适的算法并优化模型参数设置。

**表 4.3 不同机器学习模型的故障诊断性能对比**

| 模型 | 准确率 | 精确率 | 召回率 | F1 值 |
|---|---|---|---|---|
| SVM | 0.93 | 0.91 | 0.92 | 0.92 |
| RF | 0.95 | 0.93 | 0.94 | 0.94 |
| CNN | 0.97 | 0.96 | 0.95 | 0.96 |

③ 故障预测试验 在故障诊断的基础上，进一步开展了故障预测试验，旨在利用历史运行数据和当前状态数据预测液压系统未来一段时间内发生故障的概率，从而为预防性维护提供决策支持。首先，在仿真试验台上进行加速寿命试验，模拟液压系统从正常运行到故障状态的整个退化过程，并收集全生命周期内的各种状态参数。在数据预处理过程中，进行时间序列特征提取，提取出能够反映状态参数退化趋势的特征。接着，构建故障预测模型，采用适用于时序数据的机器学习算法，如长短时记忆网络（LSTM）。利用提取的退化趋势特征对 LSTM 模型进行训练，学习液压系统状态参数的退化规律，以实现对未来故障的预测。

在测试集上评估预测模型的性能时，采用均方误差（MSE）和平均绝对百分比误差（MAPE）等指标来衡量预测的准确性。同时，还需评估预测的提前量，即在故障发生之前能够提前多长时间发出可靠预警，从而权衡预测的时效性和准确性。表 4.4 展示了 LSTM 模型在不同预测提前量下的预测准确率，结果表明，随着预测提前量的增加，预测误差也随之增大，准确率降低。这是由于预测提前量越大，故障发生的不确定性越大。因此，需要根据实际应用场景平衡预测时效性和准确性，选择合适的预测提前量。

通过对不同预测模型和特征的比较分析，最终选出了最适合的故障预测方案。预测试验的结果能够为制定设备维护策略提供有力支持，在确保设备高可靠性的基础上，合理安排预防性维护活动，最大限度地避免由故障停机造成的经济损失。

**表 4.4 LSTM 模型的故障预测提前量与准确率关系**

| 提前量/h | 平均绝对百分比误差/% |
|---|---|
| 1 | 5 |
| 2 | 8 |
| 4 | 12 |
| 8 | 15 |
| 16 | 20 |

**(4) 总结**

该案例针对港口机械液压系统的故障诊断与预测问题，提出了一种基于机器学习的解决方案。通过多传感器数据采集和机器学习模型的训练，成功实现了对常见故障模式的快速、精准诊断与预警。试验结果表明，该方法在提高港口机械可靠性和维护效率方面具有显著效果。未来的工作将集中在进一步优化机器学习算法，扩大故障模式库，并开发面向港口机械群的远程监测与故障诊断预警系统，以推动港口机械运维向智能化、预见性的方向发展，进一步提升设备管理的效率与精度。

### 4.3.3 基于深度学习的故障诊断技术方法

在传统的机器学习故障诊断技术中，通常依赖专家知识和经验进行手动特征提取，这一过程不仅耗时，而且容易受到主观因素的影响，导致特征选择不全面或不准确。随着设备复杂性的增加，数据维度和特征数量也急剧上升，这使特征选择变得愈发复杂。传统方法面临高运维数据的主要挑战包括特征选择的复杂性、数据维度的高效处理以及模型的泛化能力等。在特征选择方面，传统方法通常需要专家对数据的理解和领域知识进行判断，这不仅需要耗费大量时间，还可能导致重要特征的遗漏。例如，在机械设备的故障诊断中，某些微小的振动变化可能是故障的重要指标，但如果未被考虑到，就可能错过故障的早期预警。在数据维度处理上，随着传感器数量的增加和数据采集频率的提升，高维数据不仅增加了存储和处理的复杂性，还可能引发“维度灾难”，即数据稀疏性导致模型性能下降。传统机器学习模型在高维空间中的表现往往不如预期，难以捕捉到数据中的潜在模式。此外，过拟合也是一个常见的问题，当模型过于依赖手动选择的特征时，它可能只适用于训练数据而无法有效泛化到新的数据，这在实际应用中非常棘手，因为新的运行环境或不同的设备配置可能会导致模型失效。针对以上挑战，基于深度学习的故障诊断技术通过自动化特征学习和建模，能够更有效地处理复杂数据，提高故障诊断的准确性和效率。

深度学习模型能够通过多层神经网络自动从原始数据中学习特征，在训练过程中，通过反向传播算法不断调整权重，自动提取出对故障分类最有用的特征。这种自动化特征学习的能力，极大地减少了对专家知识的依赖，提高了特征提取的准确性和效率。深度学习的核心思想主要为层次化表示、端到端学习和非线性变换。层次化表示通过构建多层网络结构，逐层提取数据的特征表示，从低级特征到高级语义特征；端到端学习从输入到输出构成一个完整的模型，直接学习输入与输出之间的映射关系，中间无需人为干预；非线性变换从输入到输出构成一个完整的模型，直接学习输入与输出之间的映射关系，中间无需人为干预。

深度学习模型同样具备处理高维数据的能力，特别是在卷积神经网络（CNN）和递归神经网络（RNN）等结构中，通过卷积和循环机制，模型能够有效地提取空间特征和时间特征。CNN 能够在图像数据中识别局部模式；RNN 则能够理解时序数据中的长期依赖关系，从而处理复杂的数据结构。通过使用大量的训练数据，深度学习模型能够学习到更为复杂的特征和模式，使其具备更好的泛化能力。此外，采用数据增强、正则化等技术可以进一步提升模型的鲁棒性，降低过拟合风险，从而使模型在新环境下也能保持良好的性能。最后，基于深度学习的模型不仅能在离线分析中取得良好表现，还能够在实时监测中提供快速而准确的故障诊断。借助边缘计算和物联网（IoT）技术，这些模型能够在设备运行过程中进行实时数据分析，为维护人员提供及时的决策支持，降低停机时间，提高生产效率。

综上所述，基于深度学习的故障诊断技术在处理复杂数据、高维特征和实时监测等方面展现出了显著优势，为传统故障诊断方法提供了强有力的补充和提升。随着深度学习技术的不断进步和应用，故障诊断将变得更加智能化和高效，为工业设备的管理和维护带来革命性的改变。

### 4.3.4　人工神经网络基本原理

人工神经网络（ANN）作为深度学习的核心，是一种模仿生物神经网络的计算模型，由大量相互连接的神经元组成。每个神经元通过加权连接接收输入信号，经过激活函数处理后产生输出。ANN 的学习过程包括前向传播和反向传播，通过调整网络中的权重以减少预测误差。

**(1) 神经元模型**

在 ANN 中，神经元是基本的计算单元，负责接收输入、进行处理和产生输出。神经元模型的设计受生物神经元的启发，但在数学和计算上进行了简化和抽象。在生物体中，神经元是生物体神经系统的基本单位，负责信息的传递和处理。它们通过电信号（动作电位）沿轴突传播信息，并在突触释放神经递质进行化学信号交流。神经元整合来自多个输入的信号，决定是否产生反应、参与反射动作和运动控制。此外，神经元的可塑性使其能够支持学习与记忆，感知环境刺激，并通过自主神经系统维持身体的生理平衡。总之，神经元在信息处理、感知、反应和生理调节中发挥着关键作用。基于生物神经元的基本特征，构建了如图 4.1 所示的神经元模型，在该模型中，神经元先接收来自其他 $n$ 个神经元的输入信号，这些输入通过加权连接进行加权求和。接下来，计算得到的总输入（包括偏置）通过激活函数进行非线性转换，生成神经元的输出信号。最后，这个输出信号可以传递给下一个神经元，或作为模型的最终输出。整个过程不断调整权重和偏置，以最小化预测误差，实现学习和适应。

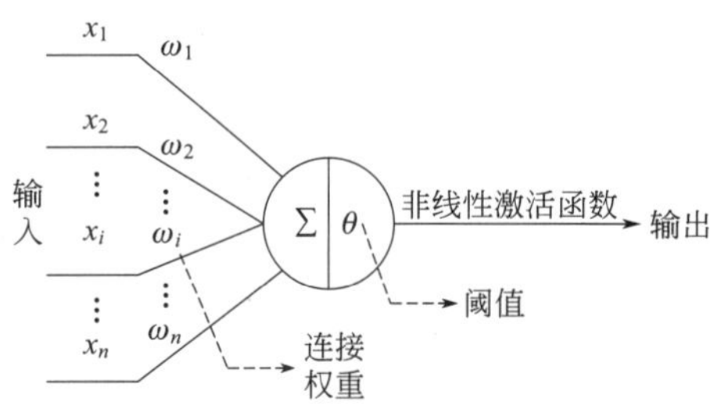

图 4.1　神经元模型

非线性激活函数是神经元模型的核心组成部分，使神经网络能够有效地学习和表达复杂的输入输出关系，增强其在各种任务中的表现。一般带激活函数的模型输出表示为

$$a=f(z)=f\left(\sum_{i=1}^{n}\omega_i x_i+b\right) \tag{4.1}$$

式中，$a$ 是神经元的输出；$f(\cdot)$ 是激活函数；$z$ 是加权求和的结果；$\omega_i$ 是第 $i$ 个输入的权重；$x_i$ 是第 $i$ 个输入；$b$ 是偏置。常见的神经元激活函数有 Sigmoid 函数、双曲正切函数、Swish 函数等。

**(2) 反向传播网络**

反向传播网络（back propagation neural network，BPNN）是深度学习的核心之一，广泛用于各种神经网络的训练，是一种在神经网络训练中用来调整权重和偏置的算法，它的核心是通过误差的梯度来最小化网络的损失函数，使网络能更好地拟合训练数据。

反向传播的目标是通过梯度下降算法最小化神经网络的损失函数。神经网络的结构由多个层组成，每一层都有相应的权重和偏置。当输入数据经过网络的每一层时，会计算出一个预测输出。然后，利用预测输出与真实值之间的误差来更新网络参数。反向传播的核心步骤如下。

① 前向传播（forward pass）：给定输入数据，通过每一层的权重和激活函数，逐层计算输出直到最后得到预测值。

② 计算损失（compute loss）：根据预测值和真实值之间的差异，使用损失函数（如均方误差或交叉熵）计算误差。

③ 反向传播（backward pass）：从输出层开始，根据损失对每层参数的导数进行链式求导，将误差逐层传递到每个权重和偏置，直到传递到输入层。

④ 更新参数（parameter update）：通过梯度下降算法，用学习率调整每个权重和偏置，使得损失函数不断减小。

在反向传播中，神经网络的每一层输出被表示为 $\boldsymbol{a}^L$，每一层的输入为 $\boldsymbol{z}^L$，权重和偏置分别为$\boldsymbol{W}^L$ 和 $\boldsymbol{b}^L$。每一层的激活公式为

$$\boldsymbol{a}^L=f(\boldsymbol{z}^L)=f(\boldsymbol{W}^L\cdot\boldsymbol{a}^{L-1}+\boldsymbol{b}^L)\tag{4.2}$$

式中，$f$ 是激活函数，比如 Sigmoid、ReLU 或 tanh 函数。为了进行反向传播，需要对损失函数 $L$ 求导。通过链式法则，从输出层向输入层逐步计算梯度。

对于最后一层 $L$，计算损失函数 $L$ 对输出 $\boldsymbol{a}^L$ 的偏导数，公式如下：

$$\boldsymbol{\delta}^L=\frac{\partial L}{\partial \boldsymbol{z}^L}=\frac{\partial L}{\partial \boldsymbol{a}^L}\cdot f'(\boldsymbol{z}^L)\tag{4.3}$$

逐层传递到第 $L-1$ 层，利用链式法则继续计算，公式如下

$$\boldsymbol{\delta}^{L-1}=(\boldsymbol{\delta}^L\cdot\boldsymbol{W}^L)\cdot f'(\boldsymbol{z}^{L-1})\tag{4.4}$$

通过此方式，逐层计算出每层的梯度。

### 4.3.5 卷积神经网络基本原理

卷积神经网络（convolutional neural network，CNN）是一种专门设计用于处理视觉数据的深度神经网络模型。最早的卷积神经网络概念是受到生物视觉系统研究的启发，并由日本学者福岛邦彦（Kunihiko Fukushima）在 1980 年提出。他开发了神经认知机（neocognitron）模型，该模型引入了卷积和池化结构的雏形，用于模拟视觉皮层在识别复杂模式时的分层特征提取。然而，现代 CNN 的基础架构和训练方法则主要由美国学者 Yann LeCun 等人在 1989 年提出并实现。他们设计了 LeNet-5 网络，用于手写数字识别，通过反向传播算法实现了端到端的训练，首次展示了卷积网络在图像处理任务中的巨大潜力。2012 年，Alex Krizhevsky、Ilya Sutskever 和 Geoffrey Hinton 团队设计了 AlexNet，该网络采用了更深的结构并利用 GPU 加速训练，在 ImageNet 图像分类比赛中获得巨大成功，使 CNN 成为深度学习的核心技术之一。随后，Kaiming He 等人提出的 ResNet（残差网络）引入了跳跃连接，解决了深层网络中梯度消失的问题，使得更深层次的卷积神经网络成为可能，至今广泛应用于各类视觉任务。随着深度学习研究的推进，CNN 逐步演变出多种改进架构，如 VGG、ResNet、Inception 等，通过更深或更宽的网络结构提升模型的表现力和泛化能力。如今，卷积神经网络已成为现代深度学习模型的基础模块之一，其强大的表现力和灵活的设计在多个人工智能领域展现出卓越的性能，推动了智能技术的广泛应用与创新发展。

CNN 主要由三类层组成，分别是卷积层、池化层和全连接层。这些层通过堆叠形成深层网络，从低层次特征到高层次特征逐步提取信息。

**(1) 卷积层**

卷积层是 CNN 的核心层。它通过局部连接和共享权重的方式，有效提取数据的局部特征。卷积操作通过卷积核（滤波器）在输入数据上滑动，计算局部区域的加权和，从而生成特征图。每个卷积核能够学习到不同的特征，卷积层的参数通过反向传播算法进行优化，逐步提高特征提取的能力。卷积操作的数学表达式如下：

$$y_{i,j}=\sum_{m=0}^{M-1}\sum_{n=0}^{N-1}\omega_{m,n}x_{i+m,j+n}+b \tag{4.5}$$

式中，$y_{i,j}$ 是输出特征图的某个像素；$\omega_{m,n}$ 是卷积核的权重；$x_{i,j}$ 是输入图像的像素值；$b$ 是偏置项。

**(2) 激活函数**

卷积层输出后，通常会经过激活函数的处理，以引入非线性。最常用的激活函数是 ReLU，其定义为

$$f(x)=\max(0,x) \tag{4.6}$$

**(3) 池化层**

池化层用于下采样特征图，减少计算量并提升模型的鲁棒性。池化操作通常采用最大池化（max pooling）或平均池化（average pooling）。最大池化取池化窗口内的最大值，保留最显著特征；平均池化取池化窗口内的平均值。池化操作减少了特征图的尺寸，使模型在保持特征有效性的同时降低计算复杂度。以最大池化为例，在第 l 层池化层中，池化操作可以由下式表达：

$$\boldsymbol{v}_j^l=\mathrm{down}(\boldsymbol{x}_j^{l-1},s) \tag{4.7}$$

式中，down(·，·) 为最大池化层下采样函数；$\boldsymbol{x}_j^{l-1}$ 为第 $l-1$ 卷积层中提取的第 $j$ 个通道的特征向量；$\boldsymbol{v}_j^l$ 为池化后的特征向量；$s$ 为池化层数，它决定了池化后特征的维数。

**(4) 全连接层**

在卷积层和池化层提取的特征被展平成一维向量后传递到全连接层。全连接层将所有输入节点与输出节点连接，进行更高层次的信息融合。通过多层全连接层，网络最终会生成一个输出，通常经过 softmax 函数转化为概率分布用于分类任务。

CNN 通过层层特征提取，使其在图像分类、目标检测和语音识别等任务中展现出强大的性能。随着深度学习技术的不断发展，CNN 逐渐演变为多种改进架构，推动了计算机视觉和人工智能领域的迅速进步。

## 4.3.6 基于深度学习的故障诊断技术案例

### 4.3.6.1 案例：一种基于深度残差网络的旋转机械故障诊断方法

**(1) 背景**

在油气生产领域，钻采设备的性能直接决定了能源开采的效率和安全性。旋转机械作为这些设备的核心组成部分，其稳定性和可靠性对整个钻采系统的高效运行至关重要。旋转机械的故障诊断技术能够及时识别设备的异常状态和潜在故障，支持预测性维护，从而有效降低维护成本，提高设备的可靠性和生产效率。然而，钻采设备在运行过程中所产生的信号通常具有非平稳特性，这给传统的故障诊断方法带来了很大挑战。

目前，常用的故障诊断方法主要基于非平稳信号分析，如短时傅里叶变换（STFT）、

经验模态分解（EMD）和数字小波变换（DWT）等。这些方法在一定程度上能够识别设备的故障特征，但在设备结构复杂且工作环境恶劣的情况下，常常受到强背景噪声的干扰，导致机械故障特征的提取不够准确。尽管近年来许多先进的信号分析方法被引入故障诊断领域，为故障特征的提取和识别提供了新的视角，但这些方法往往局限于特定的任务场景，缺乏广泛的适用性。

近年来，深度学习技术因其卓越的数据处理和模式识别能力，广泛应用于各个领域，尤其是在卷积神经网络（CNN）中，凭借其强大的特征提取和表达能力，能够高效处理复杂的时序信号数据。然而，随着网络深度的增加，梯度消失和梯度爆炸问题逐渐显现，这些问题影响了深层网络的训练效率和性能。为了解决这些挑战，Kaiming He 等人提出了深度残差网络（ResNet），通过残差模块的设计有效避免了深层网络训练中的缺陷，提升了网络的泛化能力。ResNet 的引入为故障诊断领域带来了新的思路，但现有的研究大多依赖于将时域信号转换为二维时频图来进行输入，这一过程可能导致关键信息的丢失，从而限制故障诊断的准确性。

**(2) 案例方法介绍**

该案例提出了一种直接利用原始时域信号进行故障诊断的方法，避免了信息转换过程中的损失。经过综合评估多种 ResNet 结构的性能和参数量，选择了 ResNet34（即网络层数为 34）作为骨干网络，并基于一维卷积神经网络（1D CNN）和全连接网络（fully connected network）构建了一个用于旋转机械故障诊断的模型。通过在滚动轴承公共数据集和 PT800 机械故障综合实验平台上的测试，结果表明，所提方法在不同工况下均能高效、准确地进行故障诊断，具有较高的诊断准确性和鲁棒性，展现了其广泛的应用潜力和有效性。

① 基于深度残差网络的旋转机械故障诊断方法　在油气钻采设备中，故障通常源于机件的损伤，这些损伤可能是由长期运转、机械碰撞或其他因素造成的划痕、裂纹、磨损等形变。随着设备的运行，这些形变会引发与正常工作状态不同的振动模式，因此，故障诊断的关键任务是准确捕捉到这些异常振动信号并及时发出预警。机械设备的结构复杂，且不同故障类型所产生的传感器信号表现出不同的变化规律，导致识别和提取故障特征变得困难。为了应对这一挑战，该研究基于深度残差网络架构，结合一维卷积神经网络和全连接网络，并应用池化、批处理等操作，旨在捕捉时序信号的变化，进而实现高效的故障诊断。基于深度残差网络的旋转机械故障诊断流程如图 4.2 所示。首先，进行数据采集并对采集到的数据进行标注，然后对数据进行归一化处理。接着，将数据集划分为训练集和测试集，使用训练集对模型进行训练，并将训练得到的模型权重应用到测试集，最后获得故障分类结果。

a. 残差学习模块。残差学习模块是 ResNet 的核心，它在传统网络的基础上额外添加了一条短路连接，直接从输入连接到模块的输出，实现了层与层之间的直接跳跃连接。对于输入 $x$，残差模块的输出 $y$ 为

$$y=x+F(x;m) \tag{4.8}$$

式中，$F(x;m)$ 表示深度神经网络；$m$ 表示深度神经网络的权重和偏置。

b. 基于深度残差网络的故障诊断模型。该案例采用了两层一维卷积神经网络构建基本的残差学习模块，借鉴了 ResNet34 的网络架构。通过将多个基本残差模块进行组合，并结合池化操作和全连接神经网络，设计了一个用于旋转机械故障诊断的深度学习模型，如图 4.3 所示。

第一层是一个一维卷积层，使用的卷积核大小为 7×1，步幅为 2，填充为 3，卷积核数

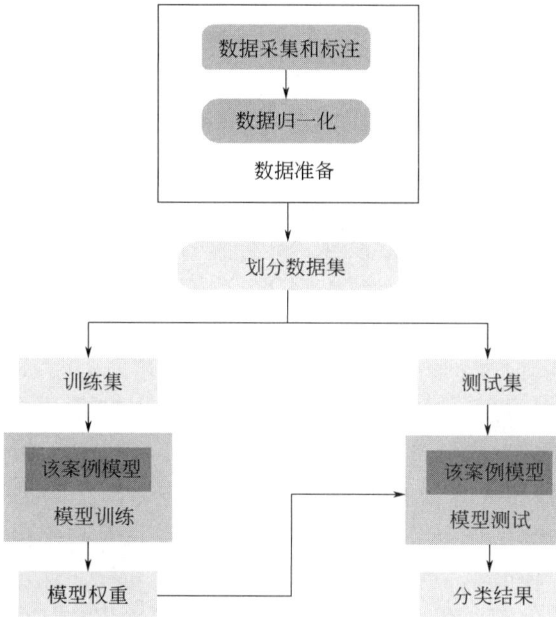

图 4.2　案例流程图

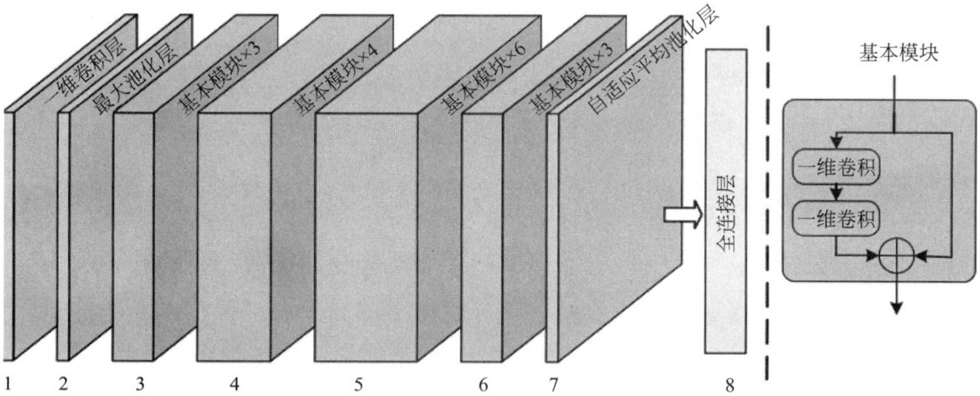

图 4.3　该案例构建的用于旋转机械故障诊断的网络模型

量设定为 64。这一层采用较大的卷积核，旨在尽量保留原始信号的信息，同时进行降采样，从而有效减少数据量并提取显著的特征。

第二层为最大池化层，池化窗口大小为 3×1，步幅为 2，填充为 1。池化操作通过选取每个局部区域的最大值来减少数据的维度，并且有助于保留重要的特征信息。最大池化不仅减少了模型的参数数量，降低了计算需求，还能有效防止过拟合。

第三层至第六层是残差学习层，由多个基本残差模块组成，每个模块包含 2 个卷积层，卷积核大小为 3×1。卷积层的输出通道数随着层数递增，从 64 到 512，以便捕获不同尺度的特征，并保持计算效率与参数数量的平衡。在这些层中，低层次模块专注于提取较为粗略的特征，而较高层则捕捉更精细的特征信息。

第七层是自适应平均池化层（adaptive average pooling）。该层能够自适应地调整池化窗口的大小，确保无论输入特征图的维度如何，输出的特征图始终具有固定的大小。自适应平均池化常用于网络的最后几层，目的是生成尺寸一致的特征图，以便于后续的全连接层处理。在此模型中，该层的输出尺寸设置为 1，最终输出的张量形状为（batch_size,512,1），其中 batch_size 表示输入数据的批次大小。

最后一层是全连接层（fully connected layer）。其功能是将提取到的高级特征进行组合和映射，输出最终的分类结果。全连接层的输入数据维度为（batch_size，512），而输出维度为（batch_size，nClass），其中，nClass 是分类任务中的类别数量。全连接层通过加权求和的方式将前一层的所有输出特征进行整合，其计算公式可表示为

$$\boldsymbol{h}^n = f(\boldsymbol{W}^n \cdot \boldsymbol{h}^{n-1} + \boldsymbol{b}^n) \tag{4.9}$$

式中，$\boldsymbol{h}^{n-1}$ 表示上一层网络的输出；$\boldsymbol{h}^n$ 表示当前全连接层的输出；$f(\cdot)$ 表示当前全连接层；$\boldsymbol{W}^n$ 和 $\boldsymbol{b}^n$ 分别为其权重和偏置。最终，通过应用 softmax() 函数，全连接层的输出被转换为一个概率分布，每个类别都有一个与之相关联的概率值。预测的类别即为概率最高的那个类别，从而实现模型的分类功能。

② 基于深度残差网络的故障诊断流程　基于深度残差网络的故障诊断流程主要包括数据准备、模型训练和模型测试三个关键步骤。数据准备阶段是整个流程的基础，首先需要进行数据采集与标注。这一环节至关重要，因为准确的采集与标注保证了数据的可靠性和一致性，为后续的模型训练提供了高质量的输入数据。在数据采集与标注完成后，接下来对数据进行归一化处理。归一化的目的是消除由量纲差异和数值范围不同可能对模型训练带来的不利影响。通过归一化，数据的尺度被统一，避免了某些特征因数值较大而在训练中占据主导地位。该案例采用的归一化方法为

$$x_{\text{norm}} = \frac{x}{x_{\text{abs max}}} \tag{4.10}$$

式中，$x$ 是原始数据；$x_{\text{abs max}}$ 是数据集中最大的绝对值，即 $x_{\text{abs max}} = \max(|X|)$，$X$ 是所有数据的集合；$x_{\text{norm}}$ 是归一化后的数据，其值为 $-1 \sim 1$。接着，对数据集进行划分，该案例中设定的训练集与测试集的比例为 7∶3。

在模型训练阶段，经过预处理的数据将被输入到深度残差网络中进行训练。通过迭代优化算法，不断调整模型的参数，以实现最佳的学习效果。为了确保模型在滚动轴承公共数据集和 PT800 机械故障综合实验平台上的优异表现，该研究特别进行了关于批量大小、优化器选择、学习率等关键超参数的综合仿真分析。通过这一分析过程，最终确定了最优的参数配置。具体的最优参数设置如表 4.5 所示，包括批量大小、损失函数、激活函数以及 Adam 优化器的详细参数设置，这些配置为模型训练提供了有力的支持。

**表 4.5　模型参数设置**

| 参数 | 参数值 |
|---|---|
| Adam [Lr<br>weight decay<br>betas<br>eps] | 0.001<br>0<br>(0.9,0.999)<br>$1\times10^{-8}$ |
| 损失函数 | CrossEntropyLoss() |
| 激活函数 | ReLU |
| 批量大小 | 16 |

最后，进行模型测试。利用训练完成的模型对测试集数据进行分类，验证模型的泛化能力，同时评估模型的诊断准确性。

**(3) 案例研究**

① 数据准备　为了验证模型的可行性，该案例选择了美国凯斯西储大学（Case Western Reserve University，CWRU）提供的开放数据集进行实验分析。CWRU 数据集在机械故障诊断、特征提取和模式识别领域得到了广泛应用。该实验平台由电机、转矩传感器、测功机和控制电子设备组成，通过在电机外壳的驱动端（drive end，DE）和风扇端（fan end，FE）安装加速度计来收集振动数据。通过电火花加工技术在轴承上制造了不同直径［7mil（1mil≈0.0254mm）、14mil 和 21mil］的单点故障，并在每种故障直径下设置了 4 种不同转速（1797r/min、1772r/min、1750r/min 和 1730r/min）的测试条件。

在数据准备阶段，该案例直接从原始数据中截取样本，以降低数据预处理的复杂性并保留原始振动数据的所有信息。将无故障数据归为一类，而将有故障的数据根据故障发生的部位及直径的不同，划分为 9 种不同的类型，具体分类信息见表 4.6。10 种类别共有 40 条数据，类别 0 的数据长度约为每一单种故障数据长度的 4 倍，因此对正常类别数据进行 4 倍下采样，以统一数据长度。随后，根据数据总长度和 7∶3 的比例确定训练集和测试集的边界索引，确保训练数据和测试数据不重复。确定样本窗口长度 $W$ 为 1200，随机截取样本用于构成训练集和测试集，最终每类数据可产生 2800 个训练样本和 1200 个测试样本，每条样本的长度均为 1200。10 类数据共形成 40000 个样本，深度学习模型可以有充足的数据进行训练和测试。

**表 4.6　CWRU 数据集的样本信息**

<table>
<tr><th>样本类型</th><th>直径/mil</th><th>样本数量</th><th>样本标签</th></tr>
<tr><td rowspan="2">正常</td><td>/</td><td>4000</td><td>0</td></tr>
<tr><td>7</td><td>4000</td><td>1</td></tr>
<tr><td rowspan="3">外圈故障</td><td>14</td><td>4000</td><td>2</td></tr>
<tr><td>21</td><td>4000</td><td>3</td></tr>
<tr><td>7</td><td>4000</td><td>4</td></tr>
<tr><td rowspan="3">内圈故障</td><td>14</td><td>4000</td><td>5</td></tr>
<tr><td>21</td><td>4000</td><td>6</td></tr>
<tr><td>7</td><td>4000</td><td>7</td></tr>
<tr><td rowspan="2">外圈故障</td><td>14</td><td>4000</td><td>8</td></tr>
<tr><td>21</td><td>4000</td><td>9</td></tr>
</table>

② 实验结果分析　实验中，当窗口长度 $W=1200$ 时，模型在训练和测试过程中显示出快速收敛的特性，测试集的故障识别准确率最高达到 100%，且波动极小。这表明模型能够有效提取故障特征，并准确识别不同工况下的故障类别，展现出高稳定性和出色的识别能力。在显存占用 1.5G（总可用显存为 8.0G）和 CPU 占用 15%的条件下，处理时间仅为 8.33ms；若仅使用 CPU，则所需时间为 9.17ms。这一结果说明所提方法适用于实际工程中的机械设备故障识别。模型的损失值和准确率变化如图 4.4 所示。

在利用该案例所提出的模型进行故障诊断时，采用了固定窗口长度随机截取故障数据的方法来构建样本数据集。这种方法不仅能够利用数据中的重复特征，而且有助于获取充足的训练样本。为了进一步提升模型的性能，该案例对不同窗口长度下的模型性能进行了仿真分析。

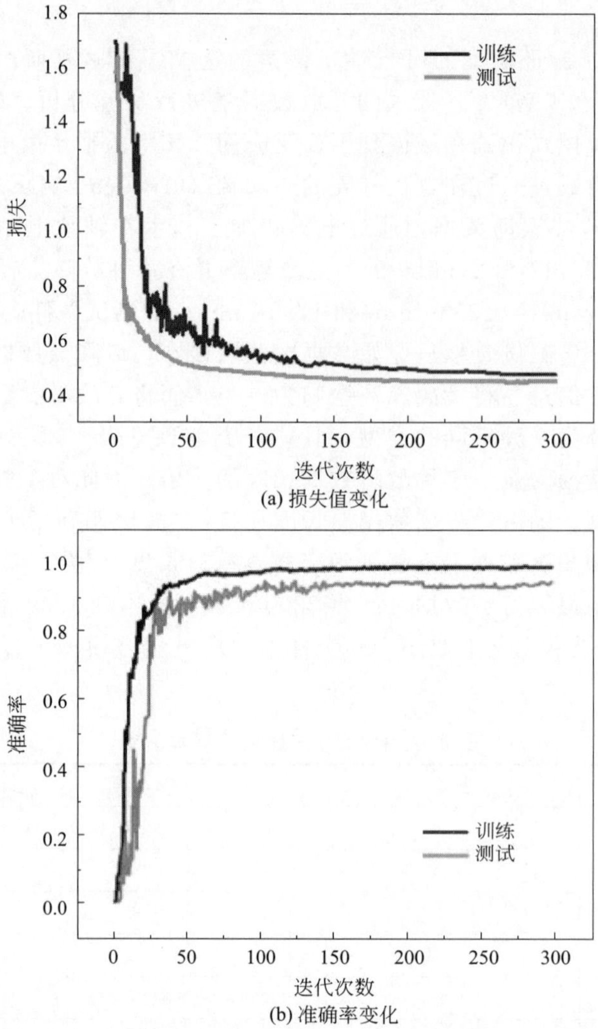


图 4.4 该案例提出的模型的损失值和准确率变化

图 4.5 显示窗口长度在 400～600，1200～2000 个时间点的范围内时，测试集的准确率均高于 99%。综合考虑准确率和数据量，最终将随机截取的窗口长度设置为 1200 个时间点。

在实际工作场景中，故障信号通常会被强背景噪声所干扰，进而降低故障识别效果。为模拟实际强噪声环境下的故障信号，该案例对 CWRU 数据集添加了不同信噪比下的高斯白噪声，结果如表 4.7 所示。实验结果表明，该案例提出的模型在噪声环境中具有较强的鲁棒性。随着噪声增强，虽然识别准确率略有降低，但差别不超过 1%。

**表 4.7 不同信噪比下的测试集故障识别效果**

| 信噪比/dB | 无噪 | 3 | 5 | 10 |
|---|---|---|---|---|
| 准确率/% | 100.00 | 99.28 | 99.41 | 99.61 |
| 损失值 | $2\times10^{-4}$ | $1\times10^{-2}$ | $1\times10^{-2}$ | $8\times10^{-3}$ |

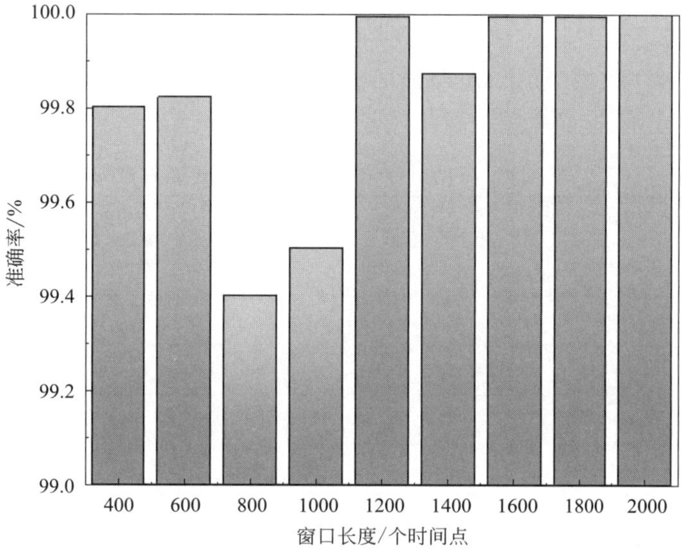


图 4.5　不同窗口长度对测试集准确率的影响

为探究不同层数深度残差网络的性能表现，分别采用 ResNet18、ResNet34、ResNet50 作为骨干网络，在 CWRU 数据集进行 10 分类故障识别，结果如表 4.8 所示。结果表明，中等深度的 ResNet34 网络在计算量和性能上表现最佳，因此被选为故障识别的骨干网络。

**表 4.8　不同层数下的测试集故障识别效果**

| 项目 | ResNet18 | ResNet34 | ResNet50 |
|---|---|---|---|
| 准确率/% | 99.93 | 100.00 | 99.99 |
| 损失值 | $3\times10^{-3}$ | $2\times10^{-4}$ | $5\times10^{-4}$ |

为了进一步验证该案例提出的模型在机械故障诊断中的有效性，研究中将其与几种传统机器学习方法进行了对比分析，包括支持向量机（SVM）、K 最近邻（K-nearest neighbors，KNN）、长短期记忆（long short-term memory，LSTM）和门控循环单元（gated recurrent unit，GRU）。所有方法均基于相同的训练和测试数据集进行评估。在参数设置方面，各方法均采用了特定的配置。

a. SVM。使用径向基函数（RBF）作为内核，通过超参数自动搜索和 3 折交叉验证确定了最优的惩罚参数 $C$ 和 $\gamma$，分别为 100 和 0.01。

b. KNN：自动选择距离计算方式，确定最佳 $K$ 为 4，权重设置为 uniform，leaf_size 为 30，$p$ 为 2。

c. LSTM：设置了 256 个隐藏单元，采用单层结构，最后连接全连接网络，并使用交叉熵损失函数。

d. GRU：配置了 1024 个隐藏单元，采用双层结构，最后连接全连接网络，使用交叉熵损失函数。

表 4.9 统计了不同机器学习方法在测试集上的准确率。结果显示，KNN 的诊断准确率最低，仅为 72.87%。这一结果可能源于在高维特征空间中，距离度量可能不再是一个理想的相似性指标。相比之下，SVM 的准确率略高于 KNN，主要得益于其在特征空间中通过寻找最优超平面进行分类的能力，以及 RBF 核函数在处理非线性问题时的优势。然而，SVM

的性能受到核函数和惩罚参数的敏感性影响，且在处理大规模数据集时计算成本较高。LSTM 和 GRU 网络的诊断效果较好，分类准确率分别达到了 96.88%和 95.25%，这主要归功于它们在处理时序数据时的长短期记忆能力，能够有效捕捉时间序列中的动态特征和长期依赖关系。

**表 4.9 不同机器学习方法的故障诊断性能**

| 方法 | 识别准确率/% |
|---|---|
| SVM | 94.45 |
| KNN | 72.87 |
| LSTM | 96.88 |
| GRU | 95.25 |
| 该案例方法 | 100.00 |

然而，该案例提出的深度残差网络模型表现出色，达到了 100.00%的识别准确率。这一显著优势归因于深层网络架构和残差学习机制的有机结合。残差学习机制能够使网络学习到恒等映射以外的残差函数，从而有效缓解梯度消失问题。深层架构则使网络能够更好地适应和学习不同尺度的特征表示。

**(4) 总结**

该案例提出了一种基于深度残差网络的旋转机械故障诊断模型，采用 ResNet34 架构作为骨干网络，并结合多层一维卷积神经网络，以有效提取和抽象化原始时域信号中的多尺度特征。通过全连接层，模型能够实现精确的故障分类。深层架构和残差学习机制显著提升了对复杂故障特征的捕捉能力，避免了传统方法对人工特征提取的依赖。在滚动轴承公共数据集上的测试结果表明，所提模型在不同故障场景下表现出色，具有较高的准确率和良好的可扩展性。与传统机器学习方法相比，该案例模型在参数设置上更具灵活性，并在实际应用中展现了更高的准确性和鲁棒性。该方法通过自动化特征提取和高效的故障诊断能力，为机械故障诊断领域提供了一种新的高效解决方案。

#### 4.3.6.2 案例：基于目标检测的航空发动机涡轮叶片铸造缺陷故障诊断

**(1) 背景**

在我国的机械制造与加工行业中，铸件的研发与生产占据着重要地位，尤其在航空、航天、船舶等领域，铸件的生产比例高达 90%。涡轮叶片作为航空发动机中的核心部件，必须经过严格的铸造缺陷检测，以确保其能够在高温、高压和复杂载荷条件下正常工作，保证飞行安全。由于涡轮叶片形状复杂，铸造过程中容易出现夹渣、裂纹、多余物、冷隔等缺陷，如图 4.6 所示。目前，航空发动机叶片制造厂常采用无损检测（NDT）技术来进行铸造缺陷检测，以避免破坏涡轮叶片的物理结构，主要检测方法包括超声波检测、涡流检测、射线检测、红外热像检测和磁粉检测等。

在无损检测中，射线检测方法因其高准确度、强穿透力和快速反馈等优势，已成为铸件缺陷检测的首选手段。其主要步骤包括射线图像拍摄和人工识别。首先，使用数字 X 射线成像技术对叶片铸件进行拍摄，然后由检测员通过肉眼对图像中的缺陷进行识别。尽管这项技术已得到广泛应用，但仍存在一些问题。

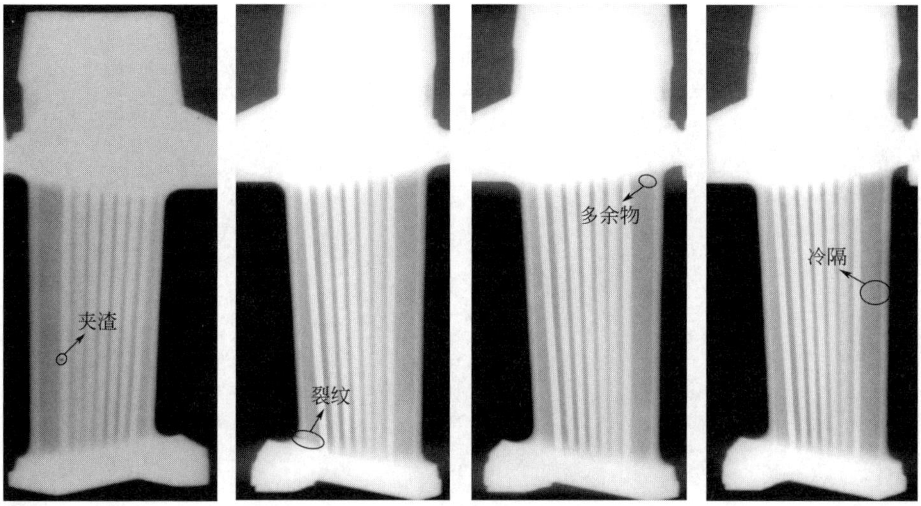


图 4.6　涡轮叶片的常见铸造缺陷

a. 检测结果在很大程度上依赖于检测员的主观判断。不同经验水平的检测员对相同缺陷的识别可能存在差异，导致判断结果不够准确。

b. 检测过程耗时且劳动强度大，长时间的工作容易影响检测员的身心健康，在极度疲劳的情况下，容易出现误判或漏判。

c. 该过程完全依赖人工操作，检测速度较慢，无法实现缺陷的自动化检测。

随着深度学习技术的迅速发展，基于计算机视觉的目标检测方法正逐渐取代传统的人工射线检测手段，有效解决了传统方法在检测精度和速度方面的不足。然而，传统目标检测方法仍面临工业数据质量低、模型鲁棒性差以及检测精度有限等问题，这些问题限制了其在工业生产环境中的大规模应用。因此，为了满足航空发动机制造厂对叶片铸造质量检测的需求，迫切需要开发一种基于目标检测的涡轮叶片铸造缺陷识别算法，能够实现叶片内部铸造缺陷的快速而精准的检测，从而全面提升航空发动机涡轮叶片的出厂质量检测水平。

**（2）案例方法介绍**

该案例以航空发动机涡轮叶片铸造缺陷 RI 数据集为研究对象，提出了一种基于目标检测的航空发动机涡轮叶片铸造缺陷检测算法，并开发了智能缺陷检测系统。该系统融合了先进的数据预处理与增强技术、缺陷检测算法及可视化展示方法，能够高效精准地定位并分类铸造缺陷，显著提升航空发动机涡轮叶片的出厂质量检测能力。

① 图像预处理

a. 图片样本扩充。采集的涡轮叶片内部铸造缺陷数据集中，叶片按照大致固定的位置摆放在 X 射线投影平面上，射线垂直于叶片表面拍摄。由于人工摆放的缘故，叶片在图像上会呈现 5°～15°的角度偏差。因此，首先考虑通过旋转小角度的方式对数据集进行样本扩充。该研究借助 OpenCV 中 getRotationMatrix2D 函数对 RI 中的叶片进行小角度旋转，以模拟由人为操作导致的角度偏差。图 4.7(a) 为原图，可以看出图中叶片摆放角度不正确，叶片的肋部并没有垂直于图像边缘。通过旋转方法可对叶片角度进行干预，其中由旋转导致的图片空缺，可用黑色边条填充成原图尺寸，如图 4.7(b)(c) 所示。通过对图像进行顺时针和逆时针旋转变换，缺陷的相对位置和朝向都发生了改变，这有利于提升模型对缺陷的识别和定位精度。

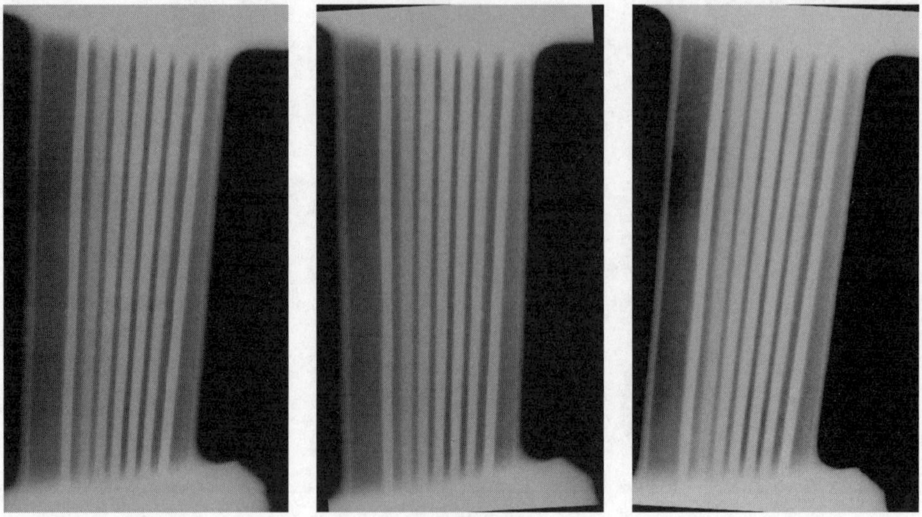

(a) 原图　(b) 旋转(逆时针3°)　(c) 旋转(顺时针3°)

图 4.7　经过小角度旋转后的叶片图像

由于叶片为平面投射所得，因此存在射线源从正反两个方向进行投影的情况。为更好地模拟这一视角，该案例采用了水平镜像和垂直镜像方法，模拟从不同视角观察缺陷在图像中的表现形式，增强了缺陷数据集形态的多样性。如图 4.8 所示，经过水平镜像或垂直镜像变换后的叶片图像，缺陷区域的位置和形态都发生了一定程度的改变。

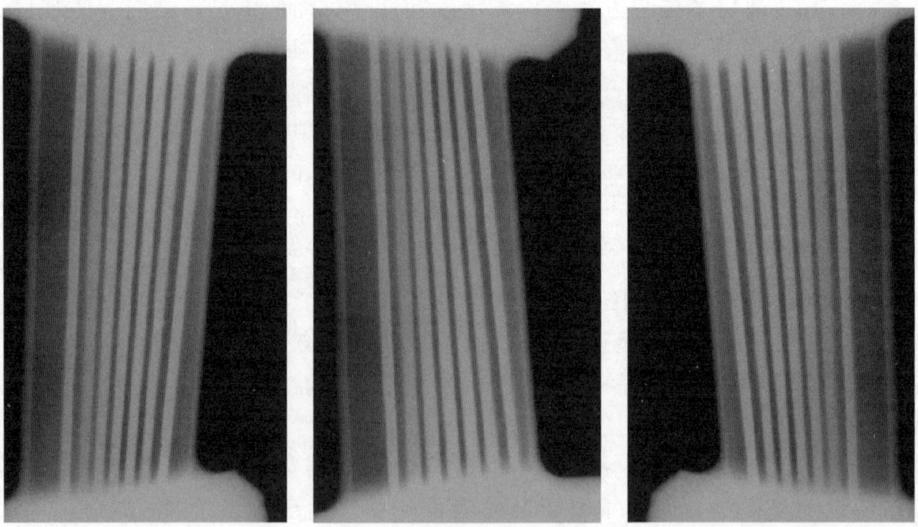

(a) 原图　(b) 垂直镜像　(c) 水平镜像

图 4.8　垂直镜像和水平镜像

由于叶片 RI 数据集中缺陷的尺寸相差较大，因此该研究采用图片大小随机调整策略，提升检测模型对不同尺寸缺陷特征的学习能力，如图 4.9 所示。其中，图 4.9(a) 为原图；图 4.9(b) 为以中心为原点随机比例放大的图像，并裁剪为原图相同尺寸；图 4.9(c) 为以随机比例缩小的图像，空余部分采用黑色边条进行填充。

(a) 原图　　(b) 随机比例放大　　(c) 随机比例缩小

图 4.9　随机缩放处理

为保证图像在缩放过程中不产生明显的畸变，该研究采用随机调整长宽比方式来调整图片比例，如式(4.11) 所示。

$$\text{ratio}_n=\frac{H_{\text{n}}}{W_{\text{n}}}=\frac{H_{\text{o}}\cdot \text{random}(0.75,1.5)}{W_{\text{o}}\cdot \text{random}(0.75,1.5)} \tag{4.11}$$

式中，$\text{ratio}_n$ 为新的长宽比；$H_{\text{n}}$ 和 $H_{\text{o}}$ 分别代表新图片高度和旧图片高度。

随机缩放处理可模拟实际检测场景中缺陷尺寸差异性大的工况，增强模型对多种尺度缺陷特征的学习能力，提升缺陷检测模型的鲁棒性。

b. 图片降噪处理。图像滤波是图像处理领域中的重要算法，其本质是在保留图像细节信息的前提下，消除图像中存在的噪声干扰。一种性能优良的滤波算法能够有效地提取出图像中清晰的特征，同时去除图像中混杂的噪声，并确保滤波过程不会破坏图像的结构轮廓和边缘细节。针对不同噪声类型，目前有均值滤波、中值滤波和高斯滤波三种常见的滤波方法。

该案例通过实验法比较三种滤波方式的效果。首先将缺陷裁成 384 像素×384 像素分辨率大小的图片，并通过 OpenCV 代码分别对其进行滤波，其结果如图 4.10 所示。从图中可以看出三种滤波方式均对图片噪点进行了处理，但中值滤波在去除噪声的同时仍保持了缺陷边缘特征，这对缺陷检测模型学习图像边缘形态特征尤为重要，因此该案例最终选择中值滤波作为 RI 降噪的手段。经过多次实验发现，卷积核大小等于 3×3 时，图像的尖锐噪声基本被消除，且不会过度影响缺陷的边缘。若卷积核大小超过 5×5，图片则会较为模糊，难以进行模型的特征学习。

c. 图片锐化处理。经中值滤波降噪处理后，图片高频信号会不可避免地变得平滑，这将影响目标检测网络提取相关边缘特征的能力。因此，需对图像进行锐化处理，凸显边缘特征的像素点，有助于模型更好地捕捉和利用这些信息。在该研究中，使用 OpenCV 中的 filter2D 函数构建锐化卷积核，并对 RI 进行细粒度的锐化操作。给定一个图像 $\boldsymbol{I}$，锐化后的图像 $\boldsymbol{I}'$ 可以通过以下卷积操作获得，其公式描述如下：

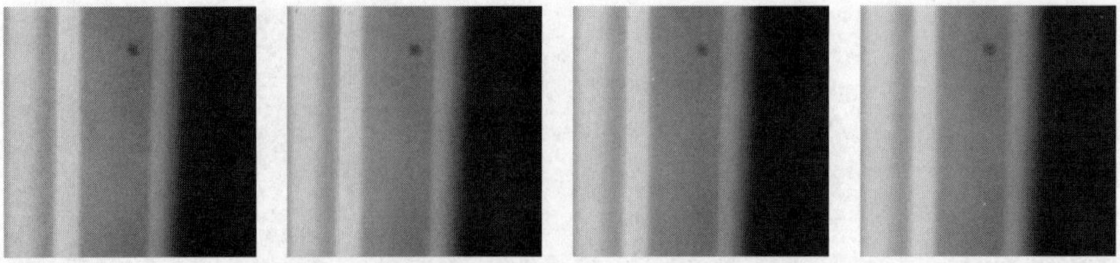

(a) 原图 (b) 中值滤波 (c) 均值滤波 (d) 高斯滤波

图 4.10 滤波处理

$$\boldsymbol{I}'=\boldsymbol{I}*\boldsymbol{K} \tag{4.12}$$

式中，* 表示卷积操作；$K$ 是定义的锐化卷积核。

在该实验中共采用了三种卷积核，分别为式(4.13)、式(4.14) 和式(4.15)。

$$\boldsymbol{K}_1=\begin{pmatrix}0 & -0.5 & 0\\ -0.5 & 3 & -0.5\\ 0 & -0.5 & 0\end{pmatrix} \tag{4.13}$$

$$\boldsymbol{K}_2=\begin{pmatrix}0 & -0.2 & 0\\ -0.2 & 1.8 & -0.2\\ 0 & -0.2 & 0\end{pmatrix} \tag{4.14}$$

$$\boldsymbol{K}_3=\begin{pmatrix}0 & -0.1 & 0\\ -0.1 & 1.4 & -0.1\\ 0 & -0.1 & 0\end{pmatrix} \tag{4.15}$$

由于卷积核 $\boldsymbol{K}_1$、$\boldsymbol{K}_2$ 和 $\boldsymbol{K}_3$ 的中心系数和周围负系数不同，因此锐化强度和效果也各不相同。在图像锐化中，中心系数和周围负系数绝对值越大，锐化效果更强。三个卷积核中，$\boldsymbol{K}_1$ 拥有最大的中心系数 3 和较大的负系数−0.5，这意味着 $\boldsymbol{K}_1$ 的锐化效果最强。$\boldsymbol{K}_2$ 和 $\boldsymbol{K}_3$ 由于中心系数和负系数的选择较小，因此锐化效果弱，比较结果如图 4.11 所示。从中可以发现，使用 $\boldsymbol{K}_1$ 锐化核得到的图片边缘更加清晰，锐化效果明显，而应用 $\boldsymbol{K}_2$ 和 $\boldsymbol{K}_3$ 锐化核得到的图片则效果相对较弱。

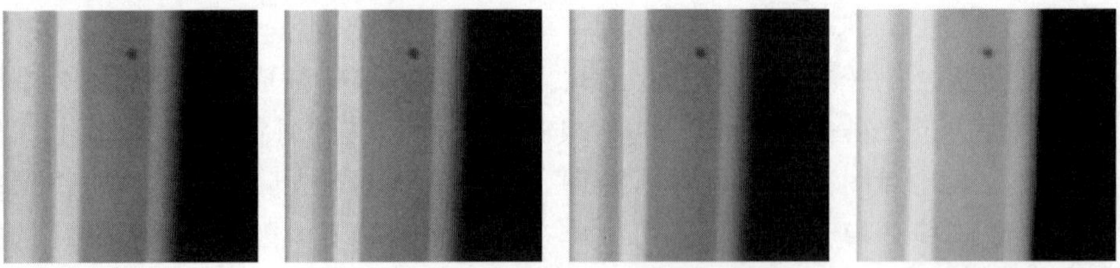

(a) 中值滤波 (b) 锐化($K_1$) (c) 锐化($K_2$) (d) 锐化($K_3$)

图 4.11 不同锐化卷积核得到的锐化效果

② 基于空洞卷积构建的缺陷感知数据增强网络　由于 RI 数据集存在亮度随机、对比度低以及缺陷边界模糊等问题，严重阻碍了目标检测模型对缺陷位置的精确识别。该研究提出了一种基于空洞卷积的 DDAN 模型，实现动态矫正图像的亮度和 $\gamma$ 值。与传统方法相比，动态 Gamma 矫正可以更有效地调整缺陷边界的灰度特征，从而增强图像阴影细节。此外，为解决传统卷积网络层过多的问题，该研究采用空洞卷积扩大浅层卷积网络的感知范围，实

现在不增加模型计算负荷的前提下从更大的图像区域提取缺陷特征，其网络结构如图 4.12 所示。

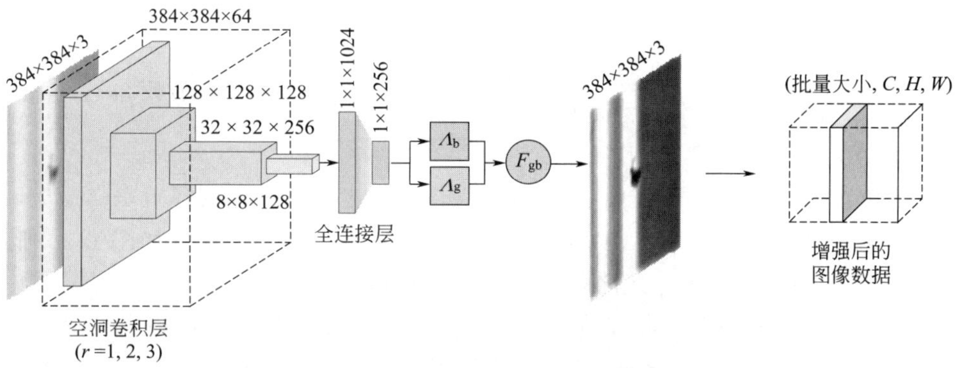


图 4.12　缺陷感知数据增强网络

该案例将 DDAN 代替传统的深层卷积网络，并添加在 DETR（detection transformer）主干网络前进行数据增强，仅通过三层空洞卷积对图像进行下采样，有效降低了网络的复杂度。如果在使用多层空洞卷积时，空洞因子（dilation rate）设置不合理将会导致网络出现网格效应（gridding effect）问题，即卷积无法用到感知范围内所有的像素值，造成一定程度的信息丢失。为避免上述问题，该研究将空洞因子设为 $r_i=i(i=1,2,3)$，其感受野可视化如图 4.13 所示。

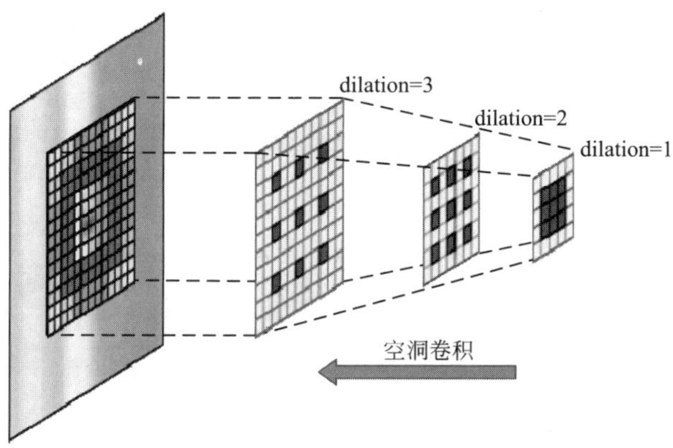


图 4.13　经过三层空洞卷积所得到的感受野

每一层空洞卷积的计算见式(4.16)。

$$\boldsymbol{x}_i=\mathrm{LR}(\mathrm{BN}(\mathrm{DilConv}*_i(\boldsymbol{x}_{i-1})))\tag{4.16}$$

式中，$\boldsymbol{x}_{i-1}$ 和 $\boldsymbol{x}_i$ 分别表示前一个空洞卷积层和当前空洞卷积层的特征图，$\boldsymbol{x}_0$ 表示原始输入特征图；$\mathrm{DilConv}*_i(\cdot)$ 表示空洞因子为 $r=i$ 的空洞卷积（具体参数如图 4.13 所示）；$\mathrm{BN}(\cdot)$ 和 $\mathrm{LR}(\cdot)$ 分别表示批归一化和 LeakyReLU 激活函数。经过三层空洞卷积后，原始输入特征图 $\boldsymbol{x}_0=(C_0,H_0,W_0)$ 被压缩成一个紧凑的特征图 $\boldsymbol{x}_3$。其中，$C=128$，$H=H_0/16$，$W=W_0/16$。亮度调整参数 $\mu_b$ 和 Gamma 矫正滤波器参数 $\mu_g$ 可通过式(4.17) 得到。

$$(\mu_b,\mu_g)=\mathrm{FC}(\mathrm{Flatten}(\mathrm{BN}(\mathrm{Conv}(\boldsymbol{x}_3))))\tag{4.17}$$

式中，$\mathrm{FC}(\cdot)$ 由三个线性层组成，神经元数分别为 1024、256 和 2。

基于亮度调整参数和Gamma矫正滤波器参数（$\mu_b$，$\mu_g$），按照先进行亮度调整后Gamma矫正的顺序对原始图像的缺陷边界进行强化处理，见式(4.18)。

$$\boldsymbol{x}_{bg}=F_{bg}(\boldsymbol{x}_0)=f_g(f_b(\boldsymbol{x}_0,\mu_b),\mu_g) \tag{4.18}$$

式中，$f_b(x)=\boldsymbol{x}^{\mu_b}$ 和 $f_g(x)=I\left(\frac{\boldsymbol{x}}{I}\right)^{\mu_g}$ 分别表示亮度矫正滤波函数和Gamma矫正滤波函数；$I$ 为最大像素值255。

在应用DDAN对原始特征图 $\boldsymbol{x}_0$ 进行特征强化过程中，最关键的环节是自适应确定参数($\mu_b$,$\mu_g$)，并通过网络反向传播不断更新。经过DDAN处理后的图像（如图4.13所示），不仅自适应增强了缺陷边界轮廓，还降低了缺陷的模糊程度。

③ 基于改进DETR的涡轮叶片铸造缺陷检测方法　在实际检测过程中，涡轮叶片铸造缺陷通常具有以下特点：缺陷与图像背景之间对比度较低、缺陷尺寸不一、位置分布随机等。这些特性使得传统的DETR模型在处理涡轮叶片铸造缺陷时，存在多尺度缺陷检测精度较低、缺陷定位不准确等问题。为此，该案例对传统DETR模型中的主干网络和Transformer网络结构进行了改进，提出了一种基于改进DETR的航空发动机涡轮叶片铸造缺陷检测方法。通过优化网络结构，提升了模型在复杂铸造缺陷图像中的检测能力，从而有效提高了涡轮叶片铸造缺陷的检测精度和定位准确性。

a. 整体结构。改进的DETR模型整体结构如图4.14所示，主要包括两部分：改进的主

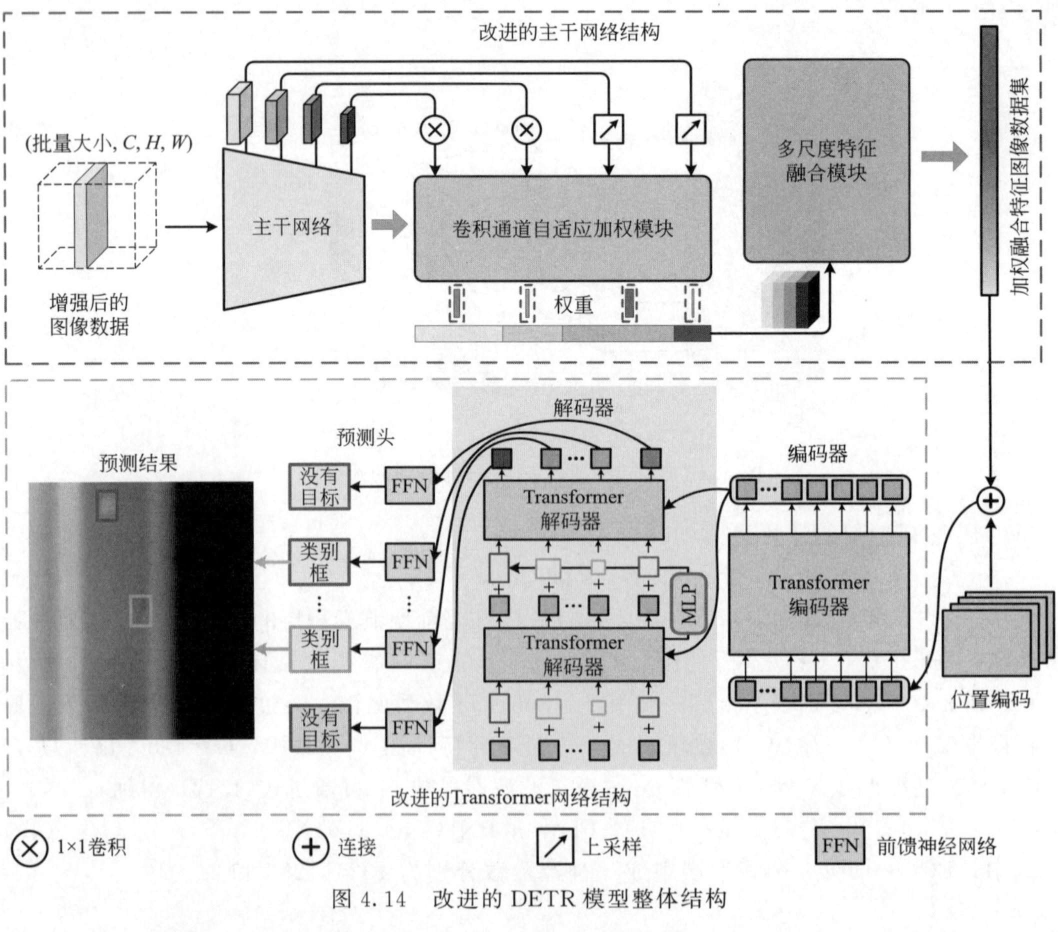


图4.14　改进的DETR模型整体结构

干网络结构和改进的 Transformer 网络结构。首先，针对传统 DETR 模型中主干网络特征提取能力差的问题，提出了卷积通道自适应加权（CCAW）和多尺度特征融合（MFF）模块对输入图像的多尺度特征进行优化和融合，有效提升了模型对多尺度缺陷检测的精度。其次，对 DETR 模型中 Transformer 的结构进行了多项改进，包括 4D 锚框查询机制、跨层坐标更新策略、纵横比引导的查询校正机制和 GA-FFN，改进后的结构能有效解决传统 DETR 模型缺陷定位不准确的问题。

b. 改进的主干网络结构。为提升 DETR 主干网络的特征提取能力，该案例提出了 CCAW 模块，该模块可根据不同维度卷积通道特征的差异性，自适应地调整不同通道的权重数值，优化特征表示。CCAW 模块结构如图 4.15(a) 所示。

DETR 的主干网络难以同时提取高维语义特征和低维细节特征，导致其多尺度缺陷检测能力较差。为满足涡轮叶片铸造缺陷检测的工业需求，该案例提出了基于注意力机制的 MFF 模块，通过自适应调整多尺度特征融合的权重，提升模型对多尺度缺陷的检测能力。MFF 模块结构如图 4.15(b) 所示。

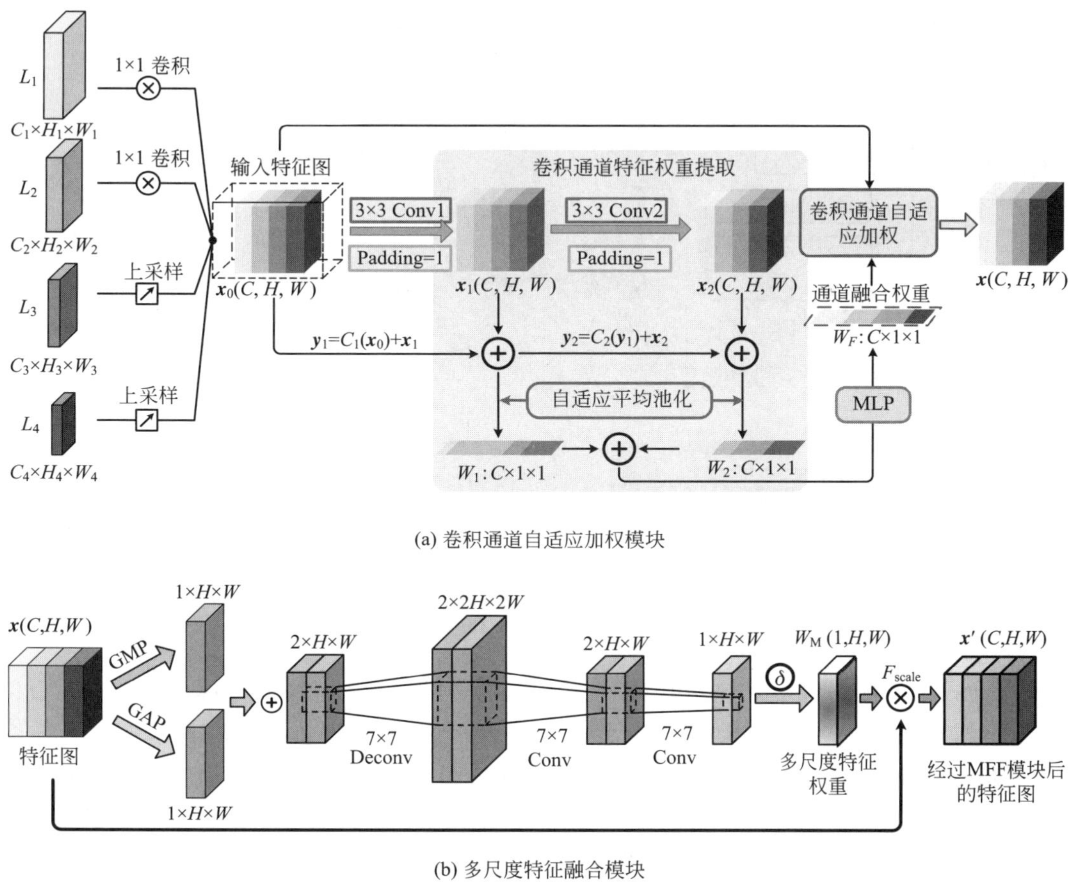


(a) 卷积通道自适应加权模块



(b) 多尺度特征融合模块

图 4.15 卷积通道自适应加权模块和多尺度特征融合模块

c. 改进的 Transformer 网络结构。改进的 Transformer 网络结构的核心在于设计新的解码器架构，如图 4.16 所示。首先，提出一种基于动态 4D 锚框的查询机制和跨层坐标更新策略，直接学习锚框的坐标信息，并利用跨层的坐标信息实现预测框坐标的高效更新，显著提升模型训练速度及缺陷定位精度。其次，提出纵横比引导的查询校正策略，将缺陷纵横比的先验知识纳入预测过程，增强模型对复杂缺陷特征的区分能力。最后，针对传统 Transformer 模型中前馈神经网络在处理高度非线性和复杂特征时能力不足的问题，提出 GA-FFN 模块，通过自适应分配各通道特征权重，实现对复杂铸造缺陷特征的全局感知和自适应提取。

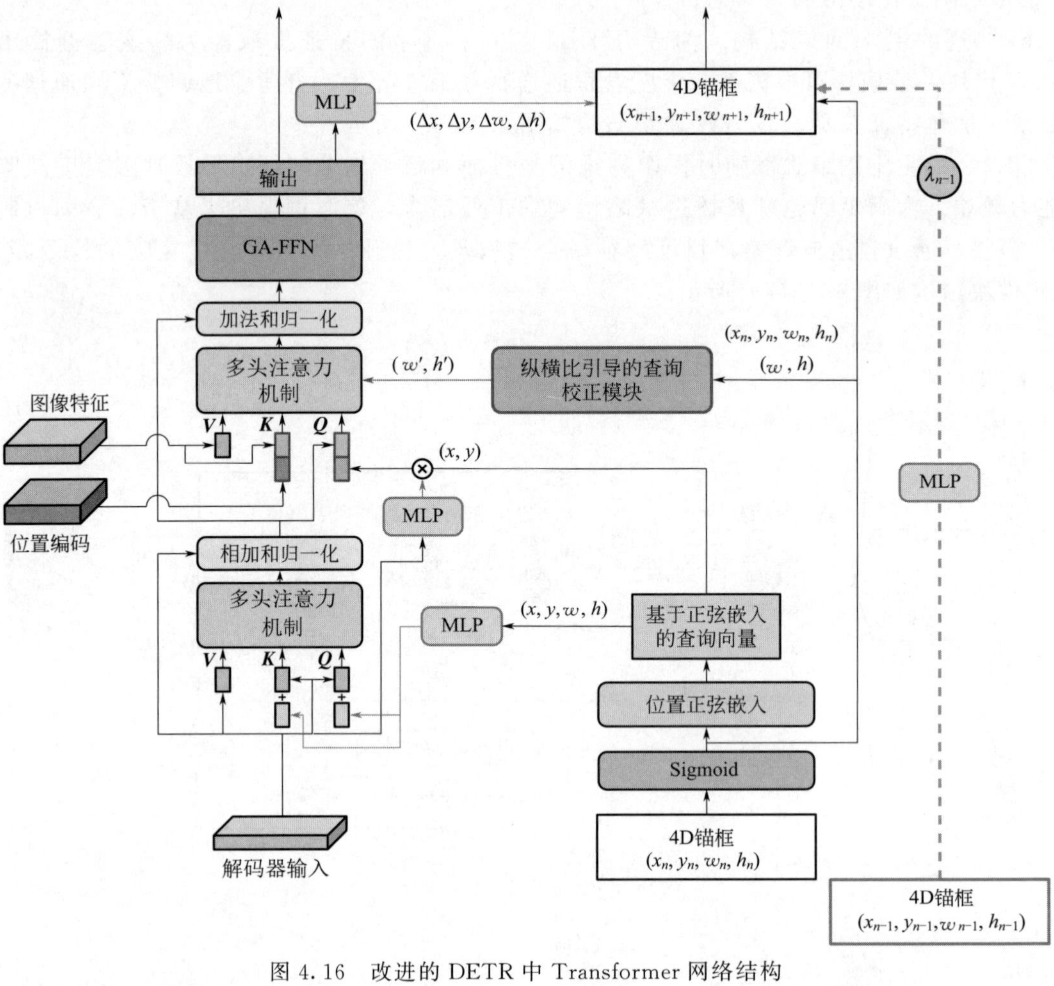


图 4.16 改进的 DETR 中 Transformer 网络结构

在工业缺陷检测场景中，铸造缺陷往往具有位置随机变化和尺寸多样的特点，而传统 DETR 中的静态查询难以有效处理这种复杂缺陷。针对上述问题，该案例提出一种基于动态 4D 锚框的查询机制。与静态查询相比，该查询机制能够直接学习锚框的坐标信息，包括中心坐标及宽高。这种动态表示形式赋予查询向量更强的位置感知能力，使其能够更准确、高效地捕获目标空间位置信息。4D 锚框查询机制如图 4.17 所示。

为提升检测模型对缺陷空间位置随机变化的感知能力，该案例设计了一种高效的跨层坐标更新策略。该策略通过在不同层之间传递和更新锚框坐标信息，可快速定位缺陷空间位置，大幅提升了检测模型的精确性和鲁棒性。跨层坐标更新策略的流程如图 4.18 所示。

在涡轮叶片铸造缺陷检测中，不同缺陷具有大小不一、形状各异的特点，如气孔缺陷可能呈现出圆形或椭圆形，而裂纹缺陷则通常为细长条状，这种缺陷的尺寸和形状的随机性加

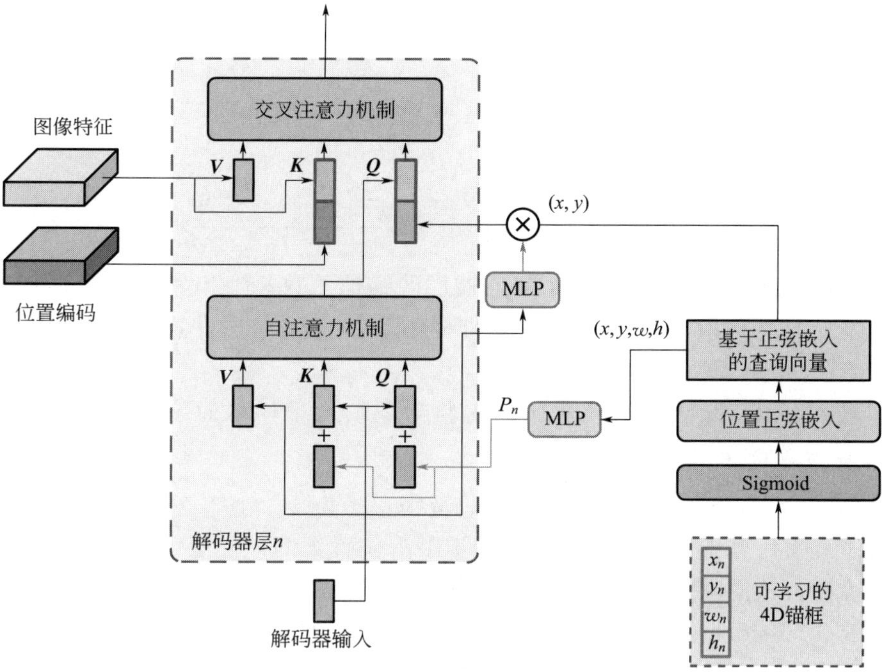


图 4.17　4D 锚框查询机制

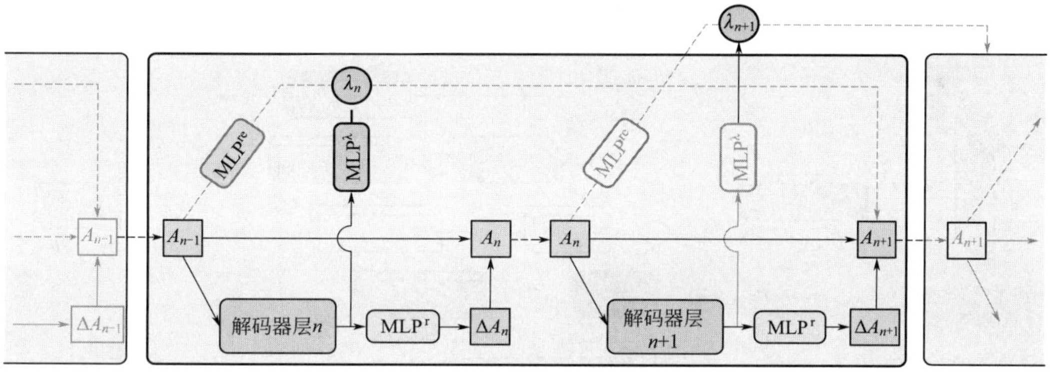


图 4.18　跨层坐标更新策略的流程

大了缺陷检测难度。此外，相同缺陷类型在纵横比上可能存在显著差异。针对上述问题，该案例提出了纵横比引导的查询校正机制。该机制将缺陷纵横比的先验知识纳入预测过程，以增强模型对复杂缺陷特征的区分能力。首先，该模块对锚框纵横比 $\vartheta$ 进行计算，具体如下：

$$\vartheta_n^i=\frac{A_n^{Si}[H]}{A_n^{Si}[W]}=\frac{\delta(A_n^i)[H]}{\delta(A_n^i)[W]} \tag{4.19}$$

式中，$A_n^i$ 表示第 $n$ 个解码器层的第 $i$ 个锚框；$A_n^{Si}[H]$ 和 $A_n^{Si}[W]$ 分别表示 $A_n^i$ 经过 Sigmoid 函数后的高度和宽度信息。

为识别模型更新过程中纵横比发生显著变化的锚框，该研究引入难样本的概念。首先获取当前层所有锚框的纵横比集合 $\vartheta_n=(\vartheta_n^1,\vartheta_n^2,\cdots,\vartheta_n^I)$。式中，$\vartheta_n^i$ 表示第 $n$ 层第 $i$ 个锚框的纵横比。类似地，获取前一层所有锚框的纵横比集合 $\vartheta_{n-1}=(\vartheta_{n-1}^1,\vartheta_{n-1}^2,\cdots,\vartheta_{n-1}^I)$。接下来，通过比较两层的纵横比集合，识别出纵横比发生显著变化的锚框。第 $n$ 个解码器层中难样本的索引集合可表示为 $H_n=(h_n^1,h_n^2,\cdots,h_n^I)$，$h_n^i$ 由式(4.20) 得到。

$$h_n^i=\begin{cases}1,|\vartheta_n^i-\vartheta_{n-1}^i|\geqslant\gamma\dfrac{\sum\limits_{i=1}^{I}|\vartheta_n^i-\vartheta_{n-1}^i|}{I}\\0,|\vartheta_n^i-\vartheta_{n-1}^i|<\gamma\dfrac{\sum\limits_{i=1}^{I}|\vartheta_n^i-\vartheta_{n-1}^i|}{I}\end{cases}\tag{4.20}$$

式中，$\gamma$ 为判断阈值；$I$ 为第 $n$ 个解码器层的锚框总数。当相邻层之间的纵横比变化大于等于平均差异的 $\gamma$ 倍时，该锚框被视为难样本，其索引标志设置为 1；否则，将其设置为 0。

最后，通过逐元素乘法，将纵横比的先验知识纳入难样本的位置查询向量 $\boldsymbol{P}_n$ 中得到 $\boldsymbol{P}_n^{\text{ar}}$，具体计算过程见式(4.21)。

$$\boldsymbol{P}_n^{\text{ar}}=\boldsymbol{H}_n\cdot\boldsymbol{\delta}(\vartheta_n)+\boldsymbol{P}_n\tag{4.21}$$

在交叉注意力计算中，将纵横比先验知识融入位置查询，模型可以重点关注具有显著纵横比变化的锚框，从而增强模型对不规则形状缺陷的检测能力。

针对传统 Transformer 模型中前馈神经网络无法有效处理高度非线性复杂特征的问题，该案例提出了 GA-FFN 模块。该模块可自适应分配各通道特征权重，实现对复杂铸造缺陷特征的全局感知和自适应提取，其结构如图 4.19 所示。

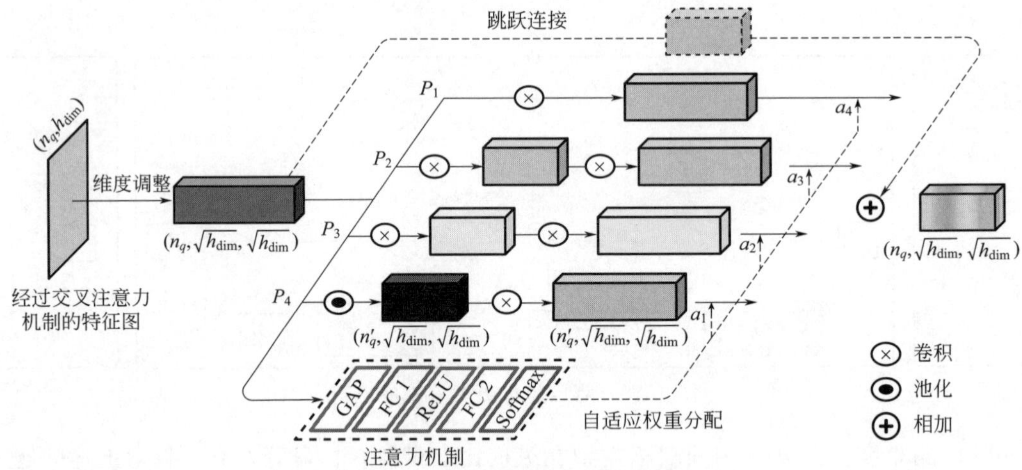

图 4.19　全局自适应前馈神经网络的结构

为执行卷积操作，首先将交叉注意力机制输出的编码特征向量 $\overline{\boldsymbol{X}}\in\mathbb{R}^{n_q\times h_{\text{dim}}}$ 重塑为特征图 $\boldsymbol{X}\in\mathbb{R}^{n_q\times\sqrt{h_{\text{dim}}}\times\sqrt{h_{\text{dim}}}}$，其中，$n_q$ 表示查询槽数量。然后根据四个不同的路径对特征图 $\boldsymbol{X}$ 进行卷积，分别为 $P_1$、$P_2$、$P_3$ 和 $P_4$。具体过程见式(4.22)～式(4.25)。

$P_1$：
$$\boldsymbol{X}_1=\text{ReLU}(\text{Conv}_{1,1}(\boldsymbol{X}))\tag{4.22}$$
$P_2$：
$$\boldsymbol{X}_2=\text{ReLU}(\text{Conv}_{2,2}(\text{ReLU}(\text{Conv}_{2,1}(\boldsymbol{X}))))\tag{4.23}$$
$P_3$：
$$\boldsymbol{X}_3=\text{ReLU}(\text{Conv}_{3,2}(\text{ReLU}(\text{Conv}_{3,1}(\boldsymbol{X}))))\tag{4.24}$$
$P_4$：
$$\boldsymbol{X}_4=\text{ReLU}(\text{Conv}_{4,1}(\text{MaxPool}(\boldsymbol{X})))\tag{4.25}$$

式中，$\text{Conv}_{i,j}$ 表示第 $i$ 条卷积路径的第 $j$ 个卷积操作；MaxPool(·) 表示 3×3 全局最

大池化操作。图4.20详细展示了不同卷积路径中卷积操作的配置。每条路径采用了不同大小的卷积核，以提取不同感受野下的特征表示。

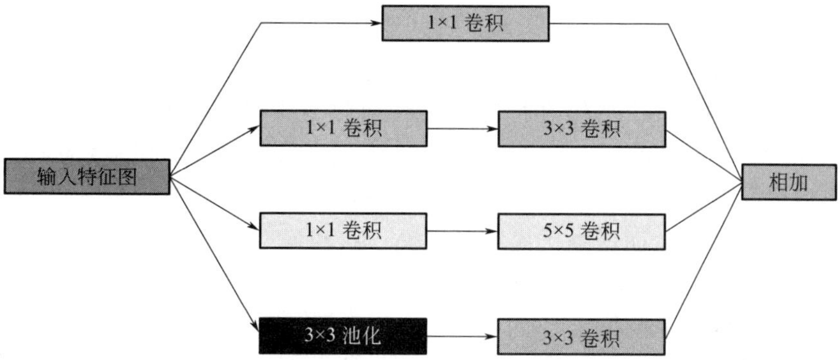


图4.20　卷积路径结构

$P_1$：通过1×1卷积操作来调整特征图深度，减少特征通道数量，在降低计算复杂度的同时保留最关键的特征信息。

$P_2$：使用1×1卷积来调整特征图的通道数量，类似于$P_1$路径。然后，通过3×3卷积操作来提取局部空间特征，丰富特征表示。

$P_3$：使用1×1卷积来调整特征图通道数，控制特征的维度。然后，使用一个较大的5×5卷积核捕捉更广泛的空间相关性。$P_3$路径可增强网络对复杂缺陷的空间推理能力，提高缺陷检测的准确性。

$P_4$：使用3×3全局最大池化操作来降低特征图的空间分辨率。然后，使用3×3卷积提取特征。通过最大池化和卷积的组合，$P_4$路径不仅可以降低空间分辨率，还可保留最关键的特征信息，提高网络计算效率。

在GA-FFN的卷积过程中，为确保不同路径提取的特征图具有相同空间尺寸，须通过设置每个卷积操作的步长和填充大小获得特征图$\boldsymbol{X}_1$，$\boldsymbol{X}_2$，$\boldsymbol{X}_3$，$\boldsymbol{X}_4 \in \mathbb{R}^{n_{qh} \times \sqrt{h_{\text{dim}}} \times \sqrt{h_{\text{dim}}}}$，$n_{qh}=128$。此外，为实现自适应特征聚合，该网络通过引入注意力机制计算动态权重并生成相应的权重系数，具体计算过程见式(4.26)。

$$(\boldsymbol{\alpha}_1,\boldsymbol{\alpha}_2,\boldsymbol{\alpha}_3,\boldsymbol{\alpha}_4)=\text{Softmax}(\text{FC}_2(\text{ReLU}(\text{FC}_1(\text{AvgPool}(\boldsymbol{X})))))\tag{4.26}$$

式中，AvgPool(·)代表3×3全局平均池化操作。最后，将每条卷积路径得到的特征图$\boldsymbol{X}_1$、$\boldsymbol{X}_2$、$\boldsymbol{X}_3$和$\boldsymbol{X}_4$与注意力机制计算得到的动态权重$\boldsymbol{\alpha}_1$、$\boldsymbol{\alpha}_2$、$\boldsymbol{\alpha}_3$和$\boldsymbol{\alpha}_4$进行点乘运算，获得全局自适应感知的特征图$\boldsymbol{X}_{\text{G}}$，见式(4.27)。

$$\boldsymbol{X}_{\text{G}}=\text{Norm}_2(\text{Conv}_{\text{G}}(\text{Norm}_1(C(\boldsymbol{\alpha}_1\boldsymbol{X}_1,\boldsymbol{\alpha}_2\boldsymbol{X}_2,\boldsymbol{\alpha}_3\boldsymbol{X}_3,\boldsymbol{\alpha}_4\boldsymbol{X}_4)))+\boldsymbol{X})\tag{4.27}$$

式中，$C(\cdot)$表示加权特征图沿通道维度的拼接；$\text{Conv}_{\text{G}}(\cdot)$表示拼接后的通道数调整操作，使其与原始特征图$\boldsymbol{X}$保持一致；$\text{Norm}_i$表示归一化操作。

综上所述，为了解决DETR模型在多尺度缺陷检测中的精度低和复杂缺陷定位不准确等问题，该案例提出了一种改进的DETR叶片铸造缺陷检测方法。首先，针对传统DETR模型在多尺度缺陷特征提取方面存在的不足，对其主干网络进行了改进，并提出了CCAW模块和MFF模块。其中，CCAW模块通过引入通道注意力机制以及自顶向下的多尺度特征提取策略，自适应调整不同卷积通道的权重，从而增强了特征的表示能力。MFF模块则采用不同的池化策略来提取局部显著特征和全局上下文信息，并利用较大卷积核优化多尺度特征融合，从而显著提升了模型在多尺度缺陷检测上的能力。消融实验结果表明，改进后的 DETR 主干网络能够有效优化和融合输入图像中的多尺度缺陷特征，显著提升检测精度。

其次，针对缺陷尺寸的多样性和空间位置的随机性导致的检测精度低问题，该案例对 DETR 模型中的 Transformer 结构进行了创新性改进，设计了一种全新的解码器架构。首先，提出了 4D 锚框查询机制和跨层坐标更新策略，有效地捕捉了缺陷的空间位置信息，显著提高了缺陷定位的准确性。然后，结合纵横比引导的查询校正机制，将缺陷的纵横比先验信息编码到查询矩阵中，从而增强了模型对不同形状和尺寸缺陷的辨识能力。最后，设计了 GA-FFN 模块，以自适应方式动态分配各个卷积注意力通道的特征权重，实现了对缺陷的全局和局部特征的高效提取与融合。

**(3) 航空发动机涡轮叶片铸造缺陷检测系统软件介绍**

以自采航空发动机涡轮叶片铸造缺陷 RI 数据集为研究对象，基于改进的 DETR 模型，构建了一套完整的航空发动机涡轮叶片铸造缺陷检测系统。该系统涵盖了用户登录、图像预处理、缺陷检测可视化等多个关键功能模块。为了提供更直观的缺陷检测体验，系统通过封装和模块化设计训练好的模型，为工程人员提供了简洁而友好的人机交互界面。在该界面上，用户只需进行简单的设置和参数调整即可在线调用不同的算法模块，从而轻松完成航空发动机涡轮叶片铸造缺陷检测任务。

① 软件模块框架　根据功能需求，涡轮叶片内部铸造缺陷检测系统软件主要分为四大模块：用户登录界面、图像预处理模块、缺陷检测可视化模块以及检测结果统计模块。航空发动机涡轮叶片铸造缺陷检测系统的总体框架如图 4.21 所示。

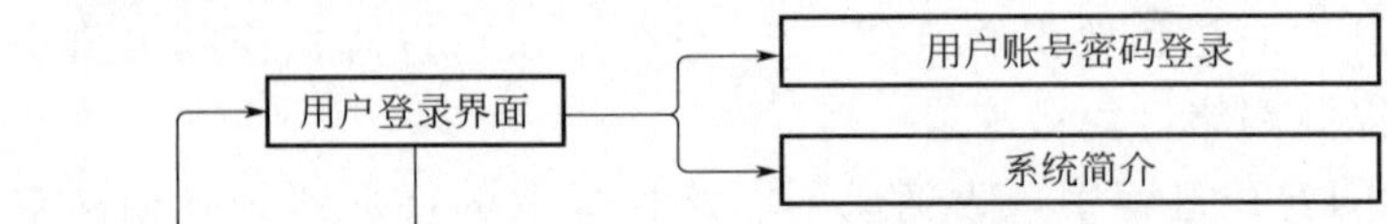


图 4.21　航空发动机涡轮叶片铸造缺陷检测系统的总体框架

② 软件系统开发与实现　根据涡轮叶片铸造缺陷检测系统的总体框架和检测流程，基于 PyQt5 设计人机交互界面，实现用户登录界面、图像预处理界面以及铸造缺陷检测功能界面。

a. 用户登录界面。在进入用户登录界面（图 4.22）后，用户首先需要进行注册操作，如已注册，可通过输入正确的用户名和密码进入后续的涡轮叶片铸造缺陷检测界面。相关账号信息使用 SQL（Structured Query Language）数据库进行管理，进一步提高使用安全性。登录成功后，首先弹出欢迎界面，如图 4.23 所示。

图 4.22　用户登录界面

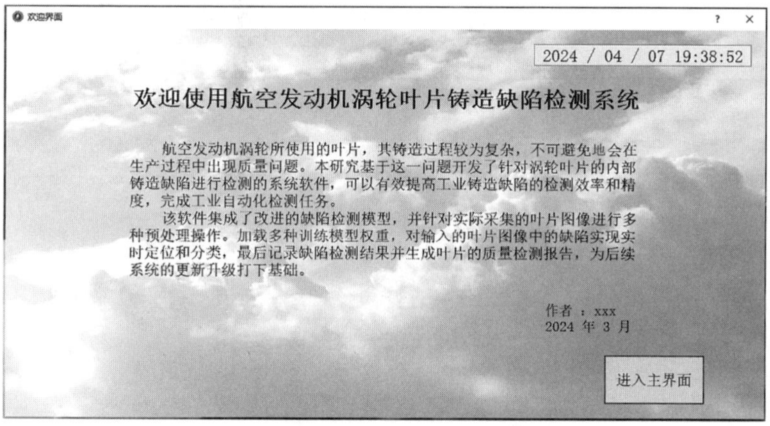


图 4.23　软件欢迎界面

b. 图像预处理界面。在欢迎界面点击“进入主界面”按钮后，系统会跳转到图像预处理界面，如图 4.24 所示。首先选择保存路径，即原始胶片图像处理之后的存储路径，其选择界面如图 4.25 所示。然后对原始胶片图像进行批量上传，借助 OpenCV 中的轮廓提取方法对单个叶片进行提取，并显示提取过程，最后将叶片提取结果展示在界面上，如图 4.26 所示。

涡轮叶片批量提取完成后会全部保存在最初选定的路径中，之后对文件夹中的图片进行降噪和锐化处理，结果如图 4.27 所示。用户可根据实际情况设置中值滤波降噪选用的滤波

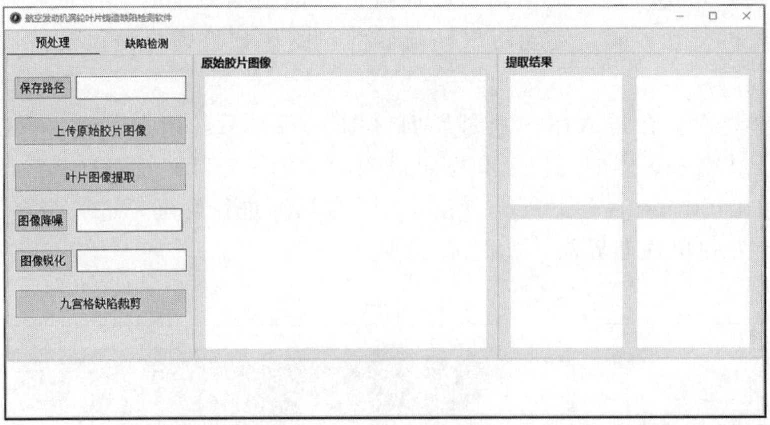


图 4.24　图像预处理界面

图 4.25　选取文件夹显示效果

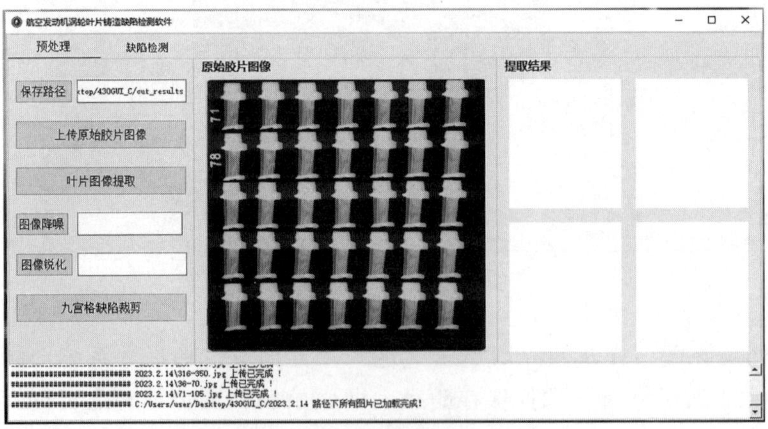


图 4.26　叶片图像提取效果可视化

核大小以及图像锐化所选取的卷积核（$K=K_1$，$K_2$，$K_3$）。降噪和锐化的结果均显示在右侧的四个窗口上，用户可自行选择是否保存此次预处理的结果。

最后，将所提出的九宫格缺陷裁剪方法集成到图像预处理算法中，对经过降噪和锐化的

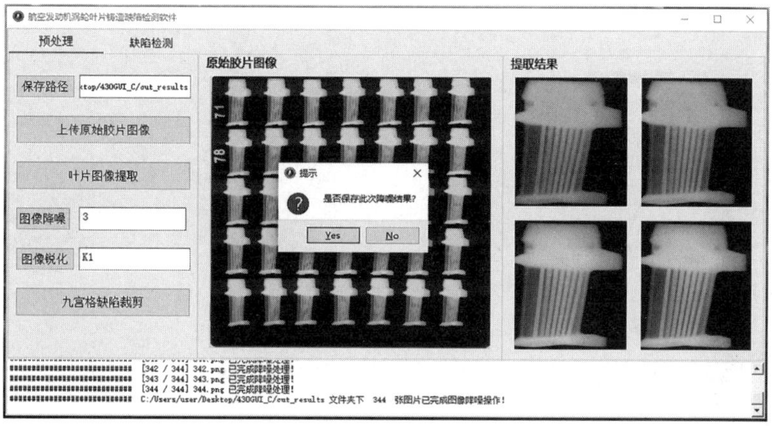


图 4.27　降噪和锐化操作展示

图像进行裁剪，扩充数据集样本数量，其可视化结果如图 4.28 所示。

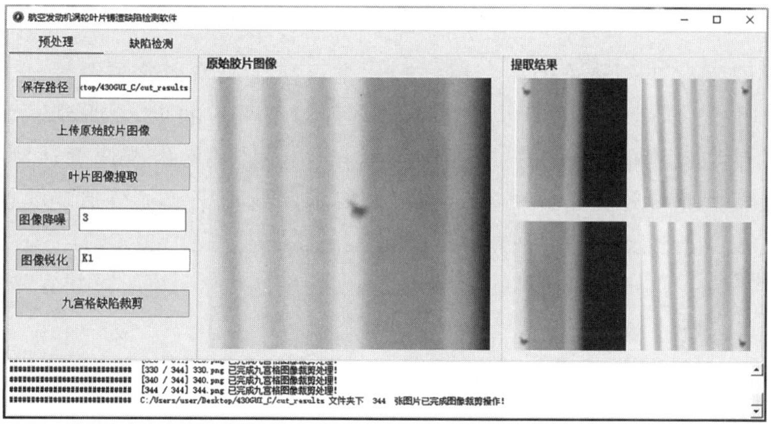


图 4.28　九宫格缺陷裁剪方法可视化

c. 铸造缺陷检测功能界面。铸造缺陷检测结果如图 4.29 所示，左侧为原图，右侧显示带有检测框的结果图，下方终端滚动显示检测类别和检测速度，检测过程中可以通过结束按钮随时停止检测任务。该系统可根据检测要求选择不同的模型以及设置不同的参数，如

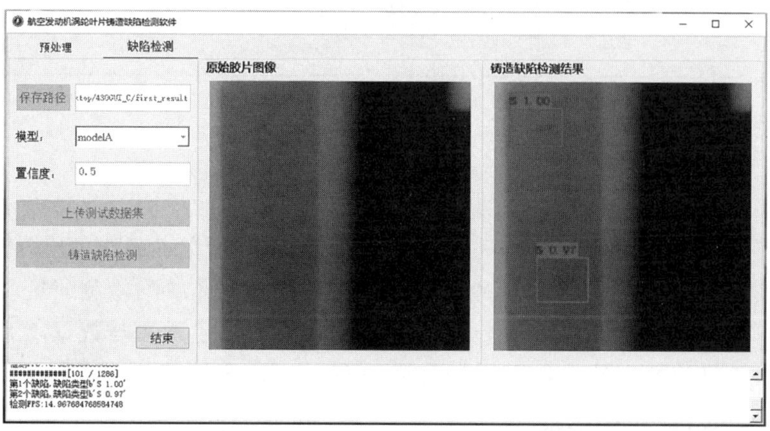


图 4.29　铸造缺陷检测结果可视化

图 4.30 所示。

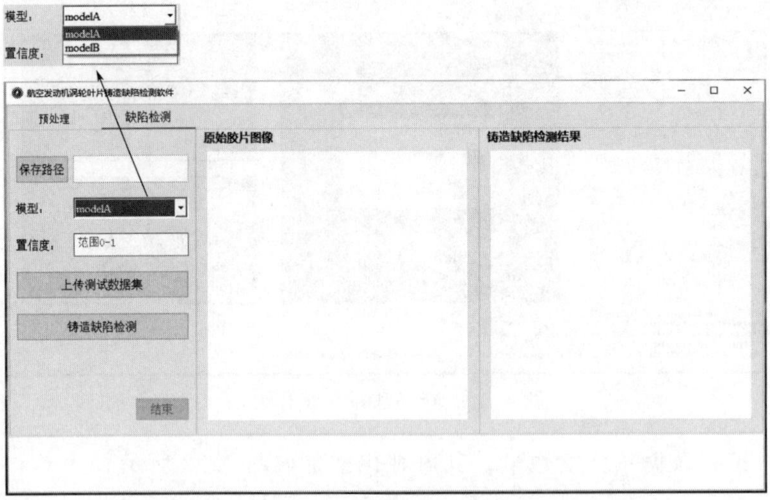


图 4.30 缺陷检测界面模型选择

检测结果实时保存在存储路径中，根据叶片是否存在缺陷将检测图片分类并放在不同的文件夹中，如图 4.31 所示。通过所提出的系统软件对新采集的 1286 张测试 RI 进行了检测，最终六个类别的平均检测精度 $mAP_{50}$ 达到了 94.65%，且平均检测速度达到了 40.72 帧/s，满足了航空发动机涡轮叶片铸造缺陷实时检测的要求，成功完成了铸造缺陷检测任务。

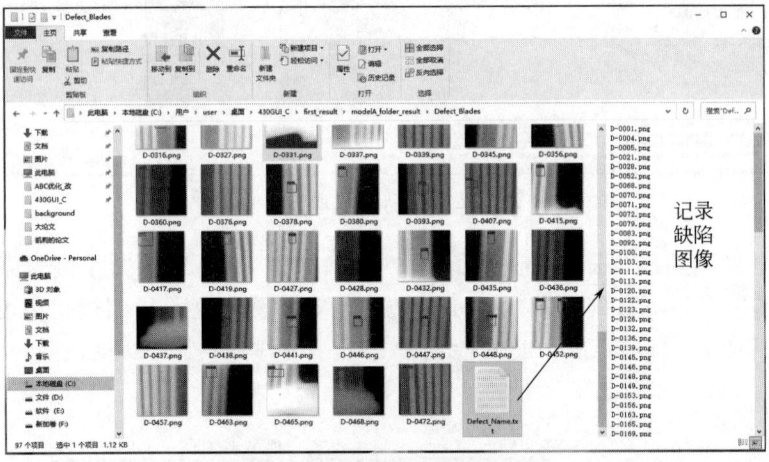


图 4.31 检测结果记录

**(4) 总结**

涡轮叶片作为航空发动机的关键部件，其内部铸造缺陷的检测对保障发动机在恶劣飞行环境中的正常工作至关重要。为确保飞行安全，在叶片服役前全面检测其铸造缺陷尤为重要。基于此，该案例针对航空发动机涡轮叶片开展了铸件内部缺陷检测研究。首先，针对样本数量少和缺陷模糊的问题，提出了一种新型图像数据集构建方法与数据增强网络，结合样本扩充、降噪和锐化预处理技术，采用九宫格裁剪方法扩充缺陷样本并构建 RI 数据集，同时设计了基于空洞卷积的 DDAN，提升了低对比度环境下缺陷边界的自适应增强能力，从而增强了 DETR 模型对模糊缺陷的检测能力。其次，针对 DETR 模型在多尺度缺陷检测中的精度问题，提出了一种改进的检测方法，嵌入了 CCAW 和 MFF 模块，并对 Transformer 结构进行了优化，设计了 4D 锚框查询机制、跨层坐标更新策略、纵横比引导查询校正机制和 GA-FFN 模块，大幅提升了 DETR 模型对铸件缺陷的检测精度，能够更精准地提取缺陷的全局特征和局部细节。最后，基于数据增强算法和目标检测算法的研究，开发了航空发动机涡轮叶片铸造缺陷检测系统软件，集成了用户信息管理、图像预处理、缺陷检测可视化和检测结果储存等功能，形成了一个全流程、一体化的智能缺陷检测平台。经过测试验证，该系统具备良好的可行性和有效性。

# 4.4　智能装备故障推演技术的方法及案例

## 4.4.1　智能装备故障推演技术方法

智能装备故障推演技术通过运用多种先进算法和模型，预测设备的潜在故障，进行诊断和预防，从而优化设备维护和管理。这项技术基于设备运行数据、工程知识和物理模型的结合，能够在实际操作中提供准确、及时的预警。以下详细介绍智能装备故障推演的主要方法，包括数据驱动方法、基于规则和知识的方法、基于物理模型的方法以及多种方法结合的混合方法。

**（1）数据驱动方法**

数据驱动方法依赖设备的实时数据和历史数据，利用机器学习和深度学习模型进行建模，从而识别设备的异常模式和故障征兆。数据驱动方法适合高数据量、高频率的设备监测和预警需求。

① 时序分析　对于设备传感器生成的时间序列数据（如振动、温度、压力等），可以通过自回归模型（如 ARIMA）或长短期记忆网络（LSTM）进行建模和预测。时序模型能够发现时间数据中的趋势和周期性特征，当实际数据偏离预测值时，即视为潜在的故障信号。

② 异常检测　在设备运行过程中，利用异常检测算法（如孤立森林、支持向量机 SVM）识别数据中的异常点，作为故障的早期预警。这些算法可以在设备数据中发现偏离正常模式的异常情况，从而快速定位潜在故障点。

③ 聚类分析　通过聚类方法将数据划分为不同的运行状态，如正常运行状态和异常运行状态。K-means 聚类可以帮助分离正常运行状态与异常运行状态，从而识别设备的故障模式。此外，基于密度的聚类方法（如 DBSCAN）对非线性数据也有较好适应性。

④ 深度学习　卷积神经网络（CNN）、自编码器（autoencoder）和图神经网络（GNN）等深度学习方法在处理复杂的传感器数据方面表现出色。它们可以提取数据中的深层特征，识别细微的故障模式，提高故障推演的准确性。例如，自编码器可以通过重构误差来识别异常，从而预警潜在故障。

**（2）基于规则和知识的方法**

基于规则和知识的方法主要依赖于设备的工程知识和故障经验，通过建立逻辑规则和知识库进行推理。这种方法适用于对设备结构和故障模式有明确理解的场景。

① 专家系统　专家系统将领域专家的知识转化为规则集，通过 IF-THEN 规则实现自动故障诊断。对于明确的故障模式，如温度超过一定阈值可能导致的过热故障，专家系统可以快速检测并发出预警。专家系统适合相对稳定的设备，但需要持续更新规则以应对新

故障。

② 模糊逻辑　在设备状态难以精确量化的情况下，模糊逻辑系统能够处理模糊或不确定信息，适用于诊断可能发生故障的情况。例如，在对温度、湿度和压力的联合检测中，模糊逻辑可以判断故障的严重程度和故障概率。

③ 故障树分析（FTA）　故障树分析是一种系统化的逻辑工具，用于构建设备的故障模式。它将设备的各种故障情况分解成基本事件，通过逻辑门（AND、OR）构建故障树，推导出可能导致设备故障的路径。FTA 适用于复杂系统的故障分析，尤其适用于多因素故障推演。

④ 贝叶斯网络　贝叶斯网络通过概率图模型表示设备故障的因果关系。在获取新信息后，网络会动态更新概率分布，以实时推断设备状态。这种方法适合处理因果关系明确且数据稀缺的场景。

**(3) 基于物理模型的方法**

基于物理模型的方法使用数学和物理建模来模拟设备的工作状态，通过模型推演预测设备的故障。此方法适合设备原理清晰、模型容易构建的场景。

① 状态空间模型　通过状态空间方程对设备的运动状态及控制输入和输出进行建模和估计，用于实时监控设备状态。这种方法适合线性系统，可以在多传感器数据中估算设备的健康状态。

② 卡尔曼滤波　卡尔曼滤波是一种递归算法，用于从噪声数据中估计状态。它适合动态系统的故障预测，通过不断更新状态估计值，识别设备的运行异常。例如，卡尔曼滤波常用于飞行器、车辆等设备的导航与控制。

③ 有限元分析（FEA）　通过有限元分析可以对设备的应力、位移等物理量进行计算和模拟。对于复杂机械部件（如涡轮叶片、桥梁结构），FEA 能在设计阶段识别潜在的结构故障，也可用于运行时的应力分析。

④ 数字孪生（digital twin）　数字孪生是基于物理模型的虚拟设备副本，通过接收传感器数据进行同步和模拟分析。它能够实时反映实际设备的运行状态，并提前预测故障位置。数字孪生不仅可以进行设备监控，还能模拟不同工况下的故障推演，是一种先进的故障预测方法。

**(4) 多种方法结合的混合方法**

多种方法结合的混合方法综合了数据驱动、基于规则和知识，以及基于物理模型的方法，以在实际应用中获得更精确的故障推演结果。这种方法在数据充足、设备结构复杂的环境下效果显著。

① 数据和物理模型融合　结合数据驱动和物理模型的优势，通过传感器数据对物理模型进行校正，同时利用物理模型提供的特征信息增强数据驱动模型的准确性。例如，在风力发电机监控中，可以使用物理模型模拟机械负载，数据驱动模型检测电流和转速的异常。

② 知识图谱　知识图谱建立起设备部件、工作状态、故障类型等信息的关联，通过图结构存储和分析数据。利用图搜索和路径推理技术，知识图谱可以识别多层级、多原因的故障模式。例如，知识图谱能够揭示故障症状的多重原因，有助于复杂设备的多层次故障推演。

③ 主动学习和自适应模型　在动态数据环境中，通过主动学习不断更新模型。例如，在设备环境变化时，主动学习模型会识别新模式，更新诊断规则或特征，适应设备的运行条

件变化。

总的来说，智能装备故障推演技术通过数据驱动、知识规则、物理模型和混合方法，构建多层次、多维度的故障预测和诊断框架。随着数据和计算能力的提升，智能故障推演方法将继续发展，并在更多领域提供更高效、更智能的维护和管理方案。

## 4.4.2　智能装备故障推演技术案例

下面介绍考虑早期故障特征多样性的双网络自评估轴承故障模式诊断框架。

**(1) 背景**

滚动轴承是旋转机械的关键部件，广泛应用于高温、高压和复杂负载环境中，恶劣的工作条件可能导致其承载稳定性下降，引发不可预见的问题，因此准确预测和诊断早期故障对于机械设备的预测性维护至关重要。

故障诊断方法主要分为基于物理的方法和基于数据的方法。基于物理的方法通过专家知识和数学模型诊断故障模式，但需要大量的先验知识，泛化能力较差。近年来，基于深度学习（DL）的数据驱动方法受到广泛关注，神经网络通过生命周期数据建立故障特征与故障模式的关系，避免了依赖先验知识的问题，提升了方法的通用性。

基于 DL 的轴承故障诊断研究根据退化阶段分为三类：早期故障诊断、弱故障诊断和严重故障诊断。传统研究多关注严重故障阶段的数据，然而，这些方法仅能在故障发生后进行诊断，无法满足预测性维护的需求。对于弱故障，现有方法能够提取弱信号中的故障信息，但同样是事后诊断，无法有效降低维护成本和提高设备性能。

预测性维护需要从早期故障数据中推断故障模式。现有方法多依赖 FTP（故障发生时间）的手动设置，这在动态环境中容易导致误差。为此，一些研究采用分类网络自动识别 FTP，并通过特征提取技术推断潜在的故障模式。尽管这些方法提高了早期故障的诊断精度，但往往忽视了故障演化的时序特征和运行条件的变化，容易导致误判。

总的来说，当前的故障诊断方法仍然存在局限，主要集中在事后诊断和对早期细微特征提取的不足，需要进一步优化以满足预测性维护的需求。

**(2) 案例方法介绍**

为实现基于早期故障阶段数据的精确故障模式诊断，该案例提出了一种新颖的双网络引导自评框架，该框架在诊断故障模式时充分考虑了早期故障特征的多样性。具体来说，首先提出了一种基于回归网络的 FTP 识别方法，用于在复杂多变的工况下识别 FTP。然后，为获取早期故障特征的补充信息，采用连续小波变换（CWT）和带自适应噪声的完全集合经验模态分解（CEEMDAN）进行多模态信息提取。在此基础上，通过结合注意力长短期记忆网络解码器（LSTM-D）和多核残差网络解码器（MK-ResNet-D），构建了双网络引导的故障诊断方案。同时，提出了一种可信度自评策略，通过实时更新网络可信度和动态调整双网络之间的权重，有效降低了模型的故障误判率。为验证所提方法的优势，设计了多个轴承故障案例进行测试。该案例的主要贡献总结如下。

- 开发了一种基于回归网络的 FTP 自适应识别方法，用于识别滚动轴承早期故障发生的时间点。与传统方法相比，所提方法仅基于健康数据即可在无须设置任何阈值的情况下，准确识别多工况下变化的 FTP。

- 构建了基于早期故障数据的故障模式诊断框架，能够预测因不同特征信息而变化的多种故障模式。通过分别优化每个诊断网络的性能，双网络能够深入挖掘早期故障特征，从而实现对故障模式多样性的预测。

- 提出了一种可信度自评策略，通过实时更新网络可信度指标并动态调整双诊断网络的权重，有效降低了故障误判率。该策略能够成功评估诊断网络在各种故障特征下的性能，从而实现最可靠的故障模式诊断结果。

该案例总体框架如图 4.32 所示，主要包括 FTP 自适应识别、多模态信息提取、双网络引导的故障模式诊断方案、故障模式自评估诊断策略。首先，提出了一种基于回归网络的 FTP 自适应识别方法，用于识别各种工况下的早期故障发生时间；其次，构建了基于多模态信息的故障诊断离线训练框架，根据不同的故障特征信息推导出不同的故障模式；最后，设计了故障模型自评估诊断策略，通过实时计算可信性指标和动态更新输出网络权值来准确诊断故障模式。

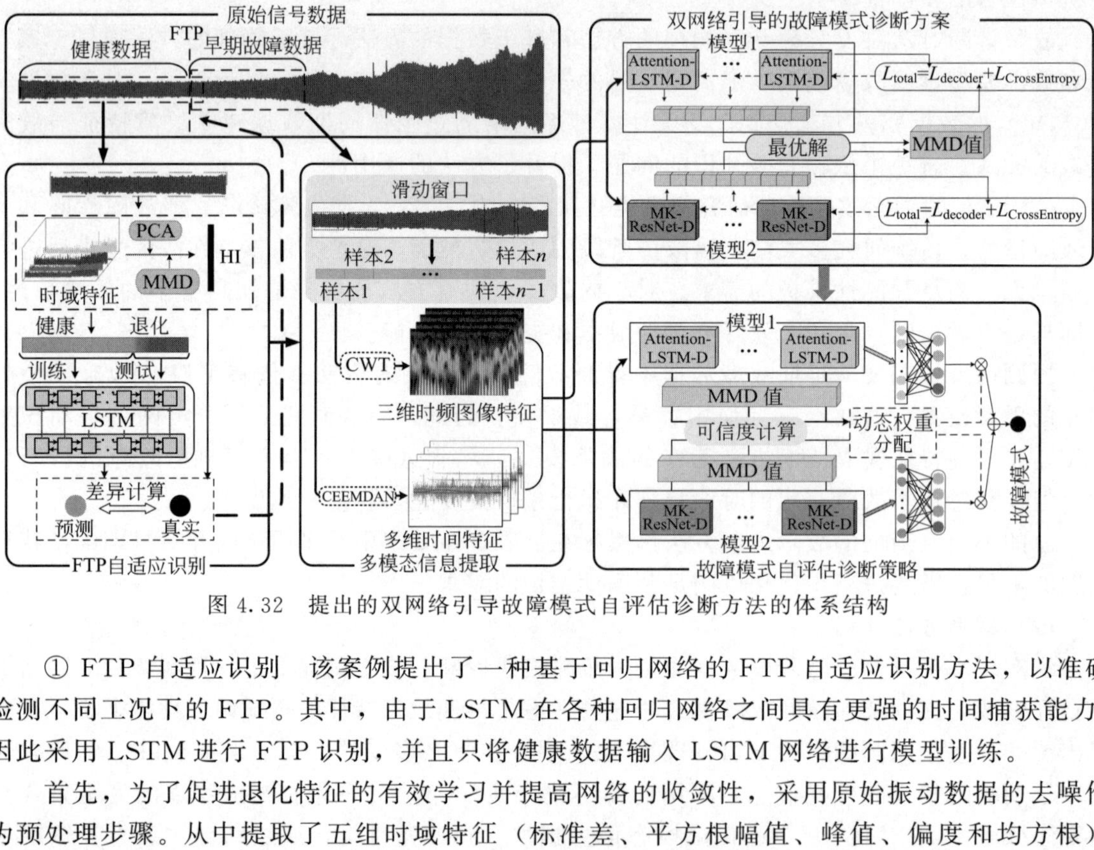


图 4.32　提出的双网络引导故障模式自评估诊断方法的体系结构

① FTP 自适应识别　该案例提出了一种基于回归网络的 FTP 自适应识别方法，以准确检测不同工况下的 FTP。其中，由于 LSTM 在各种回归网络之间具有更强的时间捕获能力，因此采用 LSTM 进行 FTP 识别，并且只将健康数据输入 LSTM 网络进行模型训练。

首先，为了促进退化特征的有效学习并提高网络的收敛性，采用原始振动数据的去噪作为预处理步骤。从中提取了五组时域特征（标准差、平方根幅值、峰值、偏度和均方根），定义为 $\boldsymbol{X}=(X_0^i,X_1^i,\cdots,X_N^i)$。式中，$i$ 表示对应的时域特征。随后，通过主成分分析（PCA）获得综合退化特征，定义为 $\boldsymbol{Y}_{\mathrm{P}}=(Y_0,Y_1,\cdots,Y_N)$。

为了简化 FTP 识别过程，采用滑动窗口方法对综合特征数据 $Y_{\mathrm{P}}$ 进行分段，分段数据表示为 $S=(S_0,S_1,\cdots,S_n)$。式中，$S_0$ 被设定为基准。通过计算 $S_0$ 与 $S_i$（$i=0,\cdots,n$）之间的最大均值差异（MMD），构建健康指数（HI）差异值数据集，表示为 $\boldsymbol{Y}_{\mathrm{M}}=(\boldsymbol{Y}_0,\boldsymbol{Y}_1,\cdots,\boldsymbol{Y}_n)$。考虑到构建的 LSTM 网络的 FTP 识别功能，必须建立用于模型训练的特定数据集。然而，在 HI 构造后，其标签维度 $\boldsymbol{Y}_{\mathrm{M}}=(\boldsymbol{Y}_0,\boldsymbol{Y}_1,\cdots,\boldsymbol{Y}_n)$ 发生了变化。为了满足网络对训练数据维度的要求，对原始特征数据集 $\boldsymbol{X}=(X_0^i,X_1^i,\cdots,X_N^i)$ 采用相同步长的滑动窗口方法，得到与 HI 标签维度相同的数据集 $\boldsymbol{x}=(\boldsymbol{x}_0^i,\boldsymbol{x}_1^i,\cdots,\boldsymbol{x}_n^i)$。在网络训练过程中，数据

集 $\boldsymbol{x}$ 为网络的输入，而数据集 $\boldsymbol{Y}_{\mathrm{M}}$ 作为标签数据 $\boldsymbol{Y}_{\mathrm{real}}$。具体的训练数据集构建流程如图 4.33 所示。

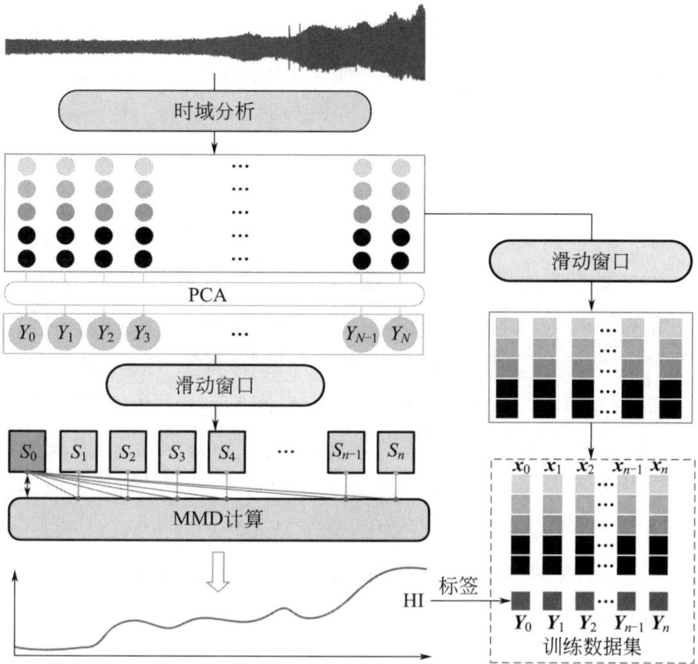


图 4.33　训练数据集构建流程

在该案例中，训练后的 LSTM 网络只学习健康数据的分布，而测试数据集同时包含健康数据和故障数据。考虑到健康数据与故障数据的分布差异，一旦早期发生故障，预测精度会下降，这可以用实时数据与预测健康数据的差异来表示。具体的基于 LSTM 的 FTP 自适应识别过程如图 4.34 所示。由于在正常运行状态下，预测结果也存在差异，因此在健康阶段和退化阶段之间必然存在差异阈值，该阈值可用来识别 FTP。为准确检测 FTP，可将 $n$ 个预测差分数据点取平均值，计算基线判据值，表示为

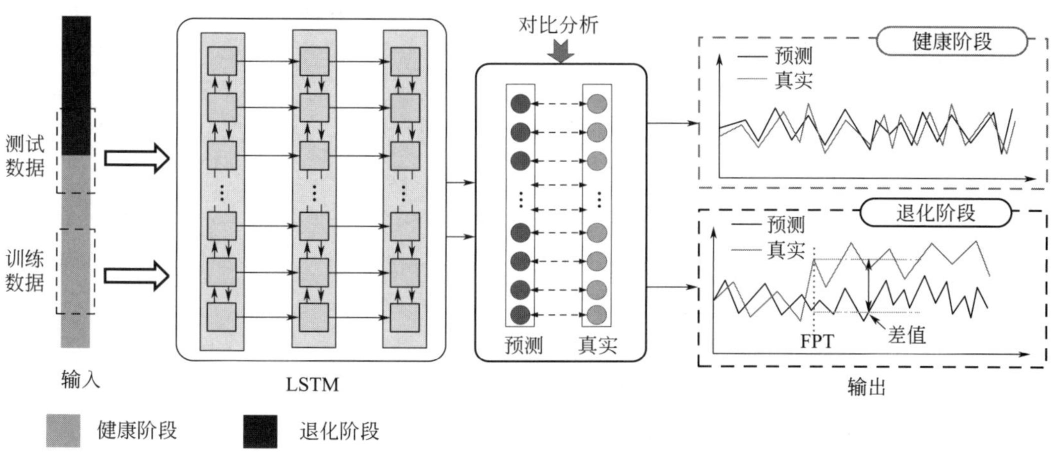


图 4.34　基于回归网络的 FTP 自适应识别方法

$$[d_0]=\frac{\sum_{i=0}^{n}|Y_i-y_i|}{n} \tag{4.28}$$

式中，$[d_0]$表示计算得到的基准判定值；$Y_i$ 和 $y_i$ 分别表示真实值和预测值。然后，基于有关参考文献中关于检测阈值的原则，更新 FTP 阈值的公式可以表示如下：

$$[d]=\alpha\cdot[d_0] \tag{4.29}$$

式中，$\alpha$ 是更新阈值的超参数；$[d]$是更新后的 FTP 阈值。基于此，提出了一种分布差异阈值计算方法，用于自适应识别不同工况下的各种 FTP。具体步骤可以总结如下。

步骤 1：根据式(4.28)，计算不同轴承运行工况下健康状态的基准判定值$[d_0]$。

步骤 2：基于获得的基准判定值$[d_0]$，使用式(4.29) 更新 FTP 阈值$[d]$。

步骤 3：计算预测结果与真实结果之间的差异值，并将其与 FTP 阈值$[d]$进行比较。如果连续 $n$ 个计算的差异值大于 FTP 阈值，则可以判断为真实的 FTP。

与传统的 FTP 识别方法相比，该案例提出的基于回归网络的 FTP 自适应识别方法只需要健康数据进行模型训练，而不需要全生命周期数据。此外，步骤 1 和步骤 2 中的分布差异阈值由轴承的固有特征确定，无须手动设置阈值，显著增强了所提方法的通用性和工业适用性。

② 多模态信息提取　该案例提出了一种结合 CWT 和 CEEMDAN 的多模态信息提取策略。具体而言，分别对原始数据进行三维时频图像特征提取和多维时间特征提取，获得故障早期阶段的特征互补信息，增强故障模式预测能力。

CWT 作为一种时频图像表示方法，能够将原始振动信号从一维时间序列转换为图像，从而可视化信号数据的特征，帮助直观地理解其固有模式和变化。作为原始数据的另一种表示方式，图像不仅能够封装丰富的信息，还能从不同的空间信号尺度捕捉细节和整体趋势，从而提供对轴承运行状态的更全面洞察。此外，它可以检测信号在不同时间尺度上的频率成分，更好地捕捉信号的时间特性。基于以上分析，CWT 可以有效地将冗余的原始振动信号转化为直观的时频图像表示，表达式如下：

$$\mathrm{CWT}_f(a,b)=\frac{1}{\sqrt{|a|}}\int f(t)\Phi\left(\frac{t-b}{a}\right)\mathrm{d}t \tag{4.30}$$

式中，$a$ 是尺度参数；$b$ 是时间参数；$f(t)$ 表示原始函数；$\Phi(\cdot)$ 是小波函数。小波变换的关键在于小波函数的选择，这会导致变换后图像的不同特征。常见的小波函数包括 Haar 小波、Coiflets 小波、Morlet 小波和 Cmor 小波。根据相关文献，Morlet 小波被认为更适用于旋转机械故障信号，因此在该案例中选择 Morlet 小波作为小波变换函数。

早期故障阶段的故障信息相对较少，且常常被与故障无关的信号所覆盖。作为提取故障信息的主要障碍之一，这显著降低了神经网络分解和利用收集到的数据的能力。因此，数据去噪技术被优先采用用于分解原始数据。在该案例中，基于经验模态分解（EMD）算法的 CEEMDAN 被设计用来有效地从信号中提取局部和非线性特征。其中，$E_i(\cdot)$ 表示通过 EMD 分解得到的第 $i$ 个固有模态函数（IMF），$\overline{C_i(t)}$ 表示通过 CEEMDAN 得到的第 $i$ 个 IMF。CEEMDAN 的主要过程可以表达如下。

步骤 1：将高斯白噪声添加到原始信号 $y(t)$ 中，得到新的信号 $y(t)+(-1)^q\varepsilon v^j(t)$。式中，$q=1$，2。然后，基于 EMD 分解，第一个阶次的 IMF 的 $C_1^j(t)$ 可以表示如下：

$$E(y(t)+(-1)^q\varepsilon v^j(t))=C_1^j(t)+r^j(j=1,2,\cdots,N) \tag{4.31}$$

式中，$v^j$ 是满足标准正态分布的高斯白噪声信号；$j$ 是白噪声次数；$\varepsilon$ 是白噪声的标准准则；$r$ 是残差值。

步骤 2：通过对总的 $N$ 个阶次的 IMF 结果进行平均，CEEMDAN 分解得到的第 1 阶 IMF 可以表示为

$$\overline{C_1(t)}=\frac{1}{N}\sum_{j=1}^{N}C_1^j(t) \tag{4.32}$$

步骤 3：去除第一个 IMF 后的残差误差计算为

$$r_1(t)=y(t)-\overline{C_1(t)} \tag{4.33}$$

步骤 4：通过将正负高斯白噪声加入 $r_1(t)$ 中，得到一个新信号，并对该新信号进行 EMD 分解，得到第 1 阶模态分量 $D_1$。然后，通过式(4.34) 得到 CEEMDAN 分解得到的第 2 阶 IMF。

$$\overline{C_2(t)}=\frac{1}{N}\sum_{j=1}^{N}D_1^j(t) \tag{4.34}$$

步骤 5：去除第二个 IMF 后的残差误差计算为

$$r_2(t)=r_1(t)-\overline{C_2(t)} \tag{4.35}$$

步骤 6：重复上述步骤，直到得到的残差信号为单调函数。之后，原始信号 $y(t)$ 可以分解为

$$y(t)=\sum_{k=1}^{K}\overline{C_k(t)}+r_k(t) \tag{4.36}$$

式中，$K$ 表示获得的 IMF 的数量。

通过基于 CEEMDAN 的数据去噪技术，原始振动信号可以有效地分解为多个 IMF 分量，这些分量包含了局部和非线性的故障信息。基于所提出的多模态信息提取策略，能够从原始故障数据中有效提取早期故障阶段的特征补充信息，从而减少无关噪声对特征提取的影响。特别是在构建训练数据集时，必须考虑 CEEMDAN 分解的时域数据与 CWT 变换的图像数据之间的相关性，确保网络在故障诊断模型训练过程中提取的故障信息保持一致的时间维度。

③ 双网络引导的故障模式诊断方案　该案例提出了一种双网络引导的故障模式诊断框架，旨在结合特征互补信息以及各特征在不同模态数据中的敏感性，基于早期故障数据进行多种故障模式的预测。如图 4.35 所示，通过多模态信息提取策略，能够有效获取特征互补

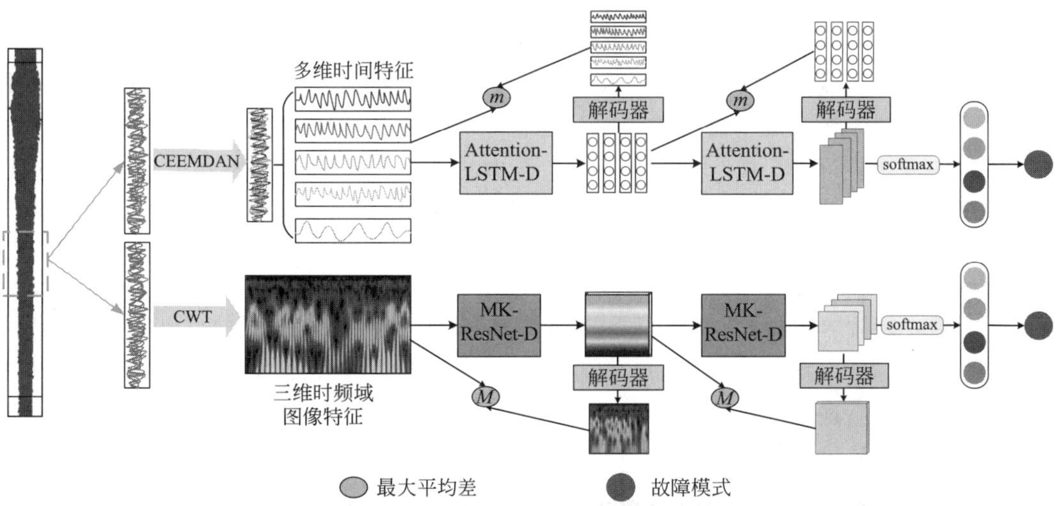


图 4.35　提出的双网络引导故障模式诊断方案的体系结构

信息，从而确保模型训练过程中的特征多样性。与此同时，框架设计了两个独立的诊断网络用于故障诊断模型的训练，分别优化各个网络的性能。这种做法有助于更深入地挖掘早期故障特征，从而提高对不同故障模式的预测能力。接下来将详细介绍该离线故障模式诊断方案的核心技术细节。

a. Attention-LSTM-D。为了有效地降低原始信号数据中的噪声，采用分解方法将冗余振动数据分解为 IMF。由于 CEEMDAN 可以将复杂冗余的数据分解为逐渐简化的波形，因此识别与故障数据密切相关的 IMF 至关重要。为了进一步从 IMF 数据中提取早期故障特征，该案例开发了一个 Attention-LSTM-D 网络，如图 4.36 所示。首先，将得到的 IMF 数据输入 LSTM-D 网络中提取时间信息。然后，应用自注意力机制识别与故障信息密切相关的 IMF。最后，Attention-LSTM-D 网络可以计算每个 IMF 与故障特征的相关性，并为不同的 IMF 分配关注权重，从而允许网络优先考虑与故障关联更紧密的特征。通过以上深度特征提取，可以有效地从 IMF 数据中挖掘出故障特征。

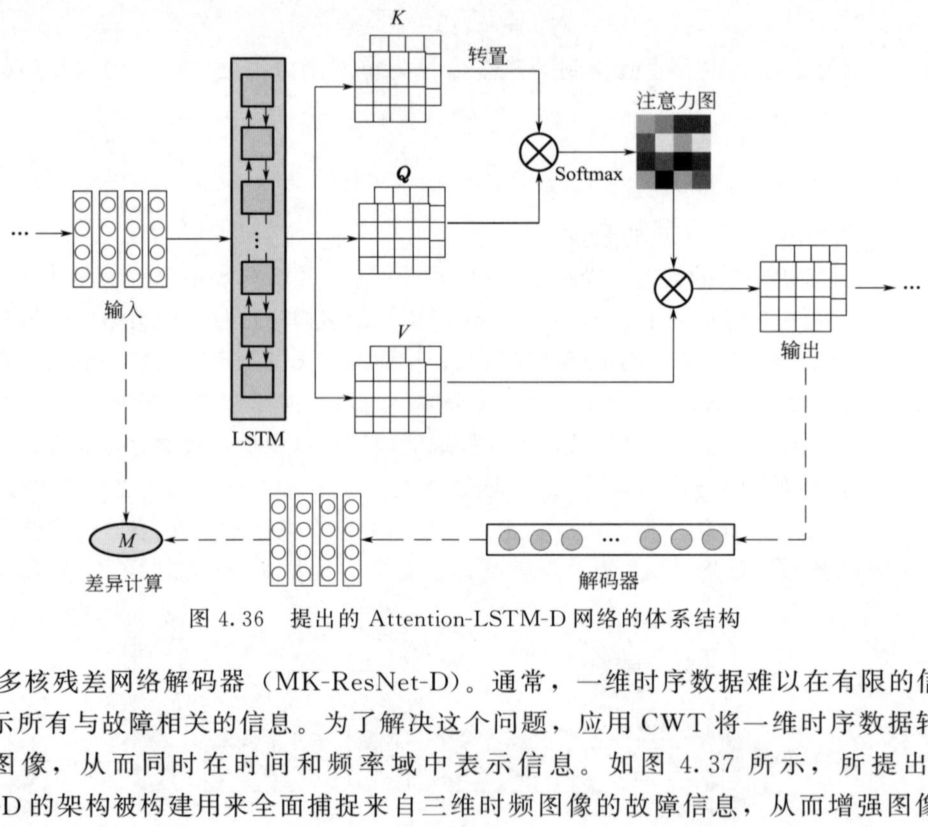


图 4.36 提出的 Attention-LSTM-D 网络的体系结构

b. 多核残差网络解码器（MK-ResNet-D）。通常，一维时序数据难以在有限的信息中清晰地表示所有与故障相关的信息。为了解决这个问题，应用 CWT 将一维时序数据转换为三维时频图像，从而同时在时间和频率域中表示信息。如图 4.37 所示，所提出的 MK-ResNet-D 的架构被构建用来全面捕捉来自三维时频图像的故障信息，从而增强图像特征提取能力。

在多核层中，初始输入矩阵经过三种不同核大小的卷积，可以捕获输入数据中不同的特征尺度和方向。特别是每个核都专门用于检测特定的特征，从而增强了网络有效捕获故障特征的能力。此外，针对标准化和非均匀数据大小合并，设计了 1×1×1 卷积核，将三组数据分别进行卷积，然后通过连接层进行连接。此外，在模型训练过程中，采用残差结构来降低爆炸或梯度消失的风险。然后，一个额外的卷积和池化层将模型的重点放在关键特征上，同时过滤掉不相关的细节。最终从时域和频域综合提取故障特征。

c. 解码器。神经网络的训练过程包括原始数据转换、权重值调整和持续的矩阵参数优

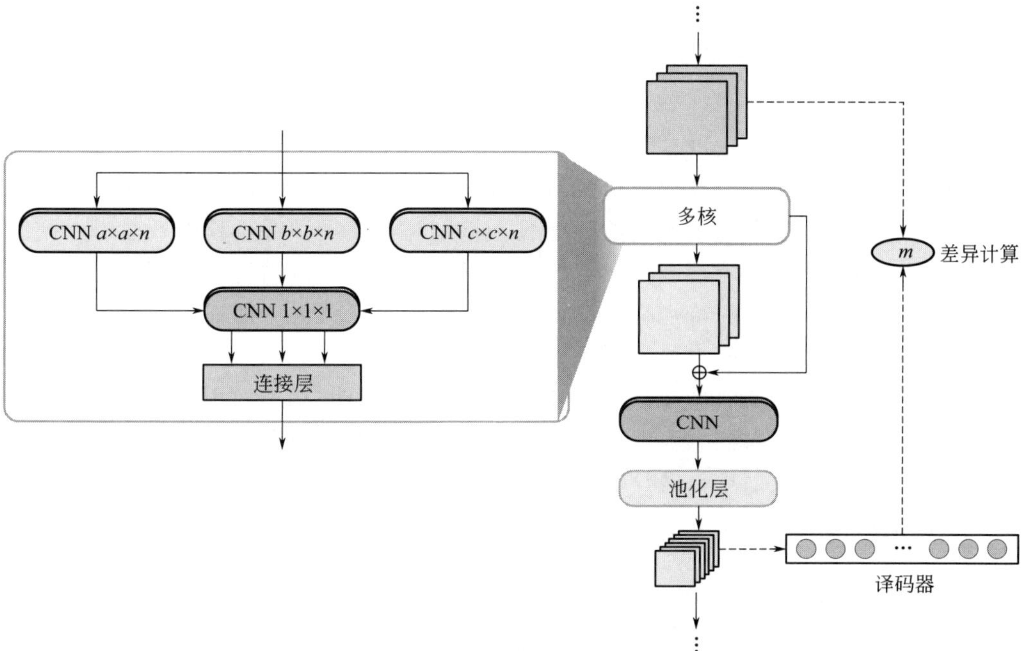


图 4.37　提出的 MK-ResNet-D 的体系结构

化。然而，随着网络深度的增加和矩阵的不断操作，原始数据的某些特征可能会完全丢失，从而导致网络过度关注某些特定特征。这种现象可能会错误地强调某些特征，进而降低网络的推理和泛化能力。为了解决这个问题，解码器结构和分布差异计算被引入所设计的 Attention-LSTM-D 和 MK-ResNet-D 模型中。如图 4.35 和图 4.36 所示，每个网络层的输出都连接到一个解码器，用于特征恢复，其表达式如下：

$$\boldsymbol{X}^{l+1}=F_{\mathrm{Net}}^{l}(\boldsymbol{X}^{l}) \tag{4.37}$$

$$\boldsymbol{x}^{l}=F_{\mathrm{Decoder}}^{l}(\boldsymbol{X}^{l+1}) \tag{4.38}$$

式中，$F_{\mathrm{Net}}^{l}(\cdot)$ 表示当前特征提取网络层；$F_{\mathrm{Decoder}}^{l}(\cdot)$ 表示当前解码器；$\boldsymbol{X}^{l}$ 是输入特征；$\boldsymbol{X}^{l+1}$ 是输出特征；$\boldsymbol{x}^{l}$ 是恢复后的特征。

在获得恢复特征之后，需要评估这些特征是否被过度提取。在这项工作中，引入 MMD 来衡量输入特征与恢复特征之间的距离，因为 MMD 可以测试两个样本是否来自不同的分布。此外，MMD 计算中采用了核函数技术来解决映射函数的选择问题。通过平方 MMD 计算输入特征和恢复特征之间的分布差异，可以表达为如下公式：

$$\mathrm{MMD}(\boldsymbol{X}^{l},\boldsymbol{x}^{l})=\left\|\frac{1}{n_{\boldsymbol{X}^{l}}^{2}}\sum_{i=1}^{n_{\boldsymbol{X}^{l}}}\sum_{i'=1}^{n_{\boldsymbol{X}^{l}}}k(d_{i}^{\boldsymbol{X}^{l}},d_{i}^{\boldsymbol{X}^{l'}})-\frac{2}{n_{\boldsymbol{X}^{l}}n_{\boldsymbol{x}^{l}}}\sum_{i=1}^{n_{\boldsymbol{X}^{l}}}\sum_{j=1}^{n_{\boldsymbol{x}^{l}}}k(d_{i}^{\boldsymbol{X}^{l}},d_{j}^{\boldsymbol{x}^{l}})+\frac{1}{n_{\boldsymbol{x}^{l}}^{2}}\sum_{j=1}^{n_{\boldsymbol{x}^{l}}}\sum_{j'=1}^{n_{\boldsymbol{x}^{l}}}k(d_{j}^{\boldsymbol{x}^{l}},d_{j}^{\boldsymbol{x}^{l'}})\right\| \tag{4.39}$$

式中，$d_{i}^{\boldsymbol{X}^{l}}$ 表示输入特征的第 $i$ 个元素；$k(\cdot,\cdot)$ 表示引入的核函数。

通过以上分析，两种网络的最终优化目标为

$$\begin{aligned}L_{\mathrm{total}}&=aL(y_{\mathrm{Real}},y_{\mathrm{Pred}})+\frac{b}{n}\sum_{l=1}^{n}\mathrm{MMD}(\boldsymbol{X}^{l},\boldsymbol{x}^{l})\\&=-a\sum_{i=1}^{C}y_{\mathrm{Real}}^{i}\log y_{\mathrm{Pred}}^{i}+\frac{b}{n}\sum_{l=1}^{n}\mathrm{MMD}(\boldsymbol{X}^{l},\boldsymbol{x}^{l})\end{aligned} \tag{4.40}$$

式中，$n$ 表示网络中的层数。考虑到在网络训练中的主要目标是故障模式推断，引入了两个权重参数（$a$ 和 $b$）来微调整体损失对网络的影响。$y^i_{\mathrm{Real}}$ 表示真实标签的第 $i$ 个元素，而 $y^i_{\mathrm{Pred}}$ 是预测概率，表示 $y^i_{\mathrm{Real}}$ 属于第 $i$ 类。此外，为了区分两个网络中 MMD 的表示，定义 $M$ 和 $m$ 分别表示 Attention-LSTM-D 和 MK-ResNet-D 模型的 MMD 值。

该案例通过构建双网络引导故障模式诊断方案，从多个角度观察故障特征，深度提取故障信息，从早期故障阶段数据中预测故障模式。特别是在模型训练过程中，对每个网络进行单独优化，以达到最优的故障预测性能。此外，通过引入解码器结构，所提出的方法可以有效防止由网络过度提取造成的特征损失。可以将得到的特征损失项加入最终损失中，作为网络训练时的约束，从而优化网络。

d. 故障模式自评估诊断策略。由于早期故障信息缺失明显，不同的故障模式可能表现出相似的退化特征，从而导致故障误诊。因此，降低模型的故障误判率具有重要意义。考虑到故障早期能更好地提取信息，设计了故障模式自评估诊断策略，通过实时更新网络可信度和动态调整两网络间的权值来准确诊断故障模式，如图 4.38 所示。

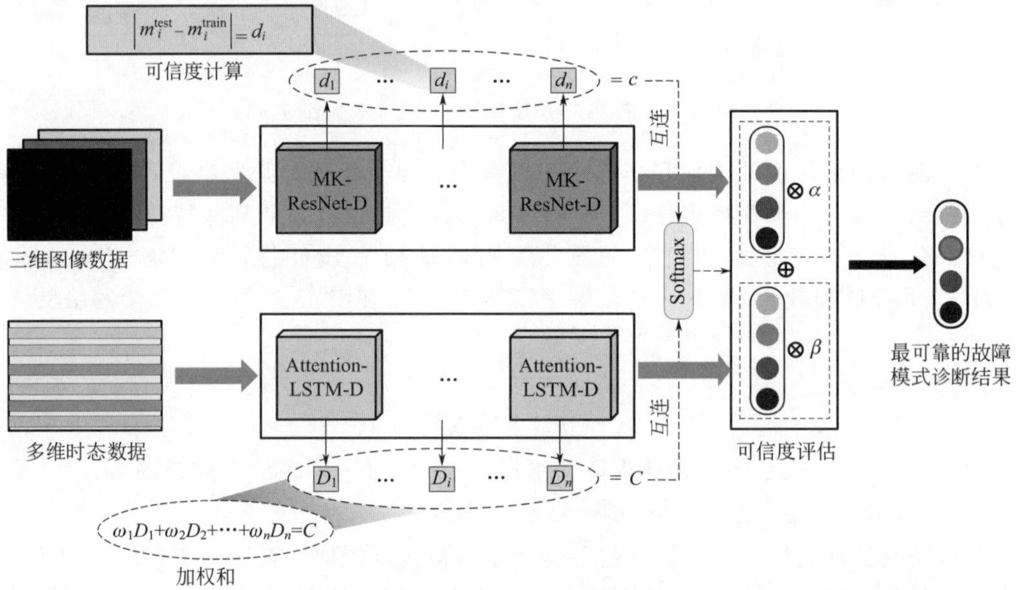


图 4.38　提出的故障模式自评估诊断策略的体系结构

为了实现最可靠的故障模式诊断结果，采用来自双网络引导的故障模式诊断框架中每个模块的计算 MMD 值进行模型训练。然后，从 Attention-LSTM-D 网络和 MK-ResNet-D 网络获得的 MMD 值分别定义为 $M^{\mathrm{train}}=(M_1^{\mathrm{train}},M_2^{\mathrm{train}},\cdots,M_n^{\mathrm{train}})$ 和 $m^{\mathrm{train}}=(m_1^{\mathrm{train}},m_2^{\mathrm{train}},\cdots,m_n^{\mathrm{train}})$。由于采用了两网络并行诊断的新方案，以 MK-ResNet-D 模型为例来说明自诊断机制的原理。在诊断测试过程中，输入特征的 MMD 值可以通过式(4.39) 计算，并表示为 $m^{\mathrm{test}}=(m_1^{\mathrm{test}},m_2^{\mathrm{test}},\cdots,m_n^{\mathrm{test}})$。然后，计算每一层在提取当前特征时的有效性，以评估网络测试性能，具体表达式如下：

$$d_i=\left|m_i^{\mathrm{test}}-m_i^{\mathrm{train}}\right| \tag{4.41}$$

式中，$d_i$ 表示在测试过程中第 $i$ 层网络在特征提取中的有效性。如果 $m_i^{\mathrm{test}}$ 显著大于 $m_i^{\mathrm{train}}$，则表明与训练过程相比，更多的特征信息被丢失。类似地，当 $m_i^{\mathrm{test}}$ 显著低于 $m_i^{\mathrm{train}}$

时，则表明与训练过程相比，提取的特征不足。特别是当 $d_i$ 接近零时，表示该层在特征提取方面与训练过程具有相同的能力。

由于随着网络层的加深，提取的特征与原始特征之间的差异越来越大，因此优先考虑初始特征提取层的相关性变得至关重要。在该案例中，考虑各层权重的动态分配，整个网络的可信度可表示为

$$\omega_1 d_1 + \omega_2 d_2 + \cdots + \omega_n d_n = c \tag{4.42}$$

然后，通过指数衰减法确定每一层的权重，可以表示为

$$\omega_i = \frac{1}{a^i} \quad (a > 1) \tag{4.43}$$

式中，$i$ 为网络层数。所提出的动态权值调整策略的总体过程可以概括为以下 4 个步骤。

步骤 1：通过式(4.39) 计算测试数据中输入特征和恢复特征之间的分布差异（即平方 MMD)。然后，利用式(4.41) 评估网络每一层在提取当前特征时的有效性。

步骤 2：根据步骤 1 中计算的每一层的评估指标 $d_i$，使用式(4.42) 和式(4.43) 对所有获得的值进行加权求和，以确定网络的可信度。

步骤 3：通过相同的计算方法，可以获得两个网络的可信度 $C$ 和 $c$。然后分别通过式(4.44) 和式(4.45) 计算与 Attention-LSTM-D 和 MK-ResNet-D 相应的输出权重 $\alpha$ 和 $\beta$。

$$\alpha = \frac{e^{-c}}{e^{-c} + e^{-C}} \tag{4.44}$$

$$\beta = \frac{e^{-C}}{e^{-c} + e^{-C}} \tag{4.45}$$

步骤 4：将计算得到的权重分配给网络的输出，然后通过将两个网络的权重加和，进行自诊断以计算每个故障模式的发生概率。

该案例提出的故障模式自评估诊断方案既保证了预测结果的鲁棒性，又降低了误诊的风险，从而提高了模型的容错能力。

**(3) 案例研究**

① 数据集和评价指标　在该案例中，利用从 XJTU-SY 平台收集的整个生命周期数据集来评估所提出方法的有效性。原始振动信号由两个 PCB 352C33 加速度计采集，分别安装在水平方向和垂直方向，采样频率设置为 25.6kHz，以 1min 的采样间隔记录 32768 个时间序列点的数据。当采样周期超过 10s 时，实验终止。实验平台在三种不同工况下进行，如表 4.10 所示。实验共收集了 15 组轴承退化数据，包含了几乎所有类型的故障模式，如表 4.11 和表 4.12 所示。图 4.39 显示了被测轴承的部分图像。

**表 4.10　不同工作条件的描述**

| 项目 | 工况 No. 1 | 工况 No. 2 | 工况 No. 3 |
|---|---|---|---|
| 速度/(r/min) | 2100 | 2250 | 2400 |
| 负载/kN | 12 | 11 | 10 |

**表 4.11　不同故障模式的定义**

| 故障模式 | 外圈磨损 | 内圈磨损 | 保持架断裂 | 滚动体磨损 |
|---|---|---|---|---|
| 编号 | A | B | C | D |

表 4.12 滚动轴承数据集的描述

| 工况 | Bearing(轴承) | 样本大小 | 故障模式 |
|---|---|---|---|
| No. 1 | Bearing 1_1 | 123 | A |
| | Bearing 1_2 | 161 | A |
| | Bearing 1_3 | 158 | A |
| | Bearing 1_4 | 122 | C |
| | Bearing 1_5 | 52 | A、B |
| No. 2 | Bearing 2_1 | 491 | B |
| | Bearing 2_2 | 161 | A |
| | Bearing 2_3 | 533 | C |
| | Bearing 2_4 | 42 | A |
| | Bearing 2_5 | 339 | A |
| No. 3 | Bearing 3_1 | 2538 | A |
| | Bearing 3_2 | 2496 | A、B、C、D |
| | Bearing 3_3 | 371 | B |
| | Bearing 3_4 | 1515 | B |
| | Bearing 3_5 | 114 | A |

(a) 正常轴承　(b) 故障模式A　(c) 故障模式B　(d) 故障模式C

图 4.39 被测轴承的部分图像

为了更好地验证所提方法的有效性，使用 4 个评价指标来评价模型的性能，包括准确率、精确率、召回率和 F1 值，其表示为

$$\text{Accuracy}=\frac{TP+TN}{TP+FP+TN+FN} \tag{4.46}$$

$$\text{Precision}=\frac{TP}{TP+FP} \tag{4.47}$$

$$\text{Recall}=\frac{TP}{TP+FN} \tag{4.48}$$

$$\text{F-Score}=\frac{2\times\text{Precision}\times\text{Recall}}{\text{Precision}+\text{Recall}} \tag{4.49}$$

式中，$TP$、$TN$、$FP$ 和 $FN$ 分别表示真正例（true positive）、真负例（true negative）、假正例（false positive）和假负例（false negative）的数量。

② FTP 自适应识别　由于无法直接观察到轴承的退化趋势，对原始信号数据进行时间

域分析，提取出 5 组时域特征。然后，利用 PCA 对特征进行降维处理，得到综合的时域特征，如图 4.40 所示。接着，使用基于 MMD 的 HI 计算方法对训练数据集进行标注。在该案例中，构建数据集时，选择早期健康阶段数据的稳定部分作为训练数据集，剩余的健康数据和早期故障数据用作测试数据集。为了验证所提出的 FTP 自适应识别方法的有效性，在相同的工作条件下进行了多次实验。如图 4.41 所示，a 部分描述了真实值与预测值的对比结果；为了清晰地说明波动，b 部分绘制了差值的变化趋势。从中可以看出，所提出的方法可以有效地跟踪相同工况下不同轴承的数据转换。

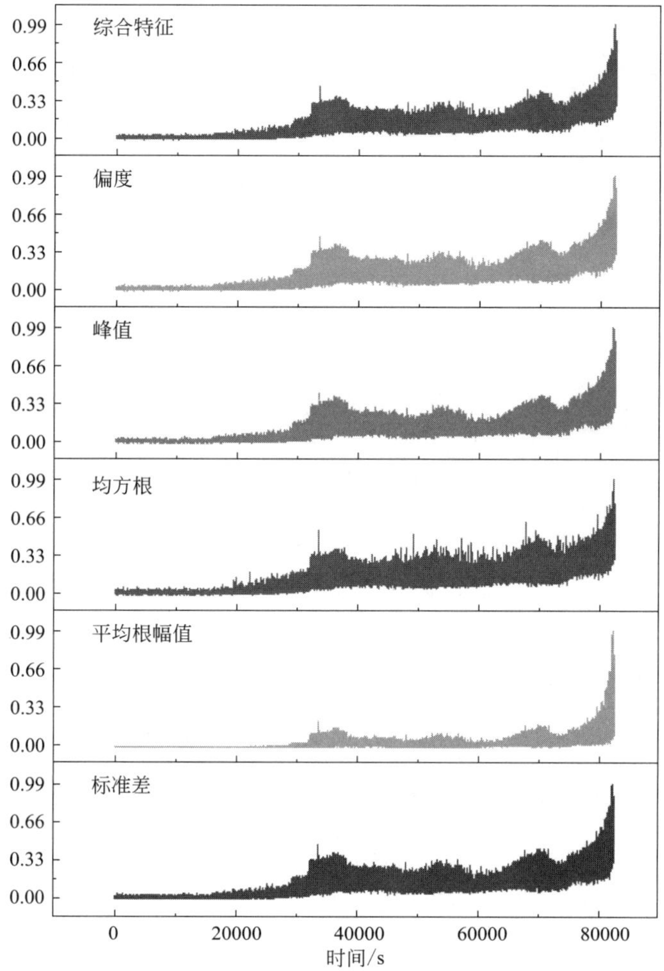


图 4.40　提取的特征曲线波动

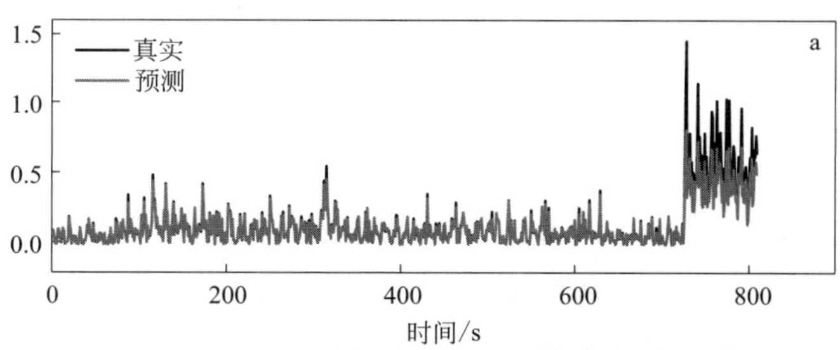


图 4.41

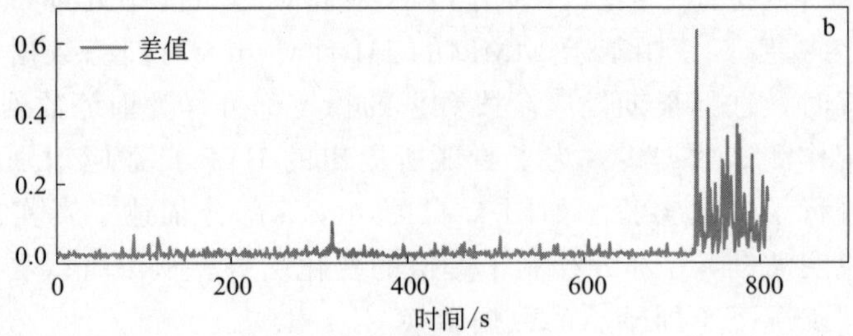

(a) 轴承1_3

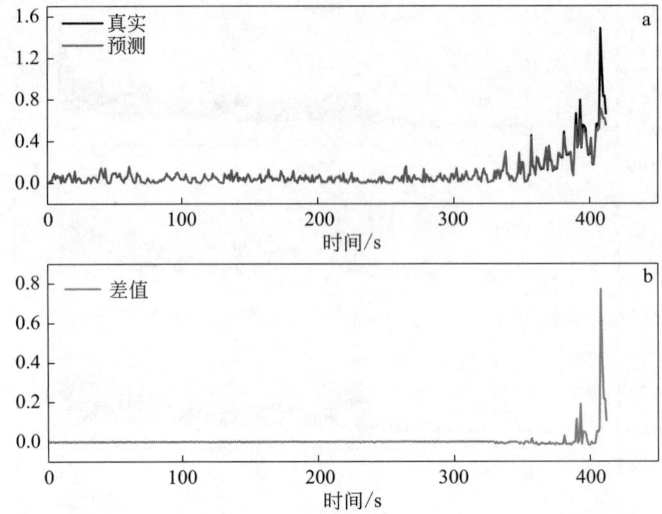

(b) 轴承2_2

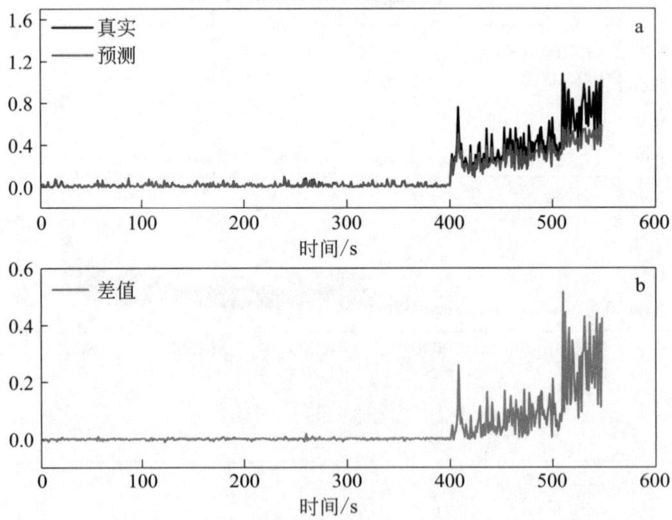

(c) 轴承1_2

图 4.41　相同工况下基于回归网络的差值曲线

为了进一步证明所提出方法的泛化性，在不同的工作条件下进行了大量的实验。如图 4.42 所示，该方法具有较好的跟踪健康阶段在不同工况下波动趋势的能力。这是因为不同的轴承在健康阶段具有相似的物理机制。另外，值得注意的是，由于所选择的 LSTM 网络具有较强的时间特征捕捉能力，即使发生故障，它仍然会尝试推断数据的波动趋势。然而，由于数据分布的差异，网络在健康阶段后无法准确跟踪数据。因此，当出现早期故障数据时，计算出的差值明显增大，如图 4.42 所示。基于上述分析结果，可以得出结论：早期退化阶段的计算差值明显高于它们的健康阶段的计算差值。

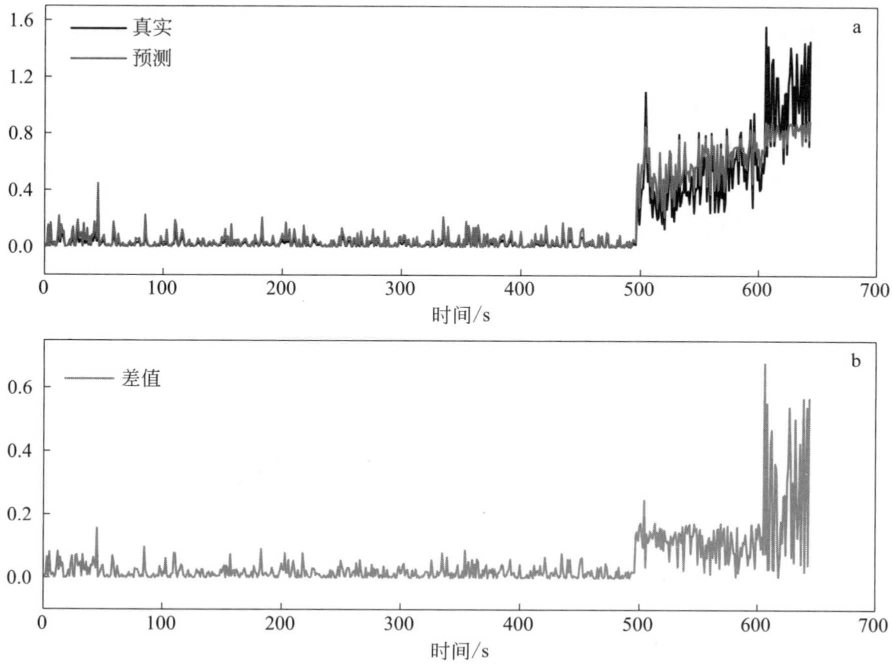


(a) 训练数据(轴承1_3)，测试数据(轴承1_2)

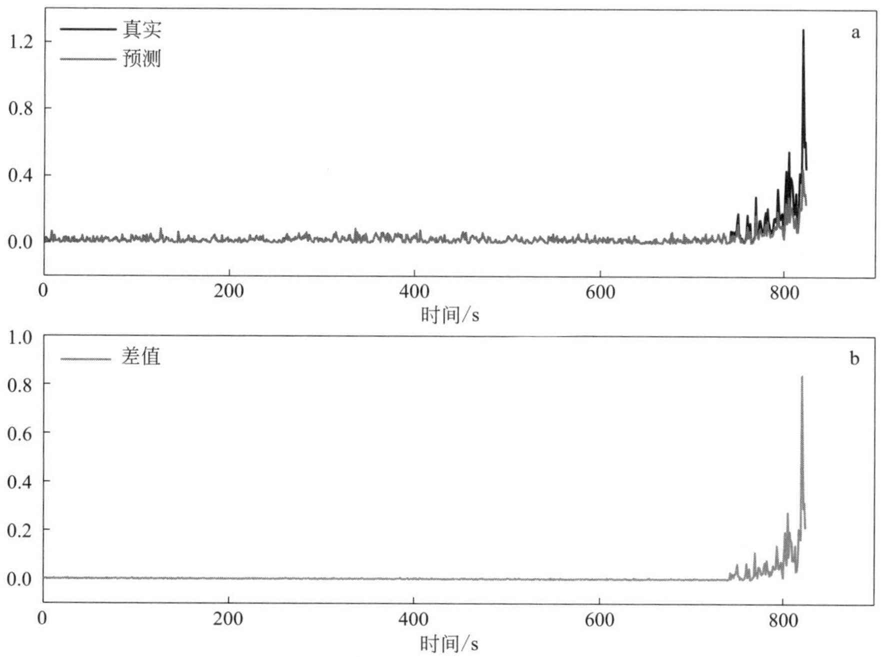


(b) 训练数据(轴承2_5)，测试数据(轴承 2_2)

图 4.42

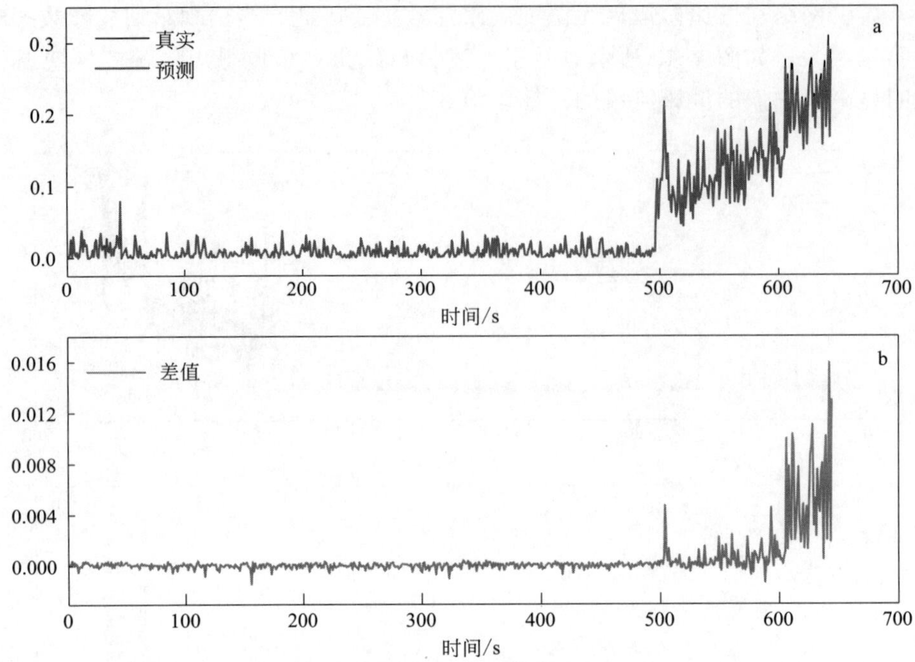


(c)训练数据(轴承3_5)，测试数据(轴承1_2)

图 4.42　基于回归网络的跨工况差值曲线

一旦获得了差值，就可以使用前面描述的 FTP 自适应识别过程来检测它。需要注意的是，在图 4.43 和图 4.44 中仍有一些异常点出现。表 4.13 列出了一种轴承模型在恒定工况下计算出的基准标准值和识别出的 FTP。实验结果表明，该案例提出的分布差异阈值计算方法能够自适应识别不同的阈值。在该案例中，基线准则的计算由轴承的内在特征决定，无须手动设置阈值，这大大提高了所提出方法的通用性和工业适用性。

**表 4.13　基于基准标准值的自适应方法识别不同的 FTP**

| 模型 | 基准标准值 | FTP 值 |
|---|---|---|
| 轴承 1_1 | 0.0012 | 0.021 |
| 轴承 1_2 | 0.0064 | 0.046 |
| 轴承 1_3 | 0.0016 | 0.048 |
| 轴承 1_4 | 0.022 | 0.14 |
| 轴承 1_5 | 0.039 | 0.58 |

③ 早期故障多模态信息提取　该案例设计了一种多模态信息提取策略，在故障早期阶段有效提取故障互补信息。

首先，在自适应识别出 FTP 后，可通过大小为 1024 的滑动窗口对故障早期数据进行分段处理。随后，对分段数据分别进行 CEEMDAN 分解和 CWT 变换，从而获得包含时域和频域特征的多维 IMF 数据集和时频图像数据集。图 4.43 和图 4.44 展示了针对健康状态和三种故障模式提取的特征结果。CEEMDAN 分解结果表明，在 IMF1 和 IMF2 分量中，这四种模式之间的差异较小。然而，从 IMF3 和 IMF4 分量中可以明显看出这四种模式之间的显著差异。从图 4.44 可以观察到，原始振动数据能够通过 CWT 表示为二维时频信息。同时，在健康状态和不同故障模式下，轴承的特征表现出明显的差异。通过以上分析结果，所提出的特征信息提取策略能够在故障早期阶段获取互补的特征信息，减少了无关噪声对特征提取的影响，提高了故障模式预测的能力。

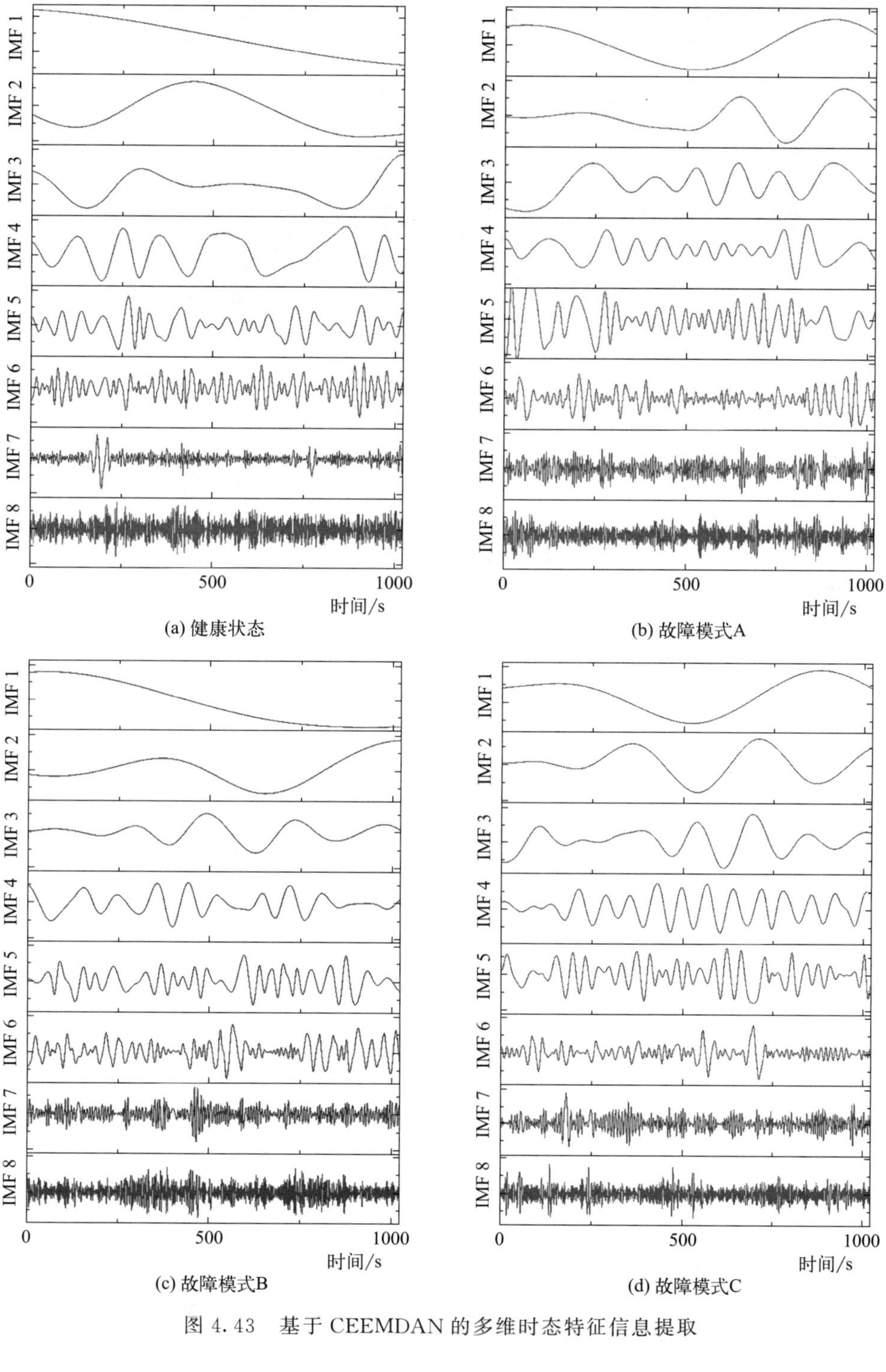


图 4.43　基于 CEEMDAN 的多维时态特征信息提取

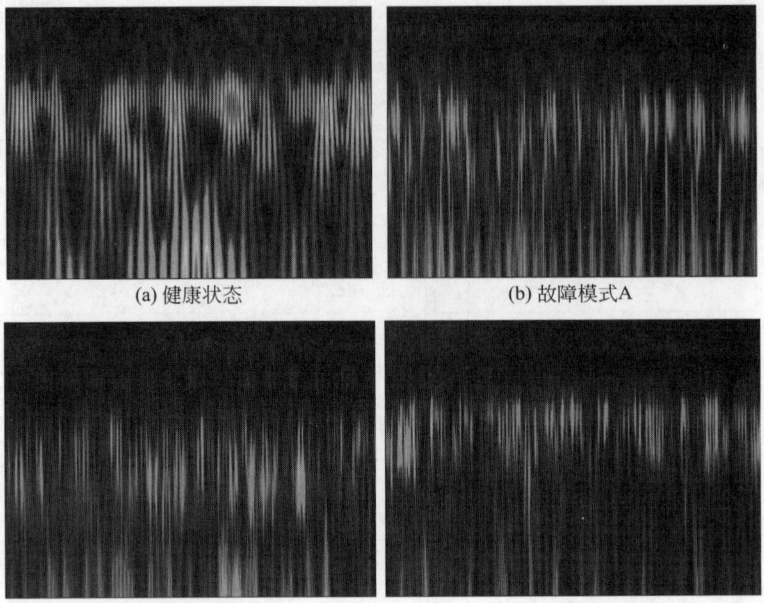

(a) 健康状态　(b) 故障模式A

(c) 故障模式B　(d) 故障模式C

图 4.44　CWT 三维时频图像特征信息提取

④ 性能分析

a. 敏感参数比较。在该案例中，不仅设计了一个考虑各种故障特征的深度特征提取网络，而且提出了双网络来提取和学习不同的模态特征。通过设计的权重分配方法，有效地互补了两种网络的优点，从而降低了故障推断的误诊率。

为了提高网络的性能，研究了敏感参数的设置。特别对网络层和 IMF 进行了进一步分析：为了获得最优的网络层，采用渐进式叠加的方法，在模型训练过程中设置不同的值，如图 4.45(a) 所示。此外，每层的网络参数相同，以减轻其他因素对模型性能的影响。从预测结果可以看出，当网络层数设置为 6 时，训练准确率达到最大值 83.79%。但是，随着网络层的增加，网络的性能随之下降。这是因为深度网络中过多的参数会带来过重的训练负担，而性能没有实质性的提高。如图 4.45(b) 所示，由于 CEEMDAN 分解得到的 IMF 个数是可控的，所以这里采用不同的分解量进行实验，共 9 组。当 IMF 个数达到 8 时，网络

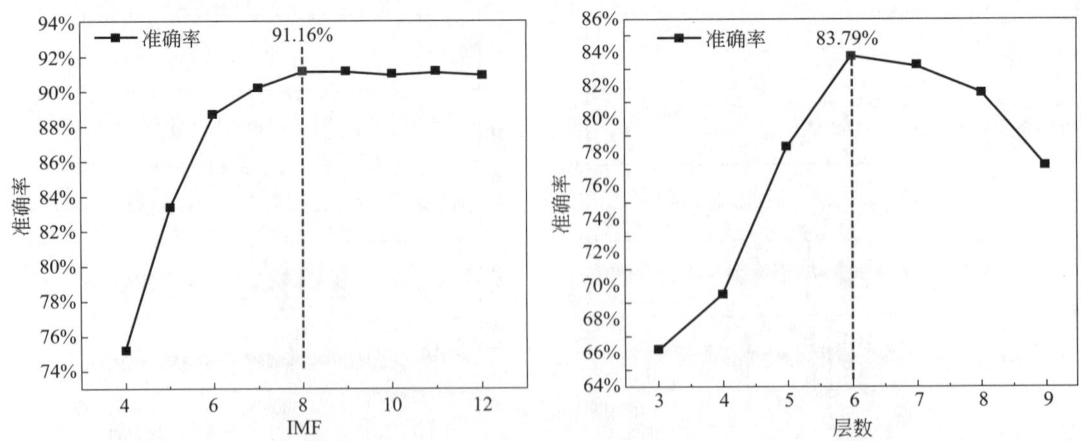


(a) 网络层　(b) IMF

图 4.45　设置的敏感参数

性能达到最佳。之后，网络性能保持一个相对较小的波动。因此，考虑到训练速度和负担，该案例选择一个 8 个分量的 IMF 分解模式来设置最终的数据集。

b. 消融实验。为验证所提方法关键模块的性能，设计了 4 组消融实验，包括无可信度计算、无 MK-ResNet-D、无 Attention-LSTM-D、无解码器。值得注意的是，每组消融实验均基于同一测试数据集进行性能评估。不同模块下诊断结果的性能指标列于表 4.14 中。

**表 4.14　不同模块的对比结果**

| 方法 | 准确率/% | 精度/% | 召回率/% | F1 值/% |
|---|---|---|---|---|
| 该方法 | 92.53 | 91.41 | 94.17 | 92.76 |
| 无可信度计算 | 91.00 | 90.02 | 92.70 | 91.10 |
| 无 MK-ResNet-D | 91.16 | 91.22 | 92.38 | 91.75 |
| 无 Attention-LSTM-D | 90.92 | 89.95 | 91.90 | 90.13 |
| 无解码器 | 88.56 | 88.52 | 90.01 | 89.20 |

图 4.46 绘制了不同模块下故障诊断结果的混淆矩阵。从图 4.46(c) 可以看出，仅使用 Attention-LSTM-D 模块在诊断故障模式 A 时表现最佳，但在诊断故障模式 B 和故障模式 C 时表现较差，这表明其在不同故障模式上的泛化能力和鲁棒性存在局限性。而 MK-ResNet-D

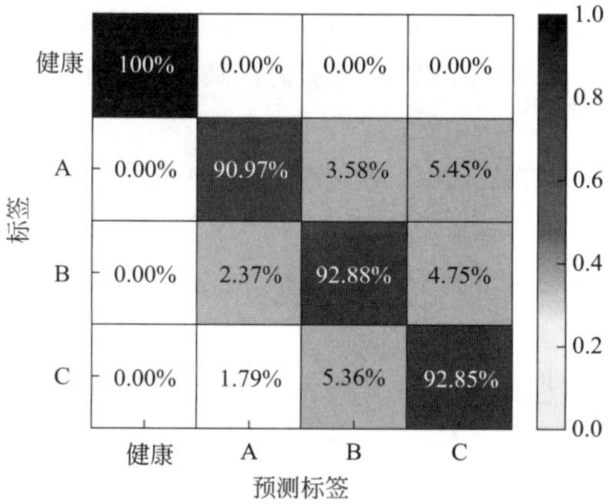

(a) 提出的方法

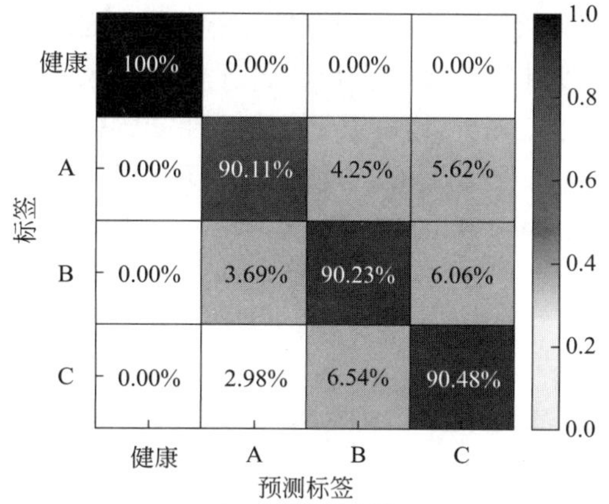

(b) 无可信度计算

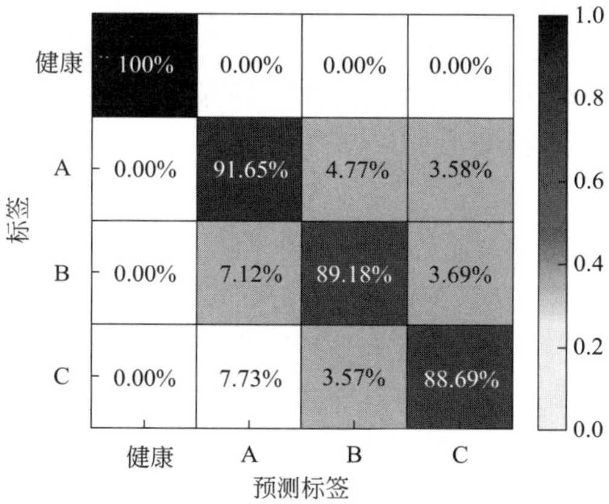

(c) 无MK-ResNet-D

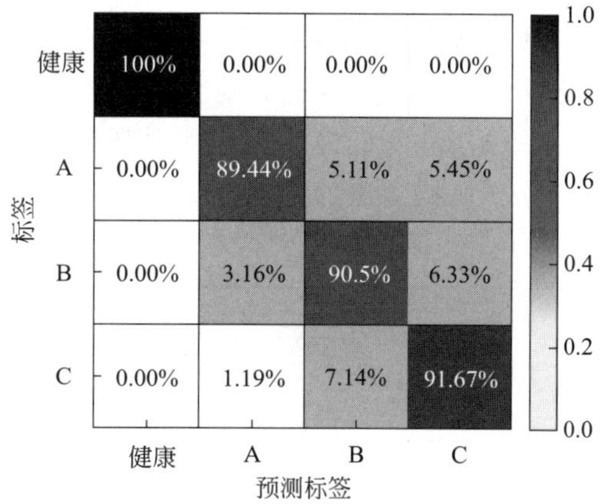

(d) 无Attention-LSTM-D

图 4.46

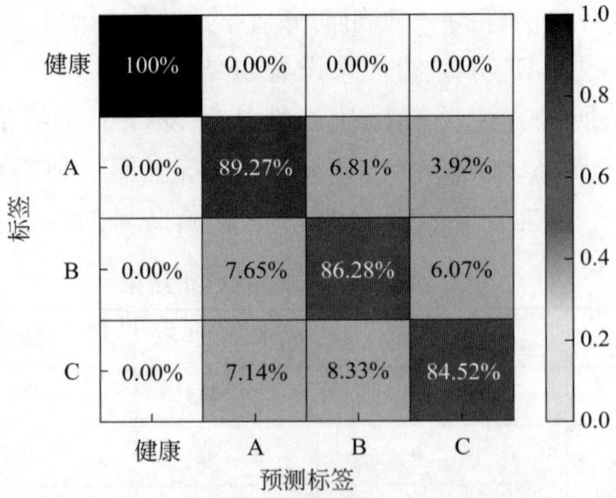


(e) 无解码器

图 4.46　不同模块故障诊断结果的混淆矩阵

模块则在三种故障模式上表现较为均衡，展现了其在诊断不同故障模式时的多样性和稳定性。此外，从图 4.46(e) 中可以观察到，当缺少解码器时，故障模式 C 的诊断能力大幅降低，这是由于故障模式 C 在数据集中数据量最少，网络在模型训练过程中减少了故障特征对故障模式 C 的影响。

如图 4.46 所示，比较结果表明，所提的故障模式自评估诊断方法在诊断三种故障模式上均实现了最佳综合性能。这得益于通过将 Attention-LSTM-D 和 MK-ResNet-D 的优势与可信度计算结合，提出了自评估诊断策略。此外，图 4.46(a)(b) 表明，缺少可信度计算模块会导致三种故障模式的诊断性能较低。

基于上述消融实验分析，可以得出结论，所提的新型自评估诊断方法通过有效结合 Attention-LSTM-D、MK-ResNet-D 及可信度计算的互补优势，实现了在故障诊断任务中的优越性能，为多样化场景下的故障诊断提供了一种更为鲁棒且具有竞争力的模型。

c. 与其他先进方法的比较。为了进一步验证所提方法的优势和实用性，在同一数据集上进行了多项对比实验，包括 CNN、物理信息残差网络（PIResNet）、基于自注意力的对比学习方法（SACL）、FED-CapsNet、CFRNN、格拉姆角求和场（GASF）和多核相关向量机（MK-RVM）的方法。表 4.15 和图 4.47 给出了基于早期退化数据的故障预测结果对比分析。对比结果表明，该方法优于其他方法。这表明，基于双模态视角的故障联合诊断方法能够有效克服轴承故障特征多样性的挑战，不仅提高了诊断精度，而且利用多网络的优势提高了方法的置信度。此外，对比结果进一步表明，通过在两个网络之间引入可信度指标，该方法可以成功地降低模型的故障误判率，从而动态调整输出最优结果。综上所述，以上对比结果验证了所提方法的优越性。

**表 4.15　不同方法的比较结果**

| 方法 | 准确率/% | 精度/% | 召回率/% | F1 值/% |
| --- | --- | --- | --- | --- |
| 该方法 | 92.53 | 91.41 | 94.17 | 92.76 |
| CNN | 75.22 | 73.34 | 76.51 | 76.10 |
| PIResNet | 88.23 | 87.56 | 89.83 | 88.48 |
| SACL | 90.12 | 88.43 | 92.26 | 90.23 |
| FED-CapsNet | 86.88 | 85.63 | 88.03 | 86.52 |

续表

| 方法 | 准确率/% | 精度/% | 召回率/% | F1 值/% |
|---|---|---|---|---|
| CFRNN | 87.65 | 85.92 | 89.16 | 87.24 |
| MK-RVM | 89.21 | 88.04 | 90.22 | 88.46 |
| GASF | 89.56 | 88.26 | 90.63 | 89.11 |

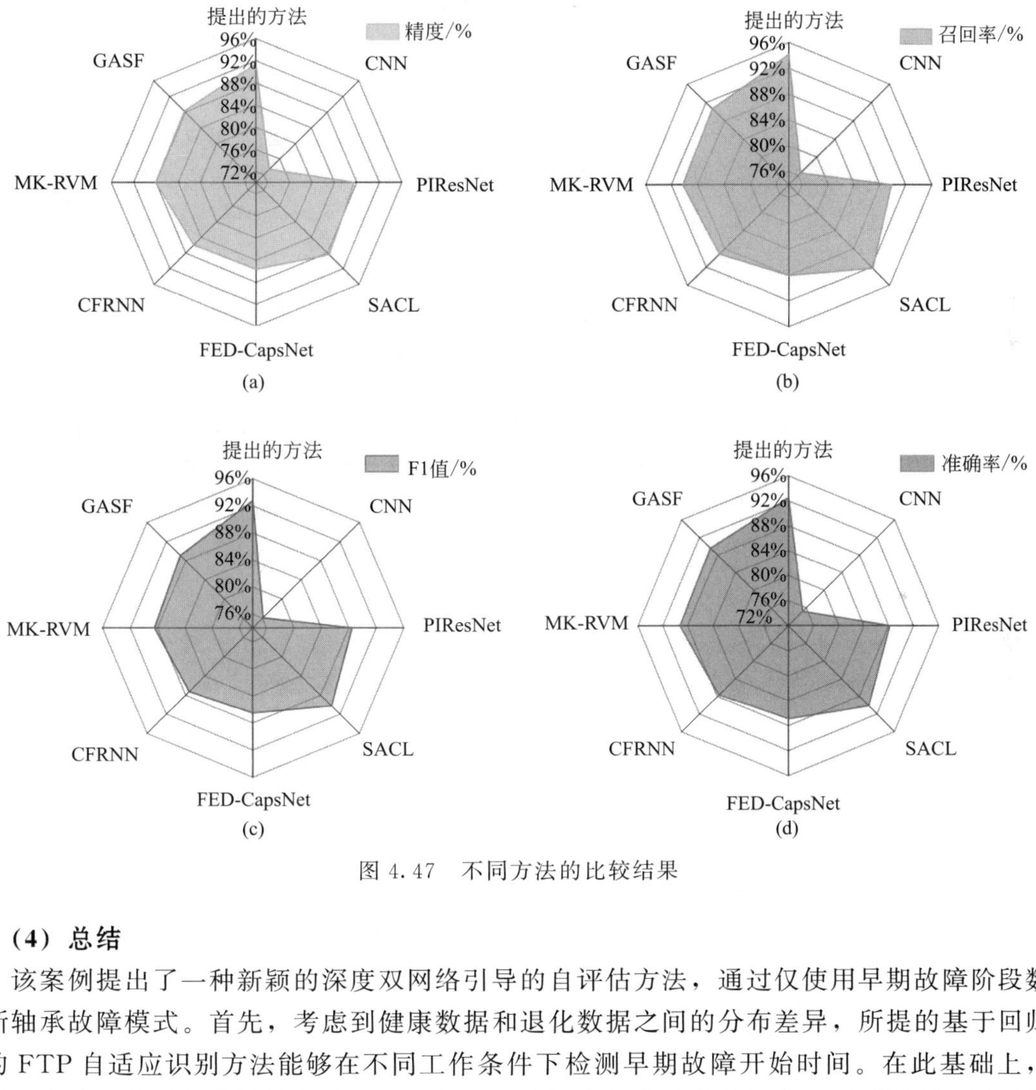


图 4.47　不同方法的比较结果

**（4）总结**

该案例提出了一种新颖的深度双网络引导的自评估方法，通过仅使用早期故障阶段数据诊断轴承故障模式。首先，考虑到健康数据和退化数据之间的分布差异，所提的基于回归网络的 FTP 自适应识别方法能够在不同工作条件下检测早期故障开始时间。在此基础上，设计了一种分布差异阈值计算方法，可以自适应地调整每个轴承的阈值，而无须手动设置任何阈值。

对于故障模式预测和诊断，首先设计了一个双网络引导的故障模式诊断框架，通过结合多模态信息提取、Attention-LSTM-D 和 MK-ResNet-D，深入挖掘早期故障阶段数据的多模态互补信息，实现了故障模式多样性的预测。之后，提出了一种故障模式自评估诊断策略，通过实时更新网络可信度指标和动态调整双诊断网络之间的权重，减少模型的故障误判率，实现了在不同工作条件下准确诊断故障模式。

通过与其他先进的方法在不同工作条件下的轴承实验进行对比，验证了所提方法的优势。实验结果表明，所提方法在仅通过早期故障阶段数据预测和诊断故障模式方面表现出色，展示了良好的工业应用前景。

## 4.5 智能装备复合故障诊断技术

现代机械由数百甚至数千个部件构成，这些部件共同协作以完成预定任务，形成了复杂的系统关系并相互影响。然而，在恶劣的工作环境下，由于操作不当或设备长时间运行，关键零部件容易发生磨损甚至失效。在此情形下，复合故障（也称多重故障）成为实际工程中最常见的故障类型，因其高度的不确定性和难以预测性而对设备运行构成重大威胁。复合故障是导致机械意外停机的主要原因，不仅会造成经济损失，还可能带来严重的安全隐患。作为预测性维护的重要组成部分，故障诊断技术已成为许多工业领域中保障机械设备高效、稳定和安全运行的关键工具。故障诊断不仅提升了设备安全性和可靠性，对现代制造业的转型升级也具有重要战略意义。以旋转机械为例，这是一个故障诊断研究相对成熟的领域，然而由于复合故障的存在，极大地增加了诊断的难度。实现复合故障诊断（compound fault diagnosis，CFD）面临以下三大挑战。

① 复合故障通常涉及多个关键部件，这些部件之间存在复杂的关联性和相互作用。

② 复合故障与单一故障的关系并非简单的线性叠加，而是具有强相关性。

③ 复合故障的发生与演化机理较为复杂，很难用因果关系进行揭示或总结为一般规律。

CFD 方法大致可以分为三种：基于失效机理的 CFD、基于信号处理的 CFD 和基于人工智能的 CFD。

基于失效机理的 CFD 旨在识别复合故障的根本原因，并回答“是什么”“为什么”和“如何发生”的问题。这种方法帮助我们深入理解复合故障的成因和机制，从而设计出有效的维修策略来消除导致机械停机的复合故障。为实现这一目标，通常采用动力学建模、有限元分析或模态分析等技术构建设备的精确数学或动力学模型。基于失效机理的 CFD 为揭示真实故障征兆及其背后的物理规律奠定了坚实的理论基础。

基于信号处理的 CFD 方法则依赖于先进的信号处理技术，从监测到的复合故障信号中提取与设备健康状态相关的故障信息，使专家能够识别哪些故障构成了复合故障的成分。文献中已有众多信号处理算法专门用于 CFD，核心思想在于将复合故障信号转化为便于分析的形式，使工程师或专家能够直接从处理后的信号中捕捉到具有区分性和故障相关性的特征，从而实现复合故障的分离与解耦。最终，通过这种方法，复合故障可以被有效分解为多个单一故障。

基于人工智能的 CFD 方法利用机器学习算法（如浅层神经网络、深度学习、迁移学习等）开发端到端诊断模型，对复合故障进行智能化的识别与解耦。人工智能算法能够从工业数据中捕捉复合故障的模式和知识，推动 CFD 向两种趋势发展：一是将复合故障作为独立的模式进行分类的成熟方法；二是通过多标签输出，将复合故障智能解耦为多个单一故障的创新方法。这些新兴方法正逐渐成为 CFD 领域研究和应用的前沿。

尽管智能装备复合故障诊断技术取得了显著进展，但在实际应用中依然面临一些挑战。首先，故障数据稀缺且分布不均，导致数据驱动模型难以充分训练，且设备运行数据常带有噪声，影响诊断的准确性。其次，复合故障涉及多故障模式的复杂交互作用，不同故障间的耦合关系复杂，使得多层次、多尺度上的特征识别变得困难。此外，工业现场的设备环境复杂多变，模型难以应对设备状态的动态变化，诊断结果稳定性差，而深度学习等方法的高计算需求也限制了实时诊断能力。最后，复合故障诊断依赖大量的领域知识和规则库，然而这些知识往往依赖专家积累，获取和更新难度较大，难以满足复杂设备的多样化需求。

随着技术的不断进步，智能装备复合故障诊断技术在未来将实现更广泛的应用和更高的准确性。大数据的发展为复合故障诊断提供了充足的训练数据，使深度学习模型能够更有效地捕捉复杂故障的非线性和多维特征，诊断模型将朝着更深层次的数据融合方向发展，显著提高故障识别的精准度。与此同时，数字孪生技术将进一步整合数据驱动和物理模型，为设备创建虚拟映射，实时同步状态并模拟潜在故障情景，从而实现精确的预测和预防。边缘计算和物联网技术的结合也将提升诊断实时性，通过本地化处理减少延时，并利用物联网采集更全面的数据支持监测和诊断。此外，知识图谱技术将构建多层次知识结构，通过图结构和路径推理实现复杂故障的智能分析和自适应。未来，集成物理模型、数据驱动模型和专家知识的混合诊断方法将进一步增强复合故障诊断的精确性和鲁棒性，实现更稳定的性能和可靠的诊断结果。

# 第5章 智能装备维护决策制定技术的概况及方法案例

## 5.1 智能装备维护决策制定的定义及发展历程

智能装备维护决策制定是指在现代工业系统中，为了保证智能装备（如数控机床、自动化生产线、机器人系统等）的正常运行和高效运转，通过数据驱动、信息融合及智能算法的运用，对装备的运行状态进行监控、评估、预测，并在此基础上制定最优的维护策略和决策方案的一种系统化过程。

**(1) 定义与核心概念**

智能装备维护决策制定是一种综合性的决策支持过程，其核心在于通过先进的传感技术、数据采集系统和智能算法，实时获取和分析设备的运行数据，如振动、温度、压力、功耗等参数。该过程旨在对设备的当前运行状态进行全面诊断，并预测设备的剩余使用寿命(RUL)，从而为维护人员提供科学的决策支持，使其能够在最适合的时机进行维护、修理或更换设备部件。这种策略不仅有效减少了设备的非计划停机时间和生产损失，还显著提高了设备的使用寿命和整体生产效率。

**(2) 主要组成部分**

智能装备维护决策制定主要包括以下几个关键步骤。

① 数据采集与监控：通过安装在设备上的各种传感器和边缘设备，实时采集设备的运行数据和工况信息。

② 数据预处理与特征提取：应用数据清洗、降噪、异常检测等技术，对原始数据进行处理，从中提取出能够表征设备运行状态的关键特征。

③ 健康评估与建模：使用数据驱动的方法，如统计模型、基于物理的模型或混合模型，对设备的当前健康状态进行评估，并生成健康指数（HI）。

④ RUL 预测：利用机器学习算法（如神经网络、支持向量机、RVM 等）进行剩余使用寿命的预测，为预防性维护和维修计划的制定提供依据。

⑤ 决策制定与优化：在预测设备的 RUL 后，制定出最优的维护策略是智能装备维护的最终目标。维护策略的优化需要综合考虑设备的运行风险、维护成本、设备停机时间和资源配置。维护决策模型通常会使用启发式算法（如遗传算法、模拟退火）、动态规划或强化学习来探索出在多种约束条件下的最优决策路径。这些智能维护策略可分为预测性维护和自适应维护。预测性维护根据 RUL 预测结果在适当的时间点执行预防性维护，而自适应维护则

能在实时接收设备健康数据时动态调整维护计划。

**(3) 技术手段与方法**

智能装备维护决策制定通常涉及以下技术手段。

① 机器学习与深度学习：用于模式识别、分类及 RUL 预测，如 ANN、SVM、RBF 等模型。

② 大数据分析与实时计算：对设备传感器数据的批量处理和实时分析，提供及时的状态更新和预警。

③ 物联网与边缘计算：实现对远程设备和分布式系统的实时监控与数据处理。

④ 知识融合与专家系统：通过引入行业经验和专家知识，提升维护决策的准确性与合理性。

**(4) 智能维护的优点**

① 降低设备停机时间：通过实时监测和数据分析，智能维护能够提前发现潜在问题，预测设备的故障时间。相比于传统的计划性维护和故障后维护，智能维护大幅减少了非计划停机时间，从而提高了生产连续性和运营效率。

② 延长设备寿命：智能维护通过精准监测和定期健康评估，使得设备在最佳状态下运行，并在适当时机进行维护和修理。这种按需维护的方式避免了过早更换零件和过度维护，从而延长了设备的整体使用寿命。

③ 提高生产效率：在工业生产中，设备的可靠性和可用性直接影响生产效率。智能维护能通过预测性维护和健康管理，确保设备持续稳定运行，减少突发故障对生产的影响，提高生产线的总体生产效率。

④ 降低维护成本：智能维护通过在故障发生之前进行干预，能避免设备故障造成的高昂修理费用。此外，通过优化维护时机和资源配置，企业可以减少不必要的零部件更换和过度的维护工作，降低整体维护成本。

⑤ 优化资源利用：智能维护结合预测与分析，能为维护计划提供科学指导，优化人力和物资的使用。例如，维护团队可以根据设备的健康状况和预测信息，合理安排工作计划和备件采购，实现资源的最优配置。

⑥ 提高安全性：智能维护帮助识别和避免设备潜在故障，从而减少由设备突发故障导致的安全事故风险。特别是在高危工业环境中，可靠的设备预测和健康管理能够有效保护操作人员的安全。

⑦ 实时监控与诊断：通过先进的传感技术和数据分析，智能维护可以对设备的运行状态进行实时监控，并及时诊断出问题。这种实时性使得维护团队能够快速响应，防止小问题演变为重大故障。

⑧ 数据驱动的决策支持：智能维护基于大量数据的分析结果，为决策提供了数据支撑。结合大数据分析和机器学习算法，设备的维护策略能够不断优化，形成一个自适应和自学习的维护体系。

**(5) 应用场景与趋势**

智能装备维护决策在航空航天、制造业、能源系统等领域中得到了广泛应用。未来，随着人工智能技术和物联网技术的发展，维护决策的智能化水平将进一步提升，并将向着高度自适应和自主决策的方向发展。

**(6) 智能装备维护决策制定的发展历程**

20世纪60至80年代属于传统维护阶段，传统的维护策略主要依赖定期的时间间隔进行检查和维护，即设备在预定的时间点进行检修和替换零部件，而与设备实际状态无关。在这一阶段，维护决策大多依赖于工程师的经验。Feldman在1975年提出了基于时间的维修模型，尝试通过定期检查来避免设备故障。

20世纪80至90年代初属于预防性维护阶段，随着计算机和传感器技术的发展，预防性维护成为一种趋势。通过定期监测设备的工作状况，收集相关数据，判断设备可能出现的问题，提前进行维修和更换零部件，避免突发性故障。在1997年，Moubray在"Reliability-centered Maintenance"中提出了可靠性中心的维护（RCM）方法，这种基于统计学的维护策略方法通过分析设备的功能和故障模式，制定出定期的维护计划和策略，成为预防性维护的标准。与此同时，相关专家通过在线监测设备的振动、温度等状态参数，开发了早期的诊断工具，预测设备的潜在问题。

21世纪初期，来到了预测性维护阶段，借助传感器、物联网（IoT）等技术，设备的实时状态可以被精确监控，通过分析设备的历史运行数据预测可能的故障时间和故障模式。这一阶段的维护决策强调通过数据分析来预测设备未来的故障，从而实现提前干预。预测性维护的核心在于通过机器学习和数据分析，基于设备的健康数据和性能趋势，预测设备的剩余使用寿命（RUL）和故障概率。

迄今为止，随着人工智能（AI）、大数据、云计算等技术的引入，智能装备维护进入了一个全新的发展阶段，即智能维护阶段。通过深度学习、机器学习等先进算法，设备的状态监测不仅仅是数据采集，还能进行更复杂的模式识别、故障诊断、优化决策等。通过强化学习等技术，智能系统能够根据实际情况自我调整维护策略，优化维修时间和成本，提升设备整体效率。

随着5G、边缘计算等新技术的发展，设备的实时监控和数据处理能力将得到大幅提升，智能装备的维护将朝着更加自主化、智能化的方向发展。设备能够基于复杂的学习算法自主分析和决策，甚至在发生故障时自动进行修复或调整。通过构建数字孪生模型，将设备的实际状态与虚拟模型进行同步，提供实时的健康状况分析和预测，能极大提升维护决策的精确度和效率。

从20世纪60年代的经验驱动方法，到如今深度学习、强化学习和数字孪生等先进技术的应用，智能装备维护决策的研究经历了显著的技术演变。随着计算能力和数据采集技术的提升，维护决策变得更加精准、自动化，并且能够应对复杂的工作环境和故障模式。各阶段维护方式的优缺点对比如表5.1所示。

**表5.1 各阶段维护方式优缺点对比**

| 维修/维护方式 | 优点 | 缺点 |
| --- | --- | --- |
| 事后维修 | • 简单且不需要额外的监测和分析设备；<br>• 初始成本低，因为不需要进行计划性维护 | • 可能导致突发停机，造成生产损失；<br>• 大修成本较高，设备损坏可能导致更大的连锁损害 |
| 基于时间的预防维护 | • 能降低意外停机的概率；<br>• 维护计划有固定时间，易于管理和组织 | • 可能导致过度维护，增加了不必要的维护成本；<br>• 无法准确反映设备的实际状态，存在浪费资源的风险 |

续表

| 维修/维护方式 | 优点 | 缺点 |
|---|---|---|
| 基于状态的维护 | • 通过监测实际状态来避免不必要的维护，节省成本；<br>• 增强了设备的可靠性和使用寿命 | • 需要投资传感器和监测系统，初始成本较高；<br>• 监测和数据分析需要专业技术支持 |
| 预测性维护 | • 使用历史和实时数据进行预测，可提前发现潜在问题；<br>• 优化维护时机，最大限度地减少停机时间 | • 需要复杂的数据分析和预测模型，技术门槛高；<br>• 实施和维护监测系统的成本较高 |
| 智能维护 | • 利用人工智能和机器学习提供精准的维护策略和自适应分析；<br>• 能进行自学习和持续优化，提升预测的准确性 | • 需要大量的数据和高级算法支持，实施复杂且技术要求高；<br>• 数据隐私和系统整合可能成为挑战 |

# 5.2　基于 PHM 技术的预测性维护技术概况及发展历程

## 5.2.1　基于 PHM 技术的预测性维护技术的定义

故障预测与健康管理（prognostics and health management，PHM）技术是一种结合数据分析、机器学习和物理建模的综合性维护策略，旨在通过实时监测和预测设备的健康状态，优化维护策略以提高设备可靠性，减少维护成本并延长使用寿命。

PHM 技术是一种跨学科的系统方法，用于预测设备的未来性能并管理其健康状态。它结合了预测技术、诊断技术和健康管理，以便在设备故障发生之前做出维护决策。PHM 技术不仅仅关注当前的故障检测，还包括对设备未来状态的预测，以帮助管理者做出更为智能的维护计划。其核心目标是提前检测和预测设备的潜在故障，提供剩余使用寿命（RUL）预测和支持维护决策，优化维护资源。

PHM 技术的主要功能如图 5.1 所示，主要包括健康监测、故障判别、健康预测、决策支持、资源管理、信息应需传输与管理、故障后管理等方面。

① 健康监测：PHM 技术通过传感器网络实时监控设备关键部件的运行状态，采集各种参数，如温度、振动、压力和转速等，跟踪关键性能指标（KPI）来确定设备的整体运行状况和效率，确保设备在最佳工况下运行。这些数据用于评估设备的当前性能和健康状态。

② 故障判别：PHM 技术具备强大的故障检测与隔离功能，以便快速识别和定位故障源。利用算法和数据分析技术检测设备运行过程中的异常情况和潜在问题；一旦检测到异常，系统会自动分析并定位故障发生的位置和影响部件，减少问题排查时间。

③ 健康预测：PHM 系统的核心功能之一是对设备健康状态和故障的未来趋势进行预测。通过分析历史数据和实时数据，建立设备性能的演变趋势模型，评估未来的状态变化；采用统计模型、机器学习或深度学习算法预测设备的剩余使用寿命（RUL），帮助制定预防性维护计划；预测可能发生的故障类型和时间，以便提前采取措施，防止严重问题的发生。

④ 决策支持：PHM 技术为设备维护和管理提供数据驱动的决策支持，优化维护策略。基于预测分析结果，制定设备的最优维护策略，如何时进行维护、如何安排备件等，从而达到优化维护策略的效果；提出提前更换或调整运行参数的建议，以避免故障发生；通过云平

台或工业互联网，实现远程监控和维护预警，减少人工干预，提高效率。

⑤ 信息应需传输与管理：PHM 技术通过智能数据传输和管理来实现信息的有效利用和快速响应。系统根据设定的规则，自动生成和发送相关故障报告，仅在必要时传递关键信息，避免信息冗余；通过数据压缩技术提高传输效率，将大量监测数据以高效方式发送到中央监控系统或云平台，实现信息的快速传递和分析；提供清晰的仪表盘和报表，帮助维护人员实时了解设备状态并做出响应。

⑥ 故障后管理：当设备出现故障时，PHM 系统能够提供详细的故障报告和修复建议。PHM 可以帮助生成详细的故障分析报告，包括发生时间、位置、原因和影响范围；为维护人员提供具体的修复建议和指导，提高维修效率；将故障信息记录到系统中，形成故障库，用于未来的诊断和预测。

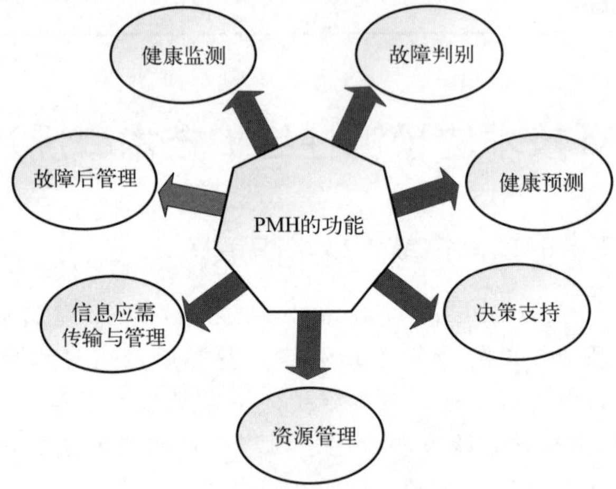


图 5.1　PHM 技术主要功能

PHM 技术相较于传统维护技术在很多方面都有着较为显著的优势。

① 提高设备可靠性：通过实时监测和健康预测，PHM 技术可以在设备出现故障之前检测潜在问题并采取预防措施，从而大幅减少设备的非计划停机时间，提高整体设备的可靠性。

② 延长设备寿命：PHM 技术提供了精确的健康状态分析和剩余使用寿命预测，使得维护决策更加科学，优化设备使用方式，延长其使用寿命。

③ 提高生产效率：通过提前预测设备问题并进行有针对性的维护，PHM 技术能够减少生产中断，维持生产线的高效运转。

④ 优化资源管理：PHM 技术能够预测和规划维修所需的备品备件和保障设备，使得企业可以更好地管理库存和资源分配，避免零件缺失而延误维修。

⑤ 数据驱动的决策支持：通过收集和分析大量数据，PHM 技术能够为维护人员和管理者提供数据驱动的决策依据，提高决策的准确性和效率。

尽管 PHM 技术在提高设备可靠性、减少停机时间和降低维护成本方面具有显著优势，但其高成本、技术复杂性、数据质量问题及维护要求等弊端，也使其在某些情况下不具备普遍适用性。对于那些设备复杂、维护需求高且具备充分数据支持的行业，PHM 技术能发挥重要作用；但对于小型设备、低成本产品和短生命周期设备，实施 PHM 技术的成本效益可能较低。因此，对于故障频率低、故障影响大的设备，往往应采用 PHM 技术对其进行管理。常见的 PHM 技术适用于复杂和关键性的工业设备和系统，例如航空航天、国防工业、能源行业和交通运输等。在航空航天领域，飞机发动机和其他关键飞行器部件应有高可靠性和安全性，PHM 技术可以实时监控和预测其健康状态，以防止潜在故障导致飞行事故；在国防工业中，军用装备和战斗机等需要高水平的保障和维护，PHM 技术有助于在使用过程中保障设备状态和作战能力；在能源行业里，风力发电机、涡轮机和发电厂设备等都需要高可靠性以保持持续运行，PHM 技术可以减少设备停机和维护成本；在交通运输中，铁路机车、地铁车辆等长期运行的交通工具需要持续的健康监测，PHM 技术可提供预测性维护以保障安全运行。

## 5.2.2　基于 PHM 技术的预测性维护技术的方法

**（1）数据采集与监测**

数据采集是 PHM 技术的基础。设备在运行过程中会产生大量的操作数据，包括温度、压力、振动、流量、电流、电压等多种传感器数据。通过安装各种传感器和监测设备，实时采集设备的运行状态信息。这些数据反映了设备的健康状态和潜在的故障模式，是后续分析的基础。为了准确反映设备的健康状态，采集数据的频率和精度应根据设备运行的特点和故障模式的特征来决定。通常，设备在运行中的关键参数需要以高频率（如每秒或更短时间间隔）进行实时采集。实时采集的数据需要传输到中央系统进行分析。通信方式包括无线通信（如 Wi-Fi、蓝牙、LoRa）和有线通信（如 Ethernet、RS-485）。数据存储方式一般包括本地存储和云端存储。数据的传输和存储需要确保可靠性和安全性，避免通信中断或存储故障导致数据丢失。

**（2）特征提取与数据预处理**

原始数据往往包含大量噪声和冗余信息，需要通过特征提取和数据预处理提取出有助于设备健康评估和故障预测的信息。特征提取的目的是从原始数据中提取能够表征设备健康状态的有效特征。这是 PHM 中非常重要的一步，目标是从原始信号中提取出有用的特征并提高数据质量。

常见的特征提取方法包括对时域特征、频域特征和时频域特征的特征提取。

① 时域特征

• 均值、方差、标准差：描述信号的集中趋势和波动。

• 最大值、最小值：反映信号的极端行为，常用于监测设备是否超出正常工作范围。

• 峰度、偏度：反映数据分布的形态，能够揭示数据的偏移或不对称性，通常用于异常检测。

• 均方根值（RMS）：用于振动监测，通过均方根值判断设备的工作状态和振动强度。

② 频域特征

• 傅里叶变换（FFT）：将时域信号转换到频域，提取信号的频率成分，适用于振动、噪声等信号分析，常用于识别周期性故障模式，如转子不平衡、齿轮磨损等。

• 频谱特征：包括特定频段的能量、频率成分和谐波等，用于故障模式的识别。

③ 时频域特征

• 小波变换（WT）：具有良好的时间-频率局部化特性，能够有效分析非平稳信号，如振动信号中的故障模式。

• 短时傅里叶变换（STFT）：将信号分为多个小段，通过傅里叶变换进行频域分析，适用于分析信号的时变特征。

数据预处理包括去噪、数据归一化和缺失值填补等。对于数据预处理的方法，前面有详细的介绍。

**(3) 健康指数（HI）构建**

健康指数（HI）是反映设备健康状态的一个综合性指标，它通过整合多个特征来简化设备的健康评估。HI的构建通常基于多个维度的特征，可以帮助快速评估设备当前的健康水平。

① 加权平均法：将多个特征按一定权重进行加权求和，权重通常基于特征的相关性或重要性。例如，振动特征可能比温度特征更能反映设备的故障风险，因此给予较高的权重。

$$HI=\omega_1 F_1+\omega_2 F_2+\cdots+\omega_n F_n \tag{5.1}$$

式中，$F_i$ 是第 $i$ 个特征；$\omega_i$ 是对应的权重。

② 主成分分析（PCA）：通过主成分分析，将多个特征降维到一个主成分上，从而构建健康指数。PCA能够去除冗余信息，提高计算效率。

③ 机器学习方法：通过训练模型（如决策树、支持向量机等）来自动化选择和加权特征，生成健康指数。

④ 基于阈值的方法：通过设定一个阈值，当HI低于该阈值时，表示设备存在故障风险或需要进行维护。

**(4) RUL预测**

剩余使用寿命（RUL）预测是PHM技术的核心任务之一。它是指预测设备从当前时间点到设备故障发生之间的剩余运行时间。RUL预测有助于确定何时进行维护和更换部件，以避免突发故障。

**(5) 故障诊断与模式识别**

故障诊断是PHM技术中的另一重要组成部分。它旨在识别设备故障的类型和发生位置，进而确定修复策略。与RUL预测不同，故障诊断更侧重于识别设备当前存在的故障模式。

**(6) 维护决策优化**

基于设备的健康状态、RUL预测结果和故障诊断，优化维护决策是PHM技术的最终目标。决策优化不仅要减少维护成本，还要确保设备的可靠性和生产效率。

维护策略包括预防性维护、修正性维护与实时监控和动态调整等。其中，预防性维护是基于RUL预测结果，定期或在健康指数达到一定阈值时进行维护，避免故障发生。资源调度优化遗传算法（GA）、粒子群优化（PSO）、蚁群优化（ACO）等启发式算法，常用于优化资源调度和维护计划，以最小化停机时间和维护成本。

**(7) 闭环反馈与持续改进**

PHM技术不仅要实施维护，还需要通过闭环反馈机制来优化系统。设备运行数据和维护结果可以为后续的RUL预测、故障诊断和健康指数构建提供重要参考，推动系统的持续改进。

数据反馈将维护数据和故障数据反馈到PHM系统中，用于调整模型参数和优化预测结果；定期更新RUL预测模型和故障诊断模型，以提高预测准确性。

**(8) 总结**

基于PHM技术的预测性维护方法通过数据采集、特征提取、健康评估、剩余使用寿命预测、故障诊断、决策优化等多个环节，帮助企业实现设备的高效管理和维护。PHM技术能够准确预测设备故障，优化维护计划，从而减少设备故障带来的影响，提高生产效率，并降低维护成本。随着大数据、物联网、人工智能等技术的发展，PHM的应用将更加广泛和精确。

## 5.3 基于PHM技术的预测性维护技术的案例

该案例与第2章2.3.3.2中的案例为同一案例，本节将详细对该案例中基于PHM技术的预测性维护进行介绍。该案例提出了一种利用健康指数（HI）波动率识别退化起始点的首次预测时间（FPT）识别方法。

**(1) 背景**

基于模型的预测方法和数据驱动的预测方法是PHM领域广泛应用的两种预测方法。其中，数据驱动的预测方法可以直接从收集到的数据中获取各种运行条件下的分布模式来建立预测模型，而不依赖于特定的已知退化过程。在各种数据驱动的预测方法中，深度学习（deep learning，DL）方法是一个很有前途的分支，广泛应用于RUL预测。通过长短期记忆（LSTM）、变压器、卷积神经网络（CNN）、双向门通循环单元（BiGRU）等深度神经网络（DNN），可以自适应地从测量数据中学习复杂的特征表示和非线性关系。这增加了系统处理大规模和复杂数据集的能力。

对于预测任务，大多数现有的基于DL的研究通常将RUL预测和故障诊断分开进行，忽略了它们之间的信息依赖关系，导致数据冗余计算和原始退化信息的浪费。基于多任务学习（multi-task learning，MTL）的方法作为一种很有前途的策略，已被应用于PHM领域，为执行维护操作提供了更多的相关信息。然而，由于预测（回归）和诊断（分类）是属于不同类别的两种预测任务，传统的多任务模型难以实现参数共享，容易出现多样性表示弱和训练不平衡的问题；因此，它们很难在多任务预测中保持自己的表现。此外，传统多任务模型的大多数联合损失函数代表任务损失的静态总和，通常通过耗时的人工过程进行调整。

在该案例中，基于HI及其波动性的组合，实现了一种新的FPT识别方法。通过对原始信号数据进行主成分分析（PCA）算法和小波变分滤波得到HI，在不丢失过多退化信息的情况下，显示了退化过程的趋势。计算HI的波动率，自适应识别校正范围内的FPT，准确评估HS。

**(2) HI的构建和FPT的鉴定**

在航空发动机运行过程中，完整的运行到故障数据通常可以分为两个阶段，即健康阶段和退化阶段，分别代表初始稳定状态和逐步退化状态。为了更准确地划分HS，FPT鉴定一直是预后工作的重点。大多数航空发动机预测方法倾向于将FPT定义为一个统一的常数值，理想地统一所有单元的退化过程，而忽略了每个特定发动机单元真实退化趋势的异质性。然而，即使在相同的工作条件下，不同的发动机也可能表现出不同的退化趋势。因此，一些研究人员倾向于从原始数据集中提取HI曲线作为表征退化过程的统一特征参数，并基于这些曲线识别所有发动机的FPT。例如Zhang等采用PCA算法、Savitzky-Golay滤波和函数拟合构建HI曲线，根据HI梯度对退化阶段进行划分，并手动设置阈值。Yan等人介绍了一种自适应检测HI突变点的Pettit测试方法，用于HS评估。Pater等人提出了一种基于LSTM自编码器的HI构造方法，提高了HI的单调性和趋势性。然而，上述方法总是在理想状态下构建 HI 曲线，导致识别的 FPT 偏离其真实值，从而降低了构建的训练数据集的工业实用性。

总体而言，三个关键属性可以有效地表征 HI 的适用性，即趋势性、单调性和预见性。趋势性表现为每个单元的特征参数相似程度，只有底层形状相似的参数才能被统一的 HI 更好地描述。单调性是指 HI 随操作时间的累积而逐渐增大或减小的性质。最后，可预测性反映了每个发动机单元的关键故障或阶段过渡阈值的差异。为了更好地拟合 HI 的单调性和趋势性，大多数相关工作对 HI 施工的原始退化曲线进行了过度单调和平滑调整。

然而，尽管系统在运行到失效的过程中呈现出长期的退化趋势，但不可否认的是，在实际工业场景中仍然存在一些局部短周期的自修复现象（突出表现在整个原始退化曲线的一些局部单调逆趋势段）。因此，对 HI 曲线进行过度的理想化调整，必然会丢失原有的退化信息，导致 FPT 识别不准确。此外，每个发动机单元具有特定的 HI 级过渡阈值。当曲线超过这个阈值时，就发生从健康阶段向退化阶段的过渡。理想情况下，在相同故障模式下运行的每个单元的 FPT 应该具有相同的准则时间。然而，即使在相同的故障模式下，它们的临界值之间仍然存在一定的偏差，具体表现为抽象分布而不是准则界。因此，过度平滑调整 HI 曲线必然会造成 FPT 分布模糊，进而导致 FPT 识别不准确。

由于发动机的退化是多级的，不适合构造完全线性退化的 RUL 标签。根据前人的研究，训练数据可以分为两个阶段（如健康阶段和退化阶段），RUL 标签的重构是基于 HI 的。在本案例中，为了重建高性能的规则标签，采用 HI 构建和 FPT 识别来划分 HS。

考虑到工业原始数据的时态和多维度特征，首先建立了 HI 作为反映航空发动机退化趋势的统一标准。FPT 将运行到故障的数据划分为健康阶段和退化阶段，用于确定航空发动机预测的启动时间。HS 分割后，将测试数据（实时序列数据）用于训练后的模型预测（不含预先构建的 RUL 标签）。然而，现有的数据处理方法往往过分地对原始退化曲线进行单调平滑的调整，从而不可避免地造成退化信息的丢失和 FPT 分布的模糊。为了解决这一问题，提出了一种考虑退化异质性和健康指数适用性的 FPT 自适应识别方法。更详细地说，劣化不均一性是由于不同的发动机在相似或相同的工况下表现出不同的劣化过程。HI 的适用性是指 HI 曲线的平滑特性没有明显的噪声干扰，因为这些曲线在噪声过大的情况下很难直接应用于 FPT 识别。

该案例针对原始退化曲线中明显噪声导致的 FPT 识别和 HS 划分困难的问题，采用基于小波变换的滤波方法获得平滑的 HI 曲线，保留了一些明显的逆趋势段（发动机局部自修复），增强了原始数据的退化特征。为了准确识别 FPT，还引入了 FPT 校正范围的概念，进行初步的分布范围筛选，通常是基于一定的专家知识设置。因此，该案例提出的自适应 FPT 识别方法的总体流程如图 5.2 所示，可以概括为以下四个步骤。

步骤 1：通过简单的主成分分析提取方法，可以清晰地获得航空发动机多个时变参数的综合特征。因此，本研究采用 PCA 算法获取原始退化曲线，可以综合提取退化信息，将多维运行失效数据简化为一维退化曲线。通常，在降维之前，使用最小-最大归一化方法将多维数据转换为相同的范围（在 [0,1] 区间内）。这可以用数学模型表示如下：

$$\widetilde{x}=\frac{x-x_{\min}}{x_{\max}-x_{\min}} \tag{5.2}$$

步骤 2：由于原始退化曲线存在明显的噪声，采用基于小波变换的滤波方法构造优化后的 HI 曲线。它可以平衡曲线的适宜性和去噪水平。与其他滤波方法相比，该案例的方法可

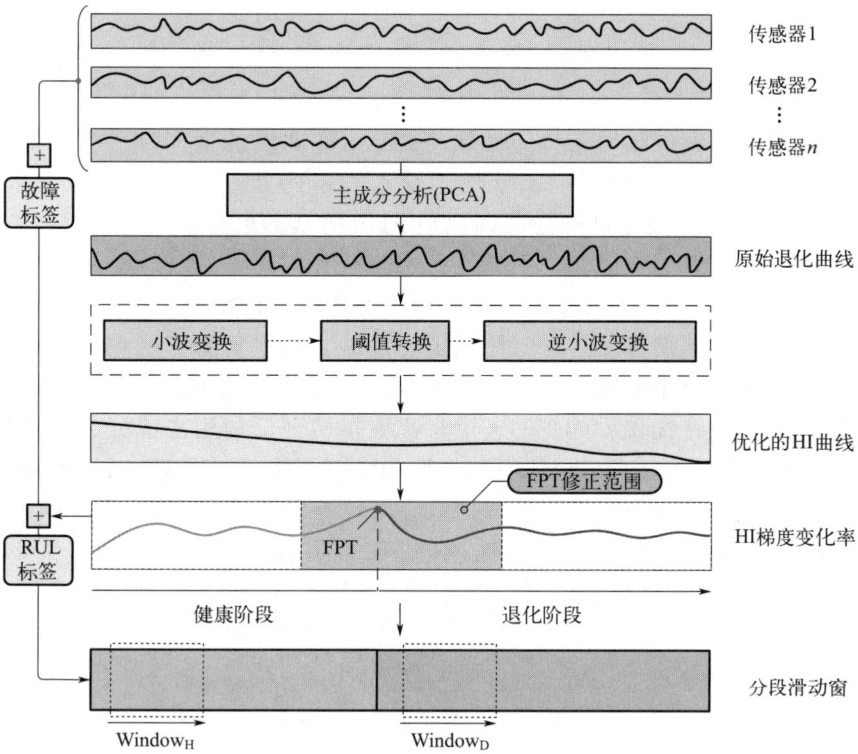


图 5.2　自适应 FPT 识别方法的总体流程

以捕获不同尺度信号的局部特征，可以更好地适应工业噪声的多频性和突发性。该滤波方法包括小波变换、阈值化和小波逆变换三个步骤，可以表示为

$$\boldsymbol{w}_i[n]=\sum \boldsymbol{x}[k]*\boldsymbol{\psi}_i[n-k] \tag{5.3}$$

$$\widetilde{w}=\begin{cases} w, |w| \geqslant \epsilon \\ 0, |w|<\epsilon \end{cases} \tag{5.4}$$

$$\widetilde{\boldsymbol{x}}[n]=\sum \boldsymbol{\varphi}_i[n]*\widetilde{\boldsymbol{w}}_i[n] \tag{5.5}$$

式(5.3)～式(5.5) 分别表示小波变换、阈值化和小波逆变换。此外，$k$、$n$、$*$ 和 $i$ 分别表示离散时间点、离散尺度、卷积操作和指标变量。式中，$\boldsymbol{w}_i[n]$、$\boldsymbol{x}[k]$ 和 $\boldsymbol{\psi}_i[n-k]$ 分别表示小波系数、原始退化数据和小波基；$\epsilon$ 的值为所选择的阈值；$\boldsymbol{\varphi}_i[n]$ 的值为逆小波基。

步骤 3：通过分析 HI 值及其梯度变化率，可以有效展现降解过程的波动性。根据这些结果，可以得到 FPT 校正范围内梯度变化率的最大绝对值，作为 FPT 点的位置。因此，它将把从运行到故障的数据划分为分段数据。HI 的波动率公式为

$$V_i=\frac{hi_{i+2}+hi_i-2hi_{i+1}}{t_i^2} \tag{5.6}$$

式中，$V_i$ 表示第 $i$ 个数据的健康指数（HI）的波动性；$hi_i$ 和 $t_i$ 分别表示第 $i$ 个数据的健康指数值和循环次数。

步骤 4：在故障诊断方面，可以根据原始数据集直接构造样本的故障标签。在 RUL 预测方面，提出了一种灵活的标签构建策略，即根据 FPT 识别结果确定每个发动机单元的最大 RUL，而不是利用专家经验为所有发动机单元设置全局最大 RUL。因此，RUL 标签的构建过程可以表示为

$$\mathrm{RUL}=\begin{cases}T-\mathrm{FPT}, T-\mathrm{RUL} \geqslant \mathrm{FPT} \\ \mathrm{RUL}, T-\mathrm{RUL}<\mathrm{FPT}\end{cases} \tag{5.7}$$

式中，$T$ 代表发动机的整个生命周期。

与传统的 FPT 识别方法相比，该方法既考虑了 HI 曲线的适用性，又考虑了原始数据中退化信息的保留，能够清晰地反映真实的退化过程。此外，由于 FPT 点通常伴随着 HI 曲线的波动，因此 HI 的波动率被视为准确识别 FPT 的基本指标。

**(3) 案例研究**

该案例所选用数据集与 2.3.3.2 中案例的数据集相同，详细见 2.3.3.2。

大多数现有的 FPT 识别方法通常对原始退化曲线进行单调和平滑的调整，这可能导致退化信息的丢失和 FPT 分布的模糊表示，从而导致不准确的识别。与传统方法相比，该案例提出的 FPT 识别方法将优化后的 HI 与其波动率相结合。利用主成分分析算法得到具有退化异质性的原始退化曲线。考虑退化不均一性和噪声干扰，采用基于小波变换的滤波方法推导出优化的 HI 曲线，平衡 HI 适宜性（曲线平滑性）和信息保留性（逆趋势段）。为了验证所提出的 HI 建造方法的适用性和有效性，从 FD001 中随机选择了三台发动机组。所选发动机单元的原始退化曲线与优化后的退化曲线对比如图 5.3 所示。显然，在航空发动机从运

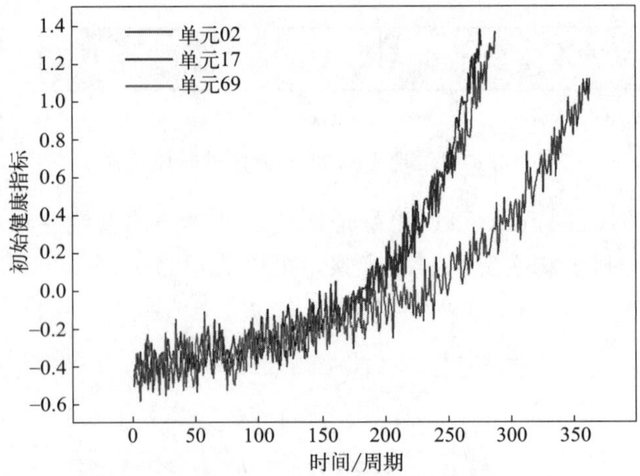

(a) 原始退化曲线

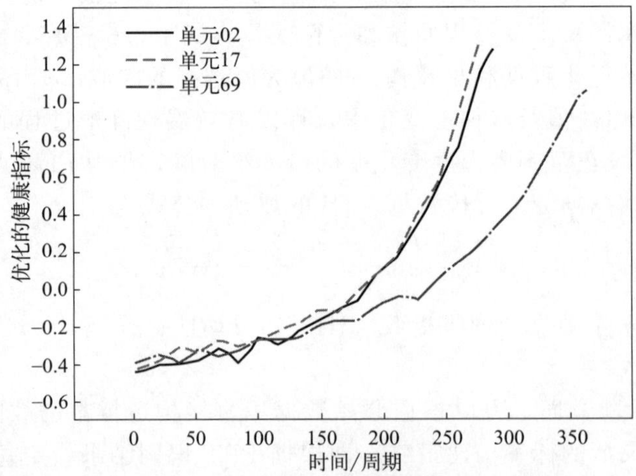

(b) 优化后的HI曲线

图 5.3　从 FD001 中选取的三个发动机组的 HI 结构优化结果

行到失效的整个生命周期中，虽然总体上存在类似的退化趋势，但仍然存在一些局部的自我修复现象。

为了准确识别 FPT，引入 FPT 校正范围的概念，对 FPT 分布进行初步筛选。基于以往对 C-MAPSS 数据集 HS 划分和 FPT 识别的研究，FPT 分布范围定位在运行到失效数据的 35%～55%之间，可以有效地将全生命周期数据划分为健康阶段和退化阶段。在该案例中，通过计算 FPT 修正范围内 HI 波动率的最大绝对值，可以直观地确定 FPT 点的位置。所选三种发动机组的挥发性和 FPT 辨识计算结果分别如图 5.4 和图 5.5 所示。虽然这些曲线表现出相似的趋势，但受 HI 波动特征和退化异质性的影响，已确定的 FPT 仍存在一定的差距。

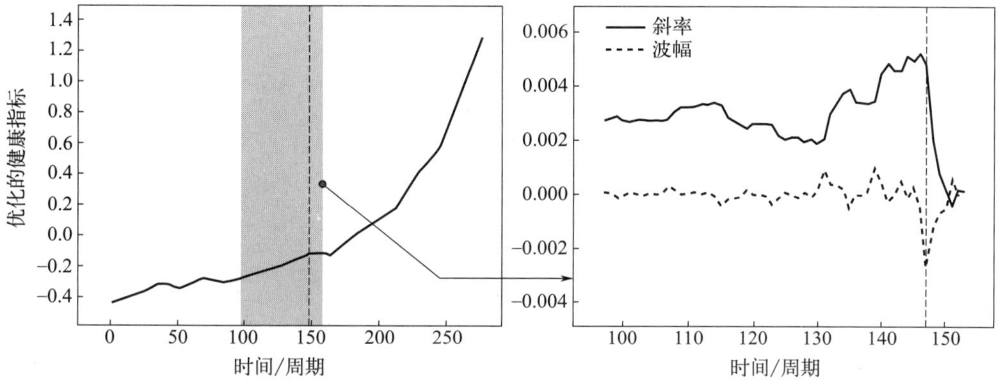


(a) 机组02

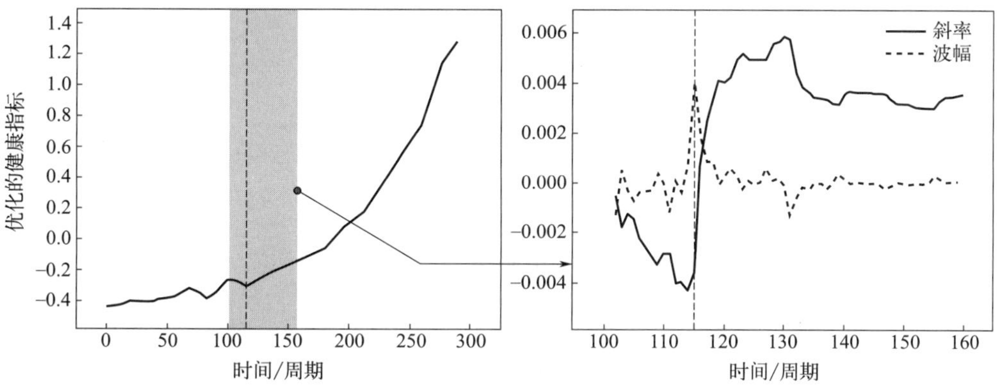


(b) 机组17

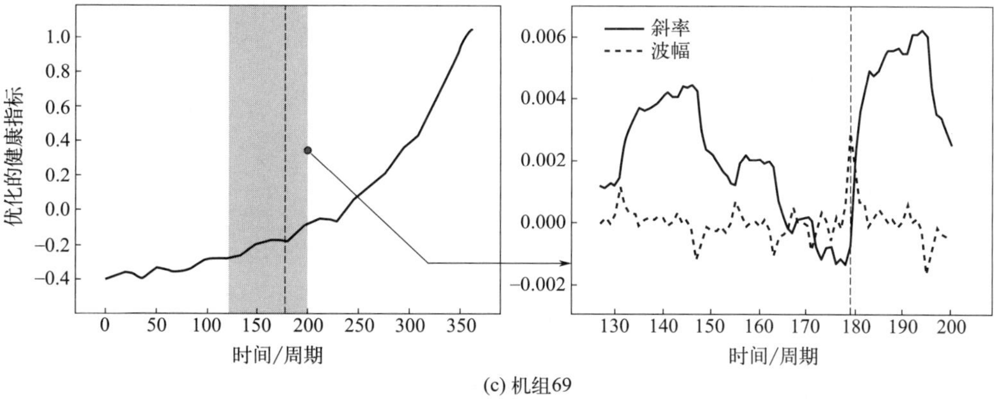


(c) 机组69

图 5.4　基于 HI 波动率的 FPT 识别结果（从 FD001 中选择三个发动机组）

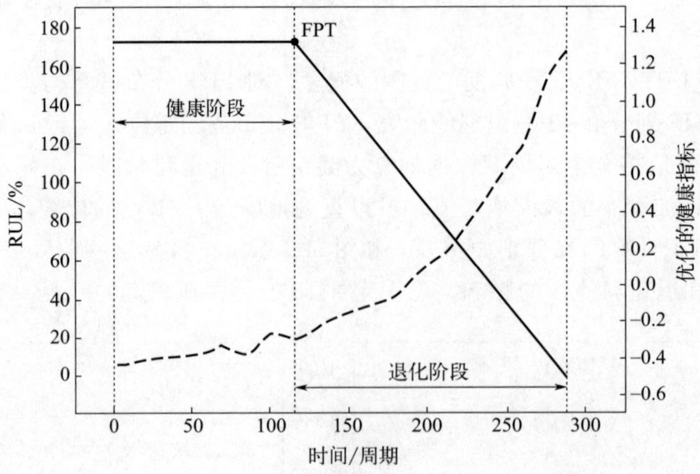


(a) 机组02

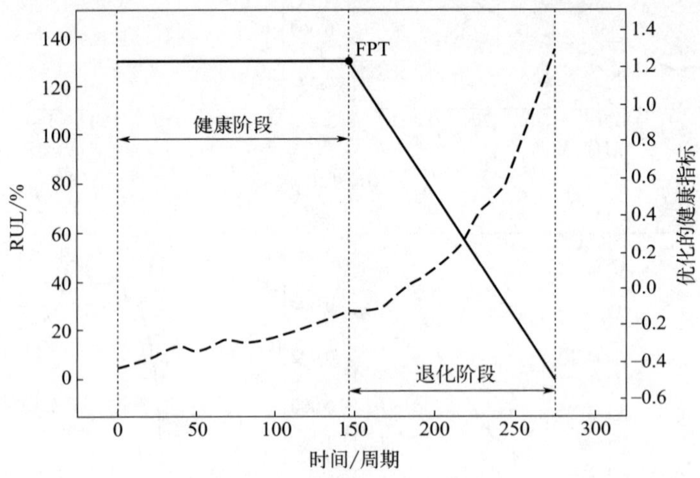


(b) 机组17

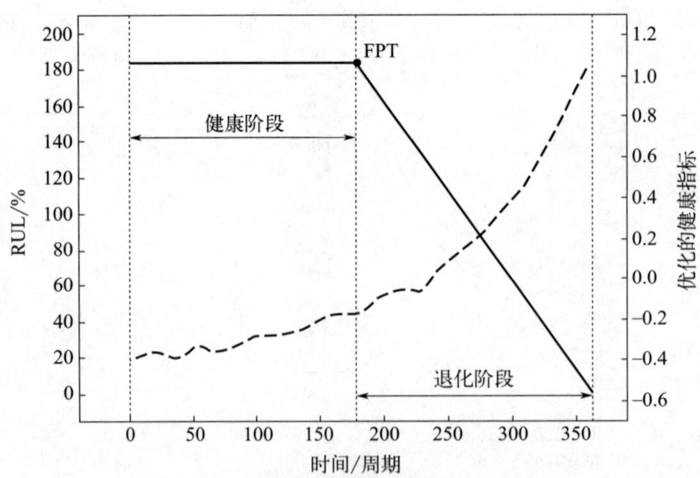


(c) 机组69

图 5.5 FD001 发动机单元的 HS 划分结果

## 5.4 智能装备维护决策案例

**(1) 背景**

目前，系列并联多状态系统（MSS）的规模、性能和自动化程度正在急剧上升，导致当复杂系统因组件老化或故障停机时，维护决策的难度增大，这使得传统的基于模型的维护方法变得越来越无效和过时。因此，大多数研究都转向了预测性选择性维护（PdSM），这是由于工业 4.0 革命的推动。

通常，PdSM 框架包括两个关键部分：剩余使用寿命（RUL）预测和决策制定。

现有的 RUL 预测方法主要有两种：基于模型的方法和基于数据的方法。基于模型的方法通常使用数学模型来计算组件的寿命，这种方法通过功能关系来表示。然而，对于复杂的系列并联 MSS，数学模型的准确性较差，且由于操作变量的存在，无法直接应用于工程场景。近年来，基于数据的方法应运而生，旨在解决基于模型方法的问题，这些方法通过自动学习来自大量数据的多尺度特征来进行 RUL 预测。基于数据的 PdSM 框架大多基于机器学习（ML）和深度学习（DL）发展，需要足够的数据来预测 RUL，而不是依赖于退化机制和先验知识，从而大大减少了对专家领域知识的依赖。然而，机器学习方法在处理大量数据时效果较差，因为该算法相对简单，且对缺失数据的敏感性较低。与机器学习相比，深度学习是一种复杂的机器学习算法，在 RUL 预测研究中得到了广泛应用，并在 ML 预测技术中表现得远超之前的相关技术。Transformer 是基于多头注意力机制的特定网络，它与其他深度学习架构不同，广泛应用于故障检测、序列预测和机器健康监测等领域。

PdSM 的第二部分聚焦于维护决策制定，实际情况是，系统通常通过维护来改善性能并延长使用寿命。维护可以根据维护程度分为三类：轻度维护、不完全维护和完全维护。实际上，维护活动通常被视为不完全维护，系统只能恢复到介于像新的一样和像旧的一样之间的某个状态。此外，考虑到对象，决策优化模型可以分为三类。第一类旨在最大化系统可靠性，同时将时间成本和其他维护资源作为约束。第二类的目标是在时间和系统可靠性约束下，最小化总体维护成本。第三类的目标是在系统可靠性为约束的情况下，最小化总体维护时间。从决策者的角度来看，目标根据维护资源的可行性和工业需求来确定。此外，对于复杂的系列并联 MSS，动态决策优化模型应根据维护成本和时间之间的相互限制进行定制，以更加合理地分配维护资源，最大化系统寿命，并避免 MSS 的故障。

尽管很多方法在维护策略方面已取得成功，但仍然存在三个关键问题。

a. 由于系统维护策略依赖于 MSS 中每个组件的故障概率和当前状态，忽略系统的多状态特性进行维护是不合理的。

b. 由于参数的非线性变化，MSS 的复杂性急剧增加，决策的难度也随之增大。然而，大多数研究考虑的是单一的维护能力，而非多层次的维护能力。

c. 在选择最优的即时维护策略时，动态优化模型应该考虑多种选择，并评估综合成本，以平衡维护资源。

**(2) 案例方法介绍**

该案例提出了一种新的智能 MPM 框架，用于多级故障条件下 MSS 的 RUL 预测和动态维修决策，如图 5.6 所示。在预测方面，开发了一种新的自适应 C-Transformer 网络和 CNN 来分别预测 RUL 和部件失效概率。在综合成本下，将动态优化模型与新的 MDU-

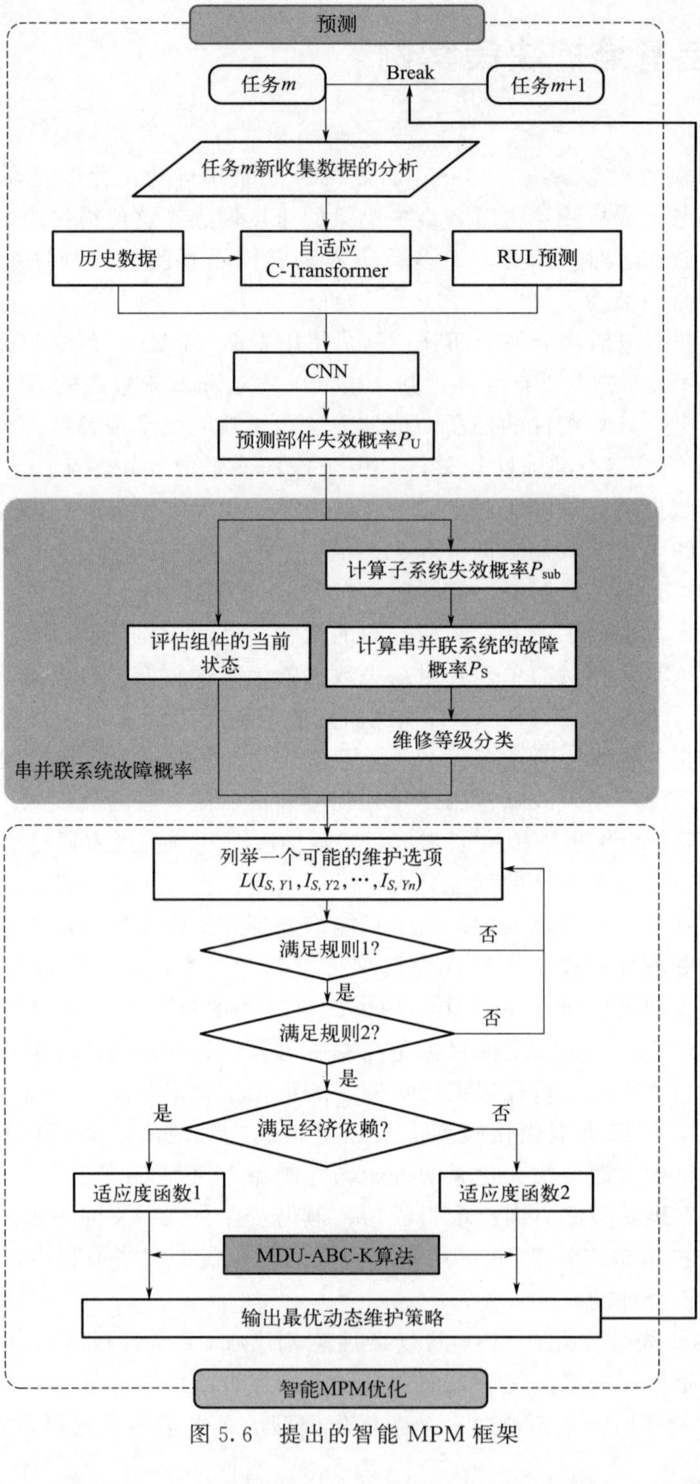


图 5.6 提出的智能 MPM 框架

ABC-K 算法相结合，输出最优动态策略。所提出的 MPM 框架既能考虑实际工况，又能提供准确的信息，提高多状态 MSS 的可靠性。该案例的主要贡献如下。

a. 提出了一种新的自适应 C-Transformer 网络，该网络通过提取随数据集自适应变化的特征，可以有效地预测组件 RUL。对比结果表明，该模型比其他模型具有更好的性能。

b. 提出了一种新的基于深度学习的串并联 MSS 的 MPM 框架。考虑多状态部件的当前状态和串并联系统的多级维修，通过引入多级维修，输出维修前后部件状态所跨越的最大步长，从而降低决策策略的计算复杂度和费用。

c. 在维护成本和维护时间相互制约的情况下，定制了串并联 MSS 智能决策优化模型，更合理地分配维护资源，避免浪费时间。在经济依赖和关键部件约束下，通过对维修时间和维修成本分配适当的权重，以综合成本最小为优化目标，通过新的 MDU-ABCK 算法输出最优的动态维修策略。

**(3) 问题描述**

① 串并联多状态系统　在该案例中，串并联系统包含 $M$ 个相互独立的子系统，如图 5.7 所示。其中，第 $i$ （$i=1,2,\cdots,M$） 个子系统由 $N_i$ 个并联的相同部件组成。在工程场景中，由于部件退化，每个部件可能处于多种状态（从完全失效状态到完美功能状态）。这里使用集合 $S$ 来描述每个部件可能的 $K+1$ 种状态，$S=\{0,1,\cdots,K\}$，其中状态 0 表示完全失效，状态 $K$ 表示完美功能状态，其余则表示中间状态。

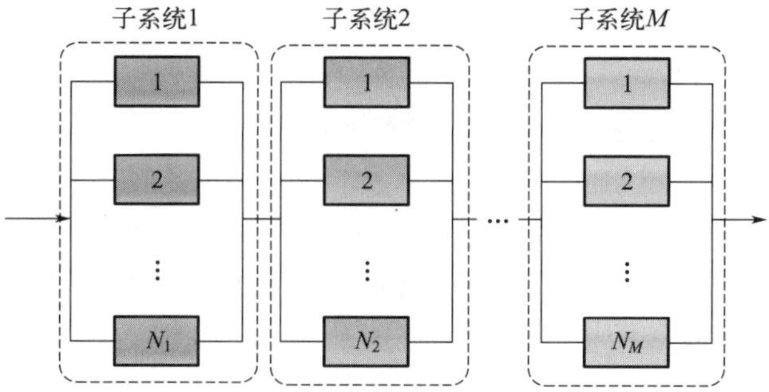


图 5.7　串并联系统

对于每个部件，$\boldsymbol{X}$ 表示系统的当前状态向量，$\boldsymbol{Y}$ 表示完成维护操作后的系统状态，分别用式(5.8) 和式(5.9) 来表示，其中 $0\leqslant X_{ij}\leqslant K$ 且 $X_{ij}\leqslant Y_{ij}\leqslant K$，因为维护活动不可能导致部件和系统性能的退化。

$$\boldsymbol{X}=\{X_{ij}\},i=1,2,\cdots,M;j=1,2,\cdots,N_i \tag{5.8}$$

$$\boldsymbol{Y}=\{Y_{ij}\},i=1,2,\cdots,M;j=1,2,\cdots,N_i \tag{5.9}$$

② 系统综合成本　综合成本表示将同一子系统中任一部件的状态从 $X_{ij}$ 提升到 $Y_{ij}$ 所需的维护成本和时间，分别用 $c_i(X_{ij},Y_{ij})$ 和 $t_i(X_{ij},Y_{ij})$ 表示。如果进行维护活动后部件状态未发生变化，即 $X_{ij}=Y_{ij}$，则 $c_i(X_{ij},Y_{ij})=0$ 且 $t_i(X_{ij},Y_{ij})=0$。相反，如果 $Y_{ij}=K$，则表明故障部件已被替换为新部件。假设同一子系统中部件的维护成本可以用相同的矩阵表示，那么维护时间也是相同的，因为同一子系统中的部件是相同的。因此，每个部件的可能 $c_i(X_{ij},Y_{ij})$ 和 $t_i(X_{ij},Y_{ij})$ 分别形成 $\boldsymbol{C}_i$ 和 $\boldsymbol{T}_i$ 矩阵，这两个矩阵的维度为 $(K+1)\times(K+1)$，如式(5.10) 和式(5.11) 所示。

$$\boldsymbol{C}_i=\begin{bmatrix} 0 & c_i & \cdots & c_i(0,K) \\ 0 & 0 & \cdots & c_i(1,K) \\ \vdots & \vdots & \cdots & \vdots \\ 0 & 0 & \cdots & c_i(K-1,K) \\ 0 & 0 & \cdots & 0 \end{bmatrix} \tag{5.10}$$

$$\boldsymbol{T}_i=\begin{bmatrix}0 & t_i & \cdots & t_i(0,K)\\ 0 & 0 & \cdots & t_i(1,K)\\ \vdots & \vdots & \cdots & \vdots\\ 0 & 0 & \cdots & t_i(K-1,K)\\ 0 & 0 & \cdots & 0\end{bmatrix} \tag{5.11}$$

为了计算整个系统的维护成本和时间，通常假设每个部件的维护是独立的。因此，维修期间的总维修费用和维修时间是所有组成部分的总和，可以用式(5.12)、式(5.13) 来计算。

$$C_M(\boldsymbol{X})=\sum_{i=1}^{M}\sum_{j=1}^{N_i}c_i(X_{ij},Y_{ij}) \tag{5.12}$$

$$T_M(\boldsymbol{X})=\sum_{i=1}^{M}\sum_{j=1}^{N_i}t_i(X_{ij},Y_{ij}) \tag{5.13}$$

为了更合理地分配维修资源，避免浪费时间，该案例引入了综合成本。因此，案例中为维护成本和维护时间分别赋予适当的权重 $k_1$ 和 $k_2$，如式(5.14) 所示。

$$C_T(\boldsymbol{X})=k_1C_M(\boldsymbol{X})+k_2T_M(\boldsymbol{X}) \tag{5.14}$$

式中，$k_1+k_2=1$，实际资源分配决定了 $k_1$ 和 $k_2$ 的取值。如果管理者更注重节约维护成本，则 $k_1$ 的值会大于 $k_2$；反之，如果管理者更倾向于节约维护时间，则 $k_2$ 的值会大于 $k_1$。

③ 对维护的经济依赖　在大多数串并联 MSS 中，维护策略通常会选择多个组件进行维护，尤其是每个子系统中处于相同状态的组件，这样可以节省时间和成本。在子系统 $i$ 中，处于相同状态的组件通常需要采用相同的维护活动以提高性能。此外，在维护过程中，通过重复使用技术和设备可以节省时间和成本，而相同组件的维修依赖性可以通过节省因子 $f_c^i(a,b)$ 表达。在维修之前，每个组件的准备工作是固定的，这需要类似的初始设置、设备和劳动力。这部分固定的设置成本和设置时间分别可以用$\Delta c_s$ 和$\Delta t_s$ 表示。如果有 $N_r$ 个相同的组件需要维修，由于共享设置的缘故，节省的总维护成本和时间将分别为 $(N_r-1)\times\Delta c_s$ 和 $(N_r-1)\times\Delta t_s$。因此，第一个组件的维护成本等于该组件独立维护的成本。对于后续组件，维护成本 $c_i'(a,b)$ 可以通过式(5.15) 计算得出。

$$c_i'(a,b)=\begin{cases}f_c^i(a,b)c_i(a,b)-\Delta c_s, & \text{有相同的维修情况}\\ c_i(a,b)-\Delta c_s, & \text{其他}\end{cases} \tag{5.15}$$

同样，第一个组件的维护时间等于独立部件的维护时间。对于下一个组件，维护时间 $t_i'(a,b)$ 可由式(5.16) 求得。

$$t_i'(a,b)=\begin{cases}f_c^i(a,b)t_i(a,b)-\Delta t_s, & \text{有相同的维修情况}\\ t_i(a,b)-\Delta t_s, & \text{其他}\end{cases} \tag{5.16}$$

对于上述分析，考虑维修的经济依赖性，维修总成本和维修时间可由式(5.17) 和式(5.18) 计算。

$$C_M'(\boldsymbol{X})=\sum_{i=1}^{M}\sum_{j=1}^{N_i}c_i'(X_{ij},Y_{ij}) \tag{5.17}$$

$$T_M'(\boldsymbol{X})=\sum_{i=1}^{M}\sum_{j=1}^{N_i}t_i'(X_{ij},Y_{ij}) \tag{5.18}$$

④ 关键组件　关键组件被定义为对改进系统性能有重大贡献的组件。因此，关键组件约束意味着在维护期间必须将组件维护到首选值。如果关键组件未修复或未达到首选状态，系统将无法完成下一个任务。

**(4) 基于深度学习的智能 MPM**

① 部件失效概率的深度学习预测模型　以上对 PdSM 问题的描述表明，串并联 MSS 的组成复杂，包含来自不同传感器的各种信息，这对预测结果有重要影响。该案例提出了一种新的自适应 C-Transformer 来自动提取随数据集变化的特征。在此基础上，构建了一个深度学习架构，可以同时预测 RUL 和部件失效概率，并明确两者的内在相关性，如图 5.8 所示。首先，将原始数据输入自适应的 C-Transformer 网络。该网络通过自适应提取特征，有效预测构件 RUL；然后，通过对原始数据和预测的 RUL 进行重新标注，形成新的训练数据，应用 CNN 网络对部件故障概率进行准确预测。

a. 自适应 C-Transformer 的体系结构。该案例提出了一种新的自适应 C-Transformer，用于解决序列到序列的任务，该任务完全依赖于自注意机制，并减少了由长期依赖导致的训练效率和性能下降。所提出的自适应 C-Transformer 包括特征提取层、输入层、编码器模块、解码器模块和输出层，详述如下。

ⅰ. 特征提取层。特征提取层由卷积层、全连接层和 ReLU 激活函数组成。为了轻量化特征提取层，放弃了池化操作，只使用卷积操作。卷积层通过使用卷积核，从输入数据中提取特征。在数据训练过程中，卷积核会周期性地扫描输入特征。然后，利用 ReLU 激活函数更好地拟合复杂非线性特征数据。最后，将特征输入到密集层进行线性变化，有效地获得特征提取结果。统一维度后，将特征输入到 Transformer 的输入层，用于 RUL 网络的训练。

ⅱ. 输入层和输出层。Transformer 模型的输入是一段数据序列。输入层包括输入嵌入层、输出嵌入层和位置编码层。特别的，解码器层输入的处理步骤与编码器层输出的处理步骤相同。嵌入层的作用是将输入数据映射为维度为 $d_{\text{model}}$ 的向量。需要注意的是，在完成输入嵌入后，还需要将位置编码（position encoding）添加到每个词的词向量中。这是因为需要向网络注入关于标记（token）绝对位置的信息，以便模型能够充分利用序列的顺序。在该案例中，位置编码采用了不同频率的正弦函数和余弦函数，具体公式如下：

$$\text{PE}_{(\text{pos},2i)}=\sin\left(\frac{\text{pos}}{10000^{\frac{2i}{d_{\text{model}}}}}\right) \tag{5.19}$$

$$\text{PE}_{(\text{pos},2i+1)}=\cos\left(\frac{\text{pos}}{10000^{\frac{2i}{d_{\text{model}}}}}\right) \tag{5.20}$$

式中，pos 表示位置（position）；$i$ 表示嵌入向量的维度。

与输入层相比，输出层的结构相对简单，由线性变换和 Sigmoid 激活函数组成。通过线性变换和 Sigmoid 激活函数可以获得 RUL 的预测结果。

ⅲ. 编码器模块。编码器模块是通过堆叠 $N$ 个相同的层组成的。每一层包含两个子层：多头注意力（multi-head attention，MHA）机制和前馈神经网络（FFN）。在每个子层之后都使用了残差连接和层归一化（layer normalization）。残差连接和层归一化的作用是缓解深层神经网络训练的困难，并加快模型的收敛速度。编码器层通过多头自注意力机制（multi-head self-attention mechanism）自动学习关注高权重特征，而不是依赖基于人工经验的训练过程。以下是编码器中 MHA 和 FFN 的详细描述。

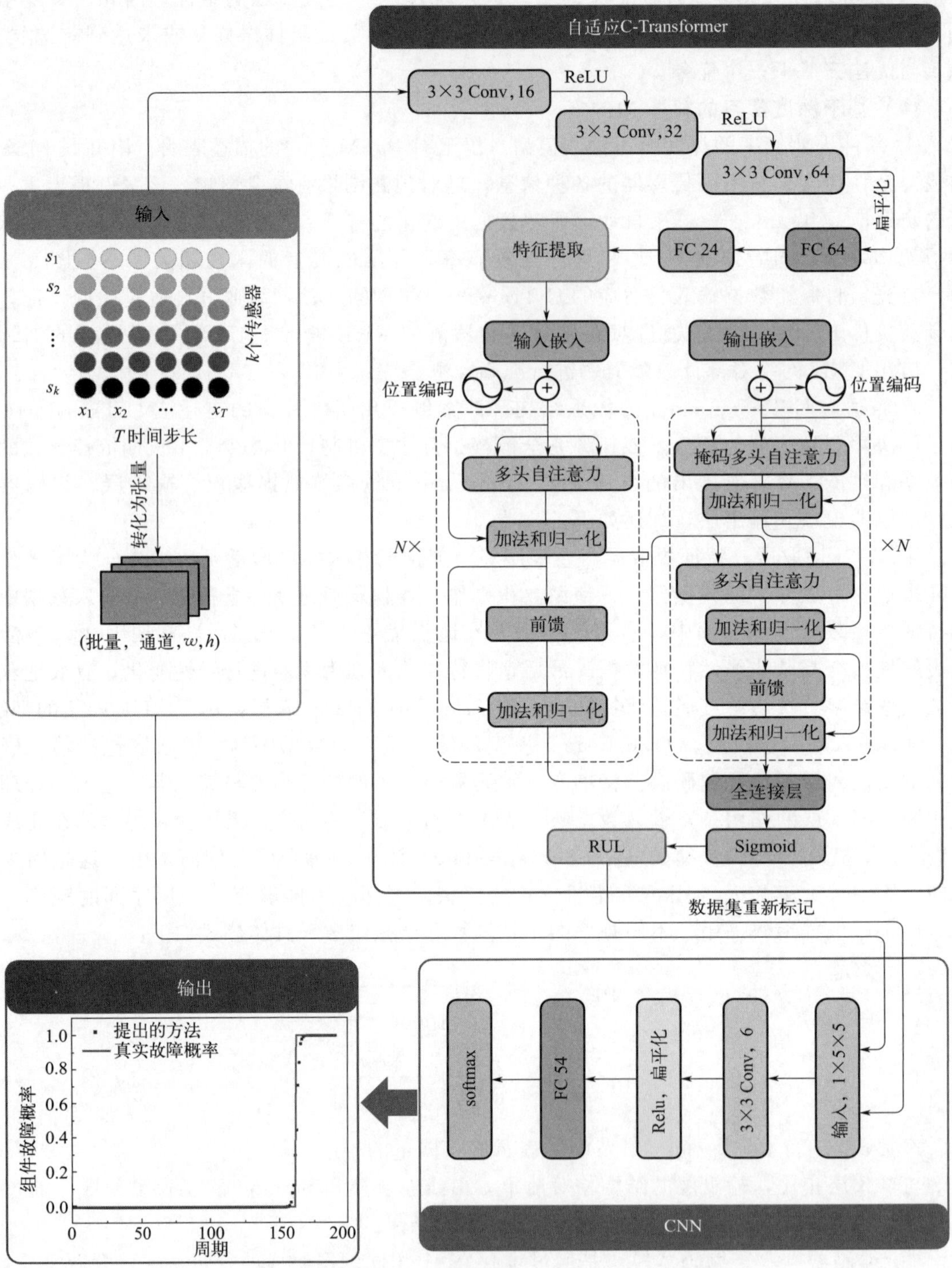


图 5.8　提出的部件失效概率深度学习网络体系结构

MHA最重要的注意力机制是注意力函数，在Transformer中表示为将查询向量（query vector）和一组键值向量（key-value vectors）映射到输出。缩放点积注意力（SDPA）是Transformer中使用的具体注意力机制。查询（queries）、键（keys）和值（values）组成输入，其中键和值的维度分别为 $d_k$ 和 $d_v$。在实际应用中，多个查询的计算结果会同时由注意力函数进行处理，并打包成矩阵 $\boldsymbol{Q}$。同样，键和值也会分别打包成矩阵 $\boldsymbol{K}$ 和 $\boldsymbol{V}$。基于以上分析，输出矩阵可以通过式(5.21) 来表达。

$$\text{Attention}(\boldsymbol{Q},\boldsymbol{K},\boldsymbol{V})=\text{softmax}\left(\frac{\boldsymbol{Q}\boldsymbol{K}^{\mathrm{T}}}{\sqrt{d_{\mathrm{k}}}}\right) \tag{5.21}$$

几个并行运行的 SDPA 层形成了 MHA。多头自注意机制使得模型可以关注不同位置的信息，从而提高预测精度，可以表示为

$$\text{MultiHead}(\boldsymbol{Q},\boldsymbol{K},\boldsymbol{V})=\text{Concat}(head_1,\cdots,head_h)\boldsymbol{W}^O \tag{5.22}$$

$$head_i=\text{Attention}(\boldsymbol{Q}\boldsymbol{W}_i^{\boldsymbol{Q}},\boldsymbol{K}\boldsymbol{W}_i^{\boldsymbol{K}},\boldsymbol{V}\boldsymbol{W}_i^{\boldsymbol{V}}) \tag{5.23}$$

式中，$h$ 表示注意力头的数量；$\boldsymbol{W}_i^{\boldsymbol{Q}}$、$\boldsymbol{W}_i^{\boldsymbol{K}}$ 和 $\boldsymbol{W}_i^{\boldsymbol{V}}$ 是参数矩阵；$\boldsymbol{W}_i^{\boldsymbol{Q}}\in\mathbb{R}^{d_{\text{model}}\times d_{\mathrm{k}}}$，$\boldsymbol{W}_i^{\boldsymbol{K}}\in\mathbb{R}^{d_{\text{model}}\times d_{\mathrm{k}}}$；$\boldsymbol{W}_i^{\boldsymbol{V}}\in\mathbb{R}^{d_{\text{model}}\times d_{\mathrm{v}}}$；$\boldsymbol{W}^O\in\mathbb{R}^{hd_{\mathrm{v}}\times d_{\text{model}}}$。

FFN 是一个两层神经网络，由两个线性变换组成，中间有一个 ReLU 激活。全连通层的公式如下：

$$\text{FFN}(x)=\max(0,xW_1+b_1)W_2+b_2 \tag{5.24}$$

这两层的目的是将输入映射到一个更高维度的空间，通过非线性函数 ReLU 对其进行过滤，最后经过筛选后变回原来的维度。

ⅳ. 解码器模块。解码器模块是通过堆叠 $N$ 个相同的层组成的。每一层包含三个子层：MHA、掩蔽多头注意力（masked multi-head attention，masked MHA）机制和 FFN。解码器层的注意力机制与编码器层有所不同，特别是在掩蔽多头注意力机制上。除此之外，解码器中的 MHA 机制与编码器中的 MHA 机制略有不同。

掩蔽多头注意力机制由填充掩蔽（padding mask）和序列掩蔽（sequence mask）组成。在每个批次中，由于输入序列的长度可能不同，因此需要使用填充掩蔽来对齐输入序列。填充掩蔽的作用是忽略序列中因填充（padding）而产生的无效位置，避免这些位置对注意力计算产生影响。序列掩蔽的目的是在进行解码时，掩蔽（将其设置为负无穷大）未来的所有位置，以确保在预测时间 $t$ 时，注意力机制只能依赖于当前时间点之前的输出数据。这样，模型在生成预测时只能看到当前及之前的时间步的信息，从而避免信息泄露，保持自回归特性。

与编码器层中的 MHA 不同，解码器层仅基于注意力，而不是自注意力。它的输入查询来自 masked MHA 的输出，键和值来自编码器最后一层的输出。MHA 的目的是通过当前输入信息（即输出信息）来获取下一个时刻的信息，即通过表达当前输入与编码器提取的特征向量之间的关系来预测输出。

b. CNN 的架构。CNN 的架构如图 5.8 底部所示，包含输入层、卷积层、展平层（flatten layer）、全连接层和 softmax 激活层。在该案例中，CNN 在卷积层中提供了 6 个卷积核（filter kernels），以便更好地学习特征。其中，卷积核是一个二维张量。展平层用于将数据转换为一维，以便作为全连接层的输入。全连接层将之前提取的特征进行整合和计算，作为整个网络的最后一阶段。softmax 函数是一种用于分类问题的激活函数，常用于输出层，它可以表示为

$$\text{softmax}(z_i)=\frac{\mathrm{e}^{z_i}}{\sum_{c=1}^{C}\mathrm{e}^{z_c}} \tag{5.25}$$

式中，$z_i$ 和 $c$ 分别表示第 $i$ 个节点的输出值和分类类别的个数。多类别的输出值可以通过 softmax 函数转换成［0,1］范围内的概率分布。

在该案例中，CNN 的输出结果为串并联系统的部件失效概率，归纳为以下两类。

类别 0：当 RUL 大于或等于之前预设的时间窗口 $w$ 时。

类别 1：当 RUL 小于之前预设的时间窗口 $w$ 时。

假设时间窗口 $w$ 等于下一个任务的持续时间，因此，如果某个组件的 RUL 小于时间窗口，则它属于类别 1，并且系统在下一个任务中被认为是完全失效的。相反，当组件的 RUL 大于或等于时间窗口时，它属于类别 0，系统在下一个任务中被认为是正常运行的。

② 串并联系统故障概率模型

a. 评估组件的当前状态。在该案例中，针对多级故障概率，对组件当前状态的评估标准定义见表 5.2。

**表 5.2　部件当前状态评价准则**

| 状态 | 0 | 1 | 2 | 3 | 4 | 5 | 6 |
|---|---|---|---|---|---|---|---|
| $P_U$ | [0.85,1.0] | [0.7,0.85) | [0.55,0.7) | [0.4,0.55) | [0.25,0.4) | [0.1,0.25) | [0,0.1) |

b. 维修等级分类。在一般情况下，假设该串并联 MSS 由 $M$ 个独立的子系统串联构成，每个子系统 $i$ 由 $N_i$ 个相同的元件并联组成。基于概率联合规则，多个元件子系统的失效概率可以通过式(5.26) 和式(5.27) 计算得出。

$$P_{\mathrm{sub}_i}=1-P\{(\mathrm{RUL}_1>w)\cap(\mathrm{RUL}_2>w)\cap\cdots\cap(\mathrm{RUL}_{N_i}>w)\} \tag{5.26}$$

$$P_{\mathrm{sub}_i}=1-\{P(\mathrm{RUL}_1>w)P(\mathrm{RUL}_2>w)\cdots P(\mathrm{RUL}_{N_i}>w)\} \tag{5.27}$$

式中，$\mathrm{RUL}_{N_i}$ 和 $P_{\mathrm{sub}_i}$ 分别表示子系统 $i$ 中组件的 RUL 和子系统 $i$ 的失效概率。

当一系列子系统组合成一个系统时，系统的性能由最差子系统的性能决定，系统的性能可以通过式(5.28) 表示。

$$P_S=\min(P_{\mathrm{sub}_1},P_{\mathrm{sub}_2},\cdots,P_{\mathrm{sub}_i}) \tag{5.28}$$

式中，$P_S$ 表示整个系统的失效概率。

为了在决策过程中降低计算复杂性和维护成本，提出了考虑不完全维护的维护级别，该级别基于试错学习方法，并利用计算出的整个系统失效概率。在此工作中，为应对系统的多级失效，采用了五级维护策略来制定系统维护计划。维护级别表示在维护前后状态跨度的最大步长。最大步长用于确定在当前系统状态下能够修复的最大状态，而不会浪费冗余的维护资源。例如，级别 4 表示维护前后状态跨度的最大步长为 5，级别 3 表示最大步长为 4。之后，级别 1 和级别 2 依次类推，级别 0 表示不进行任何维护。试错测试过程如图 5.9 所示。每个组件维修后的状态被作为一个标准，要求最高状态最多不能高于最优状态加 1，最低状态不能低于中间状态。如后文所示的串并联 MSS，从训练数据（如 FD001 数据集）中随机选择一组组件失效概率值，这些值对应于组件的状态。然后，基于通过式(5.26)～式(5.28) 计算出的系统失效概率，假设一个维护级别，并通过试错过程进行反向修正。由于相同的系统失效概率可能对应多组不同的组件失效概率，因此通过多次实验重复上述过程后，可以提取出维护级别的系统失效概率边界。根据整个系统的不同失效概率，维护级别的评估标准列在表 5.3 中。

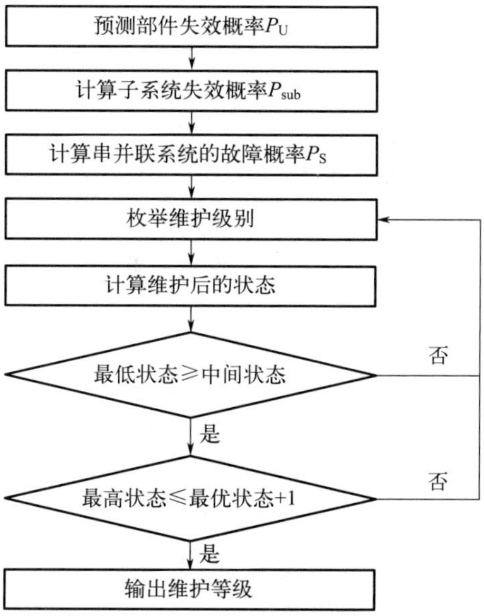


图 5.9　维护级别的试错测试过程

**表 5.3　维护级别的评估标准**

| 维护等级 | 0 | 1 | 2 | 3 | 4 |
|---|---|---|---|---|---|
| $P_S$ | [0,0.4) | [0.4,0.6) | [0.6,0.75) | [0.75,0.9) | [0.9,1] |

③ 智能动态决策优化

a. 动态优化模型。假设串并联 MSS 具有以下特点：子系统中的所有组件是相同的；考虑到不完全维护活动，系统只能恢复到一个介于如新状态和最差状态之间的某个状态；单次维护活动所需的资源已知且明确，且在下一个任务开始之前，维护的时间和成本是有限的；假设两次连续任务之间的间隔时间为常数，记作 $\Delta T$，该案例中的维护活动仅在间隔时间内进行。

为了更加合理地分配维护资源并避免浪费时间，该案例定制了一个针对串并联 MSS 的智能决策优化模型，在维护成本和维护时间的相互约束下，模型可表示为

$$\text{Minimize}C_T(\boldsymbol{X})=k_1C_M(\boldsymbol{X})+k_2T_M(\boldsymbol{X}) \tag{5.29}$$

$$约束条件:X_{ij}\leqslant Y_{ij}\leqslant K \tag{5.30}$$

$$X_{ij}\ 是整数, i=1,2,\cdots,M; j=1,2,\cdots,N_i \tag{5.31}$$

目标函数在经济依赖和关键组件约束下，最小化了总综合成本。该案例的重点是通过多级失效和多级维护的交互作用来维护串并联 MSS。接下来的部分将使用新的 MDU-ABC-K 算法来自动输出最优的动态维护策略。

b. 智能决策解决方案。ABC 算法是一种模拟蜜蜂采蜜和寻找优质花蜜源的组织行为的仿生计算方法。但该方法存在前期收敛快、后期易陷入局部最优、多样性丧失、收敛速度慢等缺点。针对这些问题，提出了一种改进的 ABC 算法，利用多维更新和 $k$-邻域半径分别增强解搜索和提高解质量，从而跳出局部最优解。该案例将提出的算法命名为 MDU-ABC-K。

在提出的 MDU-ABC-K 算法中，假设有 $N$ 个蜜源（$\boldsymbol{X}_1,\boldsymbol{X}_2,\cdots,\boldsymbol{X}_N$），每个蜜源包含 $D$ 个组件。即待优化问题的解空间包含 $N$ 个可行解[$\boldsymbol{X}_i=(x_{i1},x_{i2},\cdots,x_{iD})$]，每个可行解是

一个 $D$ 维向量。该算法包含以下四个阶段。

ⅰ. 群体初始化阶段。对于任意解 $x_{id}(d=1,2,3,\cdots,D)$，每个分量都被初始化，可以表示为

$$x_{id}=x_{id\min}+\mathrm{rand}(0,1)\cdot(x_{id\max}-x_{id\min}) \tag{5.32}$$

式中，$x_{id\max}$ 和 $x_{id\min}$ 分别表示可行解空间中第 $d$ 维分量的上限和下限；rand(0,1) 是一个在 [0,1] 范围内的随机数。

ⅱ. 雇佣蜜蜂搜索阶段。在传统的 ABC 算法中，蜜蜂采用通过维度更新解的策略，可以写成以下形式：

$$v_{id}=x_{id}+\mathrm{rand}(-1,1)\cdot(x_{id}-x_{jd}) \tag{5.33}$$

式中，$j\in\{1,2,\cdots,N\}$ 表示选择的蜜源 $x_j$ 与 $x_i$ 不同，且 $N$ 是蜜源的数量。然后计算新解的适应度值，并应用贪婪策略在 $x_{id}$ 和 $v_{id}$ 之间进行选择。最终，雇佣蜜蜂记录蜜源信息和适应度值。然而，随着函数维度的不断增加，收敛时间也会增加，最终解的准确性会受到影响。原因是：在搜索过程中，如果某些维度存在更好的值，但未能进一步挖掘，解就会达到蜜源重复挖掘次数的搜索极限，从而被丢弃。此时，侦查蜜蜂会重新进行随机搜索，这可能导致算法错失许多到达全局最优的机会。

为了解决上述问题，该案例将式(5.33) 中的一个维度替换为 $m$ 个不同的维度，同时更新公式为

$$\begin{cases} v_{i1}=x_{i1}+\mathrm{rand}(-1,1)\cdot(x_{i1}-x_{j1}) \\ v_{i2}=x_{i2}+\mathrm{rand}(-1,1)\cdot(x_{i2}-x_{j2}) \\ \vdots \\ v_{im}=x_{im}+\mathrm{rand}(-1,1)\cdot(x_{im}-x_{jm}) \end{cases} \tag{5.34}$$

式中，$m$ 是由解的维度数量决定的。

ⅲ. 观察蜜蜂搜索阶段。在所有雇佣蜜蜂完成搜索后，解的信息和适应度值将与观察蜜蜂共享。观察蜜蜂通过选择概率 $P_i$ 来确定每个观察蜜蜂被跟随的概率，$P_i$ 可以表示为

$$P_i=\frac{\mathrm{fit}_i}{\sum_{k=1}^{N}\mathrm{fit}_k} \tag{5.35}$$

式中，$\mathrm{fit}_k$ 是第 $k$ 个解的适应度值。观察蜜蜂使用轮盘赌策略来选择雇佣蜜蜂跟随。如果对应于某个蜜源的雇佣蜜蜂的选择概率较大，那么该蜜源将被更多的观察蜜蜂跟随。也就是说，适应度值较大的蜜源具有更广泛的搜索范围，周围解的探索也会更广泛。通过这一机制，观察蜜蜂倾向于选择适应度更高的蜜源进行跟随，从而加速算法向全局最优解的收敛，同时增强了搜索的多样性和全局探索能力。

ⅳ. 侦查蜜蜂搜索阶段。在此阶段，为了替换被放弃的蜜源，标准的蜜源更新公式如下：

$$x_{id}=\mathrm{low}_d+\mathrm{rand}(0,1)\cdot(\mathrm{up}_d-\mathrm{low}_d) \tag{5.36}$$

式中，$d\in\{1,2,\cdots,D\}$，且 $[\mathrm{low}_d,\mathrm{up}_d]$ 是边界约束。

然而，当某个蜜源在被多次搜索且未更新后，假设该蜜源已经耗尽，对应的解将会陷入局部最优。为了处理陷入局部最优的问题，该案例提出了一种新的蜜源更新方法，结合了 $k$-邻域半径来更新被放弃的解。

基于 $k$-邻域的概念，该案例提出了一种新颖的解选择机制，应用于观察蜜蜂搜索阶段。

对于群体中的每个解 $\boldsymbol{X}_i$，选择 $\boldsymbol{X}_i$ 的 $k$-邻域中的最佳解作为 $X_{i\mathrm{b}}$，然后围绕 $X_{i\mathrm{b}}$ 使用相应的搜索策略进行搜索。$\boldsymbol{X}_i$ 的 $k$-邻域包含 $2k+1$ 个解，其中 $X_{i\mathrm{b}}$ 是最好的解。通过这种方法，从群体中选择一些更好的解进行进一步搜索。与大多数 ABC 算法不同，该案例中的方法无须计算每个解的选择概率。

与上述标准侦查蜜蜂搜索阶段不同，当 $\boldsymbol{X}_i$ 被放弃时，将生成$\boldsymbol{U}_1$ 和 $\boldsymbol{U}_2$。然后，用$\boldsymbol{U}_1$ 和 $\boldsymbol{U}_2$ 之间的最佳解替换 $\boldsymbol{X}_i$。在此研究中，$\boldsymbol{U}_1$ 是根据式(5.36) 从标准侦查蜜蜂搜索阶段得到的，而 $\boldsymbol{U}_2$ 是从 $X_{i\mathrm{b}}$ 的解中得到的最优值，可以通过式(5.37) 表示。

$$u_{id}=x_{i\mathrm{b}d}+\mathrm{rand}(0,1)\cdot(x_{r1d}-x_{r2d}) \tag{5.37}$$

式中，$r_1\neq r_2\neq i_\mathrm{b}$ 表示选择的蜜源不同于 $x_{i\mathrm{b}}$。

在该案例中，所提出的 MDU-ABC-K 算法通过最小化综合成本，解决动态优化模型，在经济依赖性和关键组件的约束下，从而同时减少维护时间和维护成本。对于具体的优化问题，可以根据图 5.6 中智能决策优化部分输出最优策略。所提出的智能决策优化过程包括以下四个步骤。

步骤一：列举一个可能的维护策略 $L$，考虑每个组件的当前状态和每个系统的维护水平，$L=(l^1_{a_1,b_1},l^2_{a_2,b_2},\cdots,l^n_{a_n,b_n})$。

步骤二：通过规则 1 检查策略 $L$ 的可行性。如果策略 $L$ 满足规则 1，则继续执行；否则，转到步骤三。规则 1 基于系统结构，即关键组件必须修复到最优状态。关键组件是指对系统状态变化有显著贡献的组件，必须维护到提高系统健康状态的水平。

步骤三：通过规则 2 检查策略 $L$ 的可行性。如果策略 $L$ 满足规则 2，则继续执行；否则，转到步骤四。规则 2 基于系统维护的成功概率。通过模型计算，得到系统维护成功的条件，即在维护结束时，系统中达到 4～6 状态的组件数应大于总组件数的三分之二。

步骤四：检查策略 $L$ 是否满足经济依赖性。如果策略 $L$ 满足经济依赖性，则通过适应度函数 1 或 2 输出最优的维护成本和行动。适应度函数 1 和 2 分别如式(5.38) 和式(5.39) 所示。

$$\mathrm{Function1}:C_T(\boldsymbol{X})=k_1C_M(\boldsymbol{X})+k_2T_M(\boldsymbol{X}) \tag{5.38}$$

$$\mathrm{Function2}:C_T(\boldsymbol{X})=k_1C'_M(\boldsymbol{X})+k_2T'_M(\boldsymbol{X}) \tag{5.39}$$

**(5) 案例研究**

① 数据集和评估指标　该案例在研究中使用了 C-MAPSS（Commercial Modular Aero-Propulsion System Simulation）数据集。该数据集是一个开放获取的数据集，在预测领域中被广泛应用。NASA 数据集中的每个飞行周期数据是通过 21 个传感器在 3 种运行条件下测量的。其中，单周期数据为一个 24 维的特征向量。在运行初期，发动机单元的状态是健康的，而发动机性能在逐渐运行后开始退化，直到训练数据集中发生故障。在测试数据集中，退化过程在系统故障发生前的某一时刻结束。数据集的详细信息列于表 5.4 中。

**表 5.4　4 个子数据集的特征**

| 数据集 | 发动机单元 | 故障模型编号 | 运行工况 |
| --- | --- | --- | --- |
| FD001 | 100 | 1 | 1 |
| FD002 | 259 | 1 | 6 |
| FD003 | 100 | 2 | 1 |
| FD004 | 248 | 2 | 6 |

数据集由 4 个子数据集组成：FD001、FD002、FD003 和 FD004。在不同工况和故障模式组合下，对 4 个子数据集进行了仿真。子集 FD001 和 FD003 具有单一操作条件，而子集 FD002 和 FD004 具有六个操作条件。此外，子集 FD001 和 FD002 中只存在一种故障模式，而子集 FD003 和 FD004 则存在两种故障模式。

在这项研究中，发动机在整个生命周期内的状态信息是进一步维修活动所必需的。因此，FD001 训练集将分为两部分，前 80 个引擎用于训练，后 20 个引擎用于评估所提出的 MPM 框架的性能。

为了评估所提出的自适应 C-Transformer 网络的性能，使用了两个指标，即均方根误差（RMSE）和得分（Score），其定义如下：

$$\mathrm{RMSE}=\sqrt{\frac{1}{n_T}\sum_{i=1}^{n_T}(\mathrm{Acty}_{\mathrm{RUL}_i}-\mathrm{Predy}_{\mathrm{RUL}_i})^2} \tag{5.40}$$

$$\mathrm{Score}=\sum_{p=1}^{p}s_p,s_p=\begin{cases}\mathrm{e}^{-\frac{d_p}{13}}-1, & d_p<0\\ \mathrm{e}^{-\frac{d_p}{10}}-1, & d_p\geqslant 0\end{cases} \tag{5.41}$$

式中，$n_T$ 为测试样本的数量；$\mathrm{Acty}_{\mathrm{RUL}_i}$ 和 $\mathrm{Predy}_{\mathrm{RUL}_i}$ 分别表示第 $i$ 个测试样本的实际 RUL 和预测剩余使用寿命。在式(5.41) 中，$d_p=\widehat{\mathrm{RUL}}_p-\mathrm{RUL}$，其中，$\widehat{\mathrm{RUL}}_p$ 和 RUL 分别表示第 $p$ 个发动机单元的预测 RUL 和真实标签。

此外，最常用的二分类评估指标也被用来评价预测组件是否会在下一任务中发生故障的性能。这些指标包括精确率（Precision）、召回率（Recall）、F1 值（F1-Score）以及从期望类别和预测类别矩阵计算的混淆矩阵。这些指标的具体定义如下：

$$\mathrm{Precision}=\frac{TP}{FP+TP}\times 100\% \tag{5.42}$$

$$\mathrm{Recall}=\frac{TP}{TP+FN}\times 100\% \tag{5.43}$$

$$\mathrm{F1\text{-}Score}=\frac{2\times\mathrm{Precision}\times\mathrm{Recall}}{\mathrm{Precision}+\mathrm{Recall}} \tag{5.44}$$

式中，$TP$、$FP$ 和 $FN$ 分别表示真正例、假正例和假负例的数量。

② 实现细节　该实验在一台配置为 Intel Core i7-11700KF（3.6GHz）CPU、16.0GB 内存和 Microsoft Windows 10 操作系统的个人电脑上运行。模型使用 Python 3.7 实现，并采用开源软件库 Pytorch 作为后端。对于自适应 C-Transformer 的训练，使用 Adam 优化器，学习率为 $5\times10^{-5}$，训练轮次设置为 200。同时，均方误差（MSE）被用作预测 RUL 的损失函数，而交叉熵被用作预测组件故障概率的损失函数。Transformer 网络的超参数和实现细节如下：$N=2$，$d_{\mathrm{model}}=64$，$d_{\mathrm{k}}=32$，$d_{\mathrm{v}}=2$，$h=8$。对于 CNN 网络，时间窗口 $w$ 设置为 30。此外，MDU-ABC-K 算法的迭代次数设置为 200 次。

③ 实验结果及性能分析　在本节中，展示了所提出架构在 RUL 预测中的预测性能。通过与其他网络的对比，证明了该架构的有效性。此外，通过与在相同 C-MAPSS 数据集上最新的先进预测结果进行比较，进一步证明了所提出架构的优越性。

a. 预测性能。

ⅰ. RUL 预测。采用 FD001 测试台进行测试，以更好地体现 C-Transformer 的优越性。

FD001 中测试发动机单元对最后记录数据点的 RUL 预测结果如图 5.10 所示。为了更好地观察和分析，将测试发动机单元按从小到大的标签进行分类。可以看出，该案例提出的自适应 C-Transformer 网络预测的 RUL 值更接近实际值。特别是在 RUL 值较小的地区，预测精度往往较高。这是因为当发动机单元接近故障时，故障特征会得到增强，并且可以通过所提出的体系结构进行更好的预测。

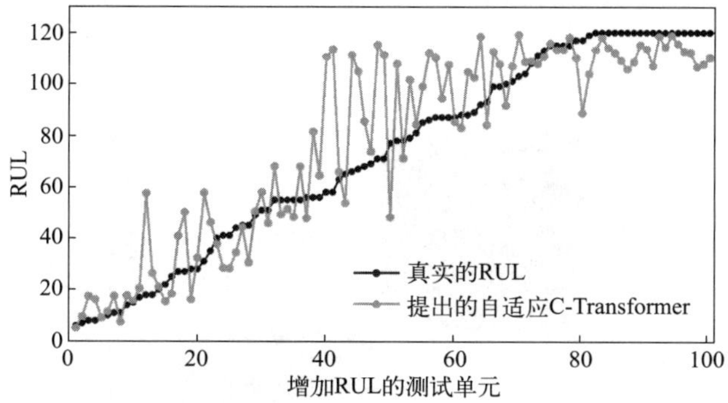


图 5.10　对 FD001 中 100 个测试发动机单元的预测结果进行排序分析

图 5.11 绘制了 FD001 测试集中的发动机单元编号 21、31、34 和 81 的 RUL 预测结果。如图 5.11 所示，在发动机单元的健康状态阶段（标签的平坦阶段），预测的 RUL 非常精确，两线几乎重合。当退化开始时，预测结果平滑过渡，随后随时间几乎线性下降，直到周期结束。所有这四个发动机单元在周期接近尾声时都表现出精确的 RUL 预测。然而，在退化点附近，预测的演变与给定标签不完全匹配。这是因为并非所有发动机单元在 RUL 等于 120 时开始退化，并且其退化可能突然发生而没有过渡阶段。在工业中应用所提

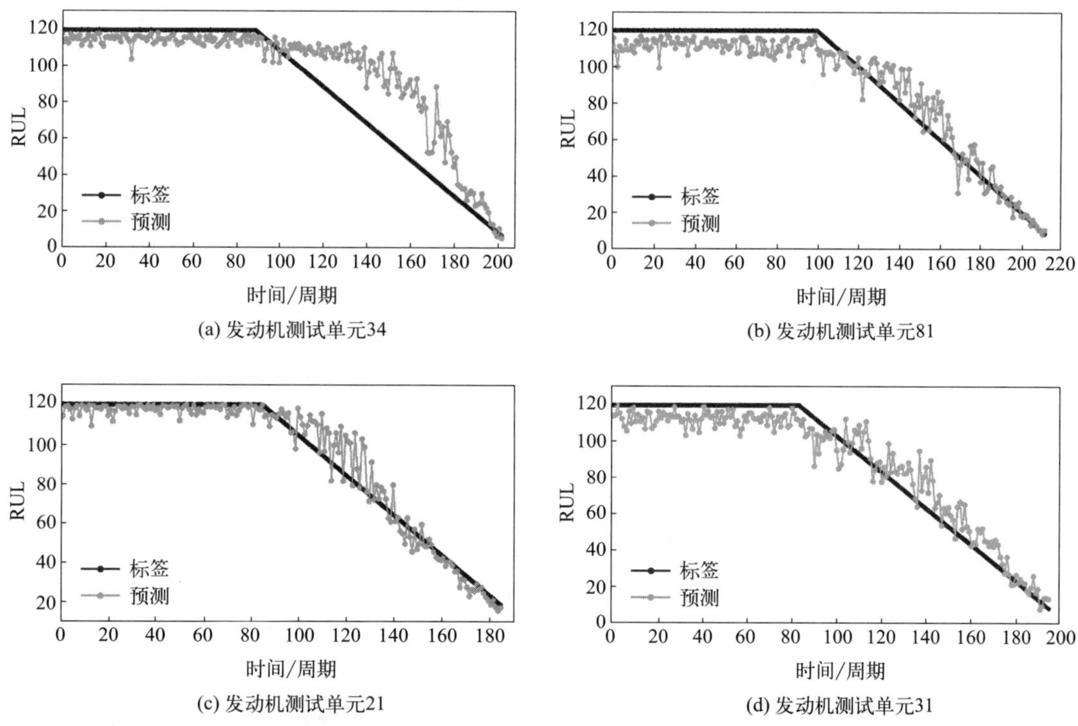


图 5.11　FD001 试验机组 34、81、21、31 机组 RUL 预测结果

出的方法时，预测的准确性在发动机运行良好和即将发生故障时尤为重要。同时，在后期对发动机状态的准确评估能够提高运行可靠性和安全性，从而降低维护成本并改善整个系统性能。

ⅱ. 故障概率预测。为了更好地进行后续的维护活动，所提出的C-Transformer-CNN的最终结果是组件故障概率，即系统是否会在下一次任务中发生故障的概率。这里建议使用混淆概率矩阵来评估故障概率预测的准确性。图5.12展示了在FD001测试集上评估结果的混淆矩阵。

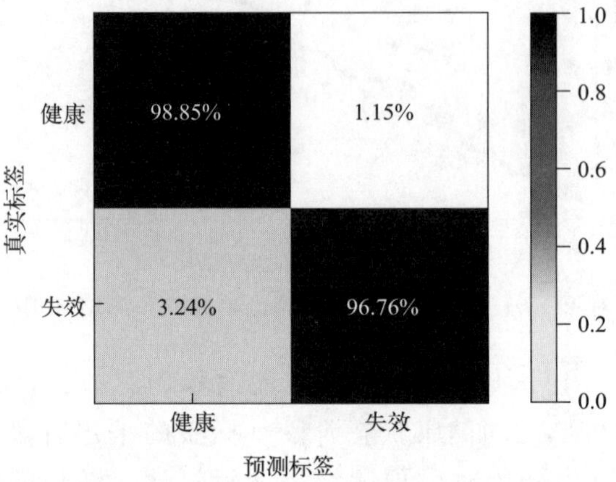


图5.12 提出的模型在FD001数据集上的混淆矩阵

b. 与其他模型比较。

ⅰ. RUL预测。该案例的自适应C-Transformer网络能够提供系统化且准确的预测。为了展示该架构相对于现有网络的优越性，该研究将其测试性能与其他网络进行对比。该研究采用了包括RNN、GRU和LSTM在内的几种现有方法，在相同的数据集上进行RUL预测。表5.5展示了RUL预测性能的综合比较结果。从中可以得出结论，所提出的自适应C-Transformer网络表现出更好的性能，其RMSE和值指标在C-MAPSS数据集的4个子集上均具有较小的值。同时，图5.13绘制并展示了所提出的自适应C-Transformer与LSTM之间的对比曲线。从图5.13中可以看出，所提出的C-Transformer网络的预测曲线更接近实际的RUL，这证明了所提出架构的优越性。

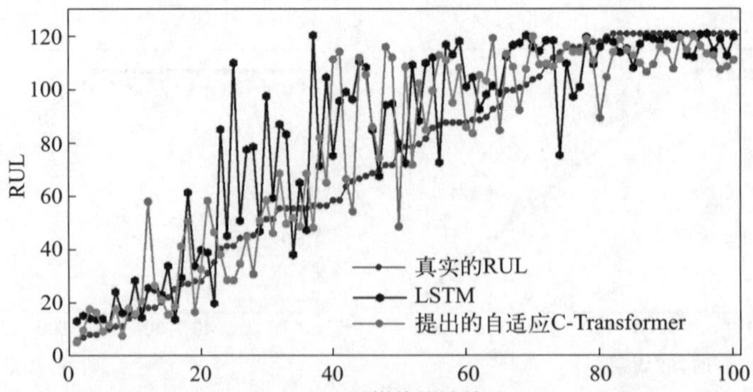


图5.13 C-Transformer与LSTM模型的RUL预测性能比较

表 5.5　不同网络之间的比较

| 方法 | FD001 | | FD002 | | FD003 | | FD004 | |
|---|---|---|---|---|---|---|---|---|
| | RMSE | 值 | RMSE | 值 | RMSE | 值 | RMSE | 值 |
| RNN | 17.54 | 1680.26 | 18.8 | 3018 | 19.81 | 2279.66 | 23.95 | 9769.99 |
| GRU | 16.79 | 791 | 18.41 | 2466.85 | 18.75 | 1754.44 | 24.56 | 9432.57 |
| LSTM | 17.1 | 1005.88 | 18.16 | 2466.93 | 20.27 | 2347.17 | 23.07 | 5209.24 |
| C-Transformer | 13.79 | 475.46 | 16.11 | 2214.59 | 17.1 | 939.1 | 19.77 | 3237.37 |

ⅱ. 故障概率预测。在该案例中，使用所提出的模型（C-Transformer-CNN）来提供部件的故障概率，以便进行进一步的维护。为了证明所提模型的优越性，将其与 LSTM、CNN 等现有模型的性能进行了比较，如表 5.6 所示。从表 5.6 中可以看出，所提模型的性能优于传统模型。

表 5.6　与其他模型对比

| FD001 | | | | |
|---|---|---|---|---|
| 方法 | 准确率/% | 精确率 | 召回率 | F1-Score |
| CNN | 94.32 | 0.9025 | 0.8972 | 0.9132 |
| LSTM | 96.77 | 0.9412 | 0.9696 | 0.9552 |
| C-Transformer-CNN | 97.63 | 0.9688 | 0.9720 | 0.9682 |

④ 动态多级预测性维护　为了进一步研究系列串并联 MSS 的维护问题，该案例以 C-MAPSS 数据集为例。参考现有的 PdSM 框架，将涡扇发动机定义为组件。将 FD001 数据集中的数据在测试前随机选择，并且对应四种情况，用于预测每个组件的 RUL 和故障概率，并根据所提出的 MPM 框架输出动态维护策略。在该案例中，调查了五种典型情况，以响应不同的维护级别。其中，级别 0 表示没有进行任何维护操作，因此相应的案例不做详细说明。

a. 案例 1。在前期研究中，系统当前状态的多状态组件通常由操作员经验来确定。为了解决这个问题，引入多级故障来反映组件当前的状态，紧密结合故障概率与系列串并联 MSS。

在案例 1 中，考虑了一个具有 $K=6$、$M=3$、$N_1=3$、$N_2=2$、$N_3=3$ 的系列串并联 MSS，其中每个子系统由若干相同的组件并联组成。此外，关键组件被定义为每个子系统的第一个组件，如图 5.14 所示。任务时间（时间窗口 $w$）设定为 30 个周期，两个连续任务之间的间隔时间设定为 45 个单位，维护时间必须在此范围内。每个子系统中组件维护动作的维护成本矩阵和维护时间矩阵如下：

$$\boldsymbol{C}_1=\begin{bmatrix}0&3&4&7&8&12&26\\0&0&6&9&13&14&16\\0&0&0&7&10&13&15\\0&0&0&0&14&18&22\\0&0&0&0&0&12&14\\0&0&0&0&0&0&10\\0&0&0&0&0&0&0\end{bmatrix},\ \boldsymbol{C}_2=\begin{bmatrix}0&5&8&11&13&17&23\\0&0&7&9&11&13&17\\0&0&0&7&9&10&13\\0&0&0&0&10&11&13\\0&0&0&0&0&16&19\\0&0&0&0&0&0&15\\0&0&0&0&0&0&0\end{bmatrix}$$

$$\boldsymbol{C}_3=\begin{bmatrix}0&5&8&11&13&16&23\\0&0&5&8&10&12&15\\0&0&0&6&10&14&18\\0&0&0&0&10&15&19\\0&0&0&0&0&19&20\\0&0&0&0&0&0&18\\0&0&0&0&0&0&0\end{bmatrix},\ \boldsymbol{T}_1=\begin{bmatrix}0&2&4&6&7&9&12\\0&0&4&6&7&8&10\\0&0&0&7&8&9&11\\0&0&0&0&9&10&12\\0&0&0&0&0&10&11\\0&0&0&0&0&0&10\\0&0&0&0&0&0&0\end{bmatrix}$$

$$\boldsymbol{T}_2=\begin{bmatrix}0&2&4&6&7&9&12\\0&0&5&7&8&9&10\\0&0&0&5&7&9&10\\0&0&0&0&8&9&10\\0&0&0&0&0&9&11\\0&0&0&0&0&0&10\\0&0&0&0&0&0&0\end{bmatrix},\ \boldsymbol{T}_3=\begin{bmatrix}0&1&2&3&4&5&6\\0&0&1&2&3&4&5\\0&0&0&2&3&4&5\\0&0&0&0&1&2&3\\0&0&0&0&0&1&3\\0&0&0&0&0&0&2\\0&0&0&0&0&0&0\end{bmatrix}$$

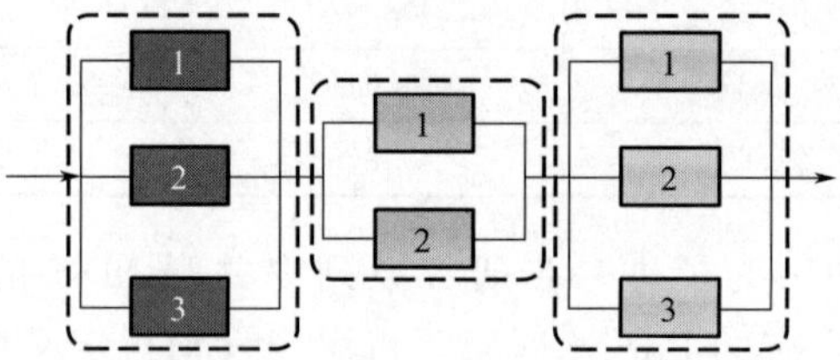


图 5.14　串并联系统示例

该案例从 FD001 中随机抽取数据，并将其应用于案例 1。案例 1 的部件失效概率预测见表 5.7。根据表 5.2 的状态评价准则，维修前部件的当前状态可表示为

$$\boldsymbol{X}=\begin{bmatrix}5&4&4\\5&4&\\5&4&4\end{bmatrix}\text{或}\ \boldsymbol{X}=[5\ 4\ 4\ 5\ 4\ 5\ 4\ 4]$$

如前所述，子系统和系统的故障概率可以通过式(5.27) 和式(5.28) 计算。子系统 1、2 和 3 的故障概率分别为 0.5702、0.4942 和 0.5807，系统的故障概率为 0.5807。根据表 5.3 中的维护级别评估标准，案例 1 的维护级别为等级 1。

通过分析组件的当前状态，组件 (1,2) 与 (1,3) 以及组件 (3,2) 与 (3,3) 是经济上相关的，组件的成本和时间节省系数均假设为 0.6，设置成本$\Delta c_s$ 和设置时间$\Delta t_s$ 均设为 0。如前文所述，最优维护策略可以通过提出的智能决策优化模型获得。以表 5.8 为例，根据不同的综合成本系数展示了动态维护策略。以系数 $k_1=0.7$ 和 $k_2=0.3$ 为例，组件 (1,3) 从状态 4 修复到状态 6，其他组件保持维护前的状态。

**表 5.7　案例 1 中子系统 $i$ 在维护前的组件故障概率**

| 子系统 $i$ | 组成部分 $j$ | | |
|---|---|---|---|
| | 1 | 2 | 3 |
| 1 | 0.2017 | 0.2553 | 0.2771 |

续表

| 子系统 $i$ | 组成部分 $j$ | | |
|---|---|---|---|
| | 1 | 2 | 3 |
| 2 | 0.2154 | 0.3553 | — |
| 3 | 0.1003 | 0.2772 | 0.3552 |

**表 5.8　案例 1 的动态维护策略**

| 系数 | 子系统 $i$ | 组成部分 $j$ | | | $C_M$ | $T_M$ | $C_T$ |
|---|---|---|---|---|---|---|---|
| | | 1 | 2 | 3 | | | |
| $k_1=0.7$，$k_2=0.3$ | 1 | 5→5 | 4→4 | 4→6 | 14 | 11 | 13.1 |
| | 2 | 5→5 | 4→4 | — | | | |
| | 3 | 5→5 | 4→4 | 4→4 | | | |
| $k_1=0.3$，$k_2=0.7$ | 1 | 5→5 | 4→4 | 4→4 | 22.8 | 1.2 | 7.68 |
| | 2 | 5→5 | 4→4 | — | | | |
| | 3 | 5→5 | 4→5 | 4→5 | | | |
| $k_1=0.5$，$k_2=0.5$ | 1 | 5→5 | 4→4 | 4→4 | 20 | 3 | 11.5 |
| | 2 | 5→5 | 4→4 | — | | | |
| | 3 | 5→5 | 4→6 | 4→4 | | | |

b. 案例 2。再次考虑案例 1 中的系统，数据选自 FD001。案例 2 的组件故障概率预测列在表 5.9 中。根据表 5.2 中的状态评估标准，可以表达出维护前各个组件的当前状态如下：

$$\boldsymbol{X}=\begin{bmatrix}4 & 3 & 3\\ 4 & 2 & \\ 4 & 3 & 3\end{bmatrix} \text{或} \boldsymbol{X}=[4\ 3\ 3\ 4\ 2\ 4\ 3\ 3]$$

子系统 1、2 和 3 的故障概率分别为 0.7469、0.7405 和 0.7452，系统的故障概率为 0.7469。根据表 5.3 中的维护级别评估标准，案例 2 的维护等级为等级 2。

在此案例中，组件（1,2）与（1,3）以及组件（3,2）与（3,3）是经济上相关的，组件的成本和时间节省系数均假设为 0.6，设置成本 $\Delta c_s$ 和设置时间 $\Delta t_s$ 均设为 0。表 5.10 展示了三组不同系数的动态维护策略。以系数 $k_1=0.7$ 和 $k_2=0.3$ 为例，针对各组件的维护活动如下：组件（1,1）和（2,1）从状态 4 修复到状态 5，组件（3,2）和（3,3）从状态 3 修复到状态 4，组件（2,2）从状态 2 修复到状态 5，组件（3,1）从状态 4 修复到状态 6，而组件（1,2）和（1,3）保持维护前的原始状态。

**表 5.9　案例 2 中子系统 $i$ 在维护前的组件故障概率**

| 子系统 $i$ | 组成部分 $j$ | | |
|---|---|---|---|
| | 1 | 2 | 3 |
| 1 | 0.2552 | 0.4117 | 0.4223 |
| 2 | 0.3996 | 0.5671 | — |
| 3 | 0.2501 | 0.4331 | 0.4007 |

表 5.10 案例 2 的动态维护策略

| 系数 | 子系统 $i$ | 组成部分 $j$ | | | $C_M$ | $T_M$ | $C_T$ |
|---|---|---|---|---|---|---|---|
| | | 1 | 2 | 3 | | | |
| $k_1=0.7$, $k_2=0.3$ | 1 | 4→5 | 3→3 | 3→3 | 65 | 32.2 | 55.16 |
| | 2 | 4→5 | 2→5 | — | | | |
| | 3 | 4→6 | 3→4 | 3→4 | | | |
| $k_1=0.3$, $k_2=0.7$ | 1 | 4→6 | 3→3 | 3→3 | 67 | 30.2 | 41.24 |
| | 2 | 4→6 | 2→4 | — | | | |
| | 3 | 4→5 | 3→4 | 3→4 | | | |
| $k_1=0.5$, $k_2=0.5$ | 1 | 4→5 | 3→3 | 3→3 | 66 | 31.2 | 48.6 |
| | 2 | 4→6 | 2→4 | — | | | |
| | 3 | 4→6 | 3→4 | 3→4 | | | |

c. 案例 3。考虑到案例 1 中的系统以及从 FD001 选择的数据，案例 3 中的组件故障概率预测列在表 5.11 中。根据表 5.2 中的状态评估标准，在维护前组件的状态可以表示为

$$\boldsymbol{X}=\begin{bmatrix}3 & 2 & 2\\ 1 & 3 & \\ 4 & 2 & 2\end{bmatrix} \quad 或 \quad \boldsymbol{X}=[3\ 2\ 2\ 1\ 3\ 4\ 2\ 2]$$

子系统 1、2 和 3 的故障概率分别为 0.8962、0.8330 和 0.8442，系统故障概率为 0.8962。根据表 5.3 中的维护等级评估标准，案例 3 的维护等级为等级 3。

在这种情况下，组件 (1,2) 和 (1,3)、(3,2) 和 (3,3) 是经济依赖的，组件的成本和时间节省系数均假设为 0.6，设置成本 $\Delta c_s$ 和设置时间 $\Delta t_s$ 均设为 0。表 5.12 显示了通过提出的智能决策优化模型得到的具有不同系数的三组动态维护策略。以系数 $k_1=0.7$ 和 $k_2=0.3$ 为例，组件的维护活动如下：组件 (1,1) 从状态 3 修复到状态 5，组件 (2,1) 从状态 1 修复到状态 5，组件 (2,2) 从状态 3 修复到状态 5，组件 (3,1) 从状态 4 修复到状态 6，组件 (3,2) 和 (3,3) 从状态 2 修复到状态 4，而组件 (1,2) 和 (1,3) 保持维护前的原始状态。

表 5.11 案例 3 中子系统 $i$ 在维护前的组件故障概率

| 子系统 $i$ | 组成部分 $j$ | | |
|---|---|---|---|
| | 1 | 2 | 3 |
| 1 | 0.4062 | 0.5591 | 0.6035 |
| 2 | 0.7113 | 0.4215 | — |
| 3 | 0.3011 | 0.5502 | 0.5663 |

表 5.12 案例 3 的动态维护策略

| 系数 | 子系统 $i$ | 组成部分 $j$ | | | $C_M$ | $T_M$ | $C_T$ |
|---|---|---|---|---|---|---|---|
| | | 1 | 2 | 3 | | | |
| $k_1=0.7$, $k_2=0.3$ | 1 | 3→5 | 2→2 | 2→2 | 74 | 34.6 | 62.18 |
| | 2 | 1→5 | 3→5 | — | | | |
| | 3 | 4→6 | 2→4 | 2→4 | | | |

续表

| 系数 | 子系统 $i$ | 组成部分 $j$ | | | $C_M$ | $T_M$ | $C_T$ |
|---|---|---|---|---|---|---|---|
| | | 1 | 2 | 3 | | | |
| $k_1=0.3$，$k_2=0.7$ | 1 | 3→5 | 2→2 | 2→2 | 76.8 | 32.8 | 45.99 |
| | 2 | 1→5 | 3→4 | — | | | |
| | 3 | 4→5 | 2→5 | 2→5 | | | |
| $k_1=0.5$，$k_2=0.5$ | 1 | 3→5 | 2→2 | 2→2 | 75 | 33.6 | 54.3 |
| | 2 | 1→5 | 3→6 | — | | | |
| | 3 | 4→5 | 2→4 | 2→4 | | | |

d. 案例 4。再次考虑案例 1 中的系统以及从 FD001 选择的数据，案例 4 中的组件故障概率预测列在表 5.13 中。根据表 5.2 中的状态评估标准，在维护前组件的状态可以表示为

$$\boldsymbol{X}=\begin{bmatrix}1 & 0 & 0\\ 2 & 1 & \\ 2 & 1 & 1\end{bmatrix} \text{或} \boldsymbol{X}=[1\ 0\ 0\ 2\ 1\ 2\ 1\ 1]$$

子系统 1、2 和 3 的故障概率分别为 0.7584、0.8895 和 0.9012，系统故障概率为 0.9974。根据表 5.3 中的维护等级评估标准，案例 4 的维护等级为等级 4。

在这种情况下，组件（1,2）和（1,3）、(3,2）和（3,3）是经济依赖的，组件的成本和时间节省系数，以及设置成本和设置时间与案例 1 中的情况相同。通过提出的智能决策优化模型得到了三组最优维护策略，如表 5.14 所示。以系数 $k_1=0.7$ 和 $k_2=0.3$ 为例，组件的维护活动如下：组件（1,1）从状态 1 修复到状态 5，组件（1,2）和（1,3）从状态 0 修复到状态 2，组件（2,1）和（3,1）从状态 2 修复到状态 5，组件（2,2）从状态 1 修复到状态 4，组件（3,2）和（3,3）从状态 1 修复到状态 5。

**表 5.13　案例 4 中子系统 $i$ 在维护前的组件故障概率**

| 子系统 $i$ | 组成部分 $j$ | | |
|---|---|---|---|
| | 1 | 2 | 3 |
| 1 | 0.7584 | 0.8895 | 0.9012 |
| 2 | 0.5665 | 0.7108 | — |
| 3 | 0.6337 | 0.8004 | 0.7324 |

**表 5.14　案例 4 的动态维护策略**

| 系数 | 子系统 $i$ | 组成部分 $j$ | | | $C_M$ | $T_M$ | $C_T$ |
|---|---|---|---|---|---|---|---|
| | | 1 | 2 | 3 | | | |
| $k_1=0.7$，$k_2=0.3$ | 1 | 1→5 | 0→2 | 0→2 | 68.2 | 38.6 | 59.32 |
| | 2 | 2→5 | 1→4 | — | | | |
| | 3 | 2→5 | 1→5 | 1→5 | | | |
| $k_1=0.3$，$k_2=0.7$ | 1 | 1→5 | 0→2 | 0→2 | 68.2 | 38.6 | 47.48 |
| | 2 | 2→5 | 1→4 | — | | | |
| | 3 | 2→5 | 1→5 | 1→5 | | | |

续表

| 系数 | 子系统 $i$ | 组成部分 $j$ | | | $C_M$ | $T_M$ | $C_T$ |
|---|---|---|---|---|---|---|---|
| | | 1 | 2 | 3 | | | |
| $k_1=0.5$，$k_2=0.5$ | 1 | 1→5 | 0→2 | 0→2 | 68.2 | 38.6 | 53.4 |
| | 2 | 2→5 | 1→4 | — | | | |
| | 3 | 2→5 | 1→5 | 1→5 | | | |

e. MPM 决策的灵活性。所提出的 MPM 框架的优点在于，最佳维护决策是基于预测信息和综合成本做出的，这可以在决策时评估维护策略的综合成本，从而为决策带来更大的灵活性，更好地适应维护成本和时间的变化。在决策过程中，如果管理者更注重节省维护成本，则 $k_1$ 的值会大于 $k_2$；另一方面，如果管理者更倾向于节省维护时间，则 $k_2$ 大于 $k_1$。在该案例中，通过考虑综合成本，维护成本的比例 $k_1$ 和维护时间的比例 $k_2$ 被设置为三组（0.7 和 0.3，0.3 和 0.7，0.5 和 0.5）来做出维护决策。

图 5.15 展示了所有案例的维护决策。对于理想情况，最佳决策是什么也不做。对于其他四个案例，故障概率水平不仅决定了维护等级，还随着故障概率的增加而呈现上升趋势。此外，可以根据管理者的偏好做出每个维护等级的更灵活的决策。例如，如案例 1 中表 5.8 所列，当 $k_1>k_2$ 时，三种策略中的总维护成本 $C_M$ 最小；当 $k_2>k_1$ 时，三种策略中的总维护时间 $T_M$ 最小，其他案例也同样适用。

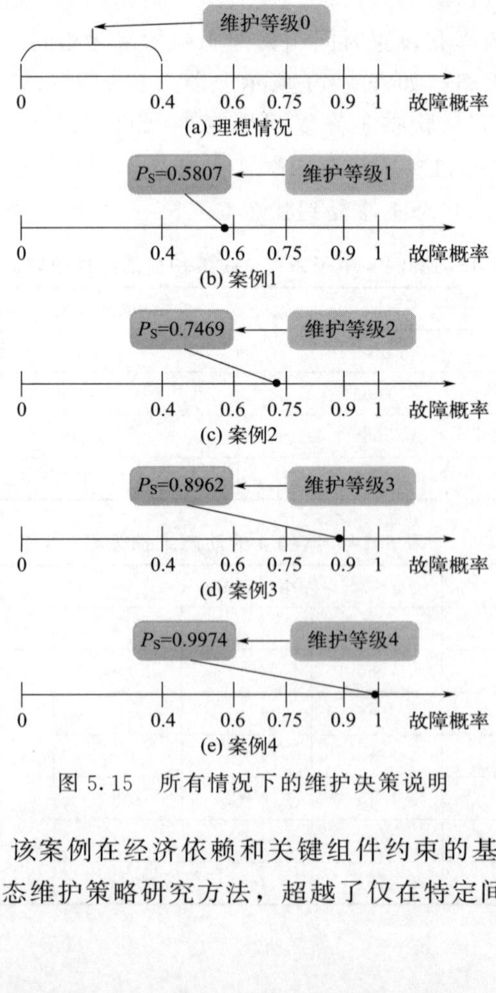


图 5.15　所有情况下的维护决策说明

⑤ 与其他模型比较　该案例在经济依赖和关键组件约束的基础上，考虑了综合成本的因素，提出了一种最优动态维护策略研究方法，超越了仅在特定间歇停机时间阈值下追求最

小维护成本的传统方式。通过引入智能动态决策优化方法，该策略能够针对 4 个不同案例的输出做出响应，如图 5.16 所示。所提出的动态优化模型与以下几种传统模型进行了对比分析。

a. Hadis 的模型：在该模型中，最优维护策略是在某一间歇停机时间阈值下，仅以最小维护成本为目标进行输出。因此，组件的成本和时间节省系数都假设为 1，设置成本$\Delta c_s$和设置时间$\Delta t_s$都设为 0。此外，维护成本比例 $k_1$ 和维护时间比例 $k_2$ 都设为 0.5。

b. Cuong 的模型：该模型考虑了经济依赖，其中，组件的成本和时间节省系数都假设为 0.6，设置成本$\Delta c_s$和设置时间$\Delta t_s$都设为 0。该模型没有考虑综合成本，因此，维护成本比例 $k_1$ 和维护时间比例 $k_2$ 都设为 0.5。

图 5.16 绘制了不同模型计算的最优维护成本的对比结果。对比结果表明，使用该案例所提出的方法获得的最优维护策略具有灵活性，可以根据不同的综合成本系数生成多种策略。对于这 4 个案例，$k_1=0.7$，$k_2=0.3$ 和 $k_1=0.3$，$k_2=0.7$ 分别是该研究中综合维护成本系数的上限和下限。如图 5.16 所示，在案例 3 和案例 4 中，当仅考虑在阈值时间限制下的最小维护成本时，所消耗的总维护资源远大于考虑综合成本时的资源消耗。其原因在于：维护前后的状态跨度较大，这需要更多的维护资源，差异会更加明显。然而，在案例 1 和案例 2 中，由于低维护等级所需的维护资源较少，因此它们之间的差异较小，极端情况很少发生。对比结果表明，考虑综合成本的最优动态维护策略确实能够实现节省资源的目标。

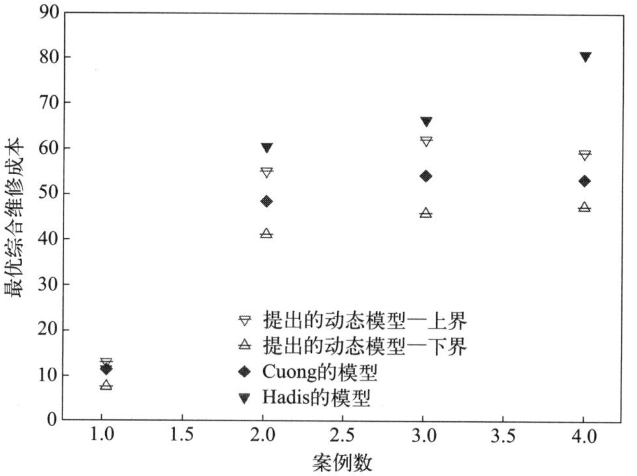


图 5.16　不同模型计算的最优综合成本比较

**(6) 总结**

该案例提出了一种基于深度学习的智能 MPM 框架，用于考虑多级维护和综合成本的串并联 MSS。其优势体现在两个方面：预测准确性和智能决策。

在预测准确性方面，构建了一个新的自适应 C-Transformer 网络，通过自适应地提取特征，准确预测组件的 RUL。基于此，使用 CNN 网络得到组件的故障概率。此外，利用试错学习方法，通过预测结果建立了基于多级故障的串并联 MSS 维护等级，从而减少了计算复杂度，并避免了决策阶段的错误维护决策。

在智能决策方面，所提出的框架包括一个动态优化模型，能够输出最优维护策略，该策略包含综合维护成本和维护行动。同时，采用新的 MDU ABC K 算法来解决提出的决策优化模型，通过在经济依赖和关键组件的约束下最小化综合成本，从而同时平衡维护时间和维护成本。

该方法通过 NASA 的涡扇发动机数据集与其他模型进行比较。组件故障概率的对比结果表明，所提出的自适应 C-Transformer 网络优于其他网络。此外，维护决策的对比结果表明，所提出的方法考虑了多级维护和综合成本，能够节省更多的维护资源，这不仅证明了所提出方法的优越性和通用性，还能帮助决策者在每个停机期根据不同的维护等级选择应执行的动态维护行动。

在维护资源方面，所提出的框架仅考虑了维护成本和维护时间限制下的综合维护成本。未来的工作应将备件和劳动力分配纳入考虑，以减少无效维护。

# 第 6 章 智能装备PHM系统开发技术与案例

## 6.1 智能装备 PHM 系统的定义及发展历程

### 6.1.1 智能装备 PHM 系统的定义

智能装备故障预测与健康管理（PHM）系统是一种集成了多种先进技术的综合性管理平台，旨在对设备的运行健康状态进行全面监控、故障预测及预防性维护。该系统的核心目标是通过实时获取和分析设备的运行数据，提前识别潜在的故障风险，从而优化设备的维护计划，提高设备的可靠性并延长其使用寿命。

智能装备 PHM 系统通过安装多种传感器，如温度、压力、振动、流量、电流等类型传感器，实时监测设备的各项关键参数。这些传感器采集的数据通过数据采集系统传输到后端分析平台。在平台上，借助数据处理技术、机器学习算法和深度学习模型等先进分析手段，对大规模的运行数据进行实时分析与处理。通过对数据的深度挖掘，PHM 系统能够识别设备的健康状况，提前预警可能的故障，并预测故障发生的时间和类型，从而为运维人员提供准确的决策支持。

该系统的运行不仅包括故障诊断，还包括故障模式分析、RUL 预测、健康状态评估等功能。故障模式分析能够帮助工程师了解故障的根本原因及其发展趋势，进而采取有效的干预措施。RUL 预测则为设备的维护与更换提供科学依据，避免过度维护或忽视潜在问题的风险。通过这些功能，PHM 系统实现对设备运行的全面监控和精准管理，确保设备在最合适的时间进行维护和保养，从而减少停机时间，提高生产效率。

此外，随着人工智能、大数据、物联网等技术的不断进步，PHM 系统正逐步具备自学习、自适应的能力。系统能够根据不同设备的工作环境和历史运行数据，动态调整诊断模型和预测算法，以提高故障诊断的准确性和系统的适应性。这一发展不仅使得 PHM 系统具备了更强的智能化能力，也为制造业的智能化转型提供了强有力的技术支撑。

PHM 系统设计通常可以分为以下七个步骤。

**（1）需求定义**

需求定义是 PHM 系统设计的第一步，它决定了整个系统开发的方向和目标。该步骤涉及与设备操作员、维护团队、管理层以及相关利益方的深入沟通，以明确系统所需满足的目标、功能和性能要求。通过详细的需求分析，可以确保 PHM 系统设计符合实际应用场景，为后续的系统开发提供清晰的指导和参考。这一步还须考虑到未来系统的可扩展性和集成性，以便在技术或需求变化时能够灵活应对。

**(2) 监控层次定义**

在 PHM 系统中，监控是一个多层次的过程，涉及对设备的不同级别、不同部件的健康状态进行监控。监控层次定义需要根据设备的结构和工作原理将监控任务分配到不同的层级。层次划分通常会将设备分为多个层次，如组件级（例如电机、齿轮）、子系统级（如传动系统、冷却系统）以及系统级（整个设备或生产线）的监控。通过明确各层次之间的信息传递规则和数据交互方式，确保从组件级到系统级的监控信息能够流畅、及时地共享和更新，形成一个信息闭环。这种层次化设计能够帮助优化故障检测和定位，提高整体系统的可靠性和响应速度。

**(3) 分析模型的选择**

分析模型的选择是 PHM 系统中最关键的步骤之一，它决定了如何从采集的数据中提取有价值的信息并进行故障预测和诊断。该步骤需要根据设备特性、数据质量、故障模式等多方面因素，选择合适的分析模型。对于设备的不同类型和应用场景，常用的数据分析方法包括基于统计分析（如回归分析、主成分分析）、基于机器学习（如支持向量机、决策树、神经网络）以及基于深度学习（如 LSTM、CNN）的模型。在选择模型时，还须考虑计算资源和实时性需求，以确保系统的高效运行和预测精度。模型的有效性在很大程度上影响 PHM 系统的预测和诊断能力，是系统设计的核心所在。

**(4) 关键参数的选择**

关键参数的选择是 PHM 系统设计中的重要步骤之一，它涉及从大量的设备运行数据中挑选出最能反映设备健康状态的指标。选择合适的关键参数是确保预测和诊断模型有效性的基础。通过对设备运行历史数据进行分析，识别出与设备故障密切相关的参数，并进行验证和优化，从而提高模型的准确性和可靠性。此外，参数的选择还须考虑到数据采集的可行性和实时性，以保证系统能够在实际运行中高效工作。

**(5) 部署策略和实验设计**

部署策略和实验设计是在 PHM 系统上线前，为确保系统能够正常运作并满足需求而进行的测试和优化步骤。这个阶段的重点是通过模拟或实验验证系统的效果，并调整系统设计。实验设计应包括不同工况和极端情况下的测试，以确保系统在各种情境下的稳定性和鲁棒性。通过实验数据的反馈，可以对模型和系统结构进行调整和优化，确保最终上线的 PHM 系统符合实际应用需求并具备高可靠性。

**(6) 技术和经济性可行性研究**

在系统设计和实验验证后，进行技术和经济性可行性研究是关键的一步。这个阶段的目标是确保 PHM 系统不仅在技术上可行，而且具备经济上的合理性，能够为企业带来实际的效益。可行性研究须评估系统在实际运行中的维护成本、故障减少带来的经济收益，以及对生产效率的提升。通过对技术风险和投资回报进行综合评估，可以为系统的推广和应用提供有力的支持，并帮助决策者制定长期的发展策略。

**(7) 技术开发部与线上应用**

技术开发部与线上应用阶段是 PHM 系统最终实现价值的阶段，确保系统能够平稳运行，并为设备健康管理提供持续支持。在这一阶段，技术团队须对系统的实际运行进行持续监控和维护，及时修复潜在的技术问题，并根据运行反馈不断进行软件和算法的升级优化。同时，培训维护人员和操作员，使其熟悉系统的使用和日常维护流程，以充分发挥 PHM 系统的效能。通过这一阶段的持续完善，系统能够不断适应设备运行的变化和新需求，确保

PHM技术为企业的生产和设备管理提供长久的支持和保障。

### 6.1.2 智能装备PHM系统的发展历程

**(1) 国外研究现状与发展进程**

PHM技术的起源和早期发展主要集中在欧美国家，尤其是美国。随着技术的逐渐成熟，PHM逐渐从航空航天扩展到其他工业领域，如能源、制造业和交通运输。

PHM技术的概念和基本框架在20世纪90年代逐渐成形。早期的研究主要集中在航空航天领域，用于提高飞行器的安全性和可靠性。美国国防部和NASA是PHM技术的早期推动者，为保障飞机和航天器的运行提供了支持。初期通过建立传感器网络和开发故障诊断模型，早期的PHM系统能够检测到设备故障，并进行简单的预测分析。例如，NASA开发了用于航天器健康监测的故障检测与诊断技术。

到了21世纪初，PHM技术在航空和国防领域取得突破后，逐渐向工业领域扩展。欧美的工业巨头，如通用电气（GE）、霍尼韦尔（Honeywell）和西门子等，开始将PHM技术应用于发电设备、制造设备和运输系统中。这一时期，PHM技术与工业物联网（IIoT）和大数据技术逐渐结合，推动了工业4.0的进程。为了推动PHM技术的应用，国际组织开始制定相关标准。SAE International发布了一系列PHM标准，用于规范技术应用。

近十年来，随着人工智能技术的进步，机器学习和深度学习算法被引入PHM系统中，使预测精度和故障诊断的速度大幅提升。例如IBM开发的Watson系统和GE的Predix平台，均使用AI技术来提高PHM的性能。现如今，PHM技术的应用已经从航空航天扩展到包括汽车工业（电动汽车电池监控）、轨道交通（列车关键部件监测）和能源行业（风力涡轮机和核电站设备的健康管理）在内的多个领域。

**(2) 国内研究现状与发展进程**

中国对PHM技术的研究和应用起步相对较晚，但近年来发展迅速，尤其是在智能制造和工业互联网的推动下，PHM技术的研究和应用已逐渐走向成熟。

21世纪初，中国开始意识到PHM技术在工业应用中的重要性，早期的研究主要以引进国外技术和学习国际经验为主。国家相关研究机构和企业对PHM系统进行了初步的探索，集中于简单的设备健康监测和故障诊断。清华大学、北京航空航天大学和哈尔滨工业大学等高校率先开展了PHM技术的研究，涉及设备剩余寿命预测、健康监测和故障诊断等领域。

21世纪10年代，随着传感器技术、物联网和大数据分析技术的进步，中国在PHM技术方面取得了显著突破。本土企业如华为、中车集团和海尔等，开始在智能制造和轨道交通等领域广泛应用PHM技术；中国的能源企业，如国家电网和中石化，开始采用PHM系统进行电力设备和石化设备的健康管理，旨在减少停机时间，提高系统的可靠性。在“中国制造2025”的政策推动下，PHM技术在制造业中得到了广泛应用。企业如三一重工和格力电器，通过部署PHM系统，提升了设备运维的自动化和智能化水平。

近年来，深度学习、强化学习和自适应学习算法在PHM系统中得到了应用。以中国科学院和国内顶尖高校为主的研究团队正在开发融合AI技术的先进PHM系统，以提高对复杂工业设备故障的预测能力。随着工业互联网平台的快速发展，国内企业已将PHM技术整合到工业互联网架构中。例如，华为的OceanConnect和海尔的COSMOPlat平台支持工业数据的实时采集和分析，并结合PHM技术进行预测性维护。为推动PHM技术在工业领域的应用，国内的相关标准组织和研究机构正在推动 PHM 技术的标准化制定，以确保其应用的可行性和一致性。

国内外的 PHM 技术飞速发展，已经形成了不少标准，相关标准如表 6.1 所示。

**表 6.1 PHM 相关标准**

| 序号 | 标准号 | 标准名称 |
|---|---|---|
| 1 | ISO 13381-1 | Condition Monitoring and Diagnostics of Machines Systems—Prognostics—Part 1：General Guidelines and Requirements |
| 2 | DSF/ISO/DIS 13375-5 | Condition Monitoring and Diagnostics of Machines—Vibration Condition Monitoring—Part5：Diagnostic Techniques for Fans and Blowers |
| 3 | IEEE 1856—2017 | IEEE Standard Framework for Prognostics and Health Management of Electronic Systems |
| 4 | SAE AIR5909A | Prognostic Metrics for Engine Health Management Systems |
| 5 | ISO 13372 | Condition Monitoring and Diagnostics of Machines—Vocabulary |
| 6 | KS BISO 13381-1:2016 | Condition Monitoring and Diagnostics of Machines Prognostics Part 1：General Guidelines |
| 7 | AS ISO 13381. 1:2014 | Condition Monitoring and Diagnostics of Machines—Prognostics, Part 1：General Guidelines |
| 8 | SAE AIR6900—2019 | Applicable Aircraft Integrated Vehicle Health Management (IVHM) Regulations, Policy, and Guidance |
| 9 | ISO 16079-1:2017 | Condition Monitoring and Diagnostics of Wind Turbines—Part 1：General Guidelines |

**(3) 国内外研究现状对比**

在全球范围内，PHM 技术已发展得相当成熟，特别是在处理复杂系统和实现高精度预测方面，欧美国家和日本等处于领先地位。这些国家凭借多年的研究积累和雄厚的技术基础，能够将 PHM 技术应用于航空航天、军事等高端领域，取得了令人瞩目的成就。具体来说，国外的研究通常更侧重于开发复杂、精细的算法，确保预测的高精度和模型的严密性，以应对高风险和高可靠性的应用场景。例如，航空航天领域中的 PHM 技术不仅要求设备的可靠性极高，还需要精确的健康状态监测和故障预警，以保障飞行安全和任务的成功实施。此外，军事领域也依赖 PHM 技术来实现对装备的实时监控和预测性维护，以增强作战效能和减少突发性故障带来的风险。

相比之下，国内的 PHM 技术近年来虽有显著进步，但在算法的复杂性、设备模型的精确性以及广泛应用等方面仍有一定差距。国内研究者和工程师正在积极探索并引进国际先进理念，同时结合本土实际，逐步缩小与国际先进水平的差距。与国外注重高精度、复杂系统的预测不同，国内的 PHM 研究更注重将技术应用到智能制造、能源、轨道交通等产业，以解决实际的工业问题。例如，在智能制造领域，PHM 技术被广泛应用于生产线设备的状态监测和故障预警，从而减少生产停工时间，提高生产效率。在能源领域，PHM 系统有助于电力设备和风力发电机的稳定运行和维护优化，以应对能源供应挑战。在轨道交通方面，PHM 技术正被用于列车和轨道基础设施的健康管理，旨在提升运输安全和运行效率。

总的来看，尽管国内在 PHM 技术的高精度预测和复杂系统处理上与国际水平相比仍有一定差距，但随着技术研究的深入和应用领域的不断扩展，国内的 PHM 技术正逐步走向成熟。未来，随着人工智能、大数据和物联网技术的加持，国内 PHM 技术有望在多个工业领域实现更加精准和高效的应用，推动工业生产和公共设施的安全性和可持续性。

**(4) PHM 技术未来发展趋势**

- 智能化和自适应化：未来的 PHM 系统将更加依赖于自适应学习算法，能够根据设备的实时运行状态进行调整，以提高预测的准确性和实时性。
- 边缘计算与云计算的融合：PHM 技术将逐步采用边缘计算和云计算相结合的架构，以实现设备数据的实时处理和传输。
- 标准化发展：国内外在 PHM 技术的标准化和应用规范方面将会有更多合作，以实现全球化的技术共享和应用一致性。
- 绿色发展：PHM 技术未来还将被更多地应用于绿色制造和可持续发展中，以降低资源消耗和减少环境影响。

## 6.2 智能装备 PHM 系统的开发案例

### 6.2.1 案例：智能工厂设备可预测性维护

在电子制造、半导体、汽车和医疗器械等行业，点胶阀在生产过程中扮演着至关重要的角色。点胶阀不仅决定了点胶过程的精度，还直接影响产品的质量与生产效率。在实际生产中，一旦点胶阀发生故障，通常会导致生产线停运，甚至需要停工数小时，严重时可能停产半天。这种停机不仅直接影响生产进度，还可能导致生产设备和系统受到额外的压力和损害，特别是在自动化生产环境中，设备的正常运行往往依赖于点胶阀的稳定性和精准性。

传统的点胶阀维护方式大多依赖定期检查或基于故障发生后的维修（即“事后维护”）。这种维护模式虽然可以在一定程度上保证设备的持续运行，但它存在显著的局限性和缺点。首先，定期检查虽然能减少一些突发故障，但由于无法完全预测设备的状态，往往不能及时发现潜在的故障风险，导致生产中断。其次，事后维护则往往需要设备发生故障后才进行修复，造成设备停机时间较长，影响生产效率和产品交付。此外，随着生产效率和设备可靠性要求的提高，传统的维护方法越来越无法满足现代化生产环境对设备高可用性和高稳定性的需求。因此，探索更加智能和预防性的方法来优化点胶阀的维护显得尤为重要。

① 定期检查　传统的点胶阀维护方法之一是定期检查，这意味着按照设定的时间间隔（如每月、每季度等）对点胶阀进行检查或保养。通过这种方式，企业希望通过定期的检修来减少设备故障的可能性，确保设备能够在一定时间内稳定运行。然而，这种维护方法通常是基于经验设定的，并没有考虑到设备实际运行中的实时状态和不同的工作负荷。

② 故障后维修　故障后维修是另一种传统的点胶阀维护方式。当设备发生故障时才进行维修或更换部件。这通常是在设备已经停止工作或出现问题时，采取紧急修理措施。故障后维修的缺点是：它通常意味着生产线的停机，这会直接影响生产效率，甚至导致交货延误，增加生产中断的风险。

③ 基于经验的维护　基于经验的维护依赖于操作人员的直觉和以往经验来决定何时进行检查或维修。这种方法通常没有系统的维护计划，而是依靠维护人员对设备的观察和感觉。例如，维修人员可能基于点胶阀的表现或历史问题来判断是否需要清理、更换部件或进行其他维

护措施。由于这种方式缺乏精确的数据支持，维护决策可能存在一定的主观性和误差。

但是在现如今的工业生产中，传统点胶阀维护存在不少的弊端，例如设备停机时间长、维护成本高、无法预防突发故障、维护效率低、影响产品质量和资源浪费等。特别是传统的故障后维修或定期检查往往需要设备停机，这会直接导致生产线停滞，影响生产效率。尤其在紧张的生产周期中，点胶阀发生故障时，可能需要较长的时间来进行修复或更换，这会造成生产延误、产值损失，并影响客户交货期。不同的维护时间所带来的效果也是不同的，如图 6.1 所示。维护过早会导致产能浪费，然而过晚维护会导致维护时设备已经损坏需要停机维修，造成的损失也较大。通过智能维护，可以选择最优的维护时间，以便达到产能最优的结果。

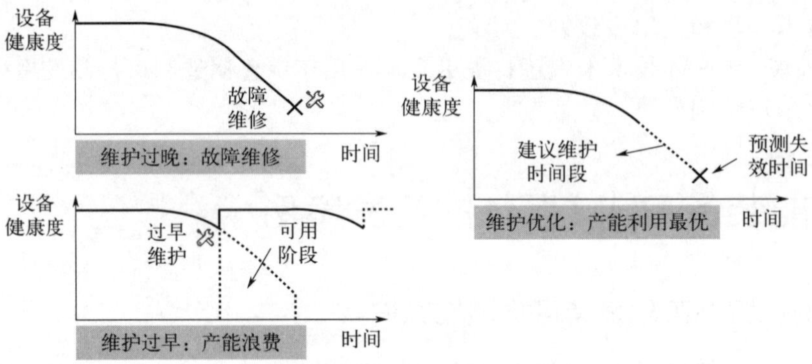


图 6.1　不同维护时间在实际工业生产中的影响

为了尽可能减少产线设备的停机，优化设备的维护时间就显得十分重要。预测性维护能够大幅提升生产效率，减少停工带来的损失。在该案例中，某企业提供了点胶阀预测性维护方案。该方案通过收集 7 个维度的设备时序数据，进行分析处理和模型训练，提前 8h 预警胶阀异常。通过提前预警，能够合理安排设备的维护时间，其主要流程如图 6.2 所示。

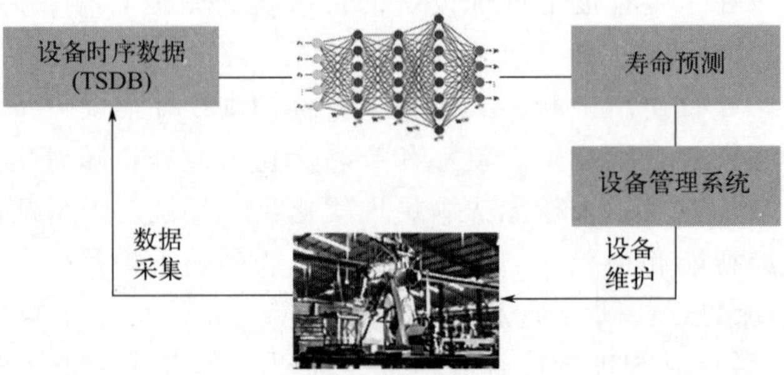


图 6.2　工业生产设备预测性维护流程图

首先是对生产设备进行大量的数据采集用于后续的学习。其次将采集到的设备时序数据进行处理；将处理后的数据代入寿命预测算法中去；在训练后，进行寿命预测。最后通过设备管理系统进行设备的维护工作。图 6.3 展示了智能寿命预测的结果。

在图 6.3 中，点表示模型预测点胶阀异常时点，灰线是点胶阀实际异常更换时间点。从预测结果上可以得出，在进行剩余寿命预测后，可以有效预测设备故障的时间点，其准确率相对较高，可以帮助厂家在生产过程中对维护时间进行合理安排，从而达到产能最优的结果。

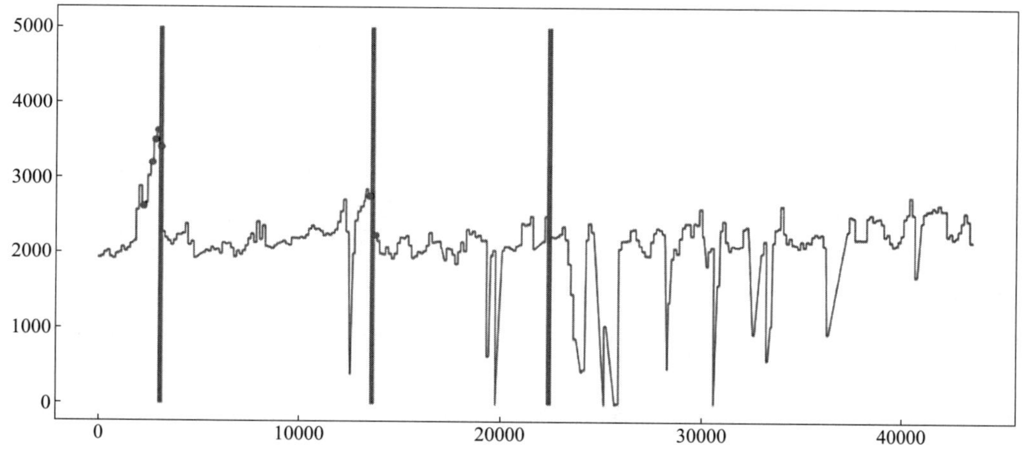


图 6.3　智能寿命预测结果图

## 6.2.2　案例：某公司关键动设备预测性维护

**（1）方案概述**

在现代工业生产中，关键动设备的稳定运行对于保障生产效率、确保产品质量以及提升企业整体竞争力至关重要。设备故障可能导致生产线停滞、订单延误，甚至需要高额的维修和更换成本，这不仅会影响企业的财务状况，还可能引发安全隐患，影响员工安全和生产环境。随着生产规模的扩大和设备的复杂性增加，传统的事后维修方式已无法满足高效、灵活的生产需求。因此，实施高效的设备维护策略，尤其是预测性维护，成为企业提升运营效率、降低故障停机时间和减少维修成本的关键手段。

通过物联网（IoT）、大数据分析和机器学习等先进技术的综合应用，设备的运行状态可以实时监控和全面分析。借助这些技术，企业能够精准预测设备可能发生的故障风险，及时进行故障预警，提前制订维修计划，避免意外停机和高昂的维修费用。同时，预测性维护还可以帮助企业优化维修周期，提升维护资源的利用效率，从而延长设备的使用寿命，减少不必要的停机和设备过度维修。

这一系统化、科学化的维护方法不仅能够显著提高设备的可靠性和生产线的稳定性，还能提升产品质量，降低运营成本，最终增强企业的市场竞争力。通过智能化的设备维护管理，企业能够更加灵活地应对市场需求变化，保持生产流程的连续性和高效性，推动整体业务的可持续发展。

① 业务痛点　在工厂生产过程中，设备管理人员往往面临诸多的业务痛点，通常包括以下几个方面。

a. 实时监控难：需要实时掌控设备的运行状态，但传统方法难以做到及时、准确地获取设备数据，导致无法及时发现潜在问题。

b. 故障判断不准确：缺乏精确判断设备故障部位和原因的有效手段，导致维修工作效率低下，甚至可能出现误判。

c. 维修效率低：设备出现故障后，维修的及时性和准确性难以保证，增加了设备的停机时间，影响生产效率。

d. 人员与设备效率不高：设备的频繁故障维修和低效管理，导致人员和设备的生产效率无法得到充分发挥，增加企业的运营成本。

② 解决方案　在该案例中，该公司所提出的解决方案主要包括两个方面，分别是故障预警和故障诊断。故障预警着眼于设备是否发生故障，而故障诊断则着眼于是什么原因引起的故障。

a. 故障预警。在故障预警这方面，该案例对三个方面进行了完善：实现设备关键运行参数在线化，主要包括振动和电流、转速数据；基于状态数据和工艺数据结合机器学习算法模型识别设备工作状态；实现设备运行状态及趋势预警。而这三个方面主要是基于行业、企业等相关标准和专家经验确定报警阈值以及基于历史数据分析确定监测阈值。

b. 故障诊断。基于设备振动温度数据确定具体引起故障的根本原因，包括两大类实现方式。

ⅰ. 人工诊断：比如振动分析师通过分析振动时域波形、频谱、包络谱来判断动设备的故障部位。

ⅱ. 智能诊断：构建基于行业、领域专业知识及专家经验的机理模型实现自动诊断；有大量案例时基于机器学习算法的自动诊断。

③ 方案关键项　该公司根据设备结构和运行特点制定针对性的振动数据采集方案，比如：热处理炉采用基于转速触发的有线监测；风机、泵采用易安装和部署的无线监测；针对热处理炉的复杂机械结构和低转速特性，建立准确的预警和诊断模型。

a. 热处理炉的振动数据采集。热处理炉由于其复杂的机械结构和低转速特性，需要精细的振动监测方案。考虑到热处理炉的独特运行特点，公司采用了基于转速触发的有线监测方案。这种方案的优势在于能够准确捕捉到热处理炉在不同转速下的振动数据，从而更好地识别设备的异常状态。

具体来说，监测系统与设备的转速信号进行联动，当热处理炉的转速达到预设的触发阈值时，系统便开始实时采集振动数据。由于热处理炉的工作状态通常与转速密切相关，基于转速的触发机制能够在热处理炉的关键工作区间内进行数据记录，避免冗余数据的产生，同时确保采集数据的有效性。此外，由于热处理炉一般位于高温环境中，有线监测比无线方案更加稳定，能够确保在复杂环境下的可靠数据传输。

通过这一方案，设备的异常振动、机械部件的磨损或损坏等问题可以在早期被发现，并及时采取维修措施，减少设备故障带来的生产中断。

b. 风机和泵的振动数据采集。对于风机和泵这类设备，易安装和部署的无线监测方案则更为合适。由于风机和泵通常在较为分散的环境中运行，且其安装、拆卸过程可能较为频繁，采用无线监测系统能够大大简化设备的部署和维护工作。

无线传感器能够轻松地安装在设备的关键部位，无需复杂的布线工作，从而降低了安装成本和时间。无线振动监测系统可以实时收集设备运行时的振动数据，并将数据通过无线网络传输到中央监控平台。这样，无论设备位于生产线的哪个位置，监控人员都能实时获得设备的运行状态信息。

此外，无线监测系统还具有较强的灵活性，当设备进行搬迁或重新布置时，只需简单调整传感器位置即可，能确保监测的持续性。通过无线系统对风机和泵进行全面监控，设备的运行状态能够被及时诊断，提前预测可能发生的故障，从而避免设备故障导致的生产停机和事故。

c. 热处理炉的预警与诊断模型。考虑到热处理炉的复杂机械结构和低转速特性，公司还针对该设备开发了专门的预警和诊断模型。由于热处理炉的工作环境特殊，单一的振动监测方法可能无法有效识别所有故障。因此，结合振动数据与设备的运行历史、环境温度等多维度信息，建立了一套精准的故障预警和诊断模型。

该模型通过分析设备振动信号的变化趋势，能够实时监测设备的健康状态。当振动数据偏离正常范围时，模型能够自动识别出潜在的故障类型，如转动部件的磨损、轴承故障、传动系统异常等，并给出故障概率和风险评估。同时，系统会根据设备的故障严重程度，提供维护建议，如是否需要停机检查、是否需要立即更换零部件等。

通过这些精确的预警和诊断模型，热处理炉的维护人员能够在设备出现潜在问题时采取提前预防措施，从而避免由故障发生导致的生产中断，提升设备的运行效率和稳定性。

**（2）基于振动温度数据可监测的故障类型**

基于振动温度数据可监测的故障类型主要包括不平衡故障、不对中故障、轴弯曲故障、轴承故障、汽蚀故障、齿轮故障、电气故障和润滑不良等。

① 不平衡故障　设备的转动部件，如电动机、风机、泵等，如果存在质量不均匀或安装不当，会导致转子或轮体的质量分布不平衡。振动传感器能够检测到由不平衡引起的周期性振动波动，通常表现为频率成分在转速的基本频率上出现较强的振动。温度监测可以通过观察转动部件的温度变化来辅助诊断，因为不平衡可能导致额外的摩擦和发热。

② 不对中故障　当设备的轴或联轴器未对准时，会产生不对中故障。振动信号会表现为特定频率的高振幅成分，通常为两倍转速频率或其倍数。长期的不对中会增加设备的负载，并可能导致其他部件的故障（如轴承损坏）。通过振动传感器监测轴的振动，可以及时发现这种问题，防止设备损坏。

③ 轴弯曲故障　轴弯曲通常是由负荷过大或长时间的操作导致的。弯曲的轴会引起不规则的振动和额外的摩擦，造成设备不稳定。振动传感器可以检测到轴的振动模式变化，通常呈现出与正常工作状态不同的频谱特征。温度监测可以帮助进一步确认是否由过热而导致轴承或轴本身的弯曲。

④ 轴承故障　轴承故障是工业设备中最常见的故障之一，尤其是在高速运转的设备中。轴承的损坏往往会引起不规则的振动，如冲击振动或频率成分的增高。通过振动分析，可以检测到轴承的滚动元素磨损、裂纹或缺陷。温度变化也是轴承故障的重要指示，局部过热可能意味着轴承内部摩擦增大或润滑不良。

⑤ 汽蚀故障　汽蚀现象常见于泵和阀门等设备中，通常发生在液体流动过程中由压力过低而导致气泡的形成与崩溃。汽蚀会产生独特的振动模式，并且伴随着设备的异常噪声。通过对振动信号和设备温度变化的分析，可以及早识别汽蚀问题，避免对设备的进一步损害。

⑥ 齿轮故障　齿轮箱中的齿轮因磨损、裂纹或润滑不良而故障时，会产生明显的振动信号。振动传感器可以监测到特定频率的齿轮啮合噪声，诊断齿轮损坏的类型和程度。齿轮故障在早期可能表现为高频振动，随着故障加剧，振动幅度会增加。温度监测也有助于识别齿轮运转异常，如摩擦过度导致的温度升高。

⑦ 电气故障　电气故障，特别是在电机和变频器等电气设备中，通常会引起设备振动模式的变化。常见的电气故障类型包括电流不平衡、接触不良和电机绕组的损坏等。振动分析能够检测到这些问题，特别是通过监测电机的转速和频率，可以发现电气故障引起的异常振动。电气故障也可能引发设备过热，因此，温度数据的监控对于电气设备的故障诊断也至

关重要。

⑧ 润滑不良　润滑不足或润滑剂质量不良会导致设备部件之间摩擦增大，产生异常的振动和温度升高。润滑不良的振动信号往往表现为高频的尖锐噪声，随着摩擦的加剧，振动幅度也会逐渐增大。通过振动监测和温度分析，可以有效检测到润滑不良的情况，及时提醒维护人员进行检查和加油。

**(3) 系统功能**

① 设备运行状态预警　该系统通过综合监控设备的实时运行状态，能够准确识别潜在的故障风险并发出预警，同时为设备管理人员提供具体的维护策略。系统通过对每一台设备的健康状况进行详细评估，能够明确告知管理人员是否需要进行预防性维护（如定期检查、清理、更换易损件等）或纠正性维护（如立即修复或更换故障部件）。此外，系统通过整合来自不同测量点（如振动、温度、压力等）和信号类型（如有线监测、无线监测等）的报警数据，设置了不同的报警级别和优先级，以应对设备故障的多样性和复杂性。通过这种多维度的数据融合和智能算法（如图 6.4 所示），系统能够有效避免漏报警的情况，确保重要故障被及时识别和处理；同时，系统还通过优化的报警策略和自适应阈值，减少误报警的发生，防止不必要的维护干扰和资源浪费。这种智能化的预警机制不仅能提升故障诊断的准确性和及时性，还能帮助设备管理人员更高效地规划维护工作，提高设备的可靠性，减少设备停机时间，最终优化生产流程，降低运营成本。

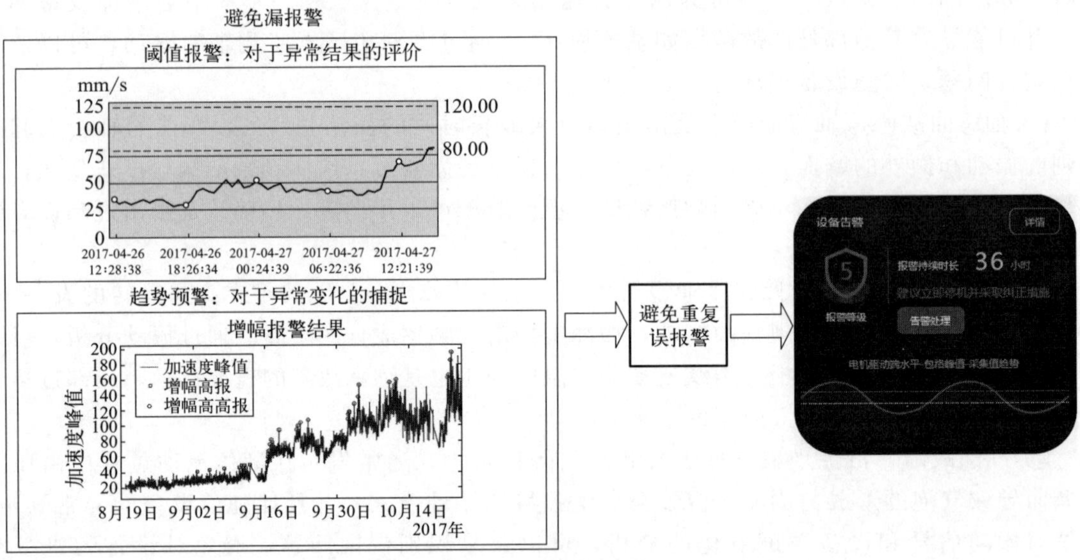


图 6.4　设备运行状态预警示例

② 设备故障原因诊断　在该案例中，故障诊断方式分为人工诊断和智能诊断两大类。设备一旦出现问题，需要准确判断引起问题的根本原因，总体策略为常规故障原因自动诊断、复杂故障人工专家诊断。

a. 人工诊断。如图 6.5 所示，在传统的人工诊断过程中，专业振动分析师通过对设备的振动波形和频谱数据进行详细分析来识别设备的故障类型和原因。首先，振动波形的形状、幅值和频率是分析的基础。通过观察波形的周期性和非周期性变化，分析师可以判断设备是否存在不正常的振动模式。例如，周期性的振动波形通常与旋转部件相关，而突发性的、不规则的振动波形则可能暗示着机械冲击或异常摩擦。波形的幅值变化也能反映出故障的严重程度，幅值过大的振动可能意味着设备存在较为严重的故障。

其次，频谱分析是识别设备故障的另一重要工具。振动分析师会通过对振动信号进行傅里叶变换获得频谱图。频谱中的峰值频率和幅值是判断故障的关键特征。例如，设备的正常运转通常表现为在特定频率下的平稳波动，而故障时，频谱中会出现异常的峰值频率，这些频率通常与设备的故障模式(如不平衡故障、不对中故障、轴承故障等）密切相关。通过分

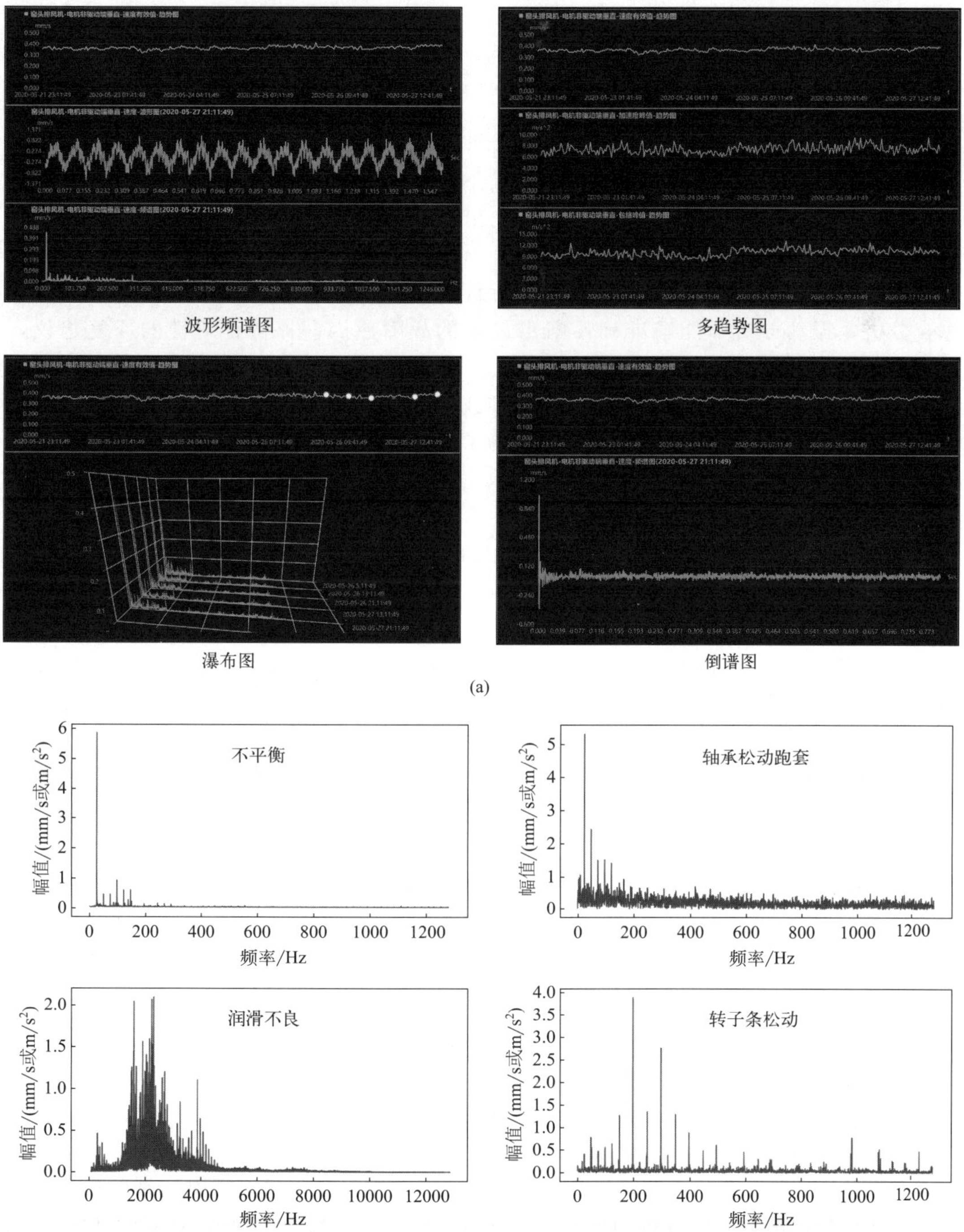


图 6.5

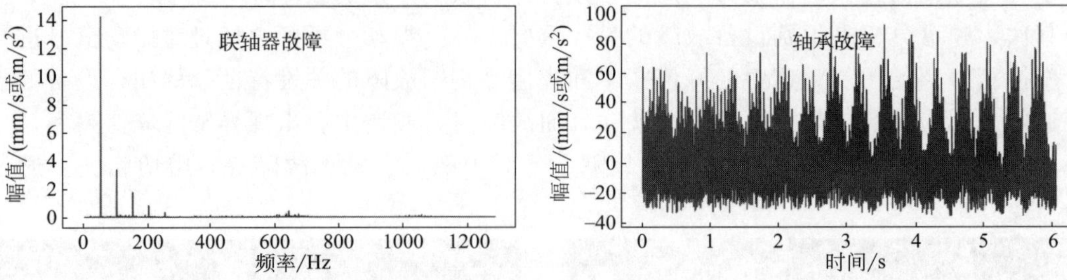


图 6.5　人工诊断过程

析这些峰值频率的变化，分析师能够推测故障部件的位置及其严重性。

在人工诊断过程中，振动分析师还会结合自身的专业经验和行业标准，将设备的振动数据与正常设备的振动数据进行对比，找出设备故障的典型特征。例如，通过比较正常运行的设备和发生故障的设备的振动数据，分析师能够识别出故障引发的振动波动特征，如频率的偏移、振幅的增加等，从而判断故障的具体类型和原因。通过对这些特征的综合分析，振动分析师能够准确诊断出设备的故障原因，提供针对性的修复建议，并制订合适的维护计划。

虽然人工诊断依赖于专业分析师的经验和技巧，但这一过程往往较为耗时，并且依赖于分析师对不同故障类型的敏感度和判断力。为了提高诊断效率和准确性，越来越多的企业开始将振动分析与智能监控系统结合，利用大数据和机器学习算法进行自动化故障检测，从而实现更加高效和精准的设备维护管理。

b. 智能诊断。在该案例中，设备故障原因的智能诊断主要通过两种方式实现：机理模型和机器学习算法模型。这两种方法各自具有独特的优势和应用场景，能够根据不同的设备和故障类型提供有效的诊断支持。

ⅰ. 机理模型。机理模型基于深厚的行业经验和专业知识，特别适合已具备一定专业背景和领域知识的场景。在这种模型中，设备故障的诊断逻辑通过将行业标准、法规要求、企业经验等封装为诊断算法来实现。具体来说，机理模型依赖于以下几个关键因素。

• 行标、国标、企标：这些标准文档通常包含了详细的设备设计要求、故障诊断标准和维护规范。通过将这些标准转化为机器可理解的规则，系统可以自动判断设备是否符合正常工作标准。

• 老师傅经验：在许多传统行业中，经验丰富的技师或操作员（即老师傅）通过长期的实践积累了丰富的故障诊断经验。这些经验通常是通过口传心授或案例分享的方式传承下来的。在机理模型中，这些宝贵的经验可以通过专家系统进行数字化和规则化，帮助诊断系统识别设备故障的根本原因。

机理模型的诊断准确度很大程度上依赖于相关领域的整体知识水平和标准的完善程度。系统的有效性取决于规则的覆盖范围和准确性，以及专家经验的传递是否到位。因此，在对设备进行故障诊断时，机理模型能够提供相对直观和快速的判断，尤其在面对一些常见的、已知的故障类型时，机理模型往往能够给出较为准确的诊断结果。

ⅱ. 机器学习算法模型。机器学习算法模型则更适用于基于已有案例数据的场景。这种方式通过对历史故障数据的分析和建模，利用机器学习算法自动识别和学习故障模式，从而实现对新故障的智能诊断（图 6.6）。具体实现过程如下。

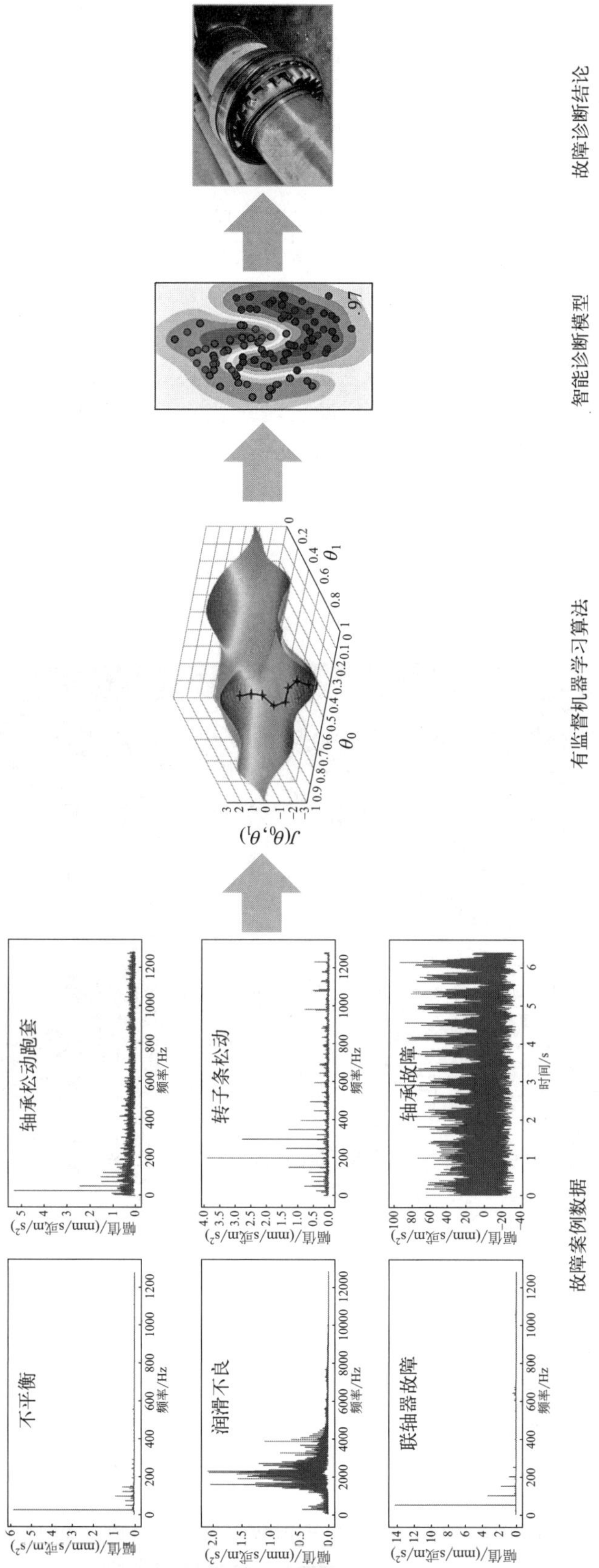

不平衡
润滑不良
联轴器故障
轴承松动跑套
转子条松动
轴承故障
幅值/(mm/s或m/s²)
频率/Hz
时间/s
故障案例数据
有监督机器学习算法
智能诊断模型
故障诊断结论


图 6.6　智能诊断模型

• 数据驱动建模：通过收集大量的设备运行数据和历史故障案例，机器学习算法能够发现数据中的隐含规律。例如，系统可以分析设备的振动数据、温度数据、电流数据等，并学习不同故障模式下的数据特征。

• 故障模式识别：通过训练模型，机器学习算法能够识别设备故障的各种可能性，给出最有可能的故障原因，并对故障的严重程度进行评估。

• 模型自我优化：机器学习算法模型的诊断准确度通常与有效案例的数量密切相关。随着设备运行数据的积累，模型能够不断优化，提升其故障诊断的准确性。因此，机器学习算法特别适合故障模式较为复杂或变化多端的设备，能够处理传统机理模型难以覆盖的异常情况。

与机理模型相比，机器学习算法模型的主要优势在于其更强的适应性和自动化能力。通过不断积累数据和案例，机器学习算法模型能够持续优化自身的诊断能力，识别更为复杂和难以捉摸的故障模式。然而，机器学习算法模型的准确性在很大程度上依赖于有效数据的数量和质量，且需要大量的历史故障数据来支持模型的训练和验证。

③ 系统功能展示　系统的最终功能如图 6.7 所示，涵盖了多个核心模块，旨在提供全面、直观、智能的设备故障诊断和维护决策支持。具体来说，系统的功能模块包括以下几个关键部分。

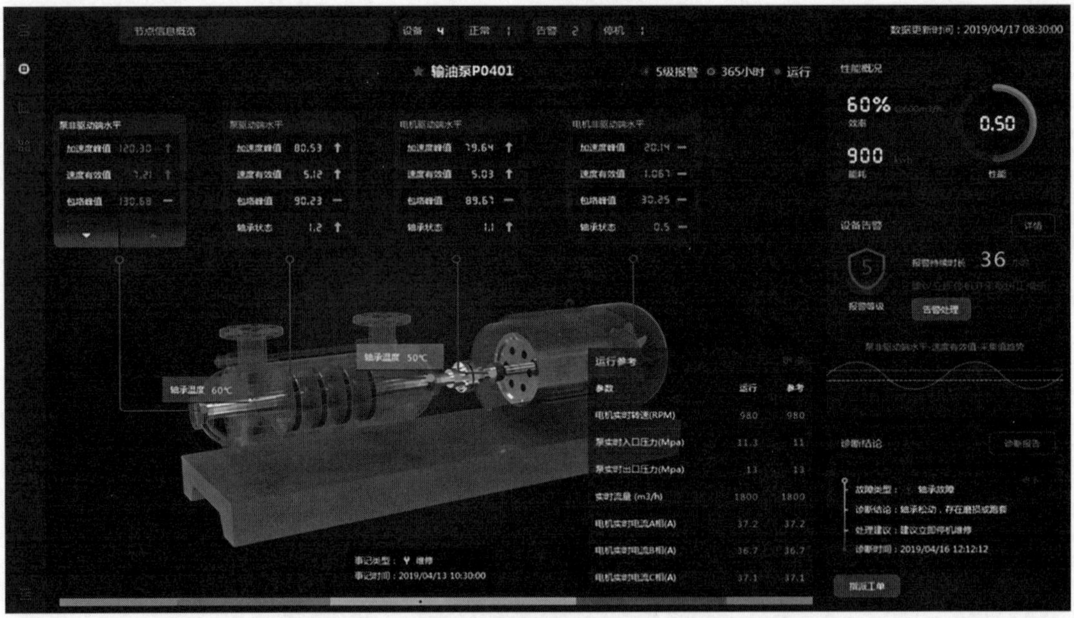


图 6.7　系统功能展示

a. 设备整体报警等级。系统根据设备的实时监控数据，如振动、温度、压力等，自动评估设备的运行状态并生成报警等级。报警等级分为多个级别，如正常、警告、严重故障等。每个级别对应不同的故障风险和处理紧急度，帮助设备管理人员快速了解设备的健康状况，优先处理潜在风险较大的设备。通过这种分级管理，系统能够提高故障响应效率，确保关键设备的及时维护。

b. 维保措施。在诊断出设备故障后，系统会根据故障类型和严重程度，提供针对性的维保建议。这些建议包括预防性维护、纠正性维护、紧急修复等措施。例如，如果系统检测到轴承故障，可能会建议立即停止设备运转进行检修，或者建议定期润滑以延长轴承使用寿命。维保措施的制订基于历史数据、行业标准和专家经验，旨在减少设备停机时间和维修成本。

c. 设备故障结论。通过综合分析振动、温度等数据，系统会自动生成设备故障的结论，准确指出故障类型、故障部位和可能的原因。这个结论基于机理模型与机器学习算法的双重支持，确保故障判断既可靠又及时。设备故障结论不仅为维修人员提供明确的维修方向，还帮助企业优化维护策略，提升设备的运维管理水平。

d. 设备概貌图及测点振动温度参数。系统提供设备的详细概貌图，标注出各个测点位置及其对应的振动和温度参数。这些测点通常布置在设备的关键部位，如轴承、齿轮、泵体等，通过监控这些参数，系统能够实时掌握设备的运行状态。用户可以通过点击设备图标查看具体的振动波形、温度数据以及设备各部件的健康状况，直观了解设备的运行表现。

e. 报警状态。系统实时监控并更新各设备的报警状态。当设备出现异常时，报警状态会显示在系统界面上，帮助管理人员及时发现问题。报警信息不仅包括故障类型，还会附带相关的故障特征、故障位置以及故障的可能原因，方便维修人员在最短时间内采取合适的行动。

f. 设备数据趋势。系统根据设备的历史数据，生成设备运行参数的趋势图，如振动幅值、温度变化、压力波动等。通过对设备数据趋势的分析，系统能够识别出设备潜在的故障模式和趋势变化，帮助管理人员预测设备的未来状态。趋势图使得设备的健康状况一目了然，尤其对于长期运转的设备，通过趋势图可以及时发现渐进性故障和运行偏差，从而采取预防性措施，避免故障的爆发。

g. 全生命周期信息。系统还记录并展示设备的全生命周期信息，包括设备的采购、安装、维护、故障记录、维修历史以及剩余使用寿命等。通过对设备全生命周期的监控和管理，系统可以帮助企业优化设备的使用和维护计划，实现设备的高效运营。全生命周期数据不仅能为日常维护决策提供支持，还能为设备的升级、替换决策提供依据，帮助企业制定更科学的资产管理策略。

**（4）总结**

通过这些功能模块的综合应用，系统能够实现对设备运行状态的全方位监控与智能诊断。通过实时数据采集、传感器反馈、故障预测和健康评估，系统为设备管理人员提供及时、准确、可操作的决策信息，帮助他们在设备出现异常时迅速采取有效措施，显著提高设备管理效率和故障处理响应速度。

此外，系统通过实时诊断与预警机制，帮助企业减少设备故障率，降低维护成本，并优化维护资源的配置。这不仅能减少生产过程中不必要的停机时间，还能确保设备在最佳状态下运行，从而延长设备的使用寿命。同时，系统优化了生产流程，能提升生产线的稳定性和生产效率。

通过综合分析和智能决策，系统不仅能提升设备管理的精确度，还能加强生产的可持续性，为企业带来更高的经济效益和竞争力。

### 6.2.3 案例：机加工刀具监测与主传动系统预测性维护

**（1）方案概述**

在机加工生产过程中，刀具状态监测和主传动系统的预测性维护对保障生产效率和产品质量至关重要。刀具的磨损、失效或不稳定状态直接影响加工精度、表面质量以及生产周期，进而影响产品的合格率和生产效率。而主传动系统的故障则可能导致整条生产线的停滞，造成严重的经济损失。该方案旨在通过实时监测机加工刀具的状态和主传动系统的运行数据，利用先进的传感技术和智能算法，及时发现设备异常并预测故障趋势，实现精准的维护和维修决策。该方案的关键项包括高精度的刀具磨损监测技术、主传动系统的振动分析、温度监测及数据趋势预测模型的应用，同时结合故障诊断系统为设备管理人员提供可靠的维护建议。通过这一方案，能够显著提升设备的可靠性，减少故障停机时间，提高生产效率和产品质量，最终为企业带来更高的生产效益和竞争力。

① 业务痛点　在实际生产过程中主要存在三个业务痛点，分别是产品质量、刀具寿命管理和设备维护。

a. 产品质量：刀具崩损未及时发现是导致产品批次性质量问题的主要原因。刀具在加工过程中逐渐磨损，当崩损发生时，未能及时检测并更换刀具，会导致生产出的产品表面质量下降或尺寸超差。这种质量问题不仅影响产品合格率，还可能导致返工、废品率上升和客户投诉，从而影响企业的声誉和生产效益。

b. 刀具寿命管理：当前大多数企业依赖经验和固定的刀具更换周期来进行刀具管理，通常按照刀具的使用次数或时间进行更换。然而，这种方式无法确保刀具在最佳时机更换，可能会出现刀具过早或过晚更换的情况。过早更换会导致刀具的剩余使用寿命浪费，增加生产成本；而过晚更换则可能导致刀具崩损，影响加工质量和生产效率。因此，刀具的使用寿命未能得到最佳优化，浪费了资源且可能带来质量隐患。

c. 设备维护：在设备维护方面，许多企业缺乏对设备状态的全面监控，无法准确掌握设备的劣化状态。由于设备磨损、故障的逐步积累，设备可能在生产过程中突然出现长时间停机，影响生产效率。现有的维护方案往往是基于固定周期的保养计划，无法针对设备的实际运行状况实施个性化的预防性维护。因此，设备的故障往往是偶发性的，且可能在生产过程中造成重大影响，导致停机时间增加、维护成本上升和生产计划的延误。

这些痛点表明，传统的设备管理和刀具更换策略已难以满足现代制造业对生产效率和质量控制的高要求。为了解决这些问题，采用实时监测、智能分析和预测性维护技术成为提升生产效能、减少资源浪费、保障产品质量的关键。

② 解决方案　该案例中，对于上述业务痛点主要提出了两个解决方案，分别是刀具状态监测与趋势预测和主传动系统状态预警与故障诊断。

a. 刀具状态监测与趋势预测。如图 6.8 所示，系统通过实时采集电流和主轴振动数据，持续监测生产过程中的关键参数，以全面了解设备和刀具的运行状态。在机加工过程中，主轴的振动和电流是反映设备状态和刀具磨损的重要指标。系统通过安装传感器，实时在线监测每一把刀具的振动数据和电流变化。当刀具逐渐磨损时，主轴的振动频率和幅值会发生变化，同时电流也会反映出负载的变化，二者的变化趋势可以作为刀具磨损的预警信号。

系统通过对实时采集到的振动和电流数据进行特征提取，利用数据处理技术分析这些信号中的关键特征（如频率、幅值、波形等），并将这些特征进行融合，构建刀具的健康衰退曲线。这条衰退曲线直观地反映了刀具的磨损过程和健康状态，从而可以预测刀具的剩余使用寿命和最佳换刀时机。

基于健康衰退曲线，系统能够提供精准的换刀时间预测。当刀具的磨损程度达到设定的阈值时，系统会自动发出警报，并建议进行刀具更换。与传统的基于经验或固定周期的刀具

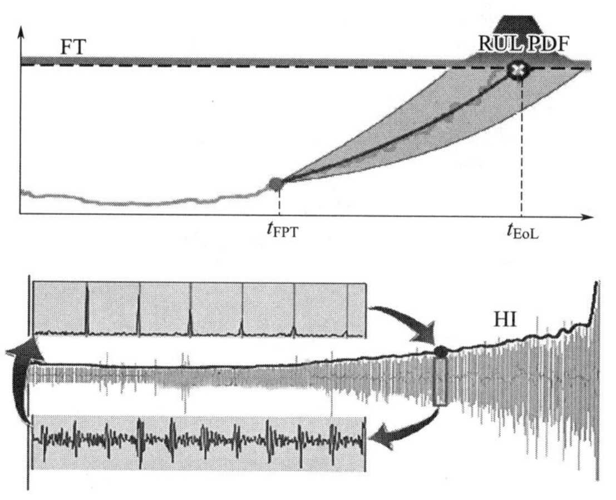


图 6.8　设备运行状态

更换方式不同，这种基于实时数据分析的换刀策略能够在刀具最佳更换时机前进行预警，避免过早更换造成的资源浪费，也避免过晚更换导致的产品质量问题或设备损坏。

b. 主传动系统状态预警与故障诊断。系统通过实时监测主轴的振动和电流数据，结合先进的机器学习算法模型，对主轴的运行状态进行精准分析。这些数据不仅能够反映主轴的实时工作状况，还能够捕捉到潜在的故障信号。例如，随着高频滚动轴承的逐步磨损，主轴的振动频率和幅值会发生显著变化，而电流的变化则能反映主轴负载的波动。机器学习算法通过对大量历史数据的学习，能够识别出设备在不同工作状态下的异常模式，从而实现对设备运行状态的精准预警。通过趋势分析，系统能够预测设备未来的运行状况，最早可提前 1 年发现高频滚动轴承的故障，提前识别出设备潜在的故障风险。这样的预测性预警使得设备管理人员可以提前规划维护工作，避免突发故障导致的生产中断，从而显著提高设备的可用性和生产效率。

当设备出现故障时，系统基于振动和电流数据，结合诊断算法，能够帮助确定故障的根本原因，尤其是在主轴滚动轴承故障的诊断中起到了关键作用。故障诊断主要分为两种方式：人工诊断和智能诊断。

ⅰ. 人工诊断：在传统的故障诊断中，专业的工程师或维修人员通常会通过分析振动波形、频谱图以及电流数据的变化趋势，结合经验判断故障的性质。例如，滚动轴承故障往往会表现为振动信号中的特定频率成分（如轴承的缺陷频率）和电流负载的波动。人工诊断可以根据设备的具体工况和历史经验，对故障原因进行深入分析，尤其是在面对一些较为复杂的故障模式时，经验丰富的专家能够有效补充机器学习算法可能遗漏的细节。

ⅱ. 智能诊断：与人工诊断不同，智能诊断依赖于机器学习和人工智能算法，自动分析振动和电流数据中的模式。通过对大量历史故障数据的训练，智能诊断模型能够识别出与滚动轴承故障相关的微小变化，进行自动化的故障分类和根本原因分析。这种方法的优势在于能够在实时监控中快速识别潜在故障，减少人为因素的干扰，提高故障诊断的准确性和效率。

智能诊断系统不仅可以高效识别主轴滚动轴承故障，还能够提供详细的故障分析报告，指出故障发生的具体位置、类型及其发展趋势，如图 6.9 所示。结合这种智能诊断，生产人员能够在问题发生前进行有效干预，采取针对性的维修措施，避免设备停机时间过长，并减少设备维修成本。通过人工与智能诊断的结合，系统可以最大程度地提升故障诊断的精确度和可靠性，为企业提供更高效、更精准的设备维护方案。

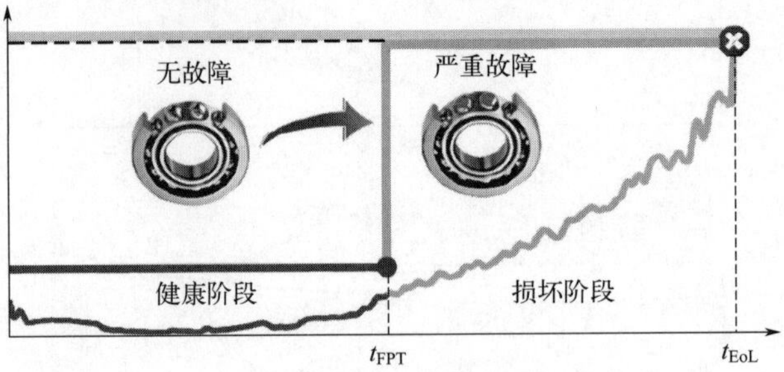


图 6.9　系统诊断结果

③ 方案关键项

a. 高频采集电流数据。高频采集电流数据是该方案的重要环节之一。电流数据是监测刀具和主轴工作状态的重要依据，尤其在检测刀具磨损或其他异常时，电流的变化可以直接反映负载的波动。当刀具出现异常时（如磨损、崩损等），主轴的负载变化通常会引起电流的剧烈波动。因此，系统通过高频次采集电流数据，确保能够实时监测到设备的任何细微变化。当电流异常超出设定阈值时，系统能够立即发出警报，提醒操作人员及时采取措施。这种高频数据采集不仅提高了故障检测的响应速度，还能够准确识别设备潜在的故障风险，确保刀具和主轴在最佳状态下工作。

b. 针对性振动数据采集方案。由于机床通常呈现间歇式运行特性，即不同工况下的运行方式不同，振动信号的变化特征也会随之波动，因此需要制订一个针对性的振动数据采集方案。首先，系统根据设备的结构和运行特点，选择最适合的测量点进行振动数据采集。对于机床而言，主轴、刀具和轴承等关键部件的振动信号最为关键。考虑到机床的间歇式运行特性，采集方案需要能够动态适应设备运行的不同阶段，捕捉到每个周期中的关键振动信息。其次，在设计振动传感器安装位置时，充分考虑主轴的允许安装位置和实际工况，避免传感器安装位置不当或受到干扰。通过这一方案，能够确保在各种工作条件下都能精准监控设备的振动状况，及时发现任何潜在的机械故障。

c. 建立准确的刀具与主轴故障预警模型和故障诊断模型。构建精准的故障预警和诊断模型是该方案的核心部分。基于高频采集的电流和振动数据，系统通过机器学习和信号处理算法建立刀具和主轴故障预警模型。这些模型能够分析设备在不同工作状态下的正常和异常行为，预测刀具磨损的趋势，并根据振动特征、负载波动等数据推算出潜在故障的发生时间。故障预警模型的准确性依赖于大量历史数据的积累和算法的训练，它能够实时监控刀具的健康状态，为操作人员提供精准的换刀时机，避免刀具磨损过度导致的加工质量问题。

与此同时，系统还建立了故障诊断模型，通过分析刀具和主轴的振动波形、电流波动以及其他关键参数，自动判断设备出现的故障类型（如滚动轴承损坏、刀具崩损、主轴失效等）。结合人工智能和大数据分析技术，故障诊断模型不仅能够快速识别故障根源，还能准确指出故障的部位和影响范围，为维修人员提供有效的故障处理建议。通过这种智能故障诊断，能够大幅提升故障诊断的精度和速度，减少人为干预的误差，并大大提高设备的可靠性和生产效率。

通过这些关键技术的实施，方案能够实现对刀具和主轴的精确监控、及时预警和智能故障诊断，帮助企业降低维修成本，减少停机时间，提高生产效率，最终确保生产过程中的设备健康状态得到有效保障，产品质量得到持续稳定的提升。

**（2）方案详情**

① 刀具断裂监控　基于采集的功率或振动信号（如图 6.10 所示），系统能够实时监控刀具的工作状态，精准识别刀具的破损状况。刀具在工作过程中，随着磨损的加剧，振动模式和功率消耗会发生明显的变化。当刀具出现断裂或严重损坏时，主轴的振动频率、幅度以及功率波动会呈现出突变的现象，可以通过传感器实时采集这些变化并进行分析。系统利用振动信号的特征（如频率、幅值、波形变化）和功率信号的波动，对刀具的健康状态进行动态评估。

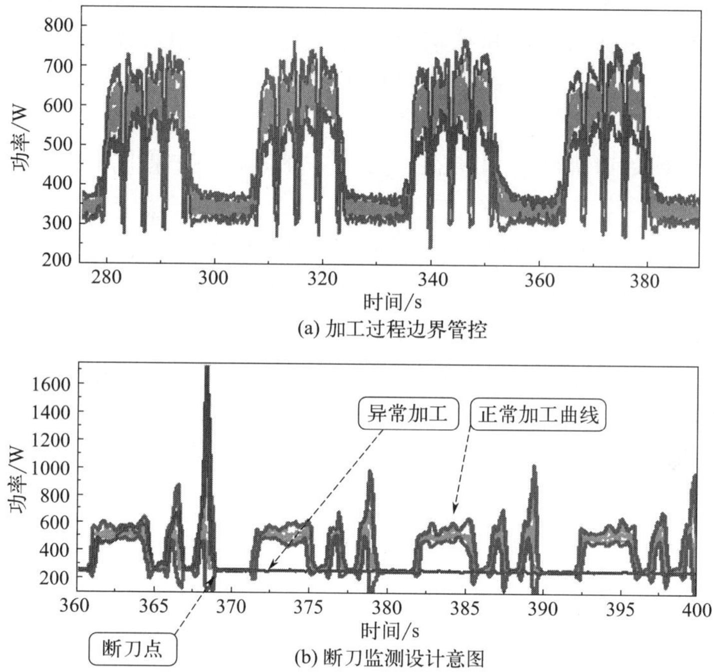


图 6.10　刀具断裂监控采集的信号

在刀具正常工作时，振动和功率信号通常保持在一个稳定的范围内，而当刀具发生损伤或断裂时，信号将出现明显的异常。例如，刀具断裂后，主轴的振动信号可能会出现高频突变或振动幅度大幅增加，功率则可能急剧上升或下降，反映出主轴负载的剧烈变化。这些信号特征通过实时数据处理和算法分析能够被准确识别。

当系统检测到这些异常信号时，能够立即启动报警机制，及时通知操作人员刀具出现问题。报警内容通常包括刀具断裂的可能性、故障发生的时间点及其对生产的潜在影响，帮助操作人员在最短时间内做出反应，采取相应的措施，如立即停机检查、切换到备用刀具或进行刀具更换。这种快速响应能够有效避免刀具断裂而引发的更大规模故障，避免工件损坏、加工不良以及主机设备的二次损害。

通过实时监控和及时报警，系统不仅能提高生产过程中的安全性，还能够减少设备停机时间，提高生产效率。同时，基于这些数据的积累和分析，系统还能够提供刀具健康的长期趋势报告，帮助管理人员做出更科学的刀具管理决策，进一步优化生产计划和维护策略。

② 刀具磨损监控　基于采集的功率和振动数据，系统能够精准地评估刀具的磨损状态，

帮助操作人员及时了解刀具的工作健康状况。刀具在加工过程中会逐渐磨损，磨损的程度与加工质量、加工效率直接相关。当刀具磨损过度时，会导致加工质量下降、表面粗糙度增加，甚至刀具断裂或工件损坏。因此，及时掌握刀具的磨损情况，并在最佳时机进行刀具更换，对于提高生产效率和产品质量至关重要。

a. 功率与振动数据分析。系统通过实时监测主轴的功率消耗和振动特性，分析刀具的工作状态。功率信号与刀具负载密切相关，当刀具磨损时，负载的变化会导致功率消耗的异常波动。通常，随着刀具的磨损，功率消耗会逐渐增大，因为磨损的刀具切削效率降低，需要更大的功率才能完成相同的切削工作。

振动信号是刀具磨损的另一个关键指标。刀具磨损程度加剧时，主轴的振动频率、幅度及波形特征会发生明显变化。例如，当刀具出现轻微磨损时，振动幅度可能会略微增加，而当磨损到一定程度时，振动的幅度和频率会显著上升，甚至出现异常的振动模式。这些变化能够被高精度传感器捕捉，并通过数据处理算法进行分析。

b. 刀具磨损评价与换刀提示。系统通过对功率和振动数据的分析，结合一定的预设阈值和磨损模型，实时评估刀具的磨损状态。当刀具磨损到一定程度时，系统会根据分析结果给出换刀提示。

ⅰ. 磨损程度评估：系统会根据采集到的功率和振动数据，利用算法模型计算刀具的健康衰退曲线。这条曲线能够直观地反映刀具的磨损程度。当刀具的磨损程度达到预设的临界值时，系统会提示操作人员刀具的更换时机。

ⅱ. 换刀提醒：当刀具磨损达到警戒阈值时，系统会发出实时报警或提醒信号，提示操作人员进行刀具更换。系统还会提供换刀的具体建议，例如根据磨损程度和生产需求，推荐在生产过程中适时停机更换刀具，避免刀具过度磨损影响加工质量。

ⅲ. 动态调整：系统能够根据不同的生产工况和刀具类型，动态调整换刀的提示策略。例如，对于不同的材料或加工方式，刀具的磨损速度可能有所不同，系统会实时根据这些参数优化刀具磨损评估和换刀提示，从而确保在最佳时机更换刀具，最大化刀具使用寿命，减少浪费。

基于功率/振动/声音的刀具磨损系统，在动力总成加工中的应用如图 6.11 所示。

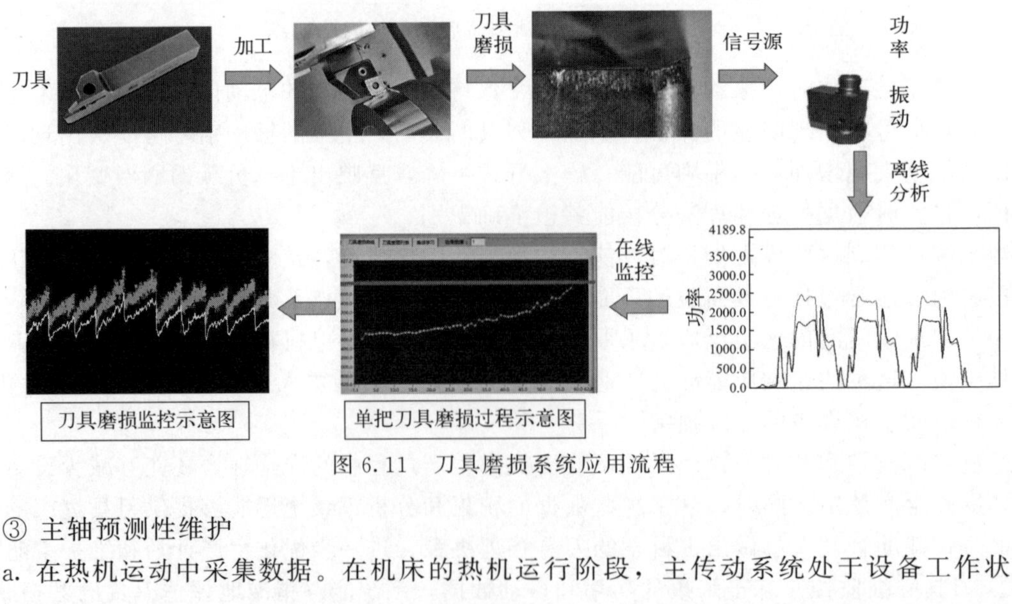


图 6.11　刀具磨损系统应用流程

③ 主轴预测性维护

a. 在热机运动中采集数据。在机床的热机运行阶段，主传动系统处于设备工作状态的初期，因此准确采集数据对于后续的健康状况评估至关重要。通过在主轴和进给轴上安装高精度的传感器，系统能够在热机运行过程中实时监测设备的各项关键参数。这些参数包括振动数据、功率数据和坐标数据，它们能够提供关于设备工作状态的深入信息。

主轴振动数据：在主轴工作过程中，振动数据反映了主轴的旋转状态、负载变化以及是否存在异常振动。通过传感器采集主轴的振动信号，能够帮助分析是否存在如不平衡、不对中、轴承损坏等问题。

ⅰ. 进给轴振动数据：进给轴的振动数据能够反映设备的定位精度和运动状态。进给轴的振动异常通常与设备的机械结构、润滑状态和电气驱动系统问题密切相关，采集进给轴的振动数据，有助于诊断这些潜在问题。

ⅱ. 功率数据：通过实时监测主传动系统的功率消耗，可以了解设备在运行过程中是否存在过载、卡滞等异常。功率的变化通常与设备的工作负载密切相关，当功率异常波动时，可能表示存在机械故障或能效低下的问题。

ⅲ. 坐标数据：通过安装传感器监测主轴和进给轴的位置和运动轨迹，可以获得设备运行过程中的位置信息。这些数据可以帮助评估机械的精度以及在加工过程中是否存在定位误差和机械偏差。

通过在热机运行阶段全面采集这些数据，能够为后续的设备健康状态分析提供丰富的信息。这些数据不仅能够反映出设备在开机后的初期运行状态，还能够在设备运行过程中识别出早期故障的迹象，从而为后续的故障预警和维护决策提供数据支持。

b. 分析设备的健康状况。数据采集完成后，系统通过数据分析对设备的健康状况进行评估。通过对主传动系统各项关键数据的深入分析，能够有效诊断出设备可能存在的故障类型，及时采取相应的维护措施，防止小故障演变成大故障。

ⅰ. 主轴振动数据分析：对采集到的主轴振动数据进行频谱分析，能够有效识别主轴是否存在不平衡、不对中、轴承损坏等问题。例如，主轴的不平衡通常会导致在运行过程中出现特定频率的振动峰值，而不对中则可能导致振动信号中的副频率出现异常。通过频谱分析，能够识别出这些特征并进行故障诊断。

ⅱ. 轴承磨损分析：轴承是主传动系统中重要的部件，其磨损情况直接影响主轴的性能和可靠性。通过监测轴承振动信号中的高频成分和负载数据，系统能够检测到轴承的磨损程度。在振动信号中，轴承的早期磨损往往表现为频率较高的振动波动，尤其是在运行过程中出现周期性的冲击信号。通过对这些信号的分析，能够准确判断轴承是否需要更换。

ⅲ. 功率分析：功率信号的分析能够帮助识别系统中的过载、卡滞等问题。如果功率数据出现异常波动，可能意味着机械部件的摩擦力增大，或者电机负载不正常。系统通过对功率数据的分析，可以及早发现这些潜在问题，并及时采取维护措施，以避免设备过载运行或发生严重故障。

ⅳ. 坐标数据分析：通过对坐标数据的实时监控，系统能够检查进给轴和主轴的位置精度。如果坐标数据与预期轨迹偏差较大，可能意味着进给轴出现了机械磨损、驱动系统问题或者控制系统误差等。这些数据为故障诊断提供了更加全面的视角。

通过整合振动数据、功率数据以及轴承磨损分析结果，系统能够全面评估主轴的健康状况。通过定期分析这些数据，预测主轴及其关键部件的健康衰退趋势，帮助操作人员在故障发生前采取维护措施。不同故障模式的预警下，分别针对不平衡、轴承损坏、过载等问题，通过数据的分析和模型的推导，可以提前识别出故障，并给出合适的维护建议。

**(3) 总结**

机加工刀具监测与主传动系统预测性维护方案，通过实时采集设备运行数据，结合先进的数据分析和机器学习算法，实现对刀具和主传动系统的状态监测、故障预测和健康管理。这一方案能够实时跟踪刀具的磨损情况，检测潜在故障，并预测主传动系统可能出现的异常，及时发出预警，避免设备在关键时刻停机，保证生产过程的连续性。

此外，该方案还通过深入分析历史数据，识别设备运行中的规律和趋势，为生产人员提供精准的维护决策支持。通过提前预测故障的发生，企业可以实施预防性维护，减少意外停机和维修成本，同时避免由刀具磨损或主传动系统故障导致的产品质量问题。

这种预测性维护方案的实施，不仅提高了设备的可靠性和生产效率，还帮助企业降低了生产成本。通过优化设备的运行周期和维护策略，确保了生产过程的稳定性和持续性，进而提升了企业的整体生产效能和市场竞争力。

### 6.2.4 案例：发动机装配质量实时监测与分析

**(1) 方案概述**

发动机装配拧紧是一项异常精密的操作工艺，涉及的每一个环节都必须严格控制，以确保装配质量和产品的安全性。在这一过程中，任何微小的偏差或误差都可能导致装配不良，进而影响发动机的性能和安全性。因此，实时监测装配过程中关键指标，如拧紧力矩、拧紧角度、拧紧速度等，是确保工艺精准实施的基础。通过将装配拧紧过程可视化，不仅能够实时展示每个工位的操作状态，还能够在异常情况发生时，及时发出预警信息，帮助操作人员迅速调整操作，防止出现质量问题。

同时，装配过程中产生的数据必须进行长期保存。这种数据的积累不仅为后期的质量追溯提供了重要依据，还能够帮助企业在面对产品质量问题时进行详细的查证和分析，及时识别潜在的风险点。此外，通过长期的数据积累和故障案例分析，企业可以获得对装配工艺的深刻洞察，优化操作流程、提高生产效率、减少误差发生，进而提升整体装配工艺水平。这种数据驱动的持续改进不仅能够提升单台发动机的质量和可靠性，还能为未来产品的质量控制奠定更加坚实的基础，实现更高效、更精确的生产过程管理。

① 业务痛点　在发动机装配过程中，企业常面临一系列业务痛点，这些痛点不仅影响生产效率，也可能危及产品质量和安全性。以下是主要的业务痛点。

a. 无法直观地了解发动机装配过程的详情，出现缺陷无法及时发现。传统的装配过程往往依赖人工监控，缺乏实时的过程数据可视化。由于缺少对每个装配步骤的全面监控，无法第一时间发现装配过程中出现的潜在缺陷。即使出现了偏差，操作员也很难直观地判断问题所在，导致装配缺陷被延误到后期，甚至在最终质量检查时才被发现，增加了返工和维修的成本。

b. 无法及时了解每个装配工位的装配不合格率。在传统生产模式下，装配工位的质量数据可能会在生产结束后才进行汇总和统计，这使得生产线无法及时反映出每个工位的实际装配质量。如果某些工位的装配不合格率较高，无法及时调整操作或培训相关人员，最终可能影响整个生产线的效率和产品的最终质量。

c. 现场数据导出不方便，同时也可能导致产线停产。在一些传统的装配车间，数据收集和分析往往依赖手工记录或离线方式，这不仅降低了数据的实时性，还可能导致信息延迟。当生产线需要数据支持时，人工导出过程往往烦琐且耗时，甚至可能导致生产停滞。由于数据无法快速获取，生产线的维护和调整也往往滞后，增加了停产风险和产能损失。

d. 不能及时知道装配不合格的装配参数特征表现。在装配过程中，如果没有实时监测和记录不同工位的装配参数（如拧紧力矩、角度、速度等），操作员很难判断哪些具体参数导致了装配不合格。没有及时的反馈，难以精确找到不合格的原因，从而影响后续的改进和质量控制。装配缺陷可能源于设备精度问题、操作失误或工艺流程不合理，然而缺乏有效的数据分析和反馈机制，使得故障的诊断变得更加困难。

e. 不能探索不同业务规则组合对装配质量判定的有效性。不同的业务规则和工艺要求可能对装配质量的判定产生不同的影响。在没有有效数据支持的情况下，无法对不同规则组合进行有效的测试和验证，从而难以优化装配工艺。例如，某些装配工位可能在某些条件下表现优异，但在另一些条件下则可能存在隐患，如何综合各种影响因素制定最优的质量标准，仍然是许多企业面临的难题。

这些业务痛点不仅导致了生产效率的低下，还增加了质量控制的难度，影响了产品的一致性和可靠性。为了解决这些痛点，该案例提出了一系列解决方案。

② 解决方案　为了应对发动机装配过程中面临的各类业务痛点，可以通过一系列的技术和管理手段来优化装配过程，提高装配质量，并确保生产线的高效运转。具体的解决方案包括实时监控、统计分析、数据管理和对比分析等关键环节。

a. 实时监控。实时监控是解决装配过程中缺乏即时反馈和及时发现问题的关键手段。通过在装配过程中集成传感器和智能设备，能够实时采集装配过程中的关键参数，如拧紧力矩、拧紧角度、拧紧时间、装配速度等。数据采集系统会在每个工位上部署传感器，持续监测设备和操作状态，这些数据会被即时上传到中央控制系统进行分析与处理。借助数据分析技术，系统不仅可以实时捕获装配过程中的异常情况（如力矩不达标、角度偏差等），还能够对工人的操作行为、设备性能和产品质量进行全面分析。一旦检测到某个工位或参数超出设定的标准范围，系统会立即发出预警，通知相关操作人员进行调整。这种实时监控能够在装配过程中实现故障早期预警，防止质量问题积累，减少返工率。

b. 统计分析。装配质量数据的统计分析对于识别潜在问题、评估每个工位的表现和改进生产流程至关重要。通过对各工位采集的装配数据进行统计分析，系统可以直观地展示出每个工位的装配质量情况，包括装配不合格率、故障类型、参数偏差等。这种分析能够帮助管理人员快速识别出哪些工位的质量控制存在问题，哪些环节容易出现偏差。通过可视化的方式呈现每个工位的质量数据（如图表、趋势线等），操作人员可以更加清晰地了解生产线的质量状态。此外，统计分析还能够帮助企业制定科学的质量标准，优化工艺流程，提高产品一致性。通过持续的数据分析，企业能够在装配过程中及时发现潜在的质量隐患，并采取针对性的优化措施，进一步提升整体生产效率。

c. 数据管理。数据管理是解决传统生产模式中数据流转不畅、信息滞后的关键环节。通过智能数据采集系统，所有的装配过程数据都会通过无线网络或其他数据传输方式实时上传至云端平台或中央数据库。这些数据不仅包括生产过程中实时采集的质量参数，还包括设备运行状态、维护记录、操作人员行为等多方面的信息。通过强大的数据存储和管理能力，所有的数据都可以进行集中存储、查询和分析。对于后续的质量追溯和问题分析，企业可以通过查询数据库轻松找到装配历史数据，快速定位产品质量问题的根源。

数据管理不仅仅局限于日常的质量追溯，它还能够帮助企业积累宝贵的生产数据，为未来的工艺优化、设备维护和质量改进提供依据。通过数据的长期积累，企业能够分析历史故障案例，识别出潜在的系统性问题，并优化装配工艺和设备配置。此外，系统的高效数据管理也能够帮助企业实现合规性管理，保证每个产品在装配过程中都符合行业标准和质量要求。

d. 对比分析。通过对比分析中的判定结果查询功能，操作人员可以详细地了解装配过程不合格的具体原因，明确违背了哪些判定规则，例如力矩超标、拧紧角度偏差、操作时间异常等。这种功能能够帮助操作人员快速定位问题的具体环节，及时进行调整，减少由人为错误或设备故障造成的质量问题。此外，系统还可以生成详细的报告，对比分析装配过程中不同工位、不同操作人员、不同设备的表现，帮助管理人员全面掌握生产线的质量状况和潜在的风险点。

综合来看，通过实施实时监控、统计分析、数据管理和对比分析等解决方案，企业能够有效应对发动机装配过程中的各类痛点。这不仅能帮助企业实现更高的装配精度和更好的质量控制，还能通过数据驱动的方式提升整个生产过程的透明度、可追溯性和可持续改进能力。最终，企业可以提高产品质量，减少质量问题发生的概率，提升生产效率，降低生产成本，并为未来的技术创新和工艺优化打下坚实的基础。

③ 方案关键项

a. 高频采集装配过程关键工艺数据，如转矩、角度、时间等。在发动机装配过程中，关键工艺参数（如转矩、角度和时间等）是影响装配质量的核心指标。为了确保每一台发动机在装配过程中都能达到设计要求，必须对这些关键参数进行高频率采集。通过在装配过程中安装高精度的传感器（如力矩传感器、角度传感器、位置传感器等），能够实时采集到每个工位的操作数据。特别是在拧紧和连接等关键环节，通过高频率的数据采集，可以精确记录每次操作的力矩和角度变化，确保每一项工艺操作都在规定的标准范围内进行。数据实时传输至监控系统，通过中央控制平台进行动态监控，可以第一时间发现装配过程中的任何异常，防止装配质量问题的发生，从源头上保证发动机的精度和可靠性。

b. 根据装配业务规则建立实施预警模型。装配过程中的每一个步骤都受到一系列标准和规范的约束，形成了装配业务规则。这些规则涵盖了转矩、角度、时间、力矩变化等关键参数的范围，确保装配操作的精确性。根据这些业务规则，可以建立预警模型，当装配过程中出现偏差时，模型会自动识别并发出预警。例如，如果某个工位的拧紧力矩超出了设定的容差范围，系统会立即发出警告，提醒操作人员进行调整。预警模型的实施可以大大减少人为操作失误，并在装配过程中及时发现问题，避免质量问题的积累和扩大。通过对不同装配工艺的实时监控和自动预警，能够提高生产效率，减少返工和维修成本，确保最终产品的一致性和可靠性。

c. 根据统计分析、机器学习算法建立装配缺陷分析模型，提升改进工艺。装配过程中的缺陷分析和工艺改进依赖于数据的持续收集和深入分析。通过对装配过程中采集到的历史数据进行统计分析，可以识别出常见的质量问题和缺陷模式，例如哪些工位或操作环节更容易出现问题，是否有特定的操作步骤与装配缺陷之间存在关联。基于这些统计分析结果，进一步应用机器学习算法建立装配缺陷分析模型。该模型通过分析大量历史装配数据，能够自动识别出影响装配质量的潜在因素，并预测可能发生的质量问题。机器学习算法能够不断从新的装配数据中学习和优化，逐步提高诊断准确性，帮助企业识别出潜在的工艺缺陷和操作误差，为工艺改进提供数据支持。

通过统计分析和机器学习模型，企业不仅可以提升缺陷分析的精度，还能够根据分析结果提出改进建议，优化生产流程。例如，如果某个工位的装配不合格率较高，或是操作人员的技术水平有问题，或是设备的精度不够，或是工艺本身存在缺陷，通过精确的分析，企业能够有针对性地优化操作培训、改善设备配置，或者调整工艺流程，从而提高整体装配质量，减少不合格率。

通过高频数据采集、预警模型实施以及统计分析与机器学习算法的结合，企业能够在装配过程中实时监控关键工艺，及时发现并纠正问题，同时通过深入分析历史数据，持续优化装配工艺。这不仅有助于提升装配质量、减少生产成本，还能为企业提供持续的工艺改进和质量提升路径，确保每一台发动机的装配精度和可靠性。

**（2）方案分析**

在发动机装配过程中，实现对质量的精确把控和全流程优化管理是提升生产效率与产品可靠性的重要举措。通过全面的监测与分析，企业不仅可以掌控装配的实时动态，还能够利用长期积累的数据资源推动工艺创新。

首先，装配监测与分析系统可以对每个装配环节进行趋势追踪，通过对参数变化的长期记录，捕捉装配质量的隐性变化趋势。这种趋势监测功能不仅限于异常报警，还能够提前预测潜在风险，为调整装配策略提供参考。例如，当某一批次的装配参数开始出现轻微偏离时，系统会通过趋势模型给出早期预警，而不是等到问题显现后才采取措施。

其次，该系统还能生成装配效率与质量关联分析报告，通过对比各生产批次的质量数据和生产效率，找出可能影响装配质量的工艺因素。这些分析能够为生产线优化提供科学依据，帮助企业实现装配质量与生产效率的双向提升。例如，若某工位的效率波动与拧紧参数不稳定相关，通过调整工艺顺序或优化设备，可以在稳定质量的同时提升产能。

此外，系统提供了强大的装配数据融合与优化功能，支持将实时采集的装配数据与历史数据进行动态融合，形成装配性能基准库。基于该基准库，企业可以快速判断新设备、新材料或新工艺对装配质量的具体影响。例如，在更换关键零部件供应商后，系统能够对比旧数据和新数据，快速分析更换是否对装配质量产生了负面影响，并给出调整建议。

最后，系统还具备智能化装配路径优化能力，通过分析不同装配策略的实施效果，自动推荐最优工艺流程。这一功能尤其适用于高复杂度装配场景，例如在多型号产品共线生产的情况下，通过智能推荐调整装配顺序和工位配置，可以减少人为干预，提高装配质量一致性。

通过这些深层次的功能，装配质量监测与分析系统不仅能满足当前装配过程的监控需求，还能为企业在未来拓展生产规模、开发新产品提供强有力的支持，成为推动智能制造转型的重要工具。

**（3）拧紧品质实时监测与分析系统功能**

① 数据记录与显示　拧紧是发动机装配过程中的关键工艺，直接影响着产品的安全性和可靠性。为了确保拧紧质量和精度，采用实时监测与分析系统对每一次拧紧操作进行全程记录和管理，已成为提升装配质量的必然选择。

在此方案中，系统能够实时记录并显示每次拧紧操作的详细数据。每一行数据都会完整记录拧紧过程中的各项参数，如拧紧力矩、角度、速度、时间、转矩变化速率等，确保每个工序都在预定的标准范围内执行。例如，在执行拧紧操作时，系统会实时捕捉到操作的每一个细节，并展示出每个拧紧点的具体数值，如拧紧开始时间、拧紧结束时间、达到的转矩值、转矩达标的时间等重要参数。这不仅为工艺控制提供了精确依据，还帮助操作人员实时

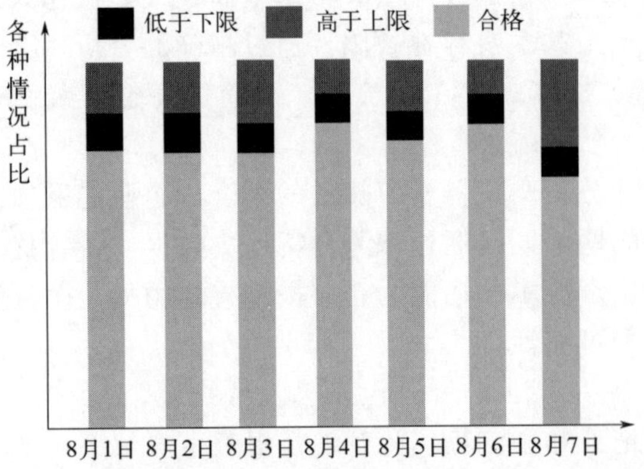


图 6.12　展示某把拧紧枪拧紧螺栓转矩/角度状态分布

监控拧紧质量，避免由数据滞后而导致的质量问题。

为方便用户查看与分析，系统还支持工厂树状层级图的展示。通过这种结构化的视图，管理人员可以一目了然地查看不同生产线、不同工位、不同时间段的拧紧质量情况。树状层级图能够根据装配车间的实际组织架构，展示各个层级的装配数据。从生产线整体到各工位细节，数据呈现更加直观，操作人员、班组长以及厂区经理都可以快速定位到异常区域或出现质量偏差的环节。此外，系统支持根据时间段进行数据展示，用户可以选择按日、周、月或特定时段查看拧紧数据（图 6.12）。这种灵活的分时段查看功能，使得管理人员可以根据不同的生产需求，定期分析拧紧过程中的质量趋势和潜在问题。

导出功能也是该系统的一项重要特点。用户可以根据需要将拧紧数据导出为可分析的报告文件，如 Excel 或 PDF 格式，以便进行进一步的分析、汇总和归档。通过数据导出，企业可以方便地进行数据归档，为后期的质量追溯提供基础材料。此外，导出功能还支持将数据分享给相关部门或外部审核人员，便于跨部门协作和产品质量审查。

系统的设计能够实现对每次拧紧操作的全面监控、实时分析、长时间的数据积累和易于查询的数据展示，使得拧紧过程更加透明、可控，并为企业实现精细化管理提供有力支持。这不仅能大幅提升生产效率，减少由操作失误带来的质量问题，同时也能为后期的装配工艺改进、培训提升提供宝贵的数据参考。

根据树状图选择一个厂房、一条产线、一个工位或者一把拧紧枪，并且选择一段时间，汇总一个工厂、一条产线、一个工位或者一把拧紧枪一段时间内拧紧状态及数据，判断是否存在最终转矩以及角度不合格，分别是在哪一个工位、由哪一个操作员执行的。从工艺视角汇总拧紧状态及数据，便于分别管控每道拧紧工序质量。

② 从拧紧工具的角度监控拧紧加工质量　从拧紧工具的角度，系统能够在一定时间内监控工具的拧紧加工质量，特别是当一个工具用于多台主机及关键零件时，通过对拧紧操作的详细数据采集，评估工具的整体性能和稳定性。系统会实时记录每次拧紧的关键参数，如转矩、角度、转速等，跟踪工具在不同工件上的应用情况。通过监控工具的质量波动，系统能够及时发现任何异常，如拧紧力矩的波动范围超出正常工作范围，或者工具的使用效率下降。

为了有效分析这些波动，系统会运用统计过程控制（SPC）方法，通过绘制控制图监控工具的性能稳定性。如果工具的拧紧力矩出现持续的波动或偏差，SPC 图会自动标记异常点，提醒操作人员注意潜在问题。与此同时，系统会使用 CP/CPK（过程能力指数）来量化拧紧工具的性能，评估工具是否能够持续满足装配要求。CP/CPK 值可以反映工具是否偏离标准操作范围，若该值低于预定标准，说明工具的精度已经下降，需要进行维修或校准。通过这种基于数据分析的监控方式，系统可以科学、精准地识别工具的故障风险，避免由工具性能不稳定导致的质量问题，并确保每次拧紧操作都在最佳状态下进行。

**(4) 总结**

发动机装配和拧紧质量的实时监测与分析对于保证发动机的质量、可靠性和生产效率至关重要。通过采用先进的数据采集、分析和管理技术，企业可以精准地监控发动机装配和拧紧过程中的每一个关键环节。实时获取的工艺数据能够帮助快速发现潜在问题，确保装配和拧紧过程符合设计要求，从而有效避免质量缺陷和生产延误。

这种实时监控不仅能够提高产品的一致性和精度，还能显著优化生产流程。通过分析工艺数据，企业可以识别生产瓶颈、减少工序浪费，并对生产环境和设备状态进行动态调整，进一步提升生产效率和降低成本。

此外，智能化的质量监控系统还能够通过对历史数据的深度分析，挖掘出更多潜在的质量问题和改进空间，帮助企业不断优化制造工艺，提升产品质量。这种全方位的监控和优化方案，不仅能确保产品的稳定性和高性能，还能增强企业在全球制造业中的竞争力，确保其在市场中占据有利地位。

### 6.2.5　案例：设备关键数据可视化与报警

**(1) 方案概述**

基于真实准确的物联网（IoT）数据，构建设备关键数据可视化与报警系统，旨在全面监控生产过程中的关键设备与核心工艺指标。通过实时采集并展示设备运行状态、温度、压力、振动等关键数据，系统能够及时识别设备异常、工艺偏差以及潜在故障，自动发出预警通知，有效避免生产停机和设备损坏。同时，系统还可以对历史数据进行回溯分析，帮助追溯产品质量问题的根源，找出潜在的生产瓶颈或设计缺陷。此外，通过对设备运行数据的智能分析，系统能够预测易损零部件的使用寿命，提供科学合理的更换策略，从而降低维护成本，提高设备可靠性，并优化整体生产效率。通过这一可视化与报警系统，企业可以实现精确管理和高效运营，确保生产过程中的每一个环节都处于可控状态。

① 业务痛点　目前，产线大多数设备的关键数据尚未进行有效采集，导致了多个业务痛点，具体如下。

a. 设备运行状态无法有效监控和管理。由于缺乏实时数据采集与监控，设备的运行状态无法得到及时掌握，许多设备（如机器人、压铸机等）处于失控状态。设备可能出现潜在故障或者运行不稳定的情况，但由于无法实时获取相关数据，无法及时采取预防性措施或进行故障诊断，从而增加了设备停机的风险和维修成本。

b. 易损件更换策略不科学。目前，大多数易损件的更换依赖于定期批量更换的方式，缺乏数据支持。这种方式可能导致两种问题：一方面，易损件可能未到达真正的使用寿命就被更换，造成浪费；另一方面，一些易损件可能未能及时更换，导致设备故障或生产中断，影响生产效率与质量（如机器人、拆剁机、上料机等设备）。缺乏精准的数据支持，使得易损件的更换策略无法根据实际使用情况进行优化。

c. 产品质量问题无法追溯与查证。在生产过程中，一旦出现质量问题，由于缺少设备与工艺的实时数据记录，无法进行有效的质量追溯与问题查证。数据无法提供充分的证据支持，导致质量问题难以定位和解决，影响产品的合格率和客户的满意度。

d. 缺乏数据积累与工艺优化依据。由于缺乏对设备和生产过程的关键数据采集与积累，企业无法通过数据进行工艺优化与节拍调整。工艺、节拍优化无法基于历史数据的沉淀和分析进行合理调整，无法提升生产效率或缩短生产周期，导致整体生产能力的提升受限。

② 解决方案

a. 实时监控与报警。通过在线采集设备的运行工况参数（如温度、压力、振动等），建立基于业务规则的报警策略，实现设备运行状态的实时监控与报警功能。一旦检测到设备运行参数超过预设阈值，系统将立即触发报警机制，通过多种方式(如短信、邮件或系统提示)通知相关人员进行快速处理。

例如，当设备温度超出安全范围时，系统会第一时间发出警报，并详细记录异常数据，帮助维护人员迅速采取行动，防止事故扩大。这种实时预警机制能大幅提升生产安全性与效率，减少设备故障对生产的影响。

b. 统计分析。根据业务需求和设备特性，设计并应用统计分析模型，对设备运行过程中的关键指标进行深度分析。例如，通过对生产效率、设备能耗、停机时间等数据的监测，能够全面了解设备运行情况和使用效率。同时，系统结合历史数据挖掘，能够发现设备运行中隐藏的趋势或问题，为优化运行策略提供依据。

例如，分析设备的能耗随时间的变化趋势，识别高耗能工艺环节，从而有针对性地进行能耗优化。同时，通过统计设备故障频率与原因，能够为维护计划提供精准支持。

c. 可视化界面。系统提供简洁直观的可视化界面，将设备的运行状态和关键数据通过图表、图形、仪表盘等形式展示出来。操作人员可以通过界面清晰地看到实时数据（如温度、转速、运行时长等），并通过颜色或动画直观反映设备的运行健康状况。

当设备发生异常时，可视化界面能够动态显示报警信息，并突出显示异常点，方便操作人员迅速锁定问题源头。例如，通过折线图展示设备振动数据的变化趋势，帮助判断是否存在潜在故障，及时采取措施。

d. 数据积累与回溯。系统能够对采集到的设备数据进行长期存储与管理，形成企业的核心数据资产。通过数据积累，不仅可以建立设备健康模型，还可以为未来的优化设计、维护计划和故障诊断提供丰富的数据支持。

例如，当产品质量出现偏差时，用户可以通过回溯系统中保存的历史数据，快速定位某一时间段内设备的运行状态，分析可能导致问题的原因（如设备温度波动或生产参数异常），从而为解决问题提供依据。长期的数据沉淀还可以帮助企业构建标准化工艺库，提升生产的稳定性和质量一致性。

③ 方案关键项

a. 高频采集装配过程关键工艺数据。为了实现对生产过程中设备的精确监控与管理，系统需要高频次地采集关键工艺数据。这些数据包括但不限于设备的电压、电流、压力、温度、动作次数以及各轴的运行时间等。这些工艺数据的实时采集可以帮助全面了解设备的运行状态，从而发现潜在的异常和故障。例如，通过对电压和电流的实时监测，可以检测到电力供应的波动或设备功率异常；通过监测设备温度，可以提前发现过热问题，从而避免设备损坏。

高频采集保证了系统能够捕捉到设备运行过程中的微小变化，提高预警和故障诊断的灵敏度，确保生产过程的稳定性和产品质量。

b. 根据业务规则建立合适的预警规则。基于不同设备和工艺环节的特点，系统需要根据业务规则设置合适的预警规则。这些规则可基于数据的阈值（如温度超出设定范围、电流过大等）和趋势（如温度逐渐上升、电压波动趋势）进行定义。预警规则可以设定不同的报警等级，并根据设备的紧急程度采取不同的响应策略。

例如，设定当设备温度超过设定阈值时触发一级警报，并且在温度上升趋势持续时触发二级警报，从而使得操作人员可以提前进行干预，避免设备损坏或生产停滞。此外，系统还可以根据历史数据建立趋势分析模型，提前预测潜在的设备问题，进行更精确的预警。

c. 根据业务规则建立合适的统计分析模型。为了更好地理解设备运行状态，系统需要建立合适的统计分析模型，基于业务需求对设备的运行效率、能耗、故障率、维护频率等方面进行分析。通过这些统计分析，企业可以全面了解设备的性能表现，并识别出潜在的瓶颈和优化点。

例如，基于设备的能耗数据，可以通过建立回归模型预测未来一段时间的能源消耗趋势，从而为节能降耗提供依据；通过对设备停机时间与故障发生频次的分析，可以识别出容易发生故障的环节，进而制订更合理的维护计划或技术改进措施。此外，统计分析还可以用于优化生产调度，提高生产线的整体效率。

d. 提供便捷、易用的可视化界面。为了让操作人员能够快速理解设备的运行状态和关键工艺数据，系统需要提供一个简洁、直观、易用的可视化界面。通过图表、仪表盘、趋势图等多种方式，实时显示设备的关键参数，如电压、温度、压力等数据，以便操作人员能够一目了然地看到设备的当前状态。

可视化界面还应支持自定义配置，使得用户可以根据自身的需求选择显示哪些数据和警报信息。通过图形化的报警提示（如红色警报框、闪烁的图标等），操作人员可以迅速识别出问题设备，并及时采取行动。趋势图和历史数据回溯功能可以帮助用户分析设备的运行趋势，判断是否存在潜在故障风险。这样，系统不仅为操作人员提供实时信息，还能够支持深度分析与优化决策，提升生产管理效率。

**（2）系统功能**

① 可视化及实时预警功能　针对焊机、压力机、A线整线自动化机器人、A线拆垛/上料机、压铸机、装配伺服电机等关键设备，系统将结合其实际应用需求，提供定制化的数据可视化、实时预警以及统计分析功能，以全面提升设备的运行效率、故障预防能力和生产管理水平。该系统监控的设备和数据可视化类型如表6.2所示。如图6.13所示，该可视化界面可以实时监控A线整线，并实时显示焊点电流、焊点电压、焊点电阻和焊点热量等数据。

**表6.2　系统监控的设备和数据可视化类型**

| 序号 | 设备 | 数据可视化类型 | 统计分析 |
|---|---|---|---|
| 1 | 焊机 | 电流、电压、电阻、热量、时间 | |
| 2 | 压力机 | 装模高度、平衡器气压、模垫顶出高度、压力温度、电机电流、液压系统压力、气压 | |
| 3 | A线整线自动化机器人 | 电机电流、转矩和各轴运行时间 | |
| 4 | A线拆垛/上料机 | 动作次数、更换时间 | 动作次数及更换时间分析，制定易损件针对性更换策略 |
| 5 | 压铸机 | 压射力、压射速度、填充时间、持压时间、留模时间、浇注温度 | 统计故障信息，以分析小故障的发生规律 |
| 6 | 装配伺服电机 | 电压、电流、电阻、转矩、故障代码 | |

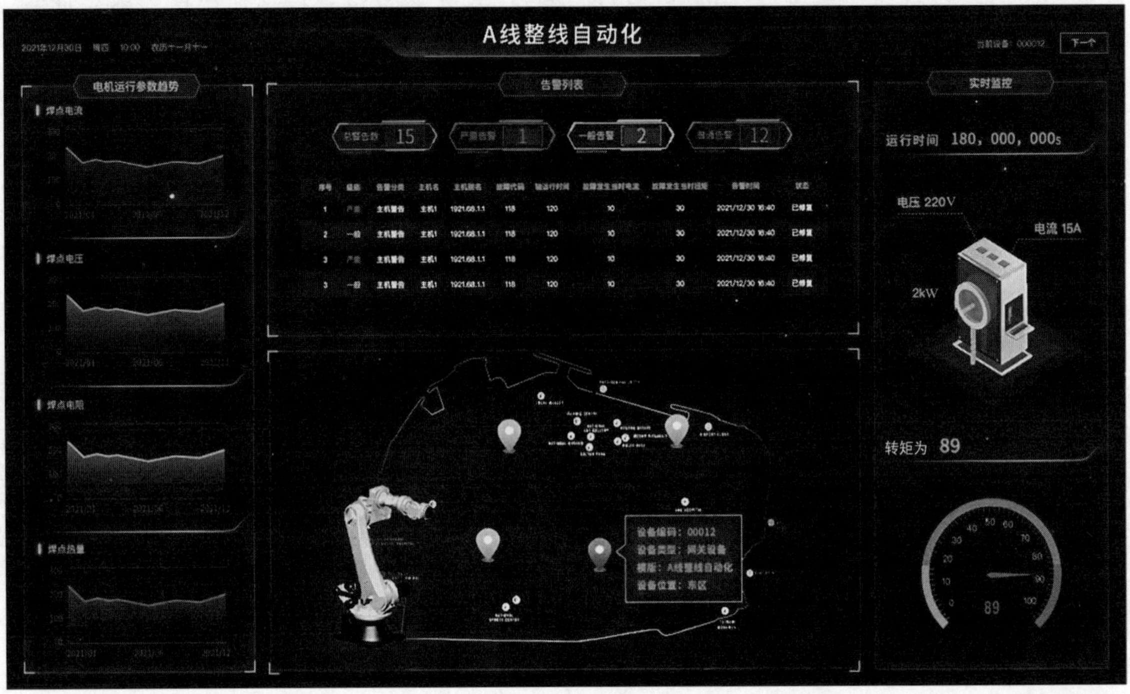


图 6.13　A 线可视化界面

② 核心运行工况参数实时预警

a. 工况阈值报警。工况阈值报警是指当设备的运行参数（如温度、压力、电流、振动等）达到或超过预设的安全阈值时，系统能够及时发出报警信号，提醒操作人员采取干预措施。这种报警方式非常适用于预防设备由超负荷运行或工况异常导致的损坏或故障。

例如，当设备温度超过设定的 130℃时，系统会立即触发报警，可能通过声音警报、屏幕提示或短信等方式通知操作人员。这样的报警方式可以确保设备在出现异常时及时处理，避免设备长时间运行在不安全范围内而发生严重故障，提高设备的可靠性与安全性。

b. 延时报警。延时报警适用于设备在短时间内可能出现波动但不至于立即造成严重后果的情况。延时报警的特点是当设备的某个参数在一定时间内持续超出正常范围时，系统才会触发报警，避免因短暂的波动频繁报警。

例如，当设备的压力在 10～15min 内持续高于正常范围时，系统会触发延时报警，通知操作人员检查设备或调整工艺参数。此类报警策略有助于提高报警的准确性，避免不必要的警报干扰，同时确保在设备长时间处于异常状态时能够及时发现并采取行动，避免问题的进一步恶化。

c. 维护报警。维护报警主要针对设备的使用寿命、运行时间或关键部件的使用次数等指标，当设备运行时间或关键部件的使用次数达到预设的维护周期时，系统会自动发出维护提醒，提示进行设备检查或保养。

例如，当设备连续运行超过 8h，或者某个关键部件（如电机、传感器）的使用次数超过 1000 次时，系统会发出维护报警。此类报警有助于避免由设备缺乏定期维护导致的故障或性能下降，提高设备的整体寿命和生产效率，同时降低突发故障的风险。

d. 有条件的报警。有条件的报警是针对设备在特定运行条件下的报警机制。与普通的单一参数报警不同，有条件报警需要考虑设备的多个运行条件和参数组合，只有当这些条件同时满足时，系统才会触发报警。这种方式有助于避免单一参数波动引发的过度报警。

例如，在高负荷运行的情况下，如果设备的温度和压力同时升高，且温度达到设定的阈值时，系统会报警。这样可以避免在设备处于高负荷运行的正常工况下不必要的警报，同时确保在设备确实出现潜在风险时及时预警，帮助操作人员有效应对复杂的运行环境。

e. 平衡计算报警。对于涉及多个参数互相制约的设备（如多轴联动设备、机器人、伺服系统等），平衡计算报警能够实时监测其平衡状态，确保设备在运行过程中保持最佳的工作状态。任何平衡状态的破坏都可能导致设备过度磨损、精度下降或结构损坏，因此需要特别关注。

例如，当多轴联动的设备各轴负载不均时，系统会监控到不平衡现象，并及时发出报警，提示操作人员对设备进行调整和维护。此类报警帮助避免了由操作不当或故障导致的设备损坏，确保设备精度和可靠性，提升生产效率。

f. AI 数据分析报警。AI 数据分析报警基于人工智能技术，利用机器学习和数据挖掘方法分析设备的历史数据和实时运行数据，预测设备可能出现的故障或性能退化，提前发出预警。这种报警方式能够对设备运行状态进行深度学习，通过历史数据分析出设备的故障模式和规律，预测未来设备可能的故障概率。

例如，系统通过对设备的振动、温度、压力等数据进行深度学习，识别出潜在的故障模式。如果某个设备出现的故障概率超过设定阈值时，系统会自动发出报警，提前提醒操作人员采取预防性维护措施，避免突发的设备停机或其他故障。AI 分析报警能够大大提升预警的准确性，提前预测设备故障的发生，减少不必要的停机时间，降低维修成本，同时提高设备的可靠性和生产线的稳定性。

图 6.14 展示了该案例中所实现的实时预警效果图。

③ 核心运行工况参数实时查看与回溯

a. 数据实时报表。数据实时报表功能使得操作人员可以实时查看设备的核心运行参数和状态。系统会自动生成每个设备的实时报表，展示关键数据，如设备名称，运行状态，当前报警状态，实时采集的温度、电压、压力、振动等参数，以及设备的工作时间、负载情况等。通过这些报表，操作人员能够迅速了解设备的实时运行情况，并及时做出相应的调整或采取维护措施。

例如，操作人员通过实时报表可以查看设备是否处于异常状态，如某台设备的温度是否过高，压力是否超标，或者是否存在运行停止的报警信息。该功能能够大大提高设备管理的透明度，并为实时决策提供数据支持。

b. 数据历史报表。数据历史报表功能允许用户根据自定义的时间范围（如过去一周、一个月、三个月或一年内）生成设备的历史数据报告。用户可以对某段时间内的设备运行情况进行详细分析，便于识别长期趋势、分析故障原因、进行定期维护规划和优化生产流程。

例如，用户可以查看某台设备在过去一个月内的温度变化趋势，识别是否存在温度异常波动的规律；或者对设备的能耗数据进行历史分析，发现是否存在能效下降的问题。通过历

图 6.14　实时预警效果图

史报表，用户不仅可以全面掌握设备的长期运行状态，还能够通过数据积累发现潜在的操作和设备问题，并有针对性地进行优化和改进。

c. 关键参数曲线回溯。系统提供关键参数的曲线回溯功能，帮助操作人员深入分析设备运行过程中的参数变化趋势，找出问题的根源。当设备出现故障、性能退化或产品质量问题时，操作人员可以查看相关关键参数的变化曲线，识别潜在的异常和故障点。

例如，若设备出现了突发停机或生产质量问题，通过查看温度、压力、振动等参数的历史曲线，操作人员可以发现设备在特定时间段内的温度异常升高可能是某个冷却系统故障或工作负荷过高导致的。再如，通过查看设备的振动曲线变化，分析振动的波动情况，可能会发现设备的平衡问题或轴承磨损等故障。

曲线回溯功能可以帮助用户不仅仅局限于实时数据的监控，还能够从历史数据中找到设备运行中的隐性问题，为预防性维护和设备优化提供科学依据。通过趋势分析，系统还能够帮助预测设备的未来运行状态，提前识别潜在风险，从而减少停机时间和降低维护成本。

**(3) 总结**

设备关键数据可视化与报警系统为企业的设备管理提供了全面、智能化的解决方案。这一系统通过实时采集设备运行数据，并将这些数据转化为直观的可视化信息，帮助企业监控设备的健康状态，提前识别潜在故障和异常。系统能够将复杂的设备数据图形化，使得管理人员可以一目了然地看到设备的运行状况、性能变化和潜在风险。这种可视化展示方式不仅能提高数据的可读性和操作性，还能实时反映设备运行的趋势，帮助决策者做出更及时、更精确的维护决策。

通过智能报警功能，该系统能够在设备出现异常或即将故障时，自动发出报警通知，并提供故障的详细信息。这些报警信息可以根据设备的运行参数、历史数据和故障预测模型智能化调整报警阈值，从而减少误报和漏报，确保报警的准确性和及时性。当设备出现异常时，系统还能结合数据分析结果，提供故障诊断和可能的原因分析，帮助运维人员快速定位问题，制定更有效的维修策略。这不仅能极大地提高设备的可靠性，还能有效减少设备停机时间，降低维修成本。

此外，设备数据的长期存储和分析功能使得企业能够实现精确的设备维护和质量追溯。通过对设备历史数据的积累和深入分析，企业可以更好地掌握设备的运行规律，优化维护计划，预测设备的剩余使用寿命。结合预测性维护技术，企业能够在设备故障发生之前进行预防性维修，减少由设备故障导致的生产停顿，降低整体运营成本。

# 参考文献


［1］ Li X Y，Cheng D J，Fang X F，et al. A novel data augmentation strategy for aeroengine multitask prognosis based on degradation behavior extrapolation and diversity-usability trade-off［J］. Reliability Engineering & System Safety，2024，249：110238.

［2］ Zio E. Prognostics and health management（PHM）：Where are we and where do we（need to）go in theory and practice［J］. Reliability Engineering & System Safety，2022，218：108119.

［3］ Wang J，Han X，Zhang Y N，et al. Modeling the varying effects of shocks for a multi-stage degradation process［J］. Reliability Engineering & System Safety，2021，215：107925.

［4］ Zhou K L，Cheng D J，Zhang H B，et al. Deep learning-based intelligent multilevel predictive maintenance framework considering comprehensive cost［J］. Reliability Engineering & System Safety，2023，237：109357.

［5］ Li Z J，Cheng D J，Li X Y，et al. A novel dual networks-guided self-assessment framework for bearings fault mode diagnosis considering early fault feature diversity［J］. Expert Systems with Applications，2025，268：126347.

［6］ Li Z J，Cheng D J，Zhang H B，et al. Multi-feature spaces cross adaption transfer learning-based bearings piece-wise remaining useful life prediction under unseen degradation data［J］. Advanced Engineering Informatics，2024，60：102413.

［7］ 刘芷源，王文权，杨鹏祺，等．一种基于深度残差网络的旋转机械故障诊断方法［J］．通信与信息技术，2024，（6）：1-6.

［8］ 熊乐超，姜禹桐，孙鹏宇，等．航空发动机涡轮叶片缺陷弱磁检测方法研究［J］．失效分析与预防，2021，16（3）：161-165.

［9］ 谢建红，袁阿琳，吴莎莎，等．航空发动机涡轮叶片近表面缺陷的涡流检测［J］．无损检测，2022，44（9）：13-15，21.

［10］ Yang B，Huang Y D，Cheng L. Defect detection and evaluation of ultrasonic infrared thermography for aerospace CFRP composites［J］. Infrared Physics & Technology，2013，60：166-173.

［11］ Yin L Y，Ye B，Zhang Z L，et al. A novel feature extraction method of eddy current testing for defect detection based on machine learning［J］. NDT & E International，2019，107：102108.

［12］ de Pater I，Reijns A，Mitici M. Alarm-based predictive maintenance scheduling for aircraft engines with imperfect remaining useful life prognostics［J］. Reliability Engineering & System Safety，2022，221：108341.

［13］ Lin T N，Pham H. Modeling security surveillance systems with state dependent inspection-maintenance strategy［J］. IEEE Transactions on Computational Social Systems，2022，10（5）：2467-2478.

［14］ Mitici M，de Pater I，Barros A，et al. Dynamic predictive maintenance for multiple components using data-driven probabilistic RUL prognostics：The case of turbofan engines［J］. Reliability Engineering & System Safety，2023，234：109199.

［15］ Ma G J，Wang Z D，Liu W B，et al. A two-stage integrated method for early prediction of remaining useful life of lithium-ion batteries［J］. Knowledge-Based Systems，2023，259：110012.

［16］ Xu P，Wei G，Song K，et al. High-accuracy health prediction of sensor systems using improved relevant vector-machine ensemble regression［J］. Knowledge-Based Systems，2021，212：106555.

［17］ Wang Z Q，Liu N，Chen C L，et al. Adaptive self-attention LSTM for RUL prediction of lithium-ion batteries［J］. Information Sciences，2023，635：398-413.

［18］ Liu Y L，Chen J L，Wang T T，et al. A variational transformer for predicting turbopump bearing condition under diverse degradation processes［J］. Reliability Engineering & System Safety，2023，232：109074.

［19］ She D M，Jia M P. A BiGRU method for remaining useful life prediction of machinery［J］. Measurement，2021，167：108277.

［20］ Chen Z P，Zhu H P，Wu J，et al. Health indicator construction for degradation assessment by embedded LSTM-CNN autoencoder and growing self-organized map［J］. Knowledge-Based Systems，2022，252：109399.

［21］ Manjurul Islam M M，Prosvirin A E，Kim J M. Data-driven prognostic scheme for rolling-element bearings using a new health index and variants of least-square support vector machines［J］. Mechanical Systems and Signal Processing, 2021, 160: 107853.

[22] Li X, Zhang W, Ma H, et al. Data alignments in machinery remaining useful life prediction using deep adversarial neural networks [J]. Knowledge-Based Systems, 2020, 197: 105843.

[23] Wang G, Xiang J W. Remain useful life prediction of rolling bearings based on exponential model optimized by gradient method [J]. Measurement, 2021, 176: 109161.

[24] Zhou L, Wang H W, Xu S S. Aero-engine prognosis strategy based on multi-scale feature fusion and multi-task parallel learning [J]. Reliability Engineering & System Safety, 2023, 234: 109182.

[25] Zhang Z Y, Chen X H, Zio E, et al. Multi-task learning boosted predictions of the remaining useful life of aero-engines under scenarios of working-condition shift [J]. Reliability Engineering & System Safety, 2023, 237: 109350.

[26] Li H D, Cao P, Wang X W, et al. Multi-task spatio-temporal augmented net for industry equipment remaining useful life prediction [J]. Advanced Engineering Informatics, 2023, 55: 101898.

[27] Liu W B, Wang Z D, Yuan Y, et al. A novel sigmoid-function-based adaptive weighted particle swarm optimizer [J]. IEEE Transactions on Cybernetics, 2019, 51 (2): 1085-1093.

[28] Miao H H, Li B, Sun C, et al. Joint learning of degradation assessment and RUL prediction for aeroengines via dual-task deep LSTM networks [J]. IEEE Transactions on Industrial Informatics, 2019, 15 (9): 5023-5032.

[29] Hu T, Guo Y M, Gu L D, et al. Remaining useful life prediction of bearings under different working conditions using a deep feature disentanglement based transfer learning method [J]. Reliability Engineering & System Safety, 2022, 219: 108265.

[30] Zhang H B, Cheng D J, Zhou K L, et al. Deep transfer learning-based hierarchical adaptive remaining useful life prediction of bearings considering the correlation of multistage degradation [J]. Knowledge-Based Systems, 2023, 266: 110391.

[31] Xiong J W, Fink O, Zhou J, et al. Controlled physics-informed data generation for deep learning-based remaining useful life prediction under unseen operation conditions [J]. Mechanical Systems and Signal Processing, 2023, 197: 110359.

[32] Gay A, Voisin A, Iung B, et al. Data augmentation-based prognostics for predictive maintenance of industrial system [J]. CIRP Annals, 2022, 71 (1): 409-412.

[33] Yang N N, Wang Z J, Cai W A, et al. Data regeneration based on multiple degradation processes for remaining useful life estimation [J]. Reliability Engineering & System Safety, 2023, 229: 108867.

[34] Pan Y, Jing Y T, Wu T H, et al. Knowledge-based data augmentation of small samples for oil condition prediction [J]. Reliability Engineering & System Safety, 2022, 217: 108114.

[35] Sun Q, Peng F, Yu X H, et al. Data augmentation strategy for power inverter fault diagnosis based on Wasserstein distance and auxiliary classification generative adversarial network [J]. Reliability Engineering & System Safety, 2023, 237: 109360.

[36] Qu F M, Liu J H, Ma Y J, et al. A novel wind turbine data imputation method with multiple optimizations based on GANs [J]. Mechanical Systems and Signal Processing, 2020, 139: 106610.

[37] Baptista M L, Henriques E M P. 1D-DGAN-PHM: A 1-D denoising GAN for prognostics and health management with an application to turbofan [J]. Applied Soft Computing, 2022, 131: 109785.

[38] Han Y X, Liu Y H, Chen Q C. Data augmentation in material images using the improved HP-VAE-GAN [J]. Computational Materials Science, 2023, 226: 112250.

[39] Zhang X W, Qin Y, Yuen C, et al. Time-series regeneration with convolutional recurrent generative adversarial network for remaining useful life estimation [J]. IEEE Transactions on Industrial Informatics, 2021, 17 (10): 6820-6831.

[40] Coble J B. Merging data sources to predict remaining useful life-an automated method to identify prognostic parameters [J], 2010.

[41] Ramponi G, Protopapas P, Brambilla M, et al. T-CGAN: Conditional generative adversarial network for data augmentation in noisy time series with irregular sampling [EB/OL]. 2018: 1811.08295.

[42] Ni Q J, Cao X H. MBGAN: An improved generative adversarial network with multi-head self-attention and bidirectional RNN for time series imputation [J]. Engineering Applications of Artificial Intelligence, 2022, 115: 105232.

[43] Yoon J, Jarrett D, Van der Schaar M. Time-series generative adversarial networks [J]. Advances in neural information processing systems, 2019, 32.

[44] Li Q, Zhang X Y, Ma T J, et al. A multi-step ahead photovoltaic power forecasting model based on TimeGAN, Soft DTW-based K-medoids clustering, and a CNN-GRU hybrid neural network [J]. Energy Reports, 2022, 8: 10346-10362.

[45] Viale L, Daga A P, Fasana A, et al. Least squares smoothed k-nearest neighbors online prediction of the remaining useful life of a NASA turbofan [J]. Mechanical Systems and Signal Processing, 2023, 190: 110154.

[46] Xu X W, Li X, Ming W W, et al. A novel multi-scale CNN and attention mechanism method with multi-sensor signal for remaining useful life prediction [J]. Computers & Industrial Engineering, 2022, 169: 108204.

[47] Song W B, Wu D, Shen W M, et al. A remaining useful life prediction method for lithium-ion battery based on temporal transformer network [J]. Procedia Computer Science, 2023, 217: 1830-1838.

[48] Hou D X, Chen J H, Cheng R C, et al. A bearing remaining life prediction method under variable operating conditions based on cross-transformer fusioning segmented data cleaning [J]. Reliability Engineering & System Safety, 2024, 245: 110021.

[49] Niu K, Pei S, Peng X P, et al. Intensive care unit readmission prediction with correlation enhanced multi-task learning [J]. Computers and Electrical Engineering, 2023, 110: 108780.

[50] Xiao J W, Cao M H, Fang H L, et al. Joint load prediction of multiple buildings using multi-task learning with selected-shared-private mechanism [J]. Energy and Buildings, 2023, 293: 113178.

[51] Ma J Q, Zhao Z, Yi X Y, et al. Modeling task relationships in multi-task learning with multi-gate mixture-of-experts [C]//Proceedings of the 24th ACM SIGKDD International Conference on Knowledge Discovery & Data Mining, 2018: 1930-1939.

[52] Zhang S, Zheng D, Hu X, et al. Bidirectional long short-term memory networks for relation classification [C]//Proceedings of the 29th Pacific Asia conference on language, information and computation, 2015: 73-78.

[53] Vaswani A, Shazeer N, Parmar N, et al. Attention is all you need [J]. Advances in neural information processing systems, 2017, 30.

[54] Saxena A, Goebel K, Simon D, et al. Damage propagation modeling for aircraft engine run-to-failure simulation [C]//Proceedings of International Conference on Prognostics and Health Management. Piscataway, NJ: IEEE, 2008: 1-9.

[55] Hinton G, Van Der Maaten L. Visualizing data using t-SNE journal of machine learning research [J]. Journal of Machine Learning Research, 2008, 9 (2579-2605): 4.

[56] Liu J, Sun W N, Li M J. Recurrent conditional generative adversarial network for image deblurring [J]. IEEE Access, 2018, 7: 6186-6193.

[57] Gao Z W, Cecati C, Ding S X. A survey of fault diagnosis and fault-tolerant techniques: Part I: Fault diagnosis with model-based and signal-based approaches [J]. IEEE Transactions on Industrial Electronics, 2015, 62 (6): 3757-3767.

[58] Hamadache M, Jung J H, Park J, et al. A comprehensive review of artificial intelligence-based approaches for rolling element bearing PHM: Shallow and deep learning [J]. JMST Advances, 2019, 1 (1): 125-151.

[59] Hu Y W, Liu S J, Lu H T, et al. Remaining useful life model and assessment of mechanical products: A brief review and a note on the state space model method [J]. Chinese Journal of Mechanical Engineering, 2019, 32 (1): 15.

[60] Lei Y G, Li N P, Gontarz S, et al. A model-based method for remaining useful life prediction of machinery [J]. IEEE Transactions on Reliability, 2016, 65 (3): 1314-1326.

[61] Ling M H, Ng H K T, Tsui K L. Bayesian and likelihood inferences on remaining useful life in two-phase degradation models under gamma process [J]. Reliability Engineering & System Safety, 2019, 184: 77-85.

[62] Deutsch J, He D. Using deep learning-based approach to predict remaining useful life of rotating components [J].

IEEE Transactions on Systems, Man, and Cybernetics: Systems, 2018, 48 (1): 11-20.

[63] Suh S, Lukowicz P, Lee Y O. Generalized multiscale feature extraction for remaining useful life prediction of bearings with generative adversarial networks [J]. Knowledge-Based Systems, 2022, 237: 107866.

[64] Li T F, Zhao Z B, Sun C, et al. Hierarchical attention graph convolutional network to fuse multi-sensor signals for remaining useful life prediction [J]. Reliability Engineering & System Safety, 2021, 215: 107878.

[65] Huang C G, Huang H Z, Li Y F. A bidirectional LSTM prognostics method under multiple operational conditions [J]. IEEE Transactions on Industrial Electronics, 2019, 66 (11): 8792-8802.

[66] Zuo T, Zhang K, Zheng Q, et al. A hybrid attention-based multi-wavelet coefficient fusion method in RUL prognosis of rolling bearings [J]. Reliability Engineering & System Safety, 2023, 237: 109337.

[67] Cheng Y W, Hu K, Wu J, et al. Autoencoder quasi-recurrent neural networks for remaining useful life prediction of engineering systems [J]. IEEE/ASME Transactions on Mechatronics, 2022, 27 (2): 1081-1092.

[68] Cheng H, Kong X G, Chen G G, et al. Transferable convolutional neural network based remaining useful life prediction of bearing under multiple failure behaviors [J]. Measurement, 2021, 168: 108286.

[69] Xu J, Fang M T, Zhao W H, et al. Deep transfer learning remaining useful life prediction of different bearings [C]//Proceedings of International Joint Conference on Neural Networks (IJCNN). Piscataway, NJ: IEEE, 2021: 1-8.

[70] Su X Y, Liu H M, Tao L F, et al. An end-to-end framework for remaining useful life prediction of rolling bearing based on feature pre-extraction mechanism and deep adaptive transformer model [J]. Computers & Industrial Engineering, 2021, 161: 107531.

[71] Yang C Y, Ma J, Wang X D, et al. A novel based-performance degradation indicator RUL prediction model and its application in rolling bearing [J]. ISA Transactions, 2022, 121: 349-364.

[72] Siahpour S, Li X, Lee J. A novel transfer learning approach in remaining useful life prediction for incomplete dataset [J]. IEEE Transactions on Instrumentation and Measurement, 2022, 71: 3509411.

[73] Ding N, Li H L, Xin Q, et al. Multi-source domain generalization for degradation monitoring of journal bearings under unseen conditions [J]. Reliability Engineering & System Safety, 2023, 230: 108966.

[74] Khazaee M, Banakar A, Ghobadian B, et al. Remaining useful life (RUL) prediction of internal combustion engine timing belt based on vibration signals and artificial neural network [J]. Neural Computing and Applications, 2021, 33 (13): 7785-7801.

[75] Qin Y, Chen D L, Xiang S, et al. Gated dual attention unit neural networks for remaining useful life prediction of rolling bearings [J]. IEEE Transactions on Industrial Informatics, 2021, 17 (9): 6438-6447.

[76] Pan Z Z, Meng Z, Chen Z J, et al. A two-stage method based on extreme learning machine for predicting the remaining useful life of rolling-element bearings [J]. Mechanical Systems and Signal Processing, 2020, 144: 106899.

[77] Wang H, Wang D D, Liu H X, et al. A predictive sliding local outlier correction method with adaptive state change rate determining for bearing remaining useful life estimation [J]. Reliability Engineering & System Safety, 2022, 225: 108601.

[78] Suh S, Lee H, Jo J, et al. Generative oversampling method for imbalanced data on bearing fault detection and diagnosis [J]. Applied Sciences, 2019, 9 (4): 746.

[79] Liu S J, Fan L X. An adaptive prediction approach for rolling bearing remaining useful life based on multistage model with three-source variability [J]. Reliability Engineering & System Safety, 2022, 218: 108182.

[80] Ding Y F, Jia M P, Miao Q H, et al. Remaining useful life estimation using deep metric transfer learning for kernel regression [J]. Reliability Engineering & System Safety, 2021, 212: 107583.

[81] Cao Y D, Jia M P, Ding P, et al. Transfer learning for remaining useful life prediction of multi-conditions bearings based on bidirectional-GRU network [J]. Measurement, 2021, 178: 109287.

[82] Zhuang J C, Jia M P, Ding Y F, et al. Temporal convolution-based transferable cross-domain adaptation approach for remaining useful life estimation under variable failure behaviors [J]. Reliability Engineering & System Safety, 2021, 216: 107946.

[83] Ding N, Li H L, Yin Z W, et al. A novel method for journal bearing degradation evaluation and remaining useful life prediction under different working conditions [J]. Measurement, 2021, 177: 109273.

[84] Zhuang J C, Jia M P, Zhao X L. An adversarial transfer network with supervised metric for remaining useful life prediction of rolling bearing under multiple working conditions [J]. Reliability Engineering & System Safety, 2022, 225: 108599.

[85] Miao M Q, Yu J B, Zhao Z H. A sparse domain adaption network for remaining useful life prediction of rolling bearings under different working conditions [J]. Reliability Engineering & System Safety, 2022, 219: 108259.

[86] Hu T, Guo Y M, Gu L D, et al. Remaining useful life estimation of bearings under different working conditions via Wasserstein distance-based weighted domain adaptation [J]. Reliability Engineering & System Safety, 2022, 224: 108526.

[87] Ganin Y, Lempitsky V. Unsupervised domain adaptation by backpropagation [EB/OL]. 2014: 1409.7495.

[88] Xu L, Pennacchi P, Chatterton S. A new method for the estimation of bearing health state and remaining useful life based on the moving average cross-correlation of power spectral density [J]. Mechanical Systems and Signal Processing, 2020, 139: 106617.

[89] Zhao K C, Xiao J Q, Li C, et al. Fault diagnosis of rolling bearing using CNN and PCA fractal based feature extraction [J]. Measurement, 2023, 223: 113754.

[90] Zhu W C, Ni G X, Cao Y P, et al. Research on a rolling bearing health monitoring algorithm oriented to industrial big data [J]. Measurement, 2021, 185: 110044.

[91] Wang B, Lei Y G, Li N P, et al. A hybrid prognostics approach for estimating remaining useful life of rolling element bearings [J]. IEEE Transactions on Reliability, 2020, 69 (1): 401-412.

[92] Hinton G, Vinyals O, Dean J. Distilling the knowledge in a neural network [J]. Computer Science, 2015, 14 (7): 38-39.

[93] Crawshaw M, Košecká J. SLAW: Scaled loss approximate weighting for efficient multi-task learning [EB/OL]. 2021: 2109.08218.